中国科普作家协会农林委员会组编
种植业结构调整实用技术丛书

高品质小杂粮作物品种及栽培

第二版

郑殿升　方嘉禾　主编

中国农业出版社

内容简介

本书介绍了大麦、高粱、谷子、黍稷、燕麦、荞麦、绿豆、小豆、饭豆、蚕豆、豌豆、豇豆、普通菜豆、小扁豆、鹰嘴豆、山黧豆、薏苡、穇子和籽粒苋等19种优质小杂粮作物的优良品种、营养成分、栽培技术和开发利用价值。可供广大农业科技工作者、农业技术人员和农民阅读。

第二版编写者

主　　编　郑殿升　方嘉禾

编著人员（按姓氏笔画排序）

王　纶　王天云　王述民　王星玉
王佩芝　马德泉　方嘉禾　田长叶
孙　毅　杨庆文　杨克理　陆　平
宗绪晓　郑殿升　胡家蓬　柳文龙
柴　岩　庚正平　黄亨履　程须珍

第一版编写者

主　　编　郑殿升　方嘉禾

编著人员（按姓氏笔画排序）

王天云　王述民　王星玉　王佩芝
方嘉禾　田长叶　孙　毅　杨庆文
杨克理　陆　平　宗绪晓　郑殿升
胡家蓬　柳文龙　庾正平　黄亨履
程须珍

第二版前言

近年来，国家根据国民经济的发展和人民膳食结构改变的需要，提出调整农业种植业结构。在粮食作物布局上，要求种植优质品种，这已显示出优质作物将有一个大发展。为了适应我国种植业的这种发展趋势，中国农业科学院原作物品种资源研究所于 2001 年编著了《高品质小杂粮作物品种及栽培》，出版后供不应求，曾先后重印两次。本书为第二版。在第一版的基础上，经适当修改并增了 6 种作物。

本书的撰写人员都是多年从事高品质小杂粮作物的专家，他们既有坚实理论基础，又有丰富实践经验。为了满足广大农民的需求，本书着重介绍 19 种高品质小杂粮作物的营养成分和开发利用价值、栽培技术和优良品种。所介绍的内容具有先进性和实用性，突出新技术、新品种、新措施，并且通俗易懂，深入浅出。

本书介绍的 19 种高品质小杂粮作物具有许多特点。首先，它们多数富含营养成分和药用成分，是医食同源作物；有的是优良的轻工业原料；有的茎秆既是优良饲料，又可制做精美工艺品。第二，它们多数具有较强的抗旱、抗盐碱和耐瘠性。第三，不少作物的生育期短，属于填闲作物。第四，有的是豆科作物，具有根瘤，可以培肥地力。由此可见，优质小杂粮作物的营养价值很高，用途很多；抗逆性较强，适应性很广。因此，它们符合优质和高效的要求，在当前作物种植业结构调整过程中，将会得到加速发展。这对于我国农业结构调整、西部大开发、发展农村经济、增加农民收入和繁荣市场都会起到积极的作用。

本书有关病虫害防治部分，特请植保专家戴法超、杨建国进行了审稿。

由于我们的编写水平有限，加之时间很紧，因此缺点和不足是难免的，恳请批评指正。

编　者

2009年3月

第一版前言

近年来，国家根据国民经济的发展和人民膳食结构改变的需要，提出调整农业种植业结构。在粮食作物布局上，要求种植优质品种，这已显示出优质作物将有一个大发展。为了适应我国种植业的这种发展趋势，中国农业科学院作物品种资源研究所编著了这本《高品质小杂粮作物品种及栽培》。

本书的撰写人员都是多年从事高品质小杂粮作物的专家，他们既有坚实理论基础，又有丰富实践经验。为了满足广大农民的需求，本书着重介绍13种高品质小杂粮作物的营养成分和开发利用价值、栽培技术和优良品种。所介绍的内容具有先进性和实用性，突出新技术、新品种、新措施，并且通俗易懂，深入浅出。

本书介绍的13种高品质小杂粮作物具有许多特点。首先，它们多数富含营养成分和药用成分，是医食同源作物；有的是优良的轻工业原料；有的茎秆既是优良饲料，又可制做精美工艺品。第二，它们多数具有较强的抗旱、抗盐碱和耐瘠性。第三，不少作物的生育期短，属于填闲作物。第四，有的是豆科作物，具有根瘤，可以培肥地力。由此可见，优质小杂粮作物的营养价值很高，用途很多；抗逆性较强，适应性很广。因此，它们符合优质和高效的要求，在当前作物种植业结构调整过程中，将会得到加速发展。这对于我国农业结构调整、西部大开发、发展农村经济、增加农民收入和繁荣市场都会起到积极的作用。

由于我们的编写水平有限，加之时间很紧，因此缺点和不足是难免的，恳请批评指正。

编　者

2001年4月

目 录

第一章 大 麦

大麦，因稃壳与颖果粘连或分离而分为有稃大麦和裸粒大麦两类。有稃大麦是指籽粒成熟时稃壳与颖果相粘连，脱粒时不易分开。也称皮大麦。我国《吕氏春秋·任地篇》书中有大麦这一名称。因地区异，又俗称谷麦、草麦等。裸大麦是指籽粒成熟时稃壳与颖果极易分离。也称裸大麦。各地区又称露仁子、米麦、元麦（江浙）、青稞（藏族地区）等。国际上统称大麦。大麦是世界古老的作物之一。青藏高原和北非埃塞俄比亚是世界栽培大麦的初生起源地。以中国为代表的东亚大麦初生起源地在青藏高原。大麦适应性很广，自南纬 50°到北纬 70°、海拔 1～4 750 米、除南极洲以外的六大洲都有种植。据联合国粮农组织生产年鉴，2001 年世界大麦栽培面积 5 215.7 万公顷，平均产量每公顷 2 555千克，总产 13 221.6 万吨。

我国大麦栽培地区辽阔。除港、澳特区以外的 32 个省、自治区和直辖市，历史上都有过大麦种植。垂直分布最高限在西藏岗巴县吉汝村，海拔达 4 750 米，也是世界农作物分布的最高限。1947—1949 年，平均总产 725 万吨，居世界各国大麦产量的首位。1957 年面积 540 万公顷，1980 年降到 440 万公顷，总产 924.2 万吨，每公顷 2 100 千克。此后，受“以粮为纲”方针的影响，大麦面积和总产继续下降，但单产在不断提高。近 20 年来，受作物种植结构的调整及追求高效益的影响，大麦产区发生了较大变化，广东、广西、湖南、江西、天津、北京、山西、辽宁、吉林等省、自治区、直辖市基本退出大麦产区。1990 年大麦面积约 200 万公顷，总产 645 万吨，每公顷 3 229.5 千克。

目前，全国大麦面积在155.32万～166.67万公顷。以2006年为例，全国大麦面积155.32万公顷，总产682.2万吨，每公顷4 391.9千克。其中，啤酒大麦面积64.87万公顷，总产323.4万吨，每公顷4 986千克。江苏、内蒙古、甘肃、黑龙江、云南、新疆等省、自治区为主产区，尤其是内蒙古自治区东部。饲料大麦面积49.80万公顷，总产241.8万吨，每公顷4 855.4千克。主产区有湖北、云南、四川和江苏等省。食用大麦包括青藏高原的青稞和内地的米麦或元麦，其面积40.65万公顷，总产117万吨，每公顷2 878.2千克，青藏高原为主产区。

第一节　大麦营养价值与利用途径

一、大麦的营养价值

（一）大麦籽粒营养价值　大麦籽粒的营养成分除水分（12%～20%）外，主要是干物质（80%～85%）。在干物质中，有碳水化合物、蛋白质、脂肪，还有酶、维生素、微量元素、有机酸和其他物质。

1. 碳水化合物　主要指淀粉和纤维素。我国大麦的淀粉含量占籽粒干重36.3%～68.0%，大多数品种淀粉含量50%～60%，平均含量55.0%。淀粉分为直链淀粉和支链淀粉。纤维素占大麦籽粒干重3.5%～7.0%，不溶于水，用浓酸或纤维素酶可水解。半纤维素含量10%～11%，不溶于水而溶于稀碱。此外，还含有2%以上的大麦胶（为水溶性非淀粉多糖类物质的总称，80%以上为β-葡聚糖）。

2. 蛋白质　我国大麦籽粒粗蛋白质含量6.4%～24.4%，平均13.1%。有64%的品种籽粒粗蛋白质含量10%～15%。大麦籽粒、麦芽中有19种氨基酸，其中赖氨酸含量很高。国内大麦籽粒中赖氨酸含量0.30%～0.79%，平均0.47%，是良好的自然营养源。

3. 脂肪　大麦籽粒脂肪含量 1.7%～4.6%，平均约 2%。大部分存在于糊粉层内，部分在种胚中。大麦籽粒中亚油酸含量占脂肪酸的 54.3%（麦芽为 61.8%），油酸含量占 32.8%，亚麻酸含量很低。

4. 酶　主要有酯酶、淀粉酶、纤维素酶、蛋白酶与肽酶、氧化还原酶、甘油磷酸酶、核酸酶等。

5. 维生素　大麦富含维生素，集中存在于胚和糊粉层。其含量因品种和生长条件而变化。每千克大麦籽粒含维生素 B_1 2.1～6.7 毫克，维生素 B_2 0.8～2.2 毫克，维生素 B_6 3.1～4.4 毫克，维生素 E 6.9 毫克，烟酸 52.0～98.1 毫克，泛酸 2.9～6.2 毫克，叶酸 0.56 毫克，胆碱 1 212 毫克等。

6. 微量元素　大麦每千克籽粒中含铁 100 毫克，铜 7.7 毫克，锌 41.0 毫克，硒 0.35～0.37 毫克，钙 0.13%，磷 0.49% 等 20 余种微量元素。

（二）大麦芽的营养价值　大麦芽与其籽粒比较，养分总量略减，但可溶性物质（蛋白质和维生素）有所增加（表 1.1、表 1.2）。

表 1.1　不同长度大麦芽维生素含量

（甘肃农业大学，1964）

大麦芽长（厘米）	胡萝卜素（毫克/千克）	维生素（毫克/千克）
2.5	3.8	88
5.0	4.0	103
10.0	3.2	0.36

表 1.2　干大麦芽的营养成分及其消化率

（《热带饲料》，1981）

干大麦芽（澳麦）	干物质（%）	占干物质%				
		粗蛋白质	粗纤维	灰分	乙醚抽出物	无氮浸出物
	90.0	27.2	15.6	6.1	2.2	48.9
干麦芽	家畜	消化率（%）				代谢能（千焦/千克）
	牛	粗蛋白质	粗纤维	无氮浸出物	乙醚抽出物	
		81.6	92.1	74.0	85.0	12.27

（三）麦苗和植株的营养价值

1. 麦苗的营养价值　福建省农业科学院 2004 年分析了品种闽麦 02 籽粒和麦苗（分蘖盛期）的蛋白质及其氨基酸含量。结果表明，麦苗蛋白质含量是籽粒的 2.9 倍，赖氨酸含量是籽粒的 3.7 倍（表 1.3）。

表 1.3　闽麦 02 籽粒和麦苗中蛋白质和氨基酸含量比较（%）

项　目	籽　粒	麦　苗	项　目	籽　粒	麦　苗
蛋白质	10.85	31.76	酪氨酸	0.190 0	0.478
缬氨酸	0.381 8	1.185	脯氨酸	0.474 5	0.263
天门冬氨酸	0.585 7	1.999	苯丙氨酸	0.399 1	0.999
蛋氨酸	0.189 3	0.189	甘氨酸	0.261 2	1.100
苏氨酸	0.319 9	0.931	赖氨酸	0.321 1	1.188
异亮氨酸	0.296 4	0.898	丙氨酸	0.356 4	1.412
丝氨酸	0.418 4	0.814	组氨酸	0.188 6	0.396
亮氨酸	0.602 2	1.630	胱氨酸	0.245 0	0.092
谷氨酸	2.254 3	2.306	精氨酸	0.436 0	1.344

2. 植株的营养价值　青刈大麦多为孕穗到抽穗期刈割的鲜草，可青饲或青贮。柔嫩多汁，适口性好，容易消化，并含有丰富的蛋白质、维生素及矿物质微量元素，是畜、禽、鱼的优质饲料。表 1.4、表 1.5、表 1.6 是其与其他作物营养价值的比较。

表 1.4　大麦籽实的营养价值（以 100 克籽实计）

作物	干物质(%)	总能量（兆焦/千克）	可消化能（兆焦/千克）		粗蛋白（克）	可消化蛋白（克/千克）		粗纤维（克）	无氮浸出物（克）	钙（克）	有效磷（克）
			猪	鱼		猪	鱼				
大麦	88.1	16.1	13.0	14.2	11.0	69	108	4.7	68	10.12	0.09
玉米	87.5	16.5	14.2	15.2	7.8	36	86	2.0	72	90.04	0.06
稻谷	88.6	15.5	11.6	13.4	6.8	25	83	8.5	67	50.07	0.08

注：源于中国农业科学院畜牧所。

表 1.5 大麦青刈饲料营养价值（以 100 克青刈饲料计）

饲 料	干物质（克）	总能量（兆焦/千克）	可消化能（兆焦/千克）	粗蛋白（克）	可消化蛋白（克）	粗纤维（克）	钙（克）	有效磷（克）
青刈大麦	16.6	3.10	1.72	4.2	24.5	3.3	0.1	0.06
玉米茎	17.3	2.97	1.34	1.9	11.7	3.8	0.1	0.05
甘薯藤	14.1	2.47	1.67	2.5	16.4	2.7	0.2	0.06

注：源于中国农业科学院畜牧所。

表 1.6 青刈大麦营养成分及消化率

项 目		水分	粗蛋白质	粗脂肪	无氮浸出物	粗纤维	粗灰分	可消化粗蛋白	淀粉价	可消化全养分
鲜草	营养成分（%）	79.0	2.2	0.7	10.2	6.2	1.7	1.5	10.8	13.4
	消化率（%）	—	71	56	72	59	—	—	—	—
干草	营养成分（%）	8.1	7.5	2.0	49.0	26.6	6.8	4.9	—	54.1
	消化率（%）	—	65	41	63	62	—	—	—	—

（四）啤酒糟的营养价值 啤酒糟是啤酒工业最大的副产品，每 100 千克原料可生产干啤酒糟 25～30 千克，是牲畜的优质饲料，营养价值比较高，主要用作补充蛋白质饲料。饲喂家畜，适口性好，促进消化，减少疾病，增膘快，缩短育肥期。饲养奶牛，对产奶量有显著效果。据中国农业科学院畜牧研究所分析，啤酒糟含粗蛋白质 5%、可消化蛋白 3.5%、脂肪 2%、可溶性非氮物 10%、粗纤维 5%、灰分 1%左右。此外，每千克干啤酒糟含维生素 B_1 0.7 毫克、维生素 B_2 1.5 毫克、烟酸 46.4 毫克、泛酸 8.6 毫克、胆碱 2 110 毫克、叶酸 0.22 毫克、维生素 E 65.1 毫克，其中胆碱和泛酸大大超过原大麦的含量。微量元素更为丰富，每千克干啤酒糟含铁 290.0 毫克、铜 21.3 毫克、锰 37.6 毫克、硒 0.7 毫克。

二、大麦利用途径与品质要求

大麦营养丰富，用途极为广泛。可作为粮食和饲料，也可用作酿酒和保健，是重要的经济作物。大麦作为食用的品质要求，至今尚无国家标准，啤用和饲用有国家标准，并且已与国际接轨。

(一) 大麦食用 大麦是世界最古老的粮食作物之一。现今，在我国青藏高原地区以及埃塞俄比亚、土耳其、伊拉克、伊朗和阿富汗等国家，大麦仍是主要食粮之一。大麦除作粮食外，也是食品深加工业的主要原料。

1. 粮食用途

(1) 大麦米、珍珠麦（米）、大麦片。国外用皮大麦加工大麦时，除去稃壳（果皮）和部分种皮，即为大麦米。珍珠麦（米）是将果皮、种皮和糊粉层脱去后的大麦。江苏省盐城市利用脱壳机脱去皮大麦的稃壳和种皮，加工成大麦米，或作成大麦片；江苏省南部、河南和四川等省直接将元麦或米大麦作为大麦米或压成大麦片销往大城市。城里人将其与大米掺合在一起蒸作米饭，也可与其他粮食一起熬粥食用。

(2) 糌粑。藏族人以糌粑为主食。将青稞籽粒清选洗净，经烘烤、磨粉、过筛而成青稞炒面，藏族人称糌粑。具体吃法有3种，即糌粑加酥油茶、糌粑加白糖、糌粑加开水和盐。

(3) 与小麦粉混合制作面包。裸大麦可制成面粉，但大麦粉因颗粒大小不均（小淀粉粒直径小于5微米，大淀粉粒直径15～20微米），黏稠性很强，不如小麦那样容易发酵膨胀。大麦粉的持水力比小麦粉大，缺乏小麦粉所具有的面筋构造，故不能作发酵面包。但经试验，将大麦粉和小麦粉以30：70的比例混合，并添加1%甘油单硬酯酸和0.5%十八烷基乳酸钙烘烤的面包，体积有显著增加。如果再加入1%十八烷基乳酸钠，做出的面包体积、外皮色、面包心颜色、结构和质地等都比较令人满意。

(4) 大麦粉制饼干、糕点和面条。加拿大用大麦粉制成了味美酥脆的饼干。糕点和面条色泽稍逊。面条是用50%的红粒冬小麦和30%的白粒春小麦以及20%的大麦粉掺和制成。白粒小麦可使色泽变白，大麦粉必须通过150微米筛孔过筛，使面条不起硬壳，表面平滑。面条做好后应冷冻保存。日本成功地研究出用大麦粉与小麦粉混合加工制成优质大麦面条，我国青海省也研究生产了青稞方便面、青稞速溶粉等食品，并成为具有保健作用的高纤维素食品。

(5) 大麦可通心粉。大麦是通心粉的补充原料，多面筋大麦面粉和小麦面粉混合可生产优质通心粉。

(6) 大麦芽稻米粉。用大麦芽和稻米混和制成。这种产品可作为肉食添加剂，并可作为面包、饼干、煎饼、松糕和早餐食品、婴儿食品和中老年食品的附加成分。

(7) 大麦饮料——麦芽咖啡和大麦茶。麦芽咖啡是以焙烤麦芽粉与热水为原料，采用浸出法酿制而成的饮料。通常人们加入牛奶或糖后再饮用。在加拿大、波兰、德国、日本，将原大麦在160℃烘烤20分钟制成饮料（即大麦茶），质优，能产生二氧化碳，具有浓郁的特殊香味，已被西方国家广大消费者所喜爱。

(8) 大麦淀粉及其甜味剂。

1989年中国营养学会公布了《中国居民膳食指南》(2007年修订再版，即第三版)。该《指南》指出，当今促进人类长寿的食物结构，原则上是“三高两低”。即高蛋白质、高维生素、高纤维及低脂肪、低糖。大麦在粮食作物中最富有蛋白质、多种维生素和纤维素，其糖和脂肪的含量均在下限。因此，以大麦（尤其是裸大麦）改革国民的食物结构，不无道理。

2. 食品工业用途　用大麦作为食品工业原料，已被广泛应用。①可造饴糖。甘肃省早在1941年就大量使用皮大麦或青稞生产饴糖，用料每年多达2.25万吨。仅临洮县就年产酥糖15万千克。②大麦糖浆。用磨碎的大麦或大麦淀粉都能生产出大麦糖浆，主要问题在于大麦半纤维素和大麦胶的含量高，如果利用β-葡聚糖酶降解混合连接的β-葡聚糖，可部分解决这个问题。现在使用复合酶制剂广泛应用在大麦糖浆的生产上。③大麦也可制成麦曲（如山西省老陈醋的醋曲和70%的制醋原料均为大麦）、酱油、麦酱、麦乳精、麦芽糖、味精、醋、酵素等产品。

（二）大麦酿造 以青稞为原料可生产青稞酒（属于白酒）。青稞酒是青海省各地区以及云南省迪庆地区工业经济的支柱产业之一。互助县青稞酒已远销海内外。云南省大理州利用皮大麦生产的大麦白酒深受群众喜爱。大麦还是制做威士忌酒的重要原料。大麦制作麦芽后，酶活性强，酶系统全面，富含淀粉、糖类、酵素、氨基酸等，其皮壳也有助于麦汁过滤，一直是酿造啤酒的必需原料。当今，啤酒已被誉为液体面包。

1. 啤酒大麦的国家标准 1987年轻工业部颁布了啤酒大麦质量的国家标准（GB7416—87）后，为了提高啤酒大麦的品质，适应国际贸易和技术交流，尽快与国际接轨，国家质量技术监督局2000年8月14日颁布了啤酒大麦国家标准（GB/T 7416—2000），2001年3月1日实施。

（1）感官要求。

优级二棱、多棱啤酒大麦感官要求：淡黄色，具有光泽，有原大麦固有的香气，无病斑粒（指检疫对象规定的），无霉味和其他异味。

一级二棱、多棱啤酒大麦感官要求：淡黄色或黄色，具有光泽，无病斑粒（同优级），无霉味和其他异味。

二级二棱、多棱啤酒大麦感官要求：黄色，无病斑粒（同优级），无霉味和其他异味。

（2）理化要求。如表1.7。

表 1.7 啤酒大麦的理化要求

项 目	二棱			多棱		
	优级	一级	二级	优级	一级	二级
夹杂物,% ≤	1.0	1.5	2.0	1.0	1.5	2.0
破损率,% ≤	0.5	1.0	1.5	0.5	1.0	1.5
水分,% ≤	12.0			12.0		13.0
千粒重(以绝干计),克	37	34	32	36	32	28
3天发芽率,% ≥	95	92	85	95	92	85
5天发芽率,% ≥	97	95	90	97	95	90
蛋白质(以绝干计),%	10.0~12.0	9.5~12.0	9.0~13.0	10.0~12.0	9.5~12.0	9.0~13.0
选粒试验(2.5毫米以上),% ≥	80	75	70	75	70	65
水敏感性,%	≤10		10~25	≤10		10~25

2. 啤酒麦芽的最新行标 2007年国家发展与改革委员会发布了啤酒麦芽（包括淡色麦芽、焦香色麦芽、浓色麦芽、黑色麦芽）新的行业标准（QB/T 1686—2007）代替QB/T 1686—1993。

（1）感官要求。①淡色麦芽：淡黄色，有光泽，具有麦芽香气。无异味，无霉粒。②焦香色麦芽：具较淡的焦糖味、奶香味、果味、轻度焦味。③浓色麦芽和黑色麦芽：具有麦芽香气及焦香气味。无异味、无霉粒。

（2）理化要求。淡色麦芽理化要求如表1.8。焦香、浓色、黑色麦芽理化要求如表1.9。

表 1.8 淡色麦芽理化要求

项 目	优级	一级	二级
夹杂物（%） ≤	0.5	0.8	1.0
出炉水分（%） ≤	5.0		
商品水分（%） ≤	5.5		
糖化时间（分钟） ≤	10		15
煮沸色度（EBC） ≤	8.0	9.0	10.0
浸出物（以绝干计,%） ≥	79.0	77.0	75.0
粗细粉差（%） ≤	2.0		3.0

（续）

项　目	优级	一级	二级
α-氨基氮含量（无水麦芽100克，毫克）	150	140	140
库尔巴哈值（%）	40～45		38～47
糖化力（wk）　≥	260	240	220

注：①淡色麦芽色度仍为2.5～5.0EBC单位。②粉碎细粉的DLFU盘式粉碎机盘间距为0.2毫米，粉碎粗粉的粉碎机盘间距为1.0毫米。

表1.9　焦香、浓色和黑色麦芽理化要求

项　目		优级	一级	二级
夹杂物（%）　≤		0.5	0.8	1.0
出炉水分（%）　≤		5.0		
商品水分（%）　≤		5.5		
色度/EBC	焦香麦芽	25～60		
	浓色麦芽	9.0～13.0		
	黑色麦芽	≥130		
浸出物（以绝干计，%）≥	焦香麦芽	60		

（三）大麦饲用

1. 饲料用皮大麦的国家标准　农业部1988年10月11日批准，1989年9月1日起实施《饲料用皮大麦的国家标准(GB10367—89)》。具体要求是：①感官性状：籽粒整齐，色泽新鲜一致，无发酵、霉病、结块及异味异嗅。②水分：含量不得超过13.0%。征购饲料用皮大麦的水分含量最大限度和安全贮存水分标准，可由各省、自治区、直辖市自行规定。③夹杂物：不得掺入饲料用皮大麦以外的物质，若加入抗氧化剂、防霉剂等添加剂时，应做相应的说明。质量标准及分级标准如表1.10。

表1.10　饲用皮大麦质量标准及分级标准

质量标准	一级	二级	三级
粗蛋白质，%	≥11.0	≥10.0	≥9.0
粗纤维，%	<5.0	<5.5	<6.0
粗灰分，%	<3.0	<3.0	<3.0

2. 饲料用裸大麦的国家标准　农业部1992年9月3日批准，1993年3月1日起实施《饲料用裸大麦的农业行业国家标准（NY/T210—92）》。具体要求是：①感官性状：籽粒整齐，色泽新鲜一致，无发酵、霉病、结块及异味异嗅。②水分：含量不得超过13.0%。各商品和流通环节中的饲料用裸大麦的水分含量最大限度和安全贮存水分标准，可由各省、自治区、直辖市自行规定。③夹杂物：不得掺入饲用裸大麦以外的物质，若加入抗氧化剂、防霉剂等添加剂时，应做相应的说明。质量标准及分级标准如表1.11。

表1.11　饲用裸大麦的质量标准及分级标准

质量标准	一级	二级	三级
粗蛋白质,%	≥13.0	≥11.0	≥9.0
粗纤维,%	<2.0	<2.5	<3.0
粗灰分,%	<2.0	<2.5	<3.5

3. 饲料种类　大麦营养价值比较全面，饲用价值高于其他谷类作物，是优质的饲料。对发展畜、禽、渔业，增加肉、奶、蛋、渔产量有明显的促进作用。目前，用大麦做饲料的种类主要有以下6种。

（1）能量饲料。大麦籽实是能量饲料。在饲用大麦育种上，要求籽实的产量、粗蛋白质、赖氨酸以及脂肪含量都应高。

（2）青饲料。在东北、华北、西北地区及黄河流域，大麦生长60天左右割鲜草，是高质量的青饲料。

（3）青贮饲料。将大麦鲜草切5～7厘米长，压实，密封于青贮塔或青贮窖中，即制成青贮饲料。作青饲料或青贮饲料用的饲用大麦，其品种应前期生长快、分蘖多、茎叶繁茂、抗倒伏、耐病害、高产、优质。

（4）发芽饲料（维生素饲料）。大麦是最常用的调制发芽饲料。利用暖室或温床制成大麦芽或青绿大麦，饲喂幼畜、种畜、高产乳牛及家禽。

(5) 蛋白质饲料(啤酒糟)。啤酒糟是啤酒企业的副产品,其干物质含蛋白质25%左右,还含有多种复合营养成分,是理想的蛋白质补充饲料。

(6) 干草和秸秆饲料。大麦在抽穗前刈割晒干或烘干,即制成大麦干草。若刈割适时,处理得当,它仍具有黄绿色和芳香气味,适口性好。在麦类干草中粗纤维最低,粗蛋白质最高。

(四) 大麦医用 大麦是医食同源作物,其食疗药用价值已被古今医药界公认。

1. β-葡聚糖和d-α-生育三烯醇的医用 澳大利亚专家证明,大麦所含β-葡聚糖能使人体胆固醇降低12%,特别能使低密度脂蛋白胆固醇降低更多。瑞典、美国、澳大利亚的科学家还证明,大麦中除β-葡聚糖能降低鸡、猪、人体的胆固醇外,d-α-生育三烯醇可以从高蛋白大麦的油质非极性部分分离出来,能够抑制人体肝脏内胆固醇的合成。

大麦和燕麦是谷物中可溶性食物纤维的主要来源。大麦的多数可溶性纤维都含有β-葡聚糖,比其他谷物的可溶性纤维优越。1989年美国Newman等分析了长期食用大麦的受试者血胆固醇含量,得出结论:每日服用食物纤维7克的大麦量(相当于100克食用大麦籽实含量),可使胆固醇保持在有害限度以下。有鉴于此,美国营养学家认为:“大麦由于富含高膳食纤维,降低胆固醇,保护肠道和心血管健康,防止肥胖,特别对绝经后的中年妇女更为有效”。

2. 麦绿素的营养及其疗效 麦绿素由日本生物化学和药理学专家荻原义秀博士发现。大麦嫩苗所含的酶、维生素、矿物质、蛋白质、叶绿素以及其他多种营养最为丰富,并确定以大麦嫩叶制造麦绿素。经多年跟踪产品,麦绿素对便秘、贫血、哮喘、胃溃疡、糖尿病、胰炎、过敏病、心脏病、肾脏病、老人斑、肠胃不适、皮肤粗糙、青春痘、肠溃疡、老人疲倦、血压异常(过高或过低)、癌症抑制等病症均有显著效果。

3. γ-氨基丁酸的医用　大麦籽粒中含有的γ-氨基丁酸(GABA)是一种非蛋白功能性氨基酸。具有激活脑内葡萄糖代谢，促进乙酰胆碱合成，降低血压，肝、肾功能活性化，治疗癫痫病，预防肥胖，防止肝硬化和心律失常，防止皮肤老化，对精神性疾病和遗传性疾病具有一定的疗效。在医学上，γ-氨基丁酸对脑血管障碍引起的偏瘫、记忆障碍、儿童智力发育迟缓、精神幼稚等有较好疗效。赵大伟等（2009）发现云南省迪庆州的青稞籽粒富含γ-氨基丁酸，其含量为每百克青稞籽粒29.51±1.20毫克。极富药用价值。

4. 抗性淀粉的医用　大麦抗性淀粉（RS）是不被健康人体小肠吸收的淀粉及其降解物的总称。具有控制餐后血糖，防糖尿病，降血脂和控制体重，有利于肠道健康和防结肠癌，降低患胆结石频率，促进锌、钙、镁离子吸收等重要生理功能。它通过降低餐后血糖、血清胆固醇、甘油三酯和增强胰岛素敏感性来防治代谢综合症。杨涛等（2007）通过测定发现，云南省二棱皮大麦品种富含抗性淀粉，高达18.29±1.10%。具有很高的药用开发价值。

(五) 其他用途　在纺织工业上，常用浓度0.25%～0.50%的大麦芽浸出物中丰富的淀粉酶使布匹脱浆。还可用来加深纺织品的印染色度和最后的润色。在造纸工业上，将麦秆制成纸浆，再经过化学法分离出纤维，进而将纸浆纤维切短分丝，按纸张产品要求加入填料制成抄纸。在化学工业上，制取酒精，提取氧化物歧化酶；利用大麦加工副产品提取酵母、核苷酸、乳酸钙等。在核工业上，利用大麦提制重水。因为大麦发芽时只吸收普通水，剩下重水。用重水可获取重氢。重氢是产生原子核聚合反应的重要原料。在编织手工艺上，主要利用大麦穗下节间制做扇子、草帽、草垫、草篮和玩具等多种编织工艺用品。我国浙江省慈溪是著名草编工艺产地，其草帽多彩多姿，远销日本、美国以及西欧诸国。

第二节 大麦栽培技术

一、大麦的种植方式

大麦是较耐连作的作物，在轮作中有重要作用。大麦对多数土壤传染的病害有较强的抵抗力，是多数易感染土传病害的作物如西瓜、烟草、豆类以及蔬菜等作物的良好前作。

我国地域广大，各地自然条件、生产条件和作物种类差异很大，大麦的种植方式多种多样。为便于对种植方式进行书写和表达，常运用下列一些符号：→表示作物年间的轮换，—表示作物年内的轮换或复种，＋表示不同作物的间作，∽表示作物年内套种，×表示不同作物的混作。

(一) 冬大麦区

1. 黄淮区　大部分地区适宜一年二熟或二年三熟。夏收后复种的下茬作物大多为棉花、水稻、夏玉米、夏甘薯、大豆、芝麻等作物。本区是我国最大的棉花产区。目前除冬小麦与棉花间作或套作外，积极发展冬大麦和夏播棉一年两熟制，并在黄淮海平原南部棉区推广大麦与棉花套作。

(1) 冬大麦与夏作物套种。冬大麦∽夏作物（玉米、谷子、甘薯等）→冬大麦∽夏作物；春杂粮→冬大麦∽夏作物。

(2) 大麦与烟草、甘薯、谷子等复种轮作。春烟→冬大麦—大豆或玉米→小麦—大豆或绿豆→大麦—夏烟（皖）；春烟→冬大麦—玉米或大豆→冬大麦—甘薯（豫）；冬大麦—夏烟→冬小麦—夏烟（鲁）；春烟→冬小麦—甘薯→冬大麦—谷子（或休闲）→春烟。

2. 长江中下游区　长江中下游区是我国大麦主产区之一。有水田和旱田两种种植方式。

(1) 水田种植方式。大麦（或小麦）—水稻→油菜—水稻；

大麦—早稻—晚稻→油菜—早稻—晚稻（浙、湘、苏南、沪等）。在水浇条件差的丘陵地区或山区，大麦∽早大豆—晚稻→油菜—双季稻；大麦∽玉米—晚稻。

为了发展经济作物，提高复种指数和经济效益，在水田常采用下列方式：大麦∽西瓜—早稻→大麦—夏菜—秋菜→大麦—早稻—蔬菜；大麦∽大豆（或花生）—晚稻，或大麦—早稻∽大豆（或花生）。后两种方式在闽南和广东省丘陵地区采用较多。目的是改良土壤，提高地力。

（2）旱地种植方式。南方地区多数省份的旱地约占耕地面积的2/5～1/2。在麦、棉两熟地区，主要有麦行套种、麦收后营养钵育棉苗移栽和麦收后直播棉花三种方式。要解决麦、棉两熟在时间上的矛盾，选种早熟大麦可粮棉双收。在江汉平原也有采用小麦间作大麦套棉花的方式。在江苏省沿江高沙土地区脱盐碱土壤上，集中产棉区多采用下列种植方式：大麦∽棉花→蚕豆＋大麦∽棉花；大麦＋蚕豆（豌豆）∽棉花→大麦＋蚕豆（豌豆）—高粱或玉米或大豆；大麦＋小麦∽棉花→小麦＋蚕豆∽棉花；大麦∽早大豆∽棉花→小麦∽棉花。

在分散棉区，实行两年四轮复种制。如大麦∽棉花→蚕豆（大麦）∽玉米＋赤豆＋黄豆；大麦＋蚕豆∽棉花→大麦∽早玉米∽甘薯。在南方丘陵地区的沙壤上，休闲—春玉米＋花生→大麦∽花生。

3. 四川盆地区　水田以大麦—中稻两熟为主。旱地种植大麦—棉花，大麦—玉米—甘薯（此种方式占旱地面积的78%），大麦—花生＋玉米，大麦—甘薯（或高粱）等。

4. 云贵高原区

（1）贵州省主要种植方式。一年两熟地区，水稻—大麦（油菜或绿肥），玉米—大麦（油菜或绿肥）。一年三熟地区，旱地玉米—大麦—甘薯，水田稻—稻—大麦。

（2）云南省主要种植方式。水稻连作大麦，玉米连作大麦，烤烟连作大麦，烤烟套种大豆再连作大麦，果园地间套大麦等。

（二）春大麦区 北方春大麦区基本上一年一熟制。

1. 黑龙江省 春大麦多为旱地种植方式。以大麦→玉米→大豆为主，其次是大麦→甜菜→大麦→大豆。

2. 内蒙古自治区 呼伦贝尔市（包括兴安盟）是我国新兴的啤酒大麦基地，2008 年面积达 25 万公顷。大麦主要种植方式：油菜→大麦→马铃薯，马铃薯（或亚麻）→大麦→大麦，休闲（或油菜）→大麦→大麦。西部内蒙古高原麦区多为休闲→大麦→荞麦→胡麻（油用亚麻）。

3. 宁夏自治区 近年来大麦面积约 0.67 万公顷，主要为啤酒大麦，多在水田种植。其种植方式是：大麦→水稻→大麦→水稻，大麦→根类蔬菜→大麦，大麦→甜菜→大麦→糜子或豆类。

4. 甘肃省 甘肃省啤酒大麦产区在定西市以西地区。2002 年以后，每年面积在 10 万公顷左右。其前茬作物是甜菜（或为油菜、豆类、玉米）。甘南裸大麦产区一年一熟制麦区，青稞连作豌豆（或油菜、马铃薯、豆类）。

5. 新疆自治区 2002 年以后，每年面积在 6 万公顷左右。主要种植方式：大麦→棉花→大麦，大麦→玉米→油菜，休闲→大麦→豌豆。

（三）裸大麦区

1. 冬青稞种植地区 察隅、墨脱等县虽可一年三熟，但主要是一年两熟制。主要种植方式：冬青稞—水稻→冬青稞—水稻，冬青稞—玉米（或谷子、荞麦、豌豆）→冬青稞—谷子（或玉米、糜子、豌豆）。

2. 春冬青稞混种地区 八宿、左贡、芒康、波密等县多为一年两熟制。主要种植方式：冬青稞—玉米→冬青稞—荞麦。

3. 春青稞种植地区 青藏高原绝大部分地区为一年一熟制。其种植方式有以下几种。

（1）人多地少地区。耕作较为精细，多以豆类和麦类轮作。

传统的种植方式有：以青稞为中心的轮作方式，青稞×豌豆（或蚕豆、雪莎）→油菜×蚕豆（或豌豆）→青稞；以青稞、小麦兼顾的方式，油菜×豌豆→青稞→小麦，青稞→油菜×豌豆→小麦。

（2）地多人少地区。以休闲或种植油菜、豆科作物（雪莎）与青稞、小麦轮作为主。一般因地力而异。肥力较好的上等地通常不休闲，轮作方式有：雪莎（或油菜）→青稞→青稞×豌豆→青稞×豌豆；肥力中等的农田则采用青稞×豌豆→青稞×豌豆→休闲（或雪莎）→青稞；土壤水肥条件差的地区，休闲（或油菜×豌豆）→青稞→小麦，绿肥→青稞→油菜×豌豆→小麦；干旱山区，豌豆（或休闲）→青稞→马铃薯，休闲→青稞→豌豆。高寒山区，休闲→青稞→油菜，油菜→青稞。

二、优质高产田的土壤条件

大麦对土壤的适应性虽较广泛，但要达到优质高产，必须创造一个水、肥、气、温相协调的土壤环境，以满足生长发育的需要。优质高产大麦田一般应具有如下特点。

（一）有机质丰富，养分协调　土壤有机质含量多少是衡量土壤肥力高低的重要标志。有机质通过矿质化过程可以释放出氮、磷、钾养分，在分解过程中生成具有胶结能力的腐殖质，与土壤矿质颗粒相结合，形成土壤团粒结构，可以增加土壤孔隙度，有利于协调土壤中水、肥、气、温的矛盾。据报道，有机质多在1.5％以上，全氮0.1％～0.2％，速效磷20～30毫克/千克，速效钾50～100毫克/千克，其他微量元素也不缺乏。

（二）耕作层深厚　大麦根系主要分布在30厘米左右的土层内，其中60％根系量分布在20厘米的土层中。高产麦田土壤应深厚而疏松，耕作层深度不少于15厘米，最好达20厘米以上，孔隙度51％～55％，土壤容重1.2～1.3克/立方厘米。

（三）酸碱度适中 大麦适宜在较肥沃的黏壤土、壤土及中性或微碱性土壤上种植，要求土壤酸碱度大于pH6。否则，会发生酸害，致使根系发育不良，叶片发黄，分蘖少，甚至没有分蘖。

（四）地下水位低 大麦根系弱，耐湿性明显差于小麦。据观察，大麦高产田块冬季地下水的埋藏深度应在50厘米以下，春季也不浅于40厘米。

如何为大麦创造良好的土壤条件？根据我国各地改土经验：其一，深耕结合增施有机肥，可以加快改良土壤结构和培肥地力的速度。其二，合理施用石灰，酸性土壤适量施用石灰，可使大麦避免酸害，取得明显的增产效果。其三，降低地下水位是平原水网地区大麦丰产的必需条件，务必使麦田内外沟渠配套。

三、大麦田精细整地

精细整地是保证苗全、苗齐、苗壮的关键。要求达到“深、细、平、实”，即深耕打破犁底层，改善土壤物理性状；及时耙耱，耙碎土垡，不留暗坷垃；地面平整；表土细碎，下无架空暗垡，上虚下实，达到调整水、气比例和紧实度的目的。大麦整地方法因轮作制度、土质、地形不同而有不同。

（一）稻麦两熟地区整地 稻后种大麦，应在水稻黄熟期逐渐将田间积水排干。在黏性较重、地下水位较高的地块，更应在稻收获前排清积水，收割后抢晴整地。要趁表土发白、脚踩不陷、耕翻垡块容易碎散时翻耕，充分耙细耙匀，使土壤上虚下实，畦面细碎平整。前作早稻或早中稻地区，耕翻时间较充裕，可翻耕两次。第一次在立秋至处暑，耕后不耙，晒白熟土；第二次在播种前，可略深耕，并耙地。稻田种麦应适当连片。整地时开好厢（畦）沟、腰沟、围沟和主沟。一般厢宽2.6～3.3米，厢沟深20～26厘米，腰沟和围沟深33～40厘米左右。达到沟深、沟窄、沟直，沟沟相通，保证排水畅通和提高土地利用率。

(二) 棉麦两熟地区整地 棉后种麦时间紧张，可在每个棉株上留2～3个棉铃，提前拔起整地。在棉花生育后期深中耕，做到有雨蓄墒。如前作棉田后期干旱，还要于收获前几天灌“串茬水”，以便蓄足底墒，及时耕作，不误种麦。

(三) 春大麦地区整地 春大麦产区大多一年一熟制，前作收后有充足的时间耕作。同时，本区又多干旱少雨，耕整土壤要考虑蓄雨保墒的要求。因此，春大麦土壤耕翻的要点是“早、深、多”。前作收后要及早深耕，充分利用气温较高的条件，提高土壤的熟化程度。耕翻深度要逐年加深，有条件的地区可逐步加深到33厘米左右（但不可将生土层耕翻）。耕翻次数年前2～3次，浅、深、浅交替进行，冬前最后一次耕翻宜浅。

在秋旱地区，适时浇底墒水，不仅有利于蓄足底墒，通过冬季早春冻消作用，还可疏松土壤，便于整地播种。冬浇前要修好田埂，防止串浇和漫灌。浇水时间一般以土壤夜冻昼化时节浇完为宜。过早浇水，水分蒸发损失大，浇水过晚，地面结冰，影响翌年适时春播。

盐碱地在前作收后，应及早灌“泡茬水”，待地皮干后浅耕灭茬，再深耕晒垡。夏茬地可利用伏天高温季节耕翻灌水泡田，以提高洗盐效果。春季要早耙、多耙、深耙，松土破板结，散湿增温，防止返盐，以利早播夺全苗。

江苏省1985年推广稻茬免耕大麦，播种面积达108万公顷。免耕麦主要适宜长江流域复种指数高、大麦面积大、劳力少、土质黏重、多雨的稻麦两熟地区推广。宜可在地多人少、机械化水平高的黑龙江省国营农场推广。如秋季收获玉米，同时将玉米秸秆打碎，留在地面上作覆盖，早春将复合肥撒在冻土上。播种时，用免耕播种机开沟播种大麦。土壤杀虫剂与肥料混施。除草剂在播后喷撒。

四、大麦营养特性与合理施肥

（一）大麦的营养特性 大麦是一种快速吸收营养、生长发育较快的作物。它在生长前期（即出苗到拔节）对营养条件的需求十分迫切（表 1.12）。在抽穗前要吸收一生中 3/4 的氮素、近 1/2 的磷素和 3/5 的钾素。拔节后渐减。吸收磷的最高峰在生长后期。在始花期以前，大麦已从土壤中吸收 80%～85%的养分。因此，为了确保优质高产，从生长开始或 2 叶期后要保证大麦所需的全部养分。

表 1.12 大麦各生长发育阶段三要素吸收量

生育阶段	氮（N）		五氧化二磷（P_2O_5）		氧化钾（K_2O）	
	克（以 100 克干物质计）	%	克（以 100 克干物质计）	%	克（以 100 克干物质计）	%
分蘖	3.499 2	40.90	0.263 5	21.93	6.698 5	23.00
拔节	2.972 5	34.74	0.291 0	24.21	11.138 7	38.25
抽穗	0.768 9	8.99	0.170 0	14.15	5.017 4	17.23
乳熟	0.562 7	6.58	0.148 7	12.37	4.468 4	15.34
成熟	0.752 0	8.79	0.328 6	27.34	1.801 1	6.18

注：品种为藏青稞。水培试验。青海省农林科学院土肥所，1964 年。

1. *对氮素的需求* 氮是构成细胞原生质和合成蛋白质的主要成分之一，它能促进大麦根、蘖、茎、叶的生长，增加植株绿色面积，加强干物质积累和增产。缺氮则会阻遏生长，使株矮穗小、早熟减产。氮素过多则植株徒长，易倒伏减产。食用和饲用大麦要求产量和籽粒的含氮量都高，而啤酒大麦要求适量的蛋白质含量和高淀粉。因此，食用和饲用大麦的需氮量高于啤酒大麦。

2. *对磷素的需求* 磷肥促进根系发生、发展和早分蘖，提高抗旱和耐寒能力。在生长后期促进穗的形成、开花和早熟。如缺磷肥，根系发育受抑，蘖减少，叶色由暗绿转紫，抽穗开花延迟，灌浆减缓，品质变差，粒重降低。据综合报道，磷肥施用量要根据大麦种植地区的光照和温度条件来决定，并注意氮、磷、钾三要素的平衡。大麦在温度低和短日照条件下，增磷会显著延续抽穗期而减产。在提高温度和长日照条件下，增磷能获得较高的产量。磷的土壤测定一般来说是可靠的，可以采用。由于磷在土壤中较稳定，所以在播种前或播种时就应将它施入土壤中。播种前施磷的冬大麦其越冬存活率和产量都明显提高。冷凉土壤施磷效果更好。

3. *对钾素的需求* 缺钾引起植株矮化，使节间缩短，分蘖过多，穗、粒小，过早成熟。叶片尖端现褐斑，渐向下蔓延，致使下部叶早枯，茎脆弱易倒伏。增施钾肥可促进根系发育，壮秆抗倒，增强植株抵抗低温、高温和干旱的能力，提高籽粒饱满度、增产并改善品质。

此外，在大麦生长发育过程中，碳、氢、氧元素约占大麦干物质的95%左右，主要从空气和水中吸收。氮、磷、钾、钙、镁、硫等元素的含量占4.5%，锰、铜、锌、铁、硼、钼、硒等微量元素全靠根从土壤中吸收。各种元素对大麦的生育作用有异，但不可替代，缺乏或过多或配合失调，都会形成营养元素缺乏症。

（二）大麦的合理施肥 合理施肥的目的是既要充分满足大麦全生育期所需要的营养元素，又要重点保证大麦分蘖期和拔节孕穗期两个吸肥高峰的需要。达到促进高产优质，满足市场需求，提高经济效益，调节食物链，减少环境污染，增加人类健康的目的。

1. *施肥量确定* 施肥量是一个比较复杂的技术问题。据国内外综合报道，氮、磷、钾三要素是大麦高产优质的主要因素，每生产100千克籽粒大约需要从土壤中吸收纯氮3.0千克、五氧化二磷1.0～1.5千克、氧化钾1.0～2.0千克。以氮肥为例，江苏省盐城市作物技术指导站的研究结果是：每公顷产大麦籽粒5 250～6 000千克，需施纯氮187.5～225.0千克；每公顷产6 000～7 500千克，需施纯氮225.0～300.0千克。据甘肃省农业科学院的研究，在河西走廊，要获得每公顷6 000千克、蛋白质含量≤10％的啤酒大麦籽粒，应施纯氮125.0～137.7千克，五氧化二磷110.7～124.2千克。其氮磷比为1∶1.1。

20世纪80年代广泛开展了配方施肥研究，并在稻麦作物上大面积得到推广。到2005年，已经在全国普及测土配方施肥技术。配方施肥包括“配方”和“施肥”两个部分。“配方”，即产前根据作物所要达到的目标产量求得所需各种养分量和土壤中各种养分的有效供给量，两者综合平衡后，提出氮、磷、钾等养分的需要量，再计算出各种肥料的施用量、配比等。“施肥”，在确定肥料的配方以后，根据当地土壤肥力水平、前作和供试作物的需肥特点、肥料的性质等确定施肥时间、施肥方法以及与其他农艺措施的配合等。各地大麦种植者应积极主动与当地县、乡两级土肥站技术人员配合，大力推广大麦配方施肥技术，精确测量、精确配方、精确施肥，以达到节肥、增效、减污的目的。

2. 施肥原则　前期重点促早发，壮苗争多穗；中期平稳生长，防倒伏；后期适当补肥，防早衰，争粒重。即以“前促、中稳、后补”为大麦施肥的原则。

3. 施肥时期确定　用叶龄作指标确定大麦施肥时期较为合适（翁训珠，1985）。决定大麦穗数的有效叶龄期为6/0叶期（总叶数为13叶以上的品种）和5/0叶期（总叶数为11～12叶的品种）。决定大麦粒数的有效叶龄期，多棱品种为8/0～9/0叶期，二棱品种为7/0～8/0叶期。因此，增施穗肥必须在决定大麦穗数的有效叶龄期，即5/0～6/0叶期前施（即准分蘖阶段）；增施粒肥必须在决定粒数的有效叶龄期，多棱品种8/0～9/0叶期，二棱品种7/0～8/0叶期（即准孕穗阶段）。

4. 合理施肥的方法　根据大麦不同生长阶段的需肥特点和肥料种类，使用不同的施肥方法。其一，注意有机肥与无机肥结合，用地与养地相结合。综合各地的高产实践，大麦施用的纯氮总量中有机肥与氮素化肥的比例一般4∶6或3∶7。如纯氮总量15千克，化肥占60%，即9千克，可施用尿素；有机肥占40%，即6千克，可施用50千克饼肥和一定数量的粪肥。其二，增施氮、磷化肥。我国北方春大麦区土壤养分的特点是缺氮，少磷，钾丰富。种植啤酒大麦特别要注意增施氮和磷肥，并注意氮肥和磷肥的施用比例。黑龙江省东部垦区种植垦啤麦8号，种植密度400万～450万株/公顷，每公顷施商品肥202.5～225千克，氮磷比1∶1.2，全部作基肥。西北地区种植甘啤4号，播种量225千克/公顷，每公顷施纯氮120～150千克，氮肥和磷肥的配比为1∶0.8～1.1为宜，并且作底肥一次性施足，不再追肥。其三，追肥与浇水相结合，追肥次数不宜过多。例如，春大麦应在2～3叶期结合浇头水追施氮肥，促进分蘖，早生快长。此外，南方冬大麦区在生长后期还有叶面追肥（或根外追肥）的做法。

五、种子处理与合理密植

（一）优良品种的种子处理　选用大麦优良品种是一项行之有效的增产措施。一个地区以选用两个优良品种为好，切忌品种多而乱。这对于啤酒大麦生产基地来说至关重要，必须恪守。

我国1976年1月颁布的《主要农作物种子分级标准》对大麦种子分级标准有严格要求（表1.13）。

表1.13　大麦种子国家分级标准

良种级别	皮大麦				裸大麦			
	纯度≥%	净度≥%	发芽率≥%	水分≤%	纯度≥%	净度≥%	发芽率≥%	水分≤%
原种	99.8	99.0	90.0	13.0	99.8	98.0	90.0	13.0
一级	99.0	99.0	90.0	13.0	99.0	98.0	90.0	13.0
二级	98.0	95.0	85.0	13.0	98.0	96.0	87.0	13.0
三级	96.0	85.0	85.0	13.0	96.0	96.0	85.0	13.0

播种前，种子处理包括晒种、精选、拌种、浸种等主要准备工作。

1. 晒种与精选　晒种可改善种皮透性，播种后吸水膨胀快，促进酶的活动，提高发芽率和出苗。一般应在播种前摊晒 2～3 天。晒干的种子需进行风选和筛选，播种前也可进行泥水、盐水或硫酸铵溶液浸种，以选出大粒饱满的种子。有条件时最好选用精选机进行。

2. 拌种与浸种　拌种是在大麦播种前将种子拌上药剂，防治病虫害的一种方法。有以下几种拌种：①生物拌种剂。生物拌种剂为生物防治杀菌剂（简称生防菌），属于真菌寄生菌。当生物菌通过拌种附着在大麦种子表面时，可寄生杀死种子表面的真菌；生防菌也可随水分进入大麦幼芽内，寄生杀死幼芽内的真菌。若它随水分进入大麦植株体内后，可长时间生存，只要植株表面受到真菌侵害时，它可随时寄生杀死有害真菌，所以生防菌防治病害具有长效性，特别是对拔节至抽穗期以后叶片及穗部发生的真菌病害有较好的防治效果，如大麦条纹病、大麦网斑病、大麦根腐病和大麦黑穗病等。生防菌除含有真菌寄生菌外，还含有促生菌、固氮菌、解磷菌、解钾菌。生防菌拌种是当今世界上既先进又无污染的防治方法。对于前述 4 种病害的防治效果是：大麦条纹病为 95.8%、大麦网斑病为 88.7%、大麦根腐病为 93.8%、大麦黑穗病为 89.2%。生防菌使用方法：先将 10 千克生物拌种剂与 20 千克水搅拌均匀，再与 1 000 千克大麦种子均匀混和，为防止结块，应在水泥场院翻倒 2 次。②立克秀拌种。2%立克秀可湿性粉剂是目前防治大麦条纹病、网斑病、根腐病、黑穗病最好的化学药剂。它对这 4 种病害的苗期病防治效果达 90%以上，但对拔节期以后发生病害则没有防治效果。手工方法：使用 2%立克秀可湿性粉剂拌种，其用量为种子重量的 0.15%。2 千克 2%立克秀加水 15 千克，形成 11.8%的药液，用水舀往大麦种子上泼，均匀混拌大麦种子 1 340 千克。机械方法：拌种机每罐装水 20 千克，可拌种 800 千克，即每 20 千克水加上 2%立克秀可湿性粉剂 1.2 千克，配药浓度为 5.7%。配药计算方法：1 000 千克大麦种子：1.5 千克立克秀＝800 千克大麦种子：立克秀用药量。即用药量＝1.5 千克立克秀×（800 千克麦种÷1 000 千克麦种）＝1.2 千克。③速保利或三唑醇药剂拌种。在西北大麦区，为防止大麦条纹病，使用 15%速保利或 15%三唑醇，以种子量 0.1%～0.3%的比例湿拌种子。此外，据甘肃省农垦研究院试验，用种子量的 0.1%"百坦"（羟锈宁，德国进口 5%可湿性粉剂）拌种，防治大麦条纹病达到 99.1%。

浸种催芽是将种子放入水中浸泡，24 小时后捞出，摊成 30 厘米厚，上面覆盖湿麻袋。注意翻动和淋水保湿、保温，保持 16～20℃。待种子露白后，摊凉，即可播种。浸种催芽播种比干籽播种提早 3～8 天出苗，提早 2～3 天分蘖。有一定的增产作用。但在盐碱地或干旱地区一般不宜采用。用植物激素（如用 40 毫克/升萘乙酸水溶液浸种 6 小时，晒干播种；用 50%的矮壮素 0.5 千克，加水 10 千克，喷洒 100 千克麦种，晾干播种）或微量元素如硼、锌、锰、硒等浸种或拌种，均有一定的增产效果。

（二）合理密植 合理密植的目的是调节个体与群体协调发展，解决大麦增穗与增粒的矛盾，既保证单位面积有足够的穗数，又使每穗粒数和粒重不下降或下降很少，使三者的乘积达到最大值，实现高产。为了实现合理密植，应根据"以田定产，以产定穗，以穗定苗"的原则，以合理的基本苗数作为群体的起点。基本苗的确定：首先，根据地力的高低、肥料投入量的多少预计出单产水平；其次，按照所使用品种的每穗粒数和常年千粒重，计算单穗粒重，以单产除以单穗粒重得出理论每公顷穗数，再以理论每公顷穗数除以 0.9，即可得出实际需要的每公顷穗数；第三，根据产量水平、品种分蘖特性及播种早晚，对单株成穗数作出估计，以每公顷穗数除以单株穗数，得出每公顷所需要的基本苗数。

例如，种植二棱大麦品种，每公顷产量3 750千克，常年每穗粒数22粒，千粒重38克，则单穗粒重为22×38÷1 000＝0.836克。每公顷理论穗数为3 750×1 000÷0.836＝448.5万穗，再除以0.9，得出实际需要的穗数为498.3万/公顷。单株成穗以1.5个计算，每公顷基本苗数为498.3万÷1.5＝332.2万。

各地大麦栽培实践表明，东北平原种植垦啤麦8号，按4 500千克/公顷计，每公顷400万～450万基本苗。甘肃省种植法瓦维特，每公顷产量6 000千克，种植密度为每公顷225万～300万苗。江苏省种植苏啤4号，单产6 000千克/公顷，在啤麦纯作区，每公顷基本苗225万；棉套麦区，每公顷基本苗195万。

六、不误农时适时早播

（一）冬大麦播种适期 大麦适宜播种期的平均温度约14～16℃，要求越冬前有40～50天时间，幼苗能形成2个左右的分蘖，从播种到年底需积温350～400℃。各麦区播种适期：黄淮平原麦区9月下旬到10月中旬；长江上游麦区的云、贵、川等省的平坝地区约10月中旬到11月中旬，高寒山区在9月下旬到10月上旬；华南麦区11月中旬到12月上旬。西藏冬青稞播种期9月下旬至11月下旬。同一地区，海拔每升高100米，播种期需提早3～5天。同一地区应用不同品种类型时，应先播冬性品种和半冬性品种，后播春性品种。此外，还要根据地势、土壤性质以及肥水条件加以调整，一般先播旱地、瘦地、岭地、阴冷地、盐碱地。北部冬大麦区旱地要抢墒适时早播。

（二）春大麦适时早播 当春季平均气温稳定在0～2℃，表土化冻到适宜播种深度时开始播种。在正常年份，各地春播大麦的适期播种范围是：东北地区北部4月上旬，大兴安岭西麓大部分地区5月下旬，林区5月15～25日。冀、晋、内蒙古中西部、陕、甘、宁、青约3月下旬至4月上旬。新疆3月中旬始，由南向北渐推迟。西藏高原春青稞3月至6月播种。中部河谷农区播种期4月10日开始，山区和海拔4 100米以上农田4月初开始播种。

（三）播种质量 在精细整地的基础上，注意掌握播种深度。播种的适宜深度因气候、土质和墒情而异。北方秋旱频率高，播种深度以3～4厘米为宜；南方气候温暖，土壤水分比较充足，播种深度以2～3厘米为宜。旱地和沙地播种后需及时镇压，以利发芽、出苗。稻田种麦如土壤湿度太大，则不宜镇压。

我国各地采用的播种方法主要有撒播、点播和条播。目前，北方普遍采用机械条播。条播落粒均匀，覆土深浅一致，出苗整齐，通风透光好，利于机械化栽培。南方稻茬麦田，土壤黏重，整地质量差，一般人工撒播。用免耕条播机播种，效率高，增产显著。

我国青藏高原地区，撒播曾是主要的播种方式。具体包括两种：一是耕地前将种子撒在地表，用藏式犁浅耕翻，既翻地又埋种子，使种子分布到犁底以上各个层面，造成种子出苗不齐。二是先在地表撒一部分种子，然后在犁地覆土时再顺沟撒另外一部分种子，撒完耕平土壤。以上两种撒播方式的播种深度1～13厘米，出苗率只有43%左右，每公顷90万～165万基本苗。

顺犁沟条播是西藏20世纪80年代以前的主要播种方式。即用藏式犁（或山地犁）浅耕翻，深3～5厘米，顺犁沟边耕边撒种子，播完耙平，出苗基本成行，并可松土锄草。出苗率在65%左右。播种量每公顷180～225千克。到20世纪80年代，引进西安七行畜力播种机，深受欢迎，出苗率70%，高达90%。目前，在河谷农区已普遍推广机械条播、收割机收获，农村仍以小型畜力播种机为主要播种方式，播种量每公顷150～195千克。

七、田间管理

在大麦全生育期进行的精细田间管理，包括确保全苗、前期镇压、中耕除草、追肥灌溉、收获贮藏等内容。

（一）确保全苗 出苗后要及早全面查苗，发现缺苗或断垄，抓紧用催芽种子进行补种或移密补缺，并以肥水促进，达到迟苗早发。

（二）前期镇压 在北方，春大麦播种后常遇干旱。要及时镇压，破碎土坷垃，促进毛细管水上升，提墒，促进种子萌发、出苗。土壤湿度过大的地块、低洼盐碱地以及播种过深的地块，都不宜镇压。南方稻茬麦区，大麦出苗后进入分蘖阶段（即三叶期）开始第一次镇压，每隔7～10天再镇压一次。镇压可促进根系发育，分蘖发生，使主茎和分蘖生长整齐一致；促上控下，增强抗倒能力；防冻、保肥、保温。镇压的方法有石磙滚压、人踩、沟撬或木榄拍压，也可用镇压器进行机械镇压。镇压与施肥结合，以发挥增产作用。

（三）中耕除草 中耕既可增加土壤通气性，又起到松土保墒作用，还可提高土壤温度，促根壮苗。中耕松土一般多在分蘖期至拔节封垄阶段进行，2～3次。中耕应与除草相结合。北方春大麦除草包括播种前除草、三叶期除草、中后期拔大草。

1. 播种前除草 呼伦贝尔市大麦播种期最迟在5月末至6月上旬。一般5月下旬多年生禾本科杂草偃麦草、光稃茅香、芦苇已出苗3～4片叶，一年生野燕麦，多年生阔叶杂草叉分蓼、狗筋麦瓶草，多年生阔叶杂草蒙古蒿、大籽蒿等已出苗，采用草甘膦播种前灭生性除草效果好。除一年生、多年生单子叶和阔叶杂草，每公顷用41%农达水剂商品量2.7升，对水225升（每亩[①]使用41%农达水剂商品量180毫升，对水15升）。除多年生

① 亩为非法定使用计量单位，15亩=1公顷。

禾本科杂草和阔叶杂草，每公顷用41%农达水剂商品量3.75升，对水225升（每亩使用41%农达水剂商品量250毫升，对水15升）。化学除草的第二天即可播种大麦。

2. 三叶期除草　啤酒大麦三叶期是抗药性最强的时期（此时杂草2～4叶期），也是茎叶化学除草的最佳时期。茎叶喷药要注意：一是在叶片无露水时进行，二是喷药后6小时内不能降雨，三是中午11～14时高温期禁止施药。

配方1：每公顷用72% 2，4-D丁酯乳油（商品量）525毫升，加20%绿黄隆可溶性粉剂（商品量）45克，对水225升（即每亩用72% 2，4-D丁酯乳油商品量35毫升，加20%绿黄隆可溶性粉剂商品量3克，对水15升），喷洒茎、叶。主要防治灰草、卷茎蓼（二叶期以下）、马氏蓼、桃叶蓼、苣卖菜（三叶期以下）、刺儿菜（三叶期以下）、大籽蒿、蒙古蒿、茵陈蒿、野油菜。此方最廉价，除草谱范围最窄。

配方2：每公顷用72% 2，4-D丁酯乳油（商品量）525毫升，加70%苞豆收可溶性粉剂（商品量）15克，对水225升（即每亩使用72% 2，4-D丁酯乳油商品量35毫升，加70%苞豆收可溶性粉剂商品量1.0克，对水15升），喷洒茎、叶。可防除所有农田一年生、越年生及多年生阔叶杂草。

配方3：每公顷用72% 2，4-D丁酯乳油（商品量）525毫升，加20%绿黄隆可容性粉剂（商品量）45克，加6.9%大骠马水乳剂900毫升，对水225升（即每亩使用72% 2，4-D丁酯乳油商品量35毫升，加20%绿黄隆可溶性粉剂商品量3克，加6.9%大骠马水乳剂60毫升，对水15升），喷洒茎、叶。可防除一年生三叶期以下的野燕麦、稗草、金狗尾草、法氏狗尾草（除阔叶草方法同配方1）。

配方4：每公顷用72% 2，4-D丁酯乳油（商品量）525毫升，加70%苞豆收可溶性粉剂（商品量）15克，加6.9%大骠马水乳剂900毫升，对水225升（即每亩使用72% 2，4-D丁酯乳油商品量35毫升，加70%苞豆收可溶性粉剂商品量1.0克，加6.9%大骠马水乳剂60毫升，对水15升），喷洒茎、叶。防除野燕麦、稗草、狗尾草等一年生禾本科杂草及所有一年生、越年生和多年生阔叶杂草。

3. 中后期拔草　大麦封垄后，只能人工拔大草。收获前7～10天拔大草应与清除杂株结合进行。

（四）追肥灌溉

1. 分期追肥　在大麦齐苗到二叶期间，需施一次提苗肥，促进早分蘖和多分蘖。苗肥的施用量要根据基肥施用量、土质和苗情决定。如基肥足，并含有足量速效氮肥作种肥，土壤保肥力强，麦苗健壮，则少施或不施。反之，可早施多施。如天旱土燥，苗肥应与浇头水结合。拔节孕穗肥必须根据当地看苗、看品种、看天气灵活掌握，做到及时适量施用。如果拔节时叶色正常褪淡，可在拔节后第一节定长时施拔节肥，施肥量约占总施肥量的15%～20%。如果拔节时叶色浓绿，叶片披垂，群体大，是旺长现象，应推迟到叶色褪淡后再施。若拔节时期叶色落黄早、叶片窄，是需肥的表现，则应早施，并适当增加用量。未施用拔节肥的高产麦田，如旗叶抽出时叶色较淡，可施孕穗肥，其用量要少于拔节肥，一般以施速效化肥为宜。在抽穗开花期间叶面喷施磷肥，或氮、磷肥混合喷施，可增加粒数和粒重。一般以2%的过磷酸钙浸出液或500倍磷酸二氢钾溶液喷施。喷施氮肥以1%～2%的尿素或硫酸铵溶液为好，氮、磷肥混合喷施效果更好，但溶液总浓度以3%为宜。

2. 适时灌排　大麦虽为旱生作物，但需水量比黍、谷、高粱多2/3，比小麦少，但远比马铃薯、大豆、向日葵节水。每生产1千克大麦干物质要消耗534千克水。日本石川正义研究，大麦种子发芽耗水约为种子重量的48.2%～60%，出苗到拔节需水占全生育期耗水量的10%，从拔节到抽穗约耗水35%～40%，齐穗至灌浆约耗水20%～24%，灌浆到成熟约耗水8%左右。总之，大麦全生育期需水量 323 毫米。根据我国大麦分布和生育期内降水量关系，大致有 4 种情况：①降水量适宜于大麦生长发育地区，是我国大麦主产区。如青藏高原和长江中下游大部分地区，大麦生育期内降水量多在 300～600 毫米。②降水量严重不足。如西北春大麦区和黄淮冬大麦部分地区，需要 1～3 次灌溉水，才有较好收成。③降水量略感不足。降水量在 200 毫米的高寒山区，由于气温偏低，蒸发量相对下降，旱作栽培大麦在常年能有较好收成。④降水量过多地区。如长江以南地区的长沙，大麦生育期内降水量在 812.2 毫米，若种大麦必须做好田间排水系统。

大麦正常生长发育需要的最适宜田间持水量为 65%～75%。土壤持水量 60%为大麦生长下限，小于 40%大麦会凋萎枯死；若超过 90%，大麦根系易遭渍害。

据各地试验研究，在有灌溉条件的大麦产区，若全生育期灌三次水，第一次应在三叶一心分蘖期，第二次在挑旗或抽穗期，第三次为灌浆水。在水力条件好的地区，又有干热风危害，应在成熟前 7～10 天浇好麦黄水。在水力条件差、土壤保水力好或高寒地区，也可全育期内浇两次水。在只能浇一次水的麦区，以大麦开花后 10 天左右浇灌浆水为好。关于大麦的灌溉技术（包括大水漫灌、畦灌、沟灌、喷灌、暗管输水灌溉）和排涝技术在各地已有成熟经验。这里不再重述。

（五）收获贮藏

1. *食用和饲用大麦适宜收获期*　大麦籽粒中主要含氮化合物的积累通常是在籽粒成熟的前期进行，而淀粉的合成以成熟的最后阶段进行得最快，因此食用和饲用大麦的适宜收获期要稍早于啤酒大麦。普遍认为蜡熟中期是青稞的适宜收获期，此时麦粒干物质积累接近最大值，既增加千粒重和产量，又提高蛋白质和质量，但由于气候等原因，习惯上都要在黄熟期开始收割。如过熟收割，损失可达 4%以上。在完熟至枯熟期，茎秆枯脆，极易折断，如遇风雹灾则落粒和掉穗严重，不仅造成下茬作物混杂，且严重影响产量，使蛋白质含量下降。

2. 啤酒大麦的收获期　国外经验表明，啤酒大麦的收获宁肯稍微过熟，也不可以在未充分成熟时进行。因为过早收获会使主穗与分蘖穗之间、同一地块不同地段之间成熟的不一致性问题无法得到解决；另外，成熟不好的绿麦粒水敏性大而影响整体原麦的发芽率。我国西北麦区大多采用康拜因收割机一次性收获、脱粒，然后晾晒，当大麦种子含水量达到12%以下、杂质低于1%时，入库贮藏。在内蒙古东部啤酒大麦产区，普遍提倡割晒，即在蜡熟末期用割晒机进行割晒。其割晒技术要求是：啤酒大麦株高低于60厘米，不能割晒；割茬高度15～17厘米为宜，割茬过矮麦穗易着地，不利于通风干燥及拾禾；割晒机要带散铺器，麦铺要放得薄而均匀，以利于干燥和及时抢收；出苗不齐、成熟期不一致，必须进行割晒。当二类、三类苗进入蜡熟初期，即可进行割晒。

当啤酒大麦晾晒到籽粒含水量14%左右时，再由收割机拾禾脱粒。脱粒时为防止机械滚筒转速不当，造成破皮。应根据籽粒的含水量调整收获机滚筒的转速。当籽粒含水量在15%以下时，滚筒转速每分钟900～1 000转；籽粒含水量在15%～16%时，滚筒转速应在每分钟700～800转为宜。收获后的啤酒大麦，其籽粒含水量的多少取决于在场院堆放的时间长短。当麦粒水分在13.5%以下时，可安全堆放，并注意防雨；麦粒水分在13.6%～15.0%时，堆放时间不可超过36小时，要及时扬堆降温、降水分；麦粒水分大于16%时，要及时晾晒。啤酒大麦最后一道工序是过2.5毫米长孔筛进行清选，然后装袋入库贮藏。

3. 大麦的安全贮藏　啤酒大麦作为啤酒酿造原料，为了度过休眠期，必须经过一段时间的贮藏。在贮藏时期，一要防止虫、霉、鼠、雀为害和其他事故（火灾、潮湿、污染等）发生；二要防止品种混杂、杂质混杂，完好保持原大麦籽粒的净度和纯度；三要经常检查籽粒的含水量和发芽率，以备及时销售。

八、主要病、虫、草害及其防治

（一）主要病害及其防治

1. 大麦黄花叶病的防治

（1）农业防治。①选用抗（耐）病品种：浙农号和沪麦号抗（耐）大麦黄花叶病品种，已在生产上大面积推广应用。大麦不同品种抗（耐）黄花叶病有明显差异。据鉴定，二棱大麦抗（耐）病性最弱，四棱品种中等，六棱品种最强。②轮作：大麦黄花叶病毒只侵染大麦和青稞（裸大麦），不侵染其他作物。因此，与其他作物如小麦、油菜、蚕豆等倒茬轮作，相隔3年以上再种大麦，特别是病旱地种两季水稻，能降低发病率11%～16%。③适时迟播：在南方大麦种植区应适当推迟大麦播期（至土温9℃以下时），可避开多黏菌传毒高峰，减少多黏菌侵染，使发病减轻。推迟的时间因地区年份不同有所差异，以比当地旺播期推迟10天效果最好，可达到减轻发病、增加产量的目的。④深耕：深耕可防止病土扩散。病土扩散是引起无病田发病的主要原因，要特别注意。浙江省深耕30厘米，将表土翻入深层，防病效果能保持3年。⑤合理施肥：增施有机磷、钾肥，培养壮苗增强抗病力，在发病初期及时适当施用速效氮肥，可使大麦冬前不旺长，冬后不落黄，病株不早枯，平稳健壮生长，达到既防病又增产的效果。

（2）药剂处理。每公顷施石灰氮450～600千克有明显的防病增产效果，施用时间是在播种前10天。方法是先开沟，把石灰氮施到沟内，然后盖上，不能露在土表。

2. 大麦黄矮病的防治

（1）药剂防治。大麦黄矮病主要通过麦二叉蚜传播，带毒麦蚜后代还能继续传播，使病毒不断扩大，而且具有间歇和持久的特点，因此使用药剂防治麦蚜预防黄矮病是行之有效的方法之一。①拌种：用种子重量0.2%的50%辛硫磷拌种，即每100千克大麦种子用50%辛硫磷乳油200克，加水6～8千克，稀释后均匀洒拌在种子上，边喷洒边用木锨翻拌均匀，闷种4～6小时后，第二天播种；或用0.3%～0.5%的可湿性灭蚜松粉剂拌种，杀蚜效果也很好。春麦区的冬麦地和冬麦区的早播麦田及向阳温暖旱地都是蚜量集中和越冬的主要场所，应重点防治，以控制蚜源基地，此法可兼治地下害虫。②大田喷药：秋苗和早春防治，每公顷可喷施1 000倍40%乐果乳剂，兼治麦蚜和其他病毒媒介昆虫；或喷施1 000倍10%吡虫啉内吸杀虫剂，效果更好。关于大田喷药时机，冬麦区应在大麦返青后麦蚜回升前进行；春麦区应在蚜卵孵化盛期进行。麦蚜越冬基地秋防比春防效果好；一般大田春防比秋防效果好，而且拔节致孕穗期是春防的关键时机。③在秋田杂草丛生的休闲地，喷施50%辛硫磷2 000倍液，可消灭传毒麦蚜。

（2）选育抗（耐）病品种。选育出抗（耐）病品种是防治黄矮病的根本途径。

（3）加强田间管理。加强田间耕作、肥水、栽培技术管理，提高大麦抗（耐）病能力，达到控制病、虫，减轻危害的目的。例如适期晚播，搞好冬灌，增施磷、钾肥，喷施农用链霉素，都具有减轻麦蚜和黄矮病危害的显著作用。

3. 大麦赤霉病的防治　麦类赤霉病的流行具有暴发性和间歇性的特点。在防治上应根据其特点，以农业防治为基础，关键时期进行行喷药保护，才能收到良好的效果。

（1）农业防治。选择早熟、丰产、抗（耐）病品种，深耕清除田间稻茬，适时早播和种子处理，重施基肥和磷、钾肥，开沟排水、控制田间水量等措施，可促进麦株的健壮生长。

（2）药剂防治。大麦在扬花阶段最易感染赤霉病，在这个时期进行药剂防治效果最好。扬花到盛花是喷药的关键时期，一般喷药两次，第一次在始花期（10%麦穗见花药）。麦子抽穗后，如气温高，开花快，喷药应早一些开始；如气温低，可迟一些。大麦是闭花授粉，扬花不明显，第一次喷药可在齐穗时进行，相隔7天左右再进行第二次喷药，即可达到防病目的。江苏省群众总结为“三看三定”，即看品种和扬花情况，确定防治对象田；看天气变化，确定防治日期；看病情发展，确定防治次数。另外，南方多雨季节应注意雨前或雨停间隙抢喷。单防治赤霉病，只在穗部喷药；兼治其他病害如锈病、白粉病等，则应全株喷药。常用药剂及浓度如下：①多菌灵：多菌灵是一种高效低毒、广谱性内吸杀菌剂，对赤霉病有特效。多菌灵微粉剂、胶悬剂颗粒细，展着性好，防治效果高于普通可湿性粉剂。据江苏省试验区，用25%多菌灵可湿性粉剂1千克，加40%乐果乳油0.1～0.2千克，对水500千克喷雾，可兼治麦蚜虫；用25%多菌灵可湿性粉剂1千克，加90%晶体敌百虫0.25千克，对水500千克喷雾，可兼治麦黏虫；用25%多菌灵可湿性粉剂1千克，加合成洗衣粉0.5千克，对水500千克喷雾，可提高防治效果。②灭菌丹：用40%可湿性粉剂0.5千克，对水100千克喷雾。③福美双：用50%可湿性粉剂0.2千克，对水100千克喷雾。④克瘟散：用40%乳油0.5千克，对水400～600千克喷雾。

用水动喷雾器采用侧喷法虽操作较难但效果最好，要注意用药量准确，用水量充足，顺风均匀喷射。

被赤霉病危害的大麦种子用前必须进行处理。播种带病种子，有利病菌的发展，增加土壤内菌源数量，会影响大麦全苗、足穗和丰产；饲用染病有毒种子会造成畜禽中毒，用前要进行处理，用20%～25%食盐水或40%胶泥水选种，淘汰秕瘦病粒；用1%石灰水浸种；对感染赤霉的麦种可用5%石灰水清液浸泡2次，每次24小时，然后烘干，赤霉素含量可减少80%以上，用以喂猪生长正常。

4. 大麦条纹病的防治

（1）种子处理。①1%石灰水浸种。生石灰 1 千克，加水 100 千克，浸种 60 千克。水温 30℃时，浸种 24 小时；27～28℃时，浸种 48 小时；24℃时，浸种 72 小时，然后捞出晾干后播种。②温汤浸种。用 53～54℃温水浸种 5 分钟，或 52℃温水浸种 10 分钟。浸后立即将种子捞出摊开晾干后播种。③冷水温汤浸种。先将种子在冷水中浸 4～5 小时，然后移入 53～54℃温水中浸 5 分钟，浸后立即捞出摊开冷却，晾干后播种。④用 50%硫酸亚铁水溶液浸种 6 小时，晾干播种，有一定防治效果。⑤用 20%萎锈灵乳油 1∶200～600 倍液浸种 6 小时，播种。⑥江苏 1987 年试验采用 80%“402”抗菌剂（上海生物所监制）油剂浸种，防效可达 100%。具体方法是，药量为种子的 1%～3%，浸种时间 24～72 小时。⑦江苏省沿江地区农科所 1987 年试验用 60%代森锰锌或 40%拌种双可湿性粉剂拌种，药剂用量为种子量的 0.2%～0.3%，对皮大麦拌种处理，防效达 60%～70%。

（2）药剂防治。为防治穗部感染，减少次年发病，可在抽穗前后喷洒 50%二硝散可湿性粉剂 200 倍液，每公顷1 500～2 250 千克。据甘肃省农垦科研推广中心和黑龙江红日种子实业有限公司试验，用种子量 0.1%的“百坦”（即羟锈宁，西德进口 5%可湿性粉剂）拌种，防治效果分别达 99.1%和 100%，且有增产作用。

（3）农业栽培措施。①建立无病留种田，应与一般生产田适当隔开，抽穗前严格检查，彻底拔除病株，种子要严格处理；②冬麦区适时早播，春麦区适时晚播，以土温在 15℃以上播种为宜；③注意氮、磷、钾肥配合使用和开沟排水。

5. 大麦散（坚）黑穗病的防治方法　这两种黑穗病都是以带菌种子传播的病害，只有初侵染，即一年侵染一次，所以进行种子处理就可以收到防病的效果。但散黑穗病由于病菌深入种胚内部，一般药剂处理不能透到种子里面奏效，唯水浸无氧处理可以消毒治病。

(1) 石灰水浸种。用生石灰1千克加水100千克配成1%石灰水，可浸麦种60千克。浸种时水面要高于种子16.5厘米，给种子膨胀留有余地。浸种时间随气温而不同，气温在30℃时浸种1天（24小时），25℃时浸种2天，20℃时浸种3天。浸种后一定要把种子充分晒干，在冷凉处贮藏备用，以防变质影响发芽。浸种宜在伏天早晨室内进行，不能搅动，以防止破坏水面硬膜，影响浸种效果。浸种用的缸、桶要冲洗干净，以防止不利影响，提高浸种效果。

(2) 多菌灵浸种或拌种。用有效成分0.1%的多菌灵药液，即25%多菌灵可湿性粉0.5千克，调成糊状加水125千克，麦种70千克，浸种48小时，捞出后即可播种。亦可采用25%多菌灵可湿性粉剂0.5千克，加水5千克，搅匀后用喷雾器喷洒在125千克麦种上，堆闷6小时，干后即可播种。

(3) 拌种双拌种。用40%拌种双可湿性粉0.3千克拌麦种100千克，方法同多菌灵拌种。

(4) 75%萎锈灵浸种或拌种。以种子重量0.3%左右的萎锈灵粉剂（有效含量25%）拌种，或用0.2%萎锈灵（纯量）溶液在气温30℃左右条件下浸种6小时，方法同多菌灵浸种、拌种。

(5) 清水冷浸日晒法。在伏天晴朗天气，于清晨4～5时，将麦种放在冷水中浸5小时，使病菌孢子萌芽，9～10时捞出，放在阳光下摊晒至充分干燥，要注意翻动，地面局部温度不能超过55℃。此法可兼治大麦条纹病。

6. *大麦白粉病的防治方法* 由于大麦白粉病是专性寄生菌，品种抗性有差异，栽培管理又与发病有关，故应以推广抗性品种为主，药剂防治为辅，加强田间管理相结合的综合防治措施。

(1) 选育抗病品种。二棱大麦抗性较好。如扬农啤5号、鄂大麦8号、驻大麦6号等均属高抗品种。

(2) 合理密植和科学施肥。降低田间湿度，抑制病菌发展。

(3) 药剂防治。①25%多菌灵可湿性粉剂500倍液喷雾。②

50%退菌特可湿性粉剂 1 000 倍液喷雾。③40%灭菌丹可湿性粉剂 800～1 000 倍液喷雾。④50%二硝散可湿性粉剂 200 倍液喷雾。⑤25%粉锈宁可湿性粉剂每公顷用药 750 克。⑥25%粉锈宁可湿性粉剂 375 克与 70%托布津可湿性粉剂 375 克混用（公顷用量）兼治大麦赤霉病和锈病。⑦25%粉锈宁可湿性粉剂以种子量的 0.1%拌种，再于 3 月下旬（南方麦区）接力喷粉锈宁一次，为确保出苗整齐，拌种时可加用赤霉素每公顷 225 克或 1.5 毫克/千克种子。

7. 大麦叶锈病的防治

（1）选用抗病品种。选用抗病品种并注意防杂保纯，是主要的防治方法。

（2）利用栽培技术防止或减轻叶锈病危害。①适期早播，使大麦成熟期提前，在一定程度上减少锈病危害时间，减轻危害程度；②在潮湿地区注意开沟排水，降低麦田土壤湿度；③适当增施磷、钾肥料，防止过多施用氮肥，以促进麦株生长健壮，增强抗病能力，减轻危害。

（3）药剂防治。①一般在抽穗前后田间普遍发病率达 5%～10%时，用 25%粉锈宁可湿性粉剂配制成 0.1%药液喷雾，或 20%萎锈灵 200 倍液。②在病害严重地区，病害发生初期喷洒有机硫和 0.5 波美度石硫合剂，或 200 倍敌锈钠等防锈药剂。

石灰硫磺合剂是一种保护药剂，在锈病刚发生阶段喷用，能使发病程度减轻，效力可保持 6～7 天，因此常需每隔 6～7 天喷一次，连续喷 3 次。各地第一次喷药时间因地而异。

8. 大麦网斑病的防治

（1）选用抗病品种。从无病田留种。

（2）种子处理。用 1%石灰水浸种（参照大麦条纹病或黑穗病浸种方法），可兼治大麦多种病害，一举多得。

（3）适时播种。避免连作，增施有机肥，少施化肥，注意在拔节孕穗期开沟排水降湿。

(4) 药剂防治。①初见症状时可用50%二硝散可湿性粉剂200倍液，或用0.8波美度石硫合剂喷射防治，或用50%代森锌铵800～1 000倍液喷洒，有一定防治效果；②在大麦拔节期、孕穗期基部叶片普遍发病时，可用25%粉锈宁可湿性粉剂50千克加水50千克喷雾，或用50%二硝散可湿性粉剂200倍液喷雾，以控制蔓延，减轻危害。

9. 大（小）麦根腐病的防治

(1) 分布与危害。小麦根腐病又名黑斑病，俗称“青死病”。此病除危害小麦外，还危害大麦、黑麦，并能侵染多种禾本科杂草。

(2) 防治方法。①选用抗病、抗逆（抗寒、抗旱、抗涝）性强的品种；②与豆类、马铃薯、油菜等作物轮作，可减少侵染源；③加强栽培管理，适时播种、防旱、防涝、防冻，增施有机肥，浅耕灭茬，消灭杂草，减少土壤中菌源；④用生物拌种剂或多菌灵种衣剂或立克秀拌种，防治大麦根腐病的效果均在90%以上，尤其以用立克秀拌种的效果最好。

(二) 主要害虫及其防治

1. 金针虫、蛴螬、蝼蛄等地下害虫

(1) 农业防治。这三种害虫长期栖息土内，且对作物有不同嗜好，所以要精耕细作，合理施肥，轮作倒茬，消灭地下害虫滋生繁殖场所，危害时适时灌水，均能减轻危害。

(2) 药剂防治。①药剂拌种：200～300千克大麦种用40%乐果500克，加水20～30千克拌种，或250～500千克大麦种用50%辛硫磷乳油500克，加水25～50千克拌种，可防治蝼蛄、蛴螬和金针虫。药剂拌种时，药量、水量不可随意增减，拌种时要避开阳光照射，拌后不能贮藏过久，否则会影响发芽。必要时应作发芽试验，同时要注意安全。②毒谷（饵）诱杀：在炒香、凉透、湿润的豆饼、棉仁饼或麦麸中加90%晶体敌百虫1千克，加水7～8千克制成饵料，用法是在耕地时随犁施下或开沟开穴施入土中，傍晚、雨后或灌水后进行最好。此法主要防治蝼蛄。③春季冬大麦返青后，用50%辛硫磷乳油每公顷3.75～4.50千克，结合灌水施入，对防治金针虫效果好。

（3）人工防治。①随犁拾虫，挖捉幼虫。②利用黑光灯诱杀金龟子和蝼蛄。

2. 麦蚜　麦蚜的防治以二叉蚜和长管蚜为重点，特别要重视黄矮病发生地区的治蚜防病工作。麦二叉蚜比长管蚜的耐寒力强，发育的最低温度为0～1.65℃，5～10℃能大量繁殖，冬季中午天暖时，仍能爬上麦苗取食。在防治策略上，春麦区一方面要把麦田产卵越冬的这个薄弱环节抓住，另一方面要把苗期防治抓住，即把蚜虫消灭在产卵越冬之前和春季迁飞之前。

（1）药剂防治。①药剂拌种：在小麦病毒病流行地区，每50千克大麦种子用50%辛硫磷乳油100克，加水4～8千克，拌和均匀，起堆闷种8～12小时后及时播种（不能贮放），把麦蚜消灭在幼苗初发阶段。②田间喷药：秋季齐苗后15天左右，蚜虫迁入基本结束，当蚜株率达到5%、百株蚜量达到10头左右时，选干旱少雨时节喷药；春季冬大麦返青后拔节前，蚜株率达到2%、百株蚜量达到5头以上时，选干旱少雨时节喷药。每公顷用3%乐果粉15千克喷洒。抽穗灌浆阶段百株蚜量在500头左右时，可用40%乐果乳油0.5千克，加水500千克；或用80%敌敌畏200倍液，每公顷喷洒900～1 050千克药液。③毒砂毒土防治：每100千克油砂，用40%乐果乳油0.1千克，加水1千克，拌砂土30千克，撒于田间。

（2）农业防治。春麦要适时早播，冬麦要适时晚播，避免麦蚜早期转迁到麦田内为害传病。晚秋早春麦田碾耙镇压可消灭部分越冬卵和蚜虫。冬灌可杀死麦根附近的蚜虫。抽穗前后喷灌，可抑制蚜虫迁飞扩散，冲落粘死于表土。

3. 麦秆蝇　麦秆蝇（麦钻心虫、麦蛆）分布在我国中部、西北和华北地区。它以幼虫为害麦苗的心叶和嫩茎，使大麦在分蘖、拔节期形成枯心，抽穗期形成白穗。

(1) 药剂防治。在成虫羽化盛期喷药 2～3 次。常用药剂有 2.5%敌百虫粉剂，每公顷 22.5～30 千克；40%乐果乳油 1 000 倍液，每公顷喷药液 750～1 125 千克。

(2) 田间管理。适时早播，精耕细作，合理密植，增施肥料，加强管理，使麦苗茁壮生长，可减轻危害。

4. 黏虫　黏虫（夜盗虫、五色虫）是一种暴食性害虫，为害严重时能将麦叶嫩茎吃光，穗部咬断，致使大麦严重减产。黏虫属迁飞性害虫，防治应根据其迁飞为害规律和各地区互为虫源基地的关系，采用控制为害与大力消灭虫源相结合的防治策略。

(1) 诱杀成虫。诱杀成虫对减少虫口虽有一定作用，但防治效果不明显，如能搞好联防，在江淮流域大面积诱杀迁出一代成虫，将会大大压低迁入西北地区的虫量。

(2) 药剂防治。用 2.5%敌百虫粉剂每公顷 22.5～37.5 千克喷撒；用 2.5%敌百虫粉和乐果粉等量混合，与过筛的细沙 50 千克拌匀，在幼虫低龄期撒施。对高龄幼虫可用 90%晶体敌百虫 1 000 倍液或 20%灭幼脲 1 号 5～10 克、25%灭幼脲 3 号 20～40 克，加水 10 千克或 25 千克，中量、低量喷雾，效果很好。

5. 草地螟　草地螟属杂食性、爆发性害虫。若干年为一个周期，少者发生一年，多者发生 3～4 年。在东北和华北地区一年发生 2～3 代。以幼虫和蛹越冬。幼虫有 5 个龄期，1 龄幼虫在叶背面啃食叶肉，2～3 龄幼虫群集叶心，4～5 龄幼虫为暴食期，可昼夜取食，吃光原地食料后，群体转移。老熟幼虫入土作茧，以成蛹越冬。

(1) 农业防治。秋季进行深耕耙耱，破坏其越冬场所，春季铲除田间及地边杂草，可杀死虫卵。

(2) 药剂防治。当田间草地螟有 5%～10%达到 3 龄、40%～50%进入 2 龄、其余处于 1 龄时，是进行药剂防治的最佳时期，既可杀死现有的草地螟，又可杀死未来 7 天以内新孵化的草地螟，防治效果好。可用80%敌敌畏乳油1 000倍液或800倍90%敌百虫晶体、2.5%溴氰菊酯乳油4 000倍液、20%速灭杀丁4 000倍液喷雾。

(3) 人工诱杀。可用网捕和灯光诱杀。在成虫羽化至产卵2～12天空隙时间，采用拉网捕杀；或利用成虫的趋光性、黄昏后有结群迁飞等习性，采用黑光灯诱杀。

第三节 大麦新品种

一、啤酒大麦新品种

1. 垦啤麦6号（红99-410） 黑龙江省红兴隆科学研究所于1995年用Ant90-2/红日1号组合经多年育成。2004年1月通过省级审定定名。二棱皮大麦，春性中熟，生育期78～80天。幼苗半匍匐，紫叶耳，叶色深绿。分蘖力强，成穗率高，穗层齐。长芒，长方密穗，每穗结实20～22粒。粒椭圆形，淡黄色，皮薄，饱满，千粒重45～48克，≥2.5毫米筛选率90%。籽粒含蛋白质12.8%，麦芽无水浸出率81.45%，库值47%，糖化力380（单位：wk，下同），百克含α-氨基氮220毫克。两年化验均属优质。秆强抗倒状，高抗根腐病和网斑病，适应性强。适合黑龙江省和内蒙古自治区呼伦贝尔市，大面积栽培每公顷产量35 701～4 650千克。

2. 垦啤麦7号（原红99-407） 黑龙江省红兴隆科学研究所于1995年用Ant90-2/红92-25组合经多年育成。2004年通过省级审定定名。二棱皮大麦，春性中熟，生育期78～80天。幼苗半匍匐，叶色深绿。株高90～95厘米。长芒，密穗，黄穗，黄粒，每穗结实20～22粒。千粒重45～48克。圆粒皮薄，均匀度好，≥2.5毫米筛选率95%以上。籽粒含蛋白质11.28%，麦芽无水浸出率82.7%，库值43%，糖化力310，百克含α一氨基氮154毫克。分蘖力强，穗层齐，成穗多，落黄好，抗旱和抗倒状，适应性广。适合黑龙江省和内蒙古自治区东部农牧区种植，每公顷3 750～6 000千克。

3. 垦啤麦8号（红00-511） 黑龙江省红兴隆科学研究所用垦啤麦3号/红92-25组合经多年育成。2005年3月通过省级审定定名。二棱皮大麦，春性中熟，生育期78～80天。幼苗半匍匐，叶色深，分蘖力强。株高95～100厘米，抗倒伏。长芒，半散穗，穗层齐，黄穗，黄粒，每穗结实23～25粒。千粒重45～46克。籽粒皮薄，饱满，匀度好，≥2.5毫米筛选率95％以上。籽粒发芽率和发芽势都高。蛋白质含量11.4％，微粉浸出率80.7％，库值41％，糖化力336，百克含α-氨基氮165毫克，多酚低。抗旱性较强，穗大多粒，丰产稳产，一般每公顷3 894千克。适合黑龙江省和内蒙古自治区东部农牧区种植。

4. 甘啤4号（系号8810-3-1-3） 甘肃省农业科学院粮食作物所1988年用法瓦维特/八农86259组合经14年育成。2002年7月通过省级鉴定定名。二棱皮大麦，春性中晚熟，生育期100～105天。幼苗半匍匐，叶色深绿。株高75～80厘米，稳茎节较长，秆弹性好。穗全抽出，长方形，长齿芒，稀穗。穗层整齐，单株有效分蘖2.5～3.0个，穗长8.5～9.0厘米，每穗结实22粒左右，千粒重45～48克。籽粒椭圆形，淡黄色，粒径大，种皮多细皱纹，饱满，粉质。原麦品质：千粒重45.4克，发芽势98.4％，发芽率99.6％，≥2.5毫米筛选率91.03％，蛋白质11.76％，无水浸出率81.9％。麦芽品质：无水浸出率81.4％。百克含α-氨基氮156.3毫克，库值39.4％，糖化力367.6。以上各项指标均达到或超过国家优级标准。高产优质，抗倒状、抗条纹病、抗干热风能力强，大面积每公顷6 750千克。适宜于我国甘、新、青、宁及内蒙古广大范围内种植。

5. 甘啤5号（系号9303-5-4-3-2） 1993年甘肃省农业科学院以8759-7-2-3（S-3/Favovit）/CA_2-1组合经14年育

成。2006年通过省级鉴定定名。春性，二棱皮大麦，早熟，生育期114～116天，比甘啤3号早熟7天。幼苗半匍匐，叶色深绿。株高70～85厘米，茎秆粗壮，穗下节长，弹性好。穗全抽出。长方形，长齿芒，稀穗。穗层齐，穗长6.7～8.6厘米，每穗结实19.9～24.4粒，千粒重43.5～48.0克。籽粒椭圆形，粒色淡黄，种皮薄，粒径大，皱纹细，饱满，粉质。原麦品质：绝干千粒重40克，发芽势97%，发芽率99%，蛋白质11.8%，≥2.5毫米筛选率92%，无水敏性。麦芽品质：无水浸出率80.5%，百克含α-氨基氮158毫克，库值41%，糖化力538。以上指标均达到或超过国家优级标准。该品种与甘啤3号、甘啤4号相比，具有早熟、强抗旱、丰产稳产和适应性广等特点。在甘肃省定西市干旱农区每公顷4 366千克。适宜于甘肃省中东部雨养旱作区和河西高海拔地区种植。

6. 垦啤4号（Riviera） 甘肃省农垦农业研究院啤酒原料作物研究所1995年从法国引进选育而成。2002年7月通过甘肃省科技厅鉴定定名。春性，二棱皮大麦，中熟，生育期98～100天。幼苗直立，叶绿色，旗叶叶耳淡紫色。株高65～71厘米，株型紧凑，弹性较好。穗半抽出。稀穗，长方形，长齿芒。穗脖短，成熟时稍弯垂。穗层齐，成穗率高。穗长8.0～8.9厘米，每穗结实24.6～25.7粒，千粒重43.0～47.6克。籽粒椭圆形、饱满、粉质，粒色淡黄。原麦品质：绝干千粒重45.4克，蛋白质含量11.05%，≥2.5毫米筛选率96.5%。麦芽品质：无水浸出率79.70%～80.27%，糖化力324～504。品质达到国家优级标准。矮秆抗倒状，抗大麦条纹病和网斑病。适宜于甘肃省河西走廊及中部引黄灌区较好肥水农区种植，一般每公顷6 759千克。

7. 新啤3号 1992年新疆自治区农业科学院奇台试验场和经济作物所用原23/（早熟3号/瑞士）组合经系统选育而成。2006年同时参加新疆自治区啤酒大麦区域试验和生产试验。春性，二棱皮大麦，中熟，生育期 87～124 天。幼苗直立，叶色黄绿。株高 85～100 厘米。株型紧凑，分蘖力强，成穗率高，单株成穗 2.9～4 个。穗长方形，长芒。穗长 8.5 厘米，每穗结实 25.8 粒。千粒重 43.7～46.7 克。每升容量 672～700 克。籽粒长卵形，淡黄色，皱纹多。原麦蛋白质含量 11.77%，麦芽蛋白质含量 11.49%，微粉浸出率 80.6%，库值 49%，百克含 α-氨基氮 197 毫克，糖化力 309，符合国颁 1 级标准。中等抗倒伏，高抗条纹病。平均产量每公顷 6 288～7 275 千克，适宜新疆春大麦区种植。

8. 苏啤 3 号　江苏沿海地区农科所与中国科学院遗传所合作以 Kinugutaka/Kanto nijo 25//沪 94-043 组合杂交，F_1 经花药培养育成。2003 年 8 月通过江苏省审定。2005 年 11 月农业部植物新品种权保护，品种权号 CNA20030395.3。二棱皮大麦，中熟。幼苗半匍匐，叶色浓绿。分蘖力强，成稳率高，每公顷 900 万穗。株型紧凑，茎秆粗壮，株高 75～80 厘米。长芒，长方穗，每穗结实 22～25 粒，粒大小均匀，皮薄，淡黄，千粒重 40～45 克。矮秆、耐肥、抗倒伏性强，抗大麦黄花叶病，轻感白粉病和网斑病，较抗寒。高产稳产，大面积种植产量每公顷 6 000千克以上，最高达到 8 355 千克。据 2001—2002 年测定，麦芽微粉浸出率 81.3%，百克含 α-氨基氮 243 毫克，库值 44%，糖化力 359。综合指标均达国标优级。本品种是江苏省啤麦主栽品种之一，2005 年种植 7.7 万公顷，占省内啤酒大麦面积的 88.5%。

9. 苏啤 4 号　1997 年江苏沿海地区农科所用申 6_6/美酿黄金//单二/3/单二的后代材料为母本，盐麦 3 号为父本配组合，经多年选择，2002 年定型稳定，2005 年获农业部植物新品种权保护，品种权号 CNA 20040303.6。二棱皮大麦，中熟。春性，幼苗直立，叶色浓绿，叶片长。株高 80～85 厘米。棒形密穗，长齿芒，穗较长，每穗结实 25～28 粒。千粒重 42～45 克。粒卵圆形，饱满，皱纹多而密，腹沟浅。麦芽细粉浸出率79.5%，百克含α-氨基氮164毫克，糖化力292。综合农艺性状、产量、品质、抗病性等方面均优于单二品种，每公顷6 000千克，有7 500千克的产量潜力。适宜江苏省及黄淮地区大麦产区种植。

10. 扬农啤5号（苏B0306） 扬州大学大麦研究所2003年用如东6109/苏农22组合育成。2006年通过江苏省大麦中间试验，并申请国家品种保护。二棱皮大麦，早熟（扬州，全生育期198天左右，比单二早2～3天）。弱春性，幼苗直立，叶色绿，主茎11片叶。分蘖力强，成穗率高。穗层齐，熟相好。株高85厘米左右。株型紧凑。长芒，长方密穗，黄穗，黄粒，每穗结实24.4粒。千粒重40克左右。麦芽蛋白质含量10.1%，微粉浸出率79.8%，百克含α-氨基氮162毫克，库值44%，糖化为377，主要指标达到或超过国标优级标准。耐肥抗倒性强，高抗大麦黄花叶病和白粉病。平均每公顷6 486千克。适宜在江苏及邻省种植推广。

11. 浙皮8号（浙01-13） 浙江省农业科学院1996年用浙皮2号/93-125杂交组合经多年育成。2006年通过浙江省认定定名（浙认麦2006 002）。二棱皮大麦，中熟。春性，幼苗半直立，叶色浅绿，旗叶耳紫色。茎秆粗壮，根系发达，株高85～100厘米。穗全抽出，闭颖授粉。纺缍形穗，密度中等，长芒，颖壳和籽粒均浅黄，粒形卵圆。种皮薄，皱纹多而密，腹沟浅。穗长7～9厘米。每穗结实24～28粒，千粒重50～56克。成株高抗大麦黄花叶病，中抗赤霉病，耐湿性较好。一般产量每公顷5 250～6 000千克。籽粒蛋白质含量10.5%，麦芽无水浸出率80%，糖化力300。适宜在江、浙地区种植。

12. 浙啤33（花03-3） 浙江省嘉兴市农业科学院用（冈二/秀麦3号//秀麦3号）F_2/冈二组合经系谱法育成。2007年4月通过浙江省认定定名。春性中熟，二棱皮大麦。株高80厘米左右，叶色浓绿，株型紧凑，长芒，穗和籽粒均浅黄色。熟相好，易脱粒。每穗结实27粒，千粒重43克左右。茎秆粗壮，耐肥抗倒，耐湿性好，中感赤霉病和黄花叶病。平均每公顷6 735千克。麦芽品质：蛋白质含量10.3%，细粉浸出率81.27%，百克含α-氨基氮169毫克，库值51%，黏度0.91厘泊，糖化力217.80，制啤性好。适宜在江、浙地区种植。

13. 花11（花98-11） 上海市农业科学院生物技术中心与嘉兴市农业科学院采用类型育种法和小孢子培养技术合作育成。2006年2月通过上海市认定定名。春性早熟，二棱皮大麦，苏北地区生育期196天左右。株型紧凑，叶色深绿，叶片上举。株高80厘米左右。根系发达，分蘖力强，成穗率高。穗层齐，长方穗，长芒，黄穗，黄粒。熟相好，易脱粒。每穗结实26粒左右，千粒重42克。籽粒均一，蛋白质含量11%，细粉浸出率80.6%，库值40.7%。抗寒性强，抗白粉病、条纹叶枯病，耐大麦黄花叶病，网斑病较轻，耐湿性较强。由于早熟、矮秆，适合苏北地区麦套棉、麦后棉田种植，也适合在苏南、浙北等稻田区种植。平均每公顷6 094千克，高产田可达7 500千克。

14. 驻大麦3号（9125-0-1-2） 河南省驻马店市农科所1991年用驻8909/TG4组合杂交育成。2001年8月通过省级审定定名。二棱皮大麦，中早熟，全生育期200天左右。弱春性，幼苗半直立，深绿叶。株高80厘米左右。株型松散，叶片上举，茎秆粗壮，穗下节长，抗倒伏。密穗，长芒，黄穗，浅黄粒，每穗结实25～30粒，千粒重40～50克。高抗“三锈”和白粉病，轻感条纹病、赤霉病，耐渍、耐旱，落黄好，平均产量每公顷6 509千克。原麦千粒重40.2～40.7克，蛋白质含量10.3%～11.6%，发芽率和发芽势均在99%；麦芽浸出率79%～80%。已达到优质啤麦国际标准。适宜在豫、鄂、皖、苏等地区推广。

15. 澳选2号 云南省农业科学院生物技术与种质资源所从中国农业科学院引进的澳大利亚啤麦品种Clipper变异株中历经

17年系选育成。2006年3月通过云南省鉴定（品种鉴定号：滇鉴200603号）。二棱皮大麦，中熟，全生育期平均161天。弱春性，幼苗直立，叶绿色。株型半松散。株高72.0～81.9厘米。穗全抽出，半弯穗，长方密穗，长芒，黄穗黄粒，落黄好。分蘖成穗率80%。穗长4.4～7.4厘米，每穗结实11.0～26.7粒，千粒重40.0～47.5克。原麦千粒重43.4克，发芽率100%，蛋白质含量9.82%，≥2.5毫米筛选率96.7%；麦芽细粉浸出率79.8%，库值41%，麦汁黏度1.56厘泊，糖化力171（澳麦血统材料缺点）。轻感白粉病和锈病，耐旱、耐瘠能力较强，抗寒性中等。一般产量每公顷4 500～6 750千克，适宜云南省中部麦区种植。

二、饲料大麦新品种

1. 扬饲麦3号（苏B9602）　扬州大学农学院大麦室1985年以泾大麦1号/Hiproly杂交组合经多年育成。2002年8月通过江苏省审定定名。二棱皮大麦，中熟。弱春性，幼苗直立。株高85厘米左右，株型紧凑。叶色深绿，叶片短举。长方穗，密穗形，长齿芒，黄穗黄粒。每穗结实27粒左右，千粒重43克左右。籽粒蛋白质含量15.56%（国际为13%）。抗倒性强，高抗大麦黄花叶病，轻感白粉病，未见赤霉病，适应性强。平均产量每公顷6 750千克，高达8 145千克。适宜在淮河流域麦区推广种植。

2. 莆大麦8号（原编号896132）　福建省莆田市农业科学研究所以植3_3/戈贝纳组合历经16年育成。2004年5月通过福建省认定。春性，二棱皮大麦。中熟，在福建省全生育期128～138天。苗期生长快，分蘖力强，每公顷最高茎数达1 050万株以上。有效穗每公顷525万穗左右。株型紧凑。叶片数12～13片。剑叶长17厘米、宽1.6厘米。叶片与茎秆夹角小。株高87厘米左右。穗长方形，长齿芒，穗层齐，穗长 5.8～6.8 厘米，每穗结实 20 粒左右。籽粒饱满，卵圆形，淡黄色，千粒重45.3～50.5 克，多年平均 49.0 克。籽粒蛋白质含量 15.6%，淀粉含量 48.3%，由于生物产量高和麦苗品质均优于闽诱 3 号，适宜作麦苗开发利用。抗倒性好，冷、寒害轻，轻感白粉病，适应性广。一般产量每公顷 5 527 千克以上。适宜我国冬大麦区种植。

3. 驻大麦 4 号（原代号 9130）　河南省驻马店市农科所以驻 89 039/85V24 组合经多年育成。2001 年 8 月通过省级审定。早熟，四棱皮大麦。春性，幼苗直立。株高 75～80 厘米，秆粗，秆硬，耐肥抗倒性强。长芒疏穗，黄穗，黄粒，每穗结实 50～60 粒，千粒重 35～37 克。耐旱、耐渍性好，高抗纹枯病和锈病，耐白粉病。一般产量每公顷 6 218 千克，高产达 7 650 千克。自 2001 年后成为接替高产饲料大麦西引 2 号的主栽品种，并推广到湖北、安徽、江苏等地，到 2004 年累计种植面积已达到 33.5 万公顷。

4. 鄂大麦 8 号（原名 52334）　湖北省农业科学院粮食作物所育成的高产优质饲料大麦品种。2000 年通过湖北省审定命名。早熟，二棱皮大麦。半冬性，苗期生长旺盛，分蘖力强，成穗率中等，耐寒性好。株高 95～110 厘米，叶片数 11～12 片。株型松紧适度，功能叶宽、上举，冠层透光性好。穗长方形，长芒，穗大粒多，每穗结实 26～31 粒，籽粒饱满均匀，千粒重 43.0～49.6 克。高抗赤霉病和白粉病，无网斑病、黑穗病和云纹病，轻感条纹病。大面积种植平均产量每公顷 6 015 千克，适宜湖北省及其邻省推广种植。

5. 94dm3　云南大理自治州农科所 1993 年从云南省农业科学院引进的饲料大麦 864017 品种群体中选择变异单株，经 5 年育成。2002 年 1 月通过大理州审定。六棱皮大麦，早熟，全生育期 151 天。春性，幼苗直立，叶色绿，叶片宽挺。株高 85 厘米左右。株型紧凑。长芒密穗，黄穗，淡黄粒。穗长 3.7 厘米，每穗结实45～50粒。千粒重40克左右。抗倒伏，高抗条锈病和白粉病，适应性强，抗旱耐寒性较好，成熟落黄好，易脱粒。大面积产量每公顷6 000千克，最高达9 750千克。适宜在大理州、保山市、楚雄市、临沧市、丽江市等一年两熟或两年三熟麦区种植，亦适应于剑川、鹤庆等县的冷凉麦区种植。

三、食用青稞新品种

1. 昆仑12号（鉴12） 青海省农林科学院作物所1989年用昆仑1号/北青1号组合经多年育成。2005年12月通过青海省审定定名（品种合格证号：青种合字第0205号）。四棱裸大麦，中早熟，生育期100～105天。春性。幼苗直立，叶绿色，株高117厘米。稀穗，长齿芒，黄穗，浅黄粒。每穗结实35.9粒，单穗粒重1.6克。千粒重44.8克，籽粒粗蛋白质含量14.3%，淀粉含量59.8%，粗脂肪含量2.1%，粗纤维含量10.8%，β-葡聚糖平均含量8.9%，属医食同源新品种。耐旱，适应性广，较抗倒伏。一般产量每公顷3 750～4 500千克。适宜青海省东部黄土高原区中高位山旱地种植，包括西宁市郊、海东地区、海北州门源县、海南州贵德县、黄南州同仁和尖扎两县等农区。

2. 冬青11号 西藏自治区农牧科学院农业所1996年用（矮秆齐/果洛）F_4/77101-6组合育成。弱冬性，中熟，生育期280天左右。株高97.1厘米。密穗，六棱，裸粒，长齿芒，黄穗，黄白粒。每穗结实57.2粒，千粒重38.9克。平均产量每公顷5 250～6 000千克，适宜在雅鲁藏布江中下游流域河谷地区中等肥力土壤种植，已成为目前冬青稞主要推广品种。

3. 甘青4号 甘肃省甘南州农科所1991年用肚里黄/康青3号组合，经系谱法育成。2006年通过全国小宗粮豆品种鉴定委员会鉴定定名。四棱裸大麦，中熟，生育期105～127天。春性。幼苗直立，叶绿色，叶耳浅红色。株型半松散，株高80～90厘米，茎秆粗壮，植株整齐。穗全抽出，长相直立，稀穗，长方形。窄护颖，长齿芒，黄穗，蓝粒。穗长5.8～7.3厘米，每穗结实40～44粒。籽粒椭圆形。硬质，饱满，千粒重43～46克，粗蛋白质含量11%，淀粉含量61.8%，可溶性糖2.1%。耐寒，耐旱，落黄好，不易落粒，适应性好，轻感大麦条纹病。平均产量每公顷3 300千克，适宜在甘南州海拔2 400～3 200米高寒阴湿及同类型生态区种植。

4. 康青7号（9022） 四川省甘孜州农科所用康青3号/甘孜白六棱//乾宁本地青稞组合，经19年育成。2006年通过四川省审定和国家鉴定（鉴定编号：国品鉴定杂2006—026）。四棱裸大麦，中熟，春播生育期128～148天，冬播生育期190～210天，比康青3号早熟3天。春性。幼苗半匍匐，叶绿色，叶耳白色，抽穗后转紫色。株型紧凑，株高105～113厘米。穗全抽出，稀穗。窄护颖，长齿芒，黄穗，黄色至浅褐色粒，籽粒长椭圆形，饱满，半硬质，千粒重41～45克，容重每升785克。穗长7厘米，每穗结实42～46粒。籽粒粗蛋白质含量12.2%，淀粉含量73.2%，赖氨酸含量0.44%。耐湿、耐旱，中等耐肥。种子较抗穗发芽。对条锈病免疫，无网斑病，中感赤霉病。平均产量每公顷3 112千克，适宜在青藏高原海拔2 300～3 800米的春冬大麦区种植，现已成为甘孜州主推品种之一。

5. 阿青5号（901183） 四川省阿坝州农科所和甘肃省甘南州农科所合作，1990年用甘南8393721/川835319组合，经7年8代育成。2002年10月通过四川省审定定名。四棱裸大麦，中晚熟，全生育期122天。春性。幼苗半匍匐，叶绿色，旗叶较小，叶舌短。株型半紧凑型，植株整齐，株高85～90厘米。穗全抽出，穗脖弯垂，稀穗。长芒，黄穗，黄褐粒。穗长6厘米，每穗结实37粒。千粒重40.8克，容重每升805克。籽粒纺锤形，硬质，蛋白质含量8.4%，粗淀粉78%，氨基酸总量8.5%，面粉质佳。耐寒、耐湿、耐瘠性强，抗倒伏，轻感散黑穗病和斑点病。平均产量每公顷 4 095 千克，适宜在阿坝州青稞主产区种植，亦适宜在青藏高原海拔 2 600～3 300 米的春冬大麦区推广种植。

6. 驻大麦 6 号（9803-0-12-4） 河南省驻马店市农科所 1998 年用驻大麦 4 号/87073 组合育成。2006 年 9 月通过河南省大麦新品种鉴定。四棱裸大麦，中熟，生育期 201～202 天。春性。幼苗匍匐，叶色深绿，有蜡质。分蘖力较强，成穗率中等。旗叶宽大，叶片功能期长。株型半紧凑，茎秆粗壮，穗下节较长，株高 80 厘米左右。穗全抽出，稀穗，长齿芒，黄穗，黄粒。成产三要素较协调：每公顷成穗 675 万～825 万，每穗结实 28～32 粒，千粒重 38～40 克。籽粒医食同源价值较高，粗蛋白质含量 13.02%，粗脂肪含量 2.14%，8 种人体必需氨基酸含量较高。高抗三种锈病和白粉病，轻感赤霉病，中感条纹病，抗倒伏性强。一般产量每公顷 6 400 千克，高产达 7 500 千克以上。适宜在黄淮麦区种植。产品销往南京、上海等大城市，价格为皮麦的 3 倍，需求潜力大，开发前景广阔。

四、特用大麦新品种

1. 藏青 25 西藏自治区农牧科学院农业所 1993 年用 815078/昆仑 10 号组合育成。六棱裸大麦，中晚熟，全生育期 118 天。株高 100 厘米左右，茎秆粗壮，弹性较好。分蘖力中等，单株分蘖 1.5 个。密穗，长齿芒，黄穗，黄粒。每穗结实 52.3 粒，千粒重 47 克左右。大麦条纹病和黑穗病较轻。平均产量每公顷 6 000 千克以上。籽粒蛋白质含量 11.91%，β-葡聚糖 8.62%，是β-葡聚糖专用品种。

2. 闽诱 3 号 福建省农业科学院用 0.04%秋水仙素处理浙皮 1 号诱发变异，经 5 年育成。2001 年获得福建省科技进步三等奖。二棱皮大麦，早熟，生育期 135 天（莆田）。春性，幼苗半匍匐，叶绿色，剑叶叶耳浅紫色。株型紧凑，株高90.0～95.6厘米，茎秆粗壮，弹性好，蜡粉较多。分蘖成穗多。穗全抽出，穗脖和穗本身长相直立。密穗，长方形，长齿芒，黄穗，黄粒。穗长6.0～7.5厘米，每穗结实29粒。籽粒椭圆形，大小均匀，千粒重36～45克。分蘖盛期生物产量每公顷6 000～9 000千克，40天后可再割一次。麦草营养十分丰富，麦草含粗蛋白质31.26%，氨基酸总量18.79%，其中赖氨酸达1.14%。此外，含有人体所需的钾、镁、铜、铁、钙、磷、锰、锌等微量元素，以及胡萝卜素、维生素 B_1、维生素 B_2、维生素C和维生素E、过氧化物歧化酶（SOD）等。有鉴于此，福建医科大学以闽诱3号麦草为原料，研制“中华麦绿素”，其品质大大优于美国麦绿素。经临床和动物试验表明，中华麦绿素对糖尿病、高血脂、心血管病、胃炎、贫血、肝硬化、哮喘、肥胖、过敏性疾病等均有较好的治疗和辅助治疗作用。该品种较耐旱，亦耐湿、耐瘠薄、耐盐碱，较耐肥并抗倒伏。熟相好。轻感白粉病和赤霉病。适宜在福建省和华南冬大麦区推广种植。

3. 闽麦02（8702、丰抗1号、闽麦2号） 福建省农业科学院耕作所1987年用浙皮1号/S096（中国农业科学院品资所）组合经多年育成。1998年通过莆田市品种审定，2004年5月通过福建省新品种认定。二棱皮大麦，早中熟，生育期在莆田、泉州、福州分别为130天、125天、137天。春性，幼苗直立，麦苗繁茂性好，叶色翠绿。主茎总叶片11个，叶长宽中等，旗叶短挺，叶身淡紫色。株型紧凑，株高86～96厘米，茎秆粗3.5毫米。分蘖力强，有效穗多。穗全抽出，密穗，长方形，长齿芒，黄穗，浅黄粒。穗长6.2厘米，每穗结实22粒左右。籽粒卵圆形、有稃、饱满、粉质，千粒重50克左右。植株多年表现抗白粉病，不抗网斑病，耐盐碱，后期落黄好，增产潜力大，是既可作为麦草用亦可作为粒用的新品种。品质优于闽诱3号，籽粒含蛋白质10.85%、赖氨酸0.32%；麦苗（分蘖盛期）含蛋白质 31.76%、赖氨酸 1.19%。籽粒一般产量每公顷 4 500 千克，高产达 6 134 千克，适宜华南麦区种植。

（马得泉）

主要参考文献

1. 马得泉，殷瑞昌，胡祖华，于宝厦．大麦优质高产栽培技术问答．北京：科学普及出版社，1994
2. 马得泉．中国西藏大麦遗传资源．北京：中国农业出版社，2000
3. 刘旭，马得泉．中国大麦文集（第五集）．北京：中国农业科技出版社，2001
4. Dennis E. Briggs（李崎，孙军勇，董霞，张峰炎译）．麦芽与制麦技术．北京：中国轻工业出版社，2005
5. Donald C. Rasmusson（许耀奎，崔秋华，朴铁夫等译）．大麦．北京：农业出版社，1992
6. 卢良恕．中国大麦学．北京：中国农业出版社，1996
7. 中国农业科学院作物品种资源研究所，浙江省农业科学院作物研究所，青海省农林科学院作物研究所．中国大麦生态区划．杭州：浙江科学技术出版社，1991
8. 甘肃省农业科学院啤酒大麦研究开发中心．甘肃大麦研究与实践．兰州：甘肃科学技术出版社，2003
9. 马得泉．发挥北方生态区的优势，确保啤麦产业健康发展．《中国大麦市场夏季论坛》大会发言（内部资料），2006
10. 中国作物学会大麦专业委员会，江苏沿海地区农业科学研究所．大麦科学，1997—2008
11. 农业部农药检定所．新编农药手册．北京：农业出版社，1993
12. 翁训珠．大麦生物学特性与栽培．上海：上海科学技术出版社，1987
13. 强小林，迟德钊，冯继林．青藏高原区域青稞生产与发展现状．西藏科技，2008
14. 李启银．青海藏区青稞丰产栽培技术．中国种业，2008

第二章 高 粱

高粱在全国各地几乎都有种植，但主要分布在东北、华北、西北、西南和黄淮流域地区。20 世纪 50 年代初高粱播种面积 940 万公顷，随着农业生产条件逐步改善，大面积盐碱、涝洼地得到改良，小麦和玉米等作物面积不断增加，使高粱播种面积不断减少，到 1980 年已减少到 269 万公顷，至 1999 年种植面积仅 146 万公顷。虽然全国高粱面积大幅度减少，但随着改良品种和杂交种的迅速推广以及栽培技术不断改进，单产水平不断提高。20 世纪 50 年代初，高粱平均每公顷产量仅为 1 125 千克，1970 年达到 1 725 千克，1990 年提高到 3 675 千克，1999 年达到 4 005千克。自 20 世纪 80 年代以来，随着人民生活水平的提高，我国高粱的用途发生了明显变化，高粱籽粒由以食用为主向食用、酿造、饲用等专用型方向发展。

第一节 高粱的营养成分及利用要求

一、高粱的营养成分

（一）高粱籽粒营养成分 高粱籽粒含有丰富的营养，其中主要有淀粉、糖类、脂肪、蛋白质、氨基酸、维生素和矿物质等。

高粱淀粉是高粱籽粒的主要成分，一般含量可达 50%～70%，高者可达 70%以上。高粱籽粒的淀粉可分为直链淀粉和支链淀粉两种类型，其含量因品种而异。一般粒用高粱品种的直链淀粉含量为23%～28%，支链淀粉含量为72%～77%。蜡质（又称糯质）高粱品种的淀粉几乎全部是支链淀粉。糖分多少因类型和品种而不同，甜高粱的含糖量最高。一般籽粒成熟后，每克籽粒中约含0.25毫克糖分，脂肪含量1.8%～5.33%，蛋白质含量7%～12%。

高粱籽粒中含有维生素B_1、维生素B_2、泛酸、维生素PP、维生素B_6、胆碱和胡萝卜素以及磷、铜、钾、镁、铁和锰等各种矿物质。

单宁，又称鞣酸，是高粱籽粒的重要成分，含量一般0.027%～0.96%。籽粒中单宁含量超过0.5%会严重影响食用和饲用价值，低于0.1%则影响不大。

（二）高粱茎叶营养成分 高粱茎、叶主要含有蛋白质、氨基酸、木质素、纤维素、糖分、矿物质等。

普通高粱茎秆中含有4%～10%的粗蛋白质，叶片含粗蛋白质9%～12%。一般风干的普通高粱秆中蛋白质含量较燕麦秆高0.8%，较干杂草高1.5%。茎秆中含有10种氨基酸，其含量比小麦秆（抽穗前）含量高出很多。成熟后茎秆中纤维素含量达43%以上。木质素含量达22.8%。

普通高粱茎秆中含有3%左右的糖分，而甜高粱品种中含有蔗糖10%～14%，还原糖2%～5%，其榨汁澄清液中不但含有较高的糖分，而且还有丰富的氨基酸。甜高粱茎秆汁液中还含有钾、钠、磷、铁、锰、镁、钙等矿物质。

二、不同用途高粱对品质的要求

（一）食用 高粱食用品质要求是在推广杂交高粱以后提出的问题，而且不同时期有不同的要求。1995年对粒用高粱品质的要求为：蛋白质含量10%，赖氨酸含量0.25%以上，单宁含量0.1%以下。此外，粒用高粱还要求角质率60%～80%，出米率80%以上。

（二）酿造 用作酿造的高粱，对其籽粒品质有不同的要求。据中国农业科学院原子能利用研究所调查结果，酿造轻香型和大路型白酒的厂家要求籽粒淀粉含量高即可；酿造酱香型和浓香型酒的厂家，除要求籽粒淀粉含量高以外，更倾向于支链淀粉比例高的糯质高粱。无论哪一种类型的酒，都要求专用高粱杂交种淀粉含量在70%以上。

（三）饲用 一般对饲用甜高粱营养品质的要求为：榨汁率60%，鲜茎秆含糖量13%以上，蛋白质占干重的6%以上，茎秆中氰氢酸含量在300毫克/千克以下。

（四）其他用途 帚用高粱株高一般150～300厘米，茎秆直径1.0～1.2厘米，干涸坚韧，无甜味。帚长度在40～45厘米，帚韧性强，柄长30～40厘米。帚下垂，粒大，品质好。

第二节 高粱栽培技术

一、轮作与耕作

（一）轮作 高粱植株高大，根系发达，吸肥能力强，消耗地力较多，群众称之为硬茬。高粱较强的适应性和耐瘠薄能力使它能够作为多种作物的后茬。为了获得高产，前茬作物以施肥多的菜地和固氮能力较强的豆茬为好，其次为马铃薯、棉花、小麦、玉米、谷子等作物。此外，花生、甘薯、荞麦、烟草等也都是高粱较好的前茬。

高粱不宜重茬。重茬高粱不仅氮素消耗多，不利于养分均衡利用，而且黑穗病发生也会加重。黑穗病大流行年份感病率可达60%以上，严重影响高粱产量。

我国高粱轮作倒茬的方式多种多样，各具特色。在春播早熟区（春播，生育期100～125天）多为一年一熟制，常以高粱作为大豆的后茬，与玉米、谷子轮作。基本轮作方式为：大豆—高粱—谷子—玉米，玉米间混作大豆—高粱—谷子—春小麦。在春播晚熟区（春播，生育期135天）多为两年三熟制，高粱多与棉花、小麦、玉米、谷子或小杂粮进行轮作，主要方式有：冬小麦—夏粮（豆、糜子）—高粱—玉米—谷子，棉花—高粱—玉米—冬小麦。夏播区（夏播，生育期120天）多为一年两熟或两年三熟制，主要方式有：冬小麦—夏高粱—玉米（间混大豆）—棉花（或冬小麦）。南方区（春、夏、秋季均可播种）为一年多熟制，多采用春高粱—秋甘薯（或花生）；冬作（或春作）—秋高粱等轮作方式。

（二）耕作 适宜高粱生长的土壤，一般应是耕作层深厚、结构性好、有机质含量丰富的土壤。在前茬作物收获后，需要进行深耕整地。在深耕整地过程中，应当注意：①深浅一致，做到不留犁沟及残茬、杂草；②尽可能早秋耕，做到秋雨冬用；③根据土壤状况掌握耕作深度，一般以耕深约30厘米为宜；④根据土壤湿度适时深耕，一般以土壤含水量15%～20%时深耕效果最好。

二、施　肥

（一）施肥时期 高粱施肥分为三个时期，即播种前施基肥，播种时施种肥，生育中、后期施追肥。

（二）施肥原则

（1）基肥要以农家肥为主，化肥为辅，配合施用。农家肥养分含量虽低，但养分全，肥效长，可源源不断地供给高粱生长所需的养分。如果用过磷酸钙与农家肥堆沤后作为基肥施用，则效果会更好。

（2）种肥要以化肥为主，氮磷配合，提高肥效，有利于培养壮苗。

(3) 适时适量追肥，能改善植株营养条件，促进高粱中、后期生育，增加穗粒数和粒重。在肥料不足或行距较窄、后期追肥有困难时，可采用一次追肥，施入时间以幼穗分化期为佳；如果肥料充足，一般分拔节期和挑旗期两次追肥为宜，遵循“重施拔节肥，轻施挑旗肥；一次攻穗，二次攻粒”的原则。

(三) 施肥方法

1. *基肥的施用方法* 一般有撒施和条施两种。撒施适用于机播和耧播。在秋季深翻前或春季播种前将肥料满地撒开，然后再耕翻或用重型耙耙入耕层。条施适用于犁播或起垄播种，在犁沟或垄沟内集中成条状施入。条施肥料集中，比撒施利用率高。

2. *种肥的施用方法* 主要有播前施种肥，种子与化肥混施，种子滚肥大粒化。在用氮素化肥（如碳酸氢铵）作种肥时，要注意用量，并且要深施；在用磷素化肥作种肥时不能与种子直接接触。

3. *追肥的方法* 一般是离高粱根部一定距离开沟施入，或者用追肥耧将肥料顺行间施入。

三、播 种

播种质量是苗全、苗齐、苗壮的基础，必须进行播前准备，并考虑播种量、播种深度及镇压。

(一) 播前准备 播前准备的重点是选用良种和种子处理。选用良种的原则，首先要了解良种的生育期，选择在霜前能完全成熟又能充分利用当地自然资源的良种。其次要根据土壤肥水条件选种，在肥水条件充足的地方，选用耐水肥、抗倒伏、增产潜力大的良种。在干旱瘠薄的地方，选择抗旱耐瘠、适应性强的稳产品种。

通过晒种、发芽试验、浸种、药剂拌种等方法对种子进行处理。在播种前可选择阳光充足的天气，摊晒种子 3～5 天，以缩短种子的出苗时间和提高发芽率。发芽试验可确定种子的发芽率和发芽势，为确定播种量提供依据。一般要求发芽率在95%以上才能作种。为了防止病害和促进种子出苗，可用55℃温水或九二〇、七二〇、增产灵等激素浸种。

（二）播种时期 为保全苗和高产，高粱必须适时播种。

高粱的适宜播种期因地区自然条件、栽培制度、品种特性等差异而不同，北方主产区适宜播期在4月下旬至5月上旬，夏播区在5月下旬至6月下旬，长江流域以5月下旬至6月上旬为宜，秋播的适宜播期以8月上、中旬为宜。

（三）播种技术 包括播种量、播种深度、播种方法、播后镇压、查苗补种等。

1. 播种量 要根据种子发芽率、种子大小、整地质量、土壤墒情等因素确定。目前生产上应用的高粱种子千粒重多在30克左右，每0.5千克种子1.6万～1.7万粒。一般发芽率在95%以上的种子，每公顷播量约22.5千克。对不间苗的地方，可采用精量播种机实行精量播种，以11.3千克为宜。

2. 播种深度 要综合考虑土质、墒情、品种和气温等条件，一般以3～5厘米为宜。如果是紧实的黏土地，墒情好、土温低，应适当浅播；反之，疏松的沙土地，墒情差、土温高，宜深播。

3. 播种方法 有平播、垄播和穴播等方法。华北、西北地区以平播为主，东北地区采用垄播较多，部分边远山区可穴播。

4. 播后镇压 以使种子与土壤紧密接触，增大种子吸水范围，促进种子发芽。丘陵、山地、沙土地，土壤水分容易蒸发，播后要早压、多压；涝洼、盐碱地或土壤水分多的地块，播后要适当晾墒，当地表发白干燥时再进行镇压，以免土壤板结，影响种子发芽和出苗。

5. 查苗补苗 出苗阶段要进行田间检查，发现缺苗断垄要及时补种补苗。补种时应先浸种催芽，若土壤墒情不足，应先灌水补墒，然后补种。有时可采用补栽措施以达到苗全、苗齐、苗壮。

（四）抗旱播种法 我国北方高粱主产区往往“十年九旱”，在缺乏灌溉条件、土壤缺墒严重的地区，应采用抗旱播种法。抗旱播种的方法主要有以下 4 种。

1. 深沟浅种 在干土层 6～8 厘米处，用前耧冲沟，分开干土，后耧下种；若用犁开沟时，沟深约 10 厘米，浅覆 3～4 厘米。

2. 深种浅出 用单腿耧或犁深开沟，将种子播在湿土里，待种子发芽后，再适时推去过厚的土层，以利出苗。

3. 抢墒早播 在春播高粱区，当旱象刚出现、土壤墒情尚好时，即行整地保墒，提早播种，以保证种子发芽出苗所需的水分。

4. 提墒播种 在干土层不超过 5 厘米、底墒比较好时，于播前镇压 1～3 遍，压碎坷垃，创造坚实土层提墒。镇压后播层水分可提高 2%～3%，镇压和播种要连续进行。

四、种植密度和种植方式

适宜的种植密度可使个体发育健壮，群体生长协调，以增加单产，达到高产。

（一）适宜种植密度 确定适宜的种植密度，必须根据当地的自然条件、栽培水平和品种特性等综合考虑。目前，生产上一般每公顷的株数范围大致是春播早熟区 11.25 万～15 万株，春播晚熟区 10.5 万株，夏播区 13.5 万～15 万株，南方区 9 万～10.5 万株。

（二）种植方式 目前可采用的适宜种植方式主要有以下几种。

1. 等距条播 即等行距、单株留苗的种植方式。行距的宽窄因种植习惯和农机具不同而异，华北地区一般行距35～40厘米，株距16～20厘米；东北地区一般行距53～66厘米，株距12～20厘米。

2. 宽窄行播种　即宽行与窄行相间排列的种植方式。以窄行距25～33厘米、宽行距60～66厘米为宜。

3. 穴播　即在高水肥条件下，增大穴距，增加每穴留苗数的种植方式。东北、西北地区部分高产田，一般穴距36厘米，每穴留苗3～4株，行距60～66厘米。

4. 间种　即与马铃薯、大豆等矮秆作物进行间作的方式，可充分利用空间、光能和地力。

五、田间管理

在高粱整个生育期内所进行的一系列田间作业包括间苗定苗、蹲苗、中耕、灌溉等。

（一）间苗定苗　间苗应在出苗后3～4叶展开时进行，定苗应在5～6叶时进行。据试验，早间苗比晚间苗（7～8叶）增产5%～10%以上。定苗时要做到等距留苗，留壮苗、正苗，不留双株苗、二茬苗或过旺苗；还应拔除杂株，提高纯度，充分发挥良种的增产效应。

（二）中耕　高粱苗期一般应中耕2次。第一次结合定苗进行，10～15天后进行第二次。苗期中耕要浅，应掌握苗旁浅、行间深，苗旁中耕深2～3厘米，行间3～5厘米。拔节后中耕要深，可在10厘米以上，与培土结合进行，促进支持根早生快长，增强防风、抗倒伏和土壤蓄水保墒能力。后期中耕宜浅，以防伤根，影响生长发育和穗分化而降低产量，一般深度以4～6厘米为宜。

（三）蹲苗　蹲苗的作用在于适当控制苗期地上部生长，促进根系发育、培育壮苗，防止后期倒伏。在地肥墒足、幼苗长势良好的情况下，不追肥浇水，只进行中耕，控制地上茎叶徒长。东北地区多采用“扒棵”的方法来蹲苗，即在幼苗4～5叶时，将苗周围的表土用锄扒在一边，露出地下茎，晒根，促进根系下扎，控制分蘖和浅层次生根的生长，达到根深苗壮。蹲苗的一般原则是蹲肥不蹲瘦，蹲涝不蹲旱，蹲早不蹲晚。蹲苗时期一般从定苗开始到拔节前结束，约15～20天。

（四）灌水与排涝

1. 灌水　高粱在不同生育阶段的需水量有很大差异，总的需水量趋势是两头少、中间多。苗期如果长期干旱无雨，土壤湿度低于65%时，应酌情灌水。拔节期需水量占全生育期的30%，当土壤湿度低于75%时就需及时灌水。孕穗至抽穗期需水量最多，占全生育期的35%，当土壤湿度低于70%时需灌水。灌浆期缺水，会引起高粱早衰，籽粒瘦秕，“春旱不算旱，秋旱减一半”的农谚，说明了高粱灌浆期土壤水分的重要作用，此期的土壤湿度不能低于70%，如遇干旱，应以少灌勤灌为宜。

2. 排涝　为保证高粱高产稳产，在土壤湿度过大、田面淹水以及低洼、盐碱地区，要疏通积水，排除涝害。南方多雨区可采用畦作，北方涝洼区可采取大垄种植，在地下水位高、经常浸水的地区，可修建条田、台田，以抬高田面，使土壤根层脱离淹泡，减轻涝害。

（五）收获　一般认为高粱在蜡熟末期收获较为适宜。这时70%以上植株的穗、籽粒呈现出本品种成熟时所固有的形状和颜色，粒质变硬，穗下部籽粒内含物凝结成蜡状，用指甲掐破，已无浆液，粒色鲜艳而有光泽。

高粱收获的一般方法是先将植株割倒，每20～30株捆成一捆，在田间堆码成高粱椽，晾晒至干燥；也有在收获时掐下高粱穗再运回晒场。高粱脱粒常用石磙碾压或谷物脱粒机进行。脱粒后的籽粒必须经过充分晾晒至干燥，除净杂质、昆虫和虫卵，才能贮藏。

六、主要病虫害及其防治

(一) 主要病害及其防治 高粱黑穗病是高粱的多发病害，减产幅度通常在5%～10%，发病较重的可达80%，是高粱生产上重点防治的病害。高粱黑穗病有散黑穗病、坚黑穗病和丝黑穗病3种。坚黑穗病及散黑穗病以种子传播为主，丝黑穗病主要是土壤传染。

防治方法：①综合农艺措施，实行3年以上轮作，选用抗病品种，适时播种，拔除田间病株，深埋烧毁秸秆等。②药剂拌种，每100千克种子混合25%粉锈宁可湿性粉剂0.4千克，或50%多菌灵可湿性粉剂0.7千克，或40%拌种双可湿性粉剂0.2千克，加适量水后拌种，拌种要均匀，拌后一般堆闷4小时，阴干后即可播种。

(二) 主要害虫及其防治 高粱苗期的主要害虫为蝼蛄、蛴螬、金针虫、地老虎等，生长发育中后期的主要害虫为蚜虫、高粱条螟、玉米螟。对这些害虫可采用的主要防治措施如下。

1. 药剂拌种 50%辛硫磷乳油按种子重量0.2%比例拌种，防治蝼蛄、蛴螬、金针虫等地下害虫。

2. 毒饵 先将麦麸、秕谷、棉饼炒熟做饵料，使用1千克90%晶体敌百虫拌饵料200千克，加适量水，按每公顷37.5～52.5千克的剂量撒于地表，防治蝼蛄、蛴螬等害虫。

3. 灌心 用50%抗蚜威粉剂1∶2 000倍毒土，撒入高粱喇叭筒内或用Bt可湿性粉剂稀释200～300倍液灌心，或在玉米螟产卵盛期每667平方米释放赤眼蜂1万～3万头，或用1.5%辛硫磷颗粒剂按1∶15拌入筛好的煤渣灰，每株撒施1～2克。防治玉米螟、高粱条螟。

4. 喷雾 用喷雾器向叶背面喷射800～1 000倍40%乐果乳油溶液，防治高粱蚜虫。

5. 诱杀 用灯光、糖醋、杨树枝诱杀蝼蛄、蛴螬的成虫。

6. 人工捕捉 在耕地时可拣拾蛴螬；在间苗、定苗时捕捉地老虎幼虫。

7. 深耕土地、清除杂草、减少虫源 通过深耕，将土层中蛴螬、金针虫等的蛹、幼虫或成虫翻至地表，冬季冻死；或清除田边杂草，以减少高粱蚜虫、长椿象的卵和幼虫寄生场所。

七、高粱在特定条件下的栽培方法

（一）盐碱地栽培 高粱种子在土壤盐分含量达到0.77%～0.87%时几乎不能出苗。为了提高出苗率和获得好收成，一般采取如下措施。

1. 选用耐盐品种 铁169－214A/157、铁169－232A654、铁169－239A/0－30、原杂10号、晋杂88－1等杂交种耐盐能力较强。

2. 深沟浅播 在北方春季，土壤盐分随水上升，深开沟将上层含盐土分向两侧，将种子播在沟内，可以躲避盐害。

3. 适期播种 盐碱地特别需要适期播种，通常比非盐碱地晚播10～15天。

4. 增加播种量 盐碱地受盐碱和低温影响出苗困难，并且蝼蛄常年发生（烧碱地更为严重），应适当加大播量，才能保全苗。

5. 精细管理 盐碱地出苗晚，生长势弱，应注意早间苗、晚定苗，中耕除草，抑制盐害。群众说："碱地别无巧，多锄是一宝"。播种前、苗期和拔节期3次灌水，0～40厘米土层含盐明显下降。

（二）夏播高粱栽培 夏播高粱生育季节短，必须早播，并选用生育期110～120天的中早熟高产品种。夏播高粱株高变矮，种植密度应适当加大，一般在中等地力条件下，每公顷留苗应在

12万～13.5万株，肥力高的地块可留15万～18万株。夏播高粱幼穗分化提早1～2片叶，需要及早进行田间管理。

（三）再生高粱栽培 我国南方省（区）高粱收割后，腋芽再生长发育，抽穗成熟，再收一季或两季，这就是再生高粱。

再生高粱第一季栽培不仅对当季增产有决定作用，还会影响二三季再生苗的生育和产量。因此，抓好头季栽培是再生高粱生产的一项重要措施。首先，要选择早熟、再生能力强、抗病、抗倒伏、增产潜力大的品种或杂交种，如晋杂12等。要求在南方7月底8月初能成熟收获。其次，要适时早播，防止二季再生高粱遇到早霜危害。第三，头季高粱要加强管理，并于扬花灌浆时除下部老叶，留上部3～5片绿叶，能起促熟作用。第四，头季高粱成熟后要及早收获，防止根老化枯死、茎秆失水、再生能力降低；同时，要随收随砍，头季高粱收获砍秆有高桩留芽（仅收获穗）和低桩留芽（靠近地面割掉）两种方法。生长期较短的采用高桩留芽法，高桩留芽生育期仅需50～60天即可收获，但产量低；生长期长的采用低桩留芽法，留低桩，再生苗粗壮，穗大、产量高。

再生高粱的栽培措施主要有拔除杂草，抓紧追肥培土。割穗后要及时浅锄除草并追肥，天旱浇水补墒，促进再生芽萌发。高桩留芽时，一般在植株上部1～3节留芽2～3个，把其他的芽全部抹掉；低桩留芽则在茎基部留2～3个芽。留芽要早，一般幼苗长出3～4片叶时要及时去掉多余的苗。低桩留苗要注意留下不留上、留壮不留弱，留双苗时要选留互生苗。留苗密度根据土壤肥力，肥力高多留苗，肥力低少留苗，一般每公顷留15万～18万株。三季再生苗应适当增加。此外，还要注意防风、防虫、防鸟，以保证丰产丰收。

（四）饲用高粱栽培 高粱在专作饲用栽培时要注意以下事项。

1. 选择适宜的高产品种 饲用高粱可分三类：一类是粮饲

兼用型，如晋杂12等，籽粒产量高，茎叶繁茂，成熟时仍保持绿色，茎叶内所含养分和水分较多；另一类是纯饲用型，如苏丹草、约翰逊草等，整个植株作青饲或青贮之用；第三类为甜高粱，如沈农甜杂2号等，有较高的籽粒产量和含糖很高的高大植株。

2. 分期播种　作饲用栽培时，可分期播种。将不同生育期品种适当搭配，分期播种，掌握在秋霜到来之前能达到抽穗期就可以播种，以便分期收割、交错饲喂。

3. 合理密植　在增施水肥，提高栽培管理水平的前提下，增加种植密度是提高饲用高粱产量的重要途径。密度要因品种而异，如沈农甜杂2号植株高大，生长繁茂，采用60厘米行距，22～25厘米株距。

4. 适时收获　为了不断供给家畜多汁饲料，青饲高粱自抽穗期到乳熟期随时都可收割。青贮高粱的最适收获期应在乳熟末期，这时植株绿色体和籽实产量最高，营养物质也最丰富。如果以籽粒作粮食，茎叶作青贮时，则在蜡熟末期收获最为适宜。

第三节　品种介绍

一、优质高粱杂交种

1. 晋杂18　山西省农业科学院高粱研究所选育，组合为7501A×R111。春播生育期128天，属中熟品种。株高180厘米，穗长28厘米，穗粒重110克，千粒重36克，株型紧凑，叶片深绿，壳黑色，籽粒红色，穗中紧，纺锤形。籽粒含淀粉75.7％，蛋白质9.12％，脂肪3.48％，单宁0.9％，赖氨酸0.21％。适应性广，高抗丝黑穗病和叶部病害，秆矮、韧性大，抗倒性强。种植密度每公顷留苗10.5万～12万株。

2. 晋杂12　山西省农业科学院高粱研究所选育，组合为

A2V4A×1383-2。生育期123天，属中早熟种。株高200厘米，穗粒重108克，千粒重31克，壳红色，籽粒红色。穗中紧，纺锤形。是我国首次选用A2型细胞质雄性不育系杂交育成。种子幼芽顶土力强，易捉苗，根系发达，抗旱能力强，后期灌浆速度快，抗蚜，对丝黑穗病免疫。适宜一般水地和山旱地种植。种植密度为每公顷留苗10.5万～11.3万株。

3. 辽杂1号　辽宁省农业科学院高粱研究所选育，组合为TX622A×晋辐1号。生育期125天，属中早熟种。适宜春播晚熟区和春夏兼播区种植。株高208厘米，穗粒重110克，千粒重27～35克，壳黑色，籽粒浅橙色，穗中散，长纺锤形。籽粒含蛋白质8.47%，赖氨酸占蛋白质3.3%，单宁0.116%，出米率80%以上，米质优，口感好。该品种适应性广，抗丝黑穗病菌2号生理小种。种植密度每公顷留苗8.3万～9.8万株。

4. 沈杂5号　沈阳市农业科学院选育，组合为TX622A×0～30。生育期118天，属中熟种。株高200厘米，穗中紧，长纺锤形，穗长30.3厘米，壳红色，籽粒浅黄色，千粒重30.6克，穗粒重93.1克。籽粒蛋白质含量7.26%。高抗丝黑穗病，较抗倒伏，不早衰，叶病较重，玉米螟发生较重。种植密度一般每公顷不超过9万株。

5. 熊杂2号　辽宁省熊岳农业高等专科学校选育，组合为熊岳21A×654。生育期126天，属中熟种。株高224厘米，穗中紧，长纺锤形，穗长35.5厘米，壳紫色，籽粒白色，穗粒重115克，千粒重33克。籽粒蛋白质含量10.47%，赖氨酸含量占蛋白质2.3%，单宁含量0.006%，米质优，口感好。抗丝黑穗病，抗叶斑病，抗倒伏，抗旱性强，幼苗拱土力强，易保苗。种植密度每公顷9.8万～10.5万株。

6. 桥杂2号　辽宁省营口市农业科学研究所选育，组合为TX622A×654。生育期121天，属中晚熟种。株高220厘米，穗中紧，长纺锤形，穗长32厘米，壳红色，籽粒白色，穗粒重

99 克，千粒重 31.3 克。籽粒蛋白质含量 8.93%，赖氨酸含量占蛋白质 3.1%，单宁含量 0.05%，米质优良，口感好。高抗丝黑穗病菌 2 号生理小种，抗叶病，抗早衰，成熟时茎叶浓绿。喜温，喜肥，应选择中等以上肥力的平地、丘陵地种植。种植密度每公顷 8.3 万～9 万株，丘陵地不宜超过 9.8 万株。及时防治蚜虫和玉米螟。

7. 锦杂 93 辽宁省锦州市农业科学研究所选育，组合为 232EA×5-27。生育期 127 天，属中晚熟种。株高 181 厘米，穗紧，筒形，穗长 26.9 厘米，壳黑色，籽粒红色，穗粒重 86.6 克，千粒重 34.8～41 克。籽粒蛋白质含量 9.6%，赖氨酸含量占蛋白质 2.01%，单宁含量 0.048%，红粮白米口感好。高抗叶部病害，抗倒，抗丝黑穗病。种植密度每公顷 11.3 万～12 万株。

二、酿造专用高粱品种

1. 晋杂 15 山西省农业科学院高粱研究所选育，组合为黑龙江 11A×七抗七。在春播早熟区生育期 127 天，株高 170 厘米，穗呈纺锤形。穗长 25 厘米，穗粒重 65.3 克，千粒重 22.5 克，壳红色，籽粒红色，粉质。籽粒含蛋白质 9.73%，赖氨酸 0.221%，单宁 1.92%。高抗丝黑穗病，抗倒性强，抗旱，耐瘠。适宜高寒区、春播早熟区等无霜期 130 天左右的旱塬种植。一般每公顷留苗 13.5 万～15 万株。

2. 晋杂 16 山西省农业科学院高粱研究所选育，组合为黑龙 11A×2691。春播早熟区生育期 132 天，属早熟品种。株高 180 厘米，穗呈纺锤形，穗长 24 厘米，穗粒重 75.4 克，千粒重 26.5 克，壳黑色，籽粒红色，粉质。籽粒含淀粉 77.68%，蛋白质 10.05%，赖氨酸 0.215%，单宁 2.05%。出酒率比一般杂交种提高 5%左右，适于酿酒业利用。抗丝黑穗病，抗倒伏、抗旱、耐瘠。适应高寒区、春播早熟区中水肥地种植。一般每公顷留苗12万～13.5万株。

3. 辽杂4号　辽宁省农业科学院高粱研究所选育，组合为421A×矮四。生育期133天，属晚熟种。株高195厘米，穗中散，长纺锤形，穗长31厘米，壳黄色，籽粒浅橙色，穗粒重89克，千粒重29克。籽粒蛋白质含量9.11%，赖氨酸含量占蛋白质的3.5%，单宁含量0.11%。高抗丝黑穗病，高抗叶斑病，成熟时茎叶浓绿，籽粒灌浆速度快，茎秆坚韧，抗倒伏。喜温光，喜肥水，种植密度为每公顷10.5万株。

4. 辽杂5号　辽宁省农业科学院高粱研究所选育，组合为TX622A×115。生育期120天，属中早熟种。株高180厘米，穗中紧，纺锤形，穗长30厘米，壳红色，粒红色，穗粒重90克，千粒重30克。籽粒蛋白质含量9%～10%，赖氨酸含量占蛋白质2.5%，单宁含量0.25%，淀粉含量70%，脂肪含量4%～5%。对丝黑穗病菌1号和2号生理小种免疫，较抗3号小种，抗叶斑病中等。抗旱，耐瘠，幼芽拱土力强，易抓全苗。种植密度为每公顷9万～10.5万株。

5. 吉杂52　吉林省农业科学院作物所选育，组合为黑龙30A×吉恢13。生育期110天，需有效积温2 250℃，属早熟种。株高170厘米，茎粗1.6厘米，穗粒重60～80克，千粒重28克，壳红色，籽粒红色。籽粒含淀粉70%，蛋白质10.65%，脂肪4.15%，单宁0.36%。抗煤纹病，抗倒伏。适宜密植，每公顷保苗15万株。

6. 泸糯杂1号　四川省农业科学院水稻高粱研究所选育，组合为72A×35R。生育期120天，属中熟种。株高200厘米，穗中紧，纺锤形，穗长34厘米，千粒重25克。胚乳为糯质，白色，酿酒品质好，籽粒总淀粉含量64%，其中支链淀粉占92.3%。粗蛋白质含量9.21%，单宁含量0.36%，是酿造浓香、酱香及小曲酒的优质原料。抗炭疽病、黑穗病。适宜多熟制地区间、套种植。移栽时苗龄不超过30天为宜。春播每公顷留苗9万～12万株，夏播15万株。注意防治蚜虫和钻心虫危害。

7. 泸杂4号　四川省农业科学院水稻高粱研究所选育，组合为TX623A×晋粱5号。生育期120天，在四川南部丘陵区种植，属中熟种。穗长30厘米，穗粒重50～70克，千粒重25克。籽粒淀粉含量65.8%，其中支链淀粉占64.1%。含单宁0.57%，蛋白质含量8.46%，是酿造、饲料兼用品种。抗黑穗病和炭疽病。南方秋播，移栽苗龄不超过25天为宜，每公顷留苗12万～15万株。注意防治害虫。

8. 青壳洋高粱　四川省农业科学院水稻高粱研究所从地方品种洋高粱的变异株选育而成的常规糯性品种。生育期130天。株高250厘米，穗中散，成熟时穗向下弯曲，籽粒黄褐色，壳有短芒，穗长28厘米，穗粒重50～60克，千粒重22克。籽粒淀粉含量67.8%，其中支链淀粉95%以上。蛋白质含量7.57%，单宁含量1.09%，玻璃质少，酿酒品质优良。抗炭疽病和粒霉病，穗螟危害轻，适合高温多湿的南方省份种植。每公顷留苗9万～12万株。注意防止倒伏。

9. 原901　中国农业科学院原子能利用研究所选育的极早熟酿酒专用高粱杂交种，组合为黑龙11A×原幅657-1。北京地区夏播生育期90～95天。株高170～200厘米，穗中散，穗长30厘米以上，籽粒红色，穗粒重65～70克，千粒重22～24克。籽粒淀粉含量66%～69%，其中支链淀粉含量占86%以上，属糯质型。蛋白质含量10.1%，单宁含量0.45%。每公顷留苗10.5万～12万株。

10. GS豫粱4号　河南省商丘地区农业科学研究所选育，组合为TX623A×早熟忻粱7号。生育期比原杂10号晚3～4天，是夏播区理想的新型杂交高粱。株高198厘米，茎粗18厘米，散穗型，穗长36厘米，穗轴长30厘米，穗粒重129克，壳红色，粒黄红色。籽粒淀粉含量67.67%，赖氨酸含量0.32%，粗蛋白质含量8.17%，单宁含量0.44%，是酿造业的好原料。高产、稳产、抗逆性强。适应性广，抗鸟食，无病害，成熟时叶片浓绿。

11. 原902　中国农业科学院原子能利用研究所选育，组合为原900A×7703。为中熟糯质型杂交种，春播生育期120～130天，夏播生育期110～115天。株高180～200厘米，穗中散呈杯形，穗粒重100～110克，千粒重26～30克，粒红色。籽粒总淀粉含量69%～71%，其中支链淀粉含量占80%以上。蛋白质含量10.14%，单宁含量0.4%，赖氨酸含量0.27%。

12. 晋杂20号　山西省农业科学院品种资源研究所选育，组合为L405A×626。生育期135天左右，中晚熟品种。株高176厘米，茎粗190厘米，穗长32.3厘米，穗中紧，纺锤形，壳枣红色，籽粒黄色，穗粒重106.2克，千粒重28.4克，籽粒蛋白质含量10.61%，总淀粉73.56%，赖氨酸0.24%，单宁1.0%。茎秆粗壮，抗倒伏，对丝黑穗病免疫。种植密度每公顷留苗10.5万～11.3万株。

三、饲用高粱品种

1. 辽饲杂1号　辽宁省农业科学院高粱研究所选育，组合为TX622A×1022。生育期125天，属中熟种。株高320厘米，中紧穗，纺锤形。鲜茎叶每公顷产量6.16万千克。高抗丝黑穗病、叶斑病，较抗倒伏，抗旱，耐涝，适应性广。每公顷保苗8.3万株。生育期注意防治黏虫和蚜虫。

2. 辽饲杂2号　辽宁省农业科学院高粱研究所选育，组合为LS3A×丽欧。株高340厘米，穗中紧，纺锤形。辽饲杂2号青贮料中含粗蛋白质4.42%，粗脂肪0.35%，粗纤维16.89%。无氮浸出物74.6%，粗灰分3.48%。苗期和成熟期茎叶中氢氰酸含量皆为零，含磷0.1%、钙0.19%。青贮粒适口性好。产量比较试验，生物学产量每公顷 9.25 万千克。种植密度每公顷 7.5 万～8.25 万株。

3. 沈农甜杂 2 号　沈阳农业大学农学系选育，组合为 TX623 A×罗马。生育期 130 天，属中晚熟种。株高 350 厘米，中紧穗，纺锤形。茎秆榨汁率 65%以上，含糖量 16%，茎秆风干后含粗蛋白质 6.87%，粗脂肪 1.67%，粗纤维 29.83%，粗灰分 6.34%，无氮浸出物 45.07%。鲜茎叶每公顷产量 5.87 千克。抗丝黑穗病，抗倒伏，叶斑病轻，成熟时茎叶绿色。种植密度每公顷 6.75 万～7.5 万株。收获茎秆用于青贮者，不要去分蘖。

4. 龙饲 1 号　黑龙江省农业科学院作物育种研究所选育，组合为 320A×MR741。生育期 125 天，有效活动积温 2 500～2 600℃，适于无霜期短的地区种植。株高 270～290 厘米，茎粗 1.6～2.0 厘米，中紧穗，纺锤形。茎秆含水量 70.5%，汁液含糖量 14%～18%，三叶期氰氢酸含量 12.7%，对牲畜无害。茎秆青贮后吸附水 9.64%，含粗蛋白质 4.95%、粗脂肪 2.21%、粗纤维 26.43%、无氮浸出物 52.46%、灰分 4.31%、钙 0.76%、磷 0.08%。鲜茎叶每公顷产 6.88 万千克。

5. 原甜杂 1 号　中国农业科学院原子能利用研究所选育，组合为 7504A×丽欧。生育期春播 125 天，夏播 110 天。苗绿色，分蘖 2～3 个。株高 280～300 厘米，茎粗 1.7 厘米，穗圆筒形。茎秆产量每公顷 3.75 万～4.5 万千克。由于生育期较长，适于无霜期 170 天以上地区种植。植株高大，分蘖多，密度不宜过大，每公顷留苗 6 万～9 万株。

6. 晋草 1 号　山西省农业科学院高粱研究所育成的高粱—苏丹草杂交种，组合为 A3HC356A×苏丹草 722（选）。生育期 130 天。株高 280 厘米，平均分蘖 3.5 个，植株含蛋白质 17.8%，粗脂肪 1.46%，粗纤维 30.82%，粗灰分 10.365%，无氮浸出物 32.29%，含糖量 25.1%。植株再生力强，生长速度快，山西中部种植可刈割 2 次，每公顷产 13.2 万千克。茎叶鲜嫩，适口性好，可作青饲料或青贮饲料。抗紫斑病，抗倒伏，每公顷种 10.5 万～12 万穴，每穴 2～3 株。挑旗时刈割，留茬 20 厘米，成熟后第二次刈割，第一次刈割后浇水增施氮肥促进生长。

7. 皖草 2 号　安徽省农业技术师范学院选育的高粱—苏丹草杂交种，组合为 TX623A×722（选）。皖草 2 号是用于春播或夏播的饲草，株高 250～280 厘米，叶片肥大，茎秆粗壮，长相似高粱。易粉种，播深 3～5 厘米，以条播、穴播为宜。用于养鱼，每公顷留苗 30 万～45 万株，出苗后 10 天左右进行第一次刈割，以后隔 20～25 天再割；用于养牛，每公顷留苗 15 万～22.5 万株，出苗后 60 天左右进行第一次刈割，以后隔 10 天左右再割。刈割留茬 20 厘米，地面留 2～3 个节。注意防治蚜虫和紫斑病。

四、其他用途高粱品种

1. 醇甜 2 号　中国农业科学院原作物品种资源研究所选育，为粮秆兼用、酿制酒精高粱杂交种。北京地区春播生育期 125 天左右，株高 350 厘米左右，茎粗 1.74 厘米，单秆重 1.075 千克，鲜秆产量每公顷 7.5 万千克以上。茎秆汁多高糖，锤度 16.5%。穗长 28.8 厘米，红壳白粒，穗粒重 60～70 克，每公顷产籽粒 5 250千克左右，着壳率约 10%。茎秆坚韧，抗倒伏能力强。每公顷留苗 8.25 万～9.0 万株。

2. 乐亭工艺高粱　即黏高粱（乐亭），河北省乐亭县地方品种。用该品种的穗制做的扫帚远销天津、石家庄、东北、香港等地，并出口远销朝鲜、日本、东南亚一些国家。其茎秆可编席，籽粒（糯性）可做糕。生育期 118 天，属早熟种。株高 415 厘米，茎粗 1.7 厘米，穗散，伞形。穗长 38.4 厘米，穗柄长 50.2

厘米。每公顷产帚苗 1 500 千克，茎秆 4.5 万根。种植密度每公顷 4.5 万～5.25 万株。

（庚正平 孙 毅 柳文龙）

主要参考文献

1. 牛天堂，王呈祥，白志良．高粱高产栽培技术．北京：金盾出版社，1994
2. 徐端祥．高粱品质育种．北京：农业出版社，1987
3. 李振武．高粱栽培技术．北京：农业出版社，1981
4. 卢庆善等．高粱学．北京：中国农业科学技术出版社，1999
5. 裴淑华，卢庆善，王伯伦等．辽宁省农作物品种志．沈阳：辽宁科学技术出版社，1999
6. 辽宁省农科院等．中国高粱栽培学．北京：农业出版社，1988
7. 杜志宏等．早熟酿酒专用高粱新品种晋杂 16．作物杂志．1999．(5)
8. 宋高友，苏益民，陆伟．酒用高粱育种方向的探讨．全国高粱学术研讨会论文选编，1996
9. 成卓敏．新编植物医生手册．北京：化学工业出版社，2008

第三章　谷　　子

我国是栽培谷子的起源地，也是世界上唯一对谷子进行系统研究和充分利用的国家。在广大干旱、半干旱地区，谷子作为稳产、高产的主要粮食作物，在旱地农业可持续发展和节水农业生产中有着其他作物不可替代的重要地位。自 20 世纪 80 年代以来，由于高产作物的大面积推广，加上谷子销售市场的限制和消费形式的单一，谷子的栽培面积一再萎缩。全国谷子播种面积已从 1981 年的 388 万公顷下降到 2005 年的 85 万公顷，总产量由 1981 年的 577 万吨下降到 178.5 万吨，每公顷产量则由 1981 年的 1 485 千克提高到了 2 102 千克，高产田的产量已突破 7 500 千克，杂交谷子最高产量超过 10 000 千克。谷子低产的主要原因是生产田贫瘠、耕作管理粗放和缺乏灌溉条件。发展的主要限制因素在于缺乏产后加工研究，初级产品销售市场有限，种植谷子的经济效益低下。然而，谷子营养丰富，并有软化血管、防止动脉粥样硬化的作用。谷草、谷糠和秕谷是驴、马等大牲畜的优等饲料。谷糠还是酿酒、制醋的原料之一。预计未来 10 年，谷子不再是低产作物，而将以抗旱节水作物在旱地农业可持续发展中发挥作用。到那时，我国谷子面积将稳定在 80 万～90 万公顷，年总产量 180 万吨左右，单产将进一步提高。

第一节 谷子的经济价值与利用途径

一、谷子籽粒的营养成分与食用品质

(一) 谷子籽粒营养成分 谷子籽粒含丰富的营养物质。粗蛋白含量平均为12.7%。人体必需的8种氨基酸含量除赖氨酸外均高于其他粮食作物，氨基酸的主要组成部分为谷氨酸、丙氨酸、脯氨酸及天冬氨酸，必需氨基酸含量占氨基酸总量的41.9%，必需氨基酸指数为92.97，限制氨基酸是赖氨酸，占蛋白质总量的2.17%。谷粒中的脂肪含量平均为4.05%，85%为不饱和脂肪酸，其中，能防止动脉粥样硬化、软化血管的亚油酸含量约65%。谷粒中还含有一般谷物中缺乏的维生素A（1.9毫克/千克）、维生素B_1（7.6毫克/千克）、维生素B_2（1.2毫克/千克）、维生素E（20毫克/千克）、微量元素硒（70毫克/千克）。谷子的营养成分在品种间存在较大差异，营养品质的提高与高产之间也存在矛盾，育成高产品种的营养成分普遍低于地方品种。

(二) 谷子食用优质米标准 谷子食用优质米的评定主要以1990年河北省的《优质食用粟品质及其检测方法》为标准，将食用优质米分成粳、糯二类各二个等级。

一级优质粳米：蒸煮时有浓郁香味，米饭粒完整金黄，软而不粘结，食味好，冷却后不回生变硬。蛋白质含量不低于12.5%，粗脂肪含量不低于4.6%，维生素含量不低于7.0毫克/千克，直链淀粉含量14.0%～17.0%，胶稠度不小于150毫米，糊化温度（碱消指数级别）不小于3.5。

二级优质粳米：米饭粒完整金黄，软而不粘结，食味较好。蛋白质含量不低于11.8%，粗脂肪含量不低于4.2%，维生素含量不低于6.5毫克/千克，直链淀粉含量17.1%～

20.0%，胶稠度不小于115毫米，糊化温度（碱消指数级别）不小于2.5。

一级优质糯米：蒸煮时有香味，饭粒完整，很黏，食味好。蛋白质含量不低于12.5%，粗脂肪含量不低于4.6%，维生素含量不低于7.0毫克/千克，直链淀粉含量不高于2.0%，胶稠度不小于180毫米，糊化温度（碱消指数级别）不小于3.0。

二级优质糯米：米饭粒完整，黏性较大，食味较好。蛋白质含量不低于11.8%，粗脂肪含量不低于4.2%，维生素含量不低于6.5毫克/千克，直链淀粉含量不高于5.0%，胶稠度不小于180毫米，糊化温度（碱消指数级别）不小于3.0。

二、谷草的营养成分及利用价值

谷子收获后的谷草是禾本科作物中营养价值最高的秸秆，良好的谷草每千克约含16克可消化蛋白质、15～22克胡萝卜素，相当于0.4个饲料单位，适口性良好，有甜味，为驴、马等大牲畜最宝贵的粗饲料。秕谷是谷子脱粒时的副产品，含有6.7%粗蛋白、40.4%无氮浸出物及26.4%纤维素；谷糠是谷子的种皮，含有7.2%粗蛋白、2.8%脂肪，40%无氮浸出物及23.7%纤维素，同时含有很多维生素，每千克相当于0.47个饲料单位。秕谷和谷糠均可作为牲畜饲料，谷糠还能够作为酿酒、制醋的材料。

谷子是传统的粮饲兼用作物，随着畜牧业的发展和草场退化的加剧，饲料产业已成为一个新兴产业。最新研究表明，谷草蛋白质含量占鲜重的1.8%～3.5%，占风干重的9.9%～15.2%，尤以抽穗期谷草营养最好，接近豆科牧草苜蓿的营养价值，应该引起重视。

第二节 谷子的栽培技术

一、耕作制度与茬口选择

（一）耕作制度 谷子栽培的耕作制度主要包括主要作物的轮作、谷子同玉米和高粱等高秆作物间作、谷子与豆类作物混作、小麦与谷子套作。

1. 轮作 谷子忌连作，合理的轮作倒茬可以减轻病害发生，减少田间杂草，提高谷子产量。由于谷子产区的自然条件、作物种植结构、种植制度及生产水平的不同，其轮作形式各有特点。从形式上可分为3种轮作类型，一是以一季春谷为主的轮作制，二是以夏谷复播为主的轮作制，三是北部高原、干旱地区的春谷轮作制。

东北平原区具有冬长夏短、春秋不明显的气候特点，实行一年一熟的年际轮作制，谷子、大豆种植面积较大，在轮作中占有重要地位。主要有以大豆为主体的小麦—大豆—谷子—玉米四年轮作制和以杂粮为主体的大豆—高粱—谷子、大豆—谷子—玉米（小麦）三年轮作制。

华北平原区气候温和，无霜期长，为一年二熟或二年三熟地区，谷子有春谷和夏谷。春谷轮作主要是二年三熟，采用春谷—小麦—夏玉米（夏大豆）、棉花—春谷—小麦（玉米、高粱）等轮作模式。夏谷轮作主要是一年二熟，谷子年内复播，采用小麦（豌豆）—夏谷－豌豆（油菜）—玉米等轮作模式。

内蒙古高原区海拔高、降水少，实行一年一熟的年际轮作制，采用马铃薯—谷子—小麦、小麦（燕麦）—谷子—豌豆、胡麻—谷子—荞麦等轮作模式。

黄土高原区热量资源较丰富，光照充足，实行一年一熟的年际轮作制，谷子是重要的粮食作物，采用大豆—谷子—马铃薯、玉米（高粱）—谷子—玉米（大豆）等多种轮作模式。

2. 间、混、套作　谷子与高秆作物间作盛行于东北地区和华北地区，以不影响或少影响谷子生长发育为原则，尽可能选择适宜的搭配品种。高粱与谷子间作一般采用 6∶12、6∶24、6∶36 或 12∶36 的行比以谷子为主的栽培模式，玉米与谷子间作采用 1∶4 行比模式，不同地区需选择不同的行距。

谷子混作豆类作物（绿豆等）可有效提高旱薄地的总产量，常见于华北和内蒙古地区，在谷子因灾缺苗时，也可以混播豆类作为救灾措施，弥补苗数不足。

3. 套作　主要指小麦套种谷子，多见于华北和东北地区的南部，主要目的是延长谷子的生长期并提高复种指数，增加粮食总产。此外，谷子可以套种绿肥以培肥地力、改良土壤。

（二）茬口选择　根据不同前作对土壤环境的影响以及谷子对土壤条件的要求，谷子的优良前作依次为豆类、马铃薯和红薯、麦类、玉米、高粱茬等。豆类茬具有深翻基础和好的耕层结构，较好的氮素营养，较少的谷子伴生杂草。马铃薯和红薯茬的土壤耕层疏松、剩余肥力足、杂草少。麦茬的优势在于麦子收获早、休闲时间长、地力恢复好。同时，麦后耕翻有效地减少了杂草，疏松的土壤有利于谷子根系的发育。玉米茬的肥力条件好，草害较轻。高粱茬的优点是土壤紧实，容易保苗。此外，棉花、油菜、烟草等茬口均是谷子较为适宜的前茬。

二、施　　肥

（一）基肥　按有效成分计算，基肥中的农家肥要占总基肥量的一半以上，而且产量越高，所占比例应越大。高产谷田一般以每公顷施农家肥 75 000～112 500 千克为宜，中产谷田 22 500～60 000 千克为宜，具体的施肥量要考虑土壤肥沃程度、前茬、产量指标、栽培技术水平以及肥源等综合因素。基肥秋施应在前作收获后结合深耕施用，有利于蓄水保墒并提高养分的有效性；基肥春施要结合早春耕翻，同样具有显著的增产作用；播种前结合耕作整地施用基肥，是在秋季和早春无条件施肥的情况下的补救措施。基肥常用匀铺地面结合耕翻的撒施法、施入犁沟的条施法和结合秋深耕春浅耕的分层施肥方法。

（二）种肥　在播种时施于种子附近，主要是复合肥和氮肥，施肥后应浅耧地以防烧芽。因谷子苗期对养分要求很少，种肥用量不宜过多，每公顷硫铵以 37.5 千克、尿素 15 千克、复合肥 45～75 千克为宜，农家肥也应适量。

（三）追肥　在谷子的孕穗抽穗阶段，由于土壤供应养分能力降低和谷子发育进程加快，需要追施速效氮素化肥、磷肥或经过腐熟的农家肥。每次追肥以每公顷纯氮 75 千克左右为宜。一次追肥最佳时期是抽穗前 15～20 天，氮肥数量较多时，最好在拔节始期和孕穗期分别施用。追肥可采用根际追施结合中耕埋入，也可叶面喷施。

三、耕作与整地

（一）秋冬耕作　秋冬耕作是春谷栽培的一个重要环节，可以改良土壤的物理性状、活跃土壤微生物、减少杂草和病虫危害、促进根系生长发育。在土壤含水量 15%～20%时耕作质量最好，秋冬耕作、耕后耙地结合施用基肥，耕深以 25 厘米、施肥深度 15～25 厘米效果为佳。

（二）春耕　没有经过秋冬耕作或秋季未施肥的旱地谷田，春季耕作要及早进行。以土壤化冻后立即耕耙最好，耕深应浅于秋耕。经秋冬耕作的谷田也应在夜冻昼消时耙地以保持水分，冬春季镇压也能减少水分损失。

（三）播前整地　播前整地主要是平整土地，减少水分蒸发。经过秋冬耕作或早春耕的谷田，播前若干天应进行浅层耕作。

四、播　种

（一）种子准备　种子需进行筛选或水选，饱满、整齐一致的种子供播种之用。播种前将种子晒 2～3 天，用水浸种 24 小时，以促进种子内部的新陈代谢作用，增强胚的生活力，消灭种子上的病菌，提高种子发芽力。

（二）播种时间　应根据当地的自然条件、耕作制度和谷子品种的特性确定适宜的播种时间。谷子主产区的东北、西北、华北北部地区种植春谷，播期在 4 月中旬至 5 月上旬，个别早的地方在 3 月中下旬，晚的在 5 月下旬。山东、河南、陕西关中、河北和山西南部地区种植夏谷，播期均在夏收后的 6 月上中旬，个别晚至 7 月上旬。

（三）播种技术　谷子的播种方法有撒播、穴播、条播多种，播种量应根据种子质量、墒情、播种方法来定，以一次保全苗、幼苗分布均匀为原则，一般每公顷用种子 7.5 千克左右，播种深度以 3～5 厘米左右为宜，播后镇压使种子紧贴土壤，以利种子吸水发芽。新近研发的北方地区谷子催芽播种技术，播种后 3～4 天即可出苗，可以选择生育期略长的高产品种，或可推迟播种 4～5 天，同时抑制了行间杂草的生长。

（四）覆膜栽培技术　覆膜播种是干旱少雨地区采用的节水栽培技术。试验表明在土壤含水量达到 15％以上时覆膜效果好，低于 10％时不宜覆膜。先覆膜后播种，采用打孔穴播，行距 25 厘米，穴距 10 厘米，单株留苗；人工点播后覆膜，行距 25 厘米，穴距 20 厘米，每穴留苗 2～3 株；条播后覆膜，行距 20 厘米，单株留苗。此外，可采用起垄覆膜，在膜旁播种。

五、种植密度与种植方式

(一) 合理密度 谷子栽培密度与当地的气候条件、土壤与肥水状况、种植方式及所用的品种密切相关。东北平原区的品种一般穗型较小、种粒小、中早熟、株型紧凑，本区气候冷凉，植株繁茂性较差，适宜的密度为每亩留苗 4.0 万～6.0 万株。内蒙古高原区和黄土高原区气候干旱、土壤较瘠薄，品种大多属高秆大穗不分蘖类型，宜每亩留苗 2.0 万～3.0 万株。华北平原区密度 3.5 万～5.0 万株。早熟、矮秆品种应适当增加植株密度，根据出苗率控制播种量，实行精量播种，谷子一般不间苗。新育成品种以独秆大穗型为主，分蘖明显减少，留苗密度与成穗数基本相当。夏播条件下，植株个体发育受生育期的限制，种植密度应相应增加。近几年成功培育了抗除草剂谷子品种，通过调节抗除草剂品种和同型不抗除草剂姊妹系的种子比例，使用相应除草剂清除不抗除草剂的幼苗，以实现合理密植，并简化间苗技术。

(二) 种植方式

1. 东北平原区传统种植方式

大垄宽幅播种：是东北地区的主要种植方式。一般垄距50～70 厘米，播幅 10～15 厘米。优点是能提高地温，缺点是垄距较大，光能和土地的利用率较低。

垄上双行或三行播：一般垄距 75 厘米，行距 6.5～12.5 厘米，植株分布较为合理，但三行播的中间一行谷苗生长受抑制，整齐度较差。

平播：以 15 厘米等行距或 12.5 厘米与 17.5 厘米宽窄行距平播。优点是植株分布均匀，利于密植，穗数多，穗头匀，叶面积大封行好，杂草少，产量高。

机械双行穴播：采用 35 厘米和 14 厘米宽窄行距机械播种，穴距 12 厘米，每穴 3～4 株（播种种子 6～8 粒）。具有省工、高效、少间苗的优点。

2. 内蒙古高原区、黄土高原区和华北春谷区种植方式

耧播：采用双腿耧（行距33～40厘米）、三腿耧（行距20～26.5厘米），一次完成播种和施肥。具有省工、省籽、保墒、易保苗的优点，主要用于丘陵旱地。

犁播：用犁开沟再撒种条播。优点是播幅宽，便于间苗和匀苗密植，还可以集中施肥。缺点是开沟跑墒，易造成缺苗，主要用于冷凉山区或顶凌播种。

机械播种：优点是播深一致，出苗整齐，苗匀苗壮。

六、田间管理

（一）苗期管理 以早疏苗、晚定苗、查苗补种（移栽）保全苗为原则，在4～5片叶时先疏一次苗，留苗量是计划数的3倍左右，6～7叶时再根据密度定苗。对生长过旺的谷子，在3～5叶时压青蹲苗（控制水肥）或深中耕，促进根系发育，提高谷子抗倒伏能力。

（二）灌溉与排水 谷子虽是耐旱节水作物，但适时灌溉是取得高产的重要措施。播前灌水有利于全苗，苗期不用灌水，拔节期灌水能促进植株增长和幼穗分化，孕穗、抽穗期灌水有利于抽穗和幼穗发育，灌浆成熟期灌水有利于籽粒形成。灌水次数根据当年气候条件和土壤水分情况确定，灌水方法以畦灌和沟灌为主。谷子生长后期怕涝，在多雨地区谷田应设置排水沟渠，避免地表积水。

（三）中耕与除草 谷田大多进行3～4次中耕，幼苗期中耕结合间苗或在定苗后进行；拔节期中耕结合追肥、浇水进行谷子浅培土，中耕深度在7～10厘米；孕穗期中耕结合除草进行高培土，中耕深度在5厘米左右。谷田主要有谷莠子、狗尾草、苋菜等杂草，其防治以秋冬耕翻、轮作倒茬为主，播种前喷施除草剂

灭草，田间杂草通过及时中耕消除。在播种抗除草剂谷子品种条件下，谷子生育前期可用相应除草剂灭草以简化管理技术。对于新育成的抗除草剂杂交谷子，通过相应除草剂的使用，可以有效去除假杂种。

（四）后期管理 谷子抽穗以后既怕旱又怕涝，应注意防旱、保持地面湿润，缺水严重时要适量浇水，大雨过后注意排涝，生育后期应控制氮肥施用，防止茎叶疯长和贪青晚熟，同时谨防谷子倒伏。

七、收获与贮藏

谷子品种一般都活秆成熟，在谷子蜡熟末期或完熟初期应及时收获，此时谷子下部叶变黄，上部叶黄绿色，茎秆略带韧性，谷粒坚硬，种子含水量约20%左右。多以收获谷穗为主，及时晾晒、脱粒，干燥保存。谷子粒小壳硬，库存期间虫害不重，主要应防止鼠害。

八、主要病虫害及其防治

（一）主要病害及其防治 谷子的主要病害有谷瘟病、白发病、黑穗病、锈病、褐条病、红叶病、线虫病、纹枯病等，谷子种子可能带有谷瘟、白发、黑穗、褐条病、线虫病病原，用55℃温汤浸种或1%石灰水浸种、以40%敌克松或20%萎锈灵粉按种子重量的0.7%拌种，可有效消灭种子所带的多种病原。谷瘟、锈病的病原主要来自谷草和杂草寄主，白发、黑穗、褐条病病原主要潜伏于土壤和病株残体，线虫病是由线虫为害谷子的病害，主要通过土壤、肥料传播，实行多年轮作倒茬、清除谷田周围杂草、拔除感病植株，是防治这些土传病害的有效办法。谷子红叶病是由蚜虫传播的病害，小麦及禾本科杂草常是初侵染病原和蚜虫的主要来源，应以灭蚜来防红叶病。纹枯病是主要发生在夏谷区的新病害，病害的轻重与夏季的降水量有直接关系，防治的主要方法是选用抗病品种（其他防治方法还需进一步研究）。

（二）主要害虫及其防治 谷子的主要害虫包括地下害虫、蛀茎害虫、食叶害虫和吸汁害虫等。

地下害虫主要有蝼蛄和网目拟地甲等，以幼虫、若虫、成虫为害谷子的根部，也采食新播种子，造成缺苗断垄。防治方法主要是以辛硫磷等拌煮熟的谷子制成毒谷，在播种时撒入播种沟内以减少地下害虫对谷种和根系的为害。

蛀茎害虫有粟灰螟（钻心虫）、玉米螟、粟茎跳甲虫、粟芒蝇等，以幼虫蛀食心叶与茎秆，破坏生长点和输导组织，造成枯心、死苗、白穗和秕谷。防治的主要方法：选用相应的抗虫品种；秋冬谷田中耕，改变害虫的越冬环境；冬春消灭田间和地边杂草，及时处理谷子残株，减少越冬虫源；及时拔除谷子田间的虫株、枯心苗，以防幼虫转株为害；在生长期可用毒土诱杀粟茎跳甲虫；苗期的黏虫和螟虫，可用25%杀螟松120～150倍液喷雾或50%辛硫磷乳油25毫升3 000～5 000倍液喷雾防治；在产卵期，以赤眼蜂15万～45万只/公顷防治粟灰螟和玉米螟也有较好效果。

食叶害虫主要有黏虫和粟鳞斑叶甲，为害叶片，造成缺刻、孔洞等，严重时吃光叶片，只留下光秆和叶脉。黏虫的防治以药剂防治低龄幼虫为主，以黏虫散等粉剂配制毒土，顺垄撒施，效果较好。辅助措施以田间草把诱集成虫和卵块，集中销毁，减少为害。粟鳞斑叶甲的防治以除草减少虫源，早播避过幼虫的主要为害期。

吸汁害虫有粟小缘椿象和蚜虫，以成虫和若虫吸食叶片、穗粒的汁液，并传播病毒。防治粟小缘椿象的方法以选用抗虫品种为主，蚜虫的防治以药剂为主。

第三节 谷子品种简介

一、2005年通过国家鉴定的谷子品种

1. 冀谷20 由河北省农林科学院谷子研究所选育。

特征特性：生育期87天。绿苗。株高121.4厘米。在亩留苗5万的情况下，亩成穗4.67万，成穗率93.4%。穗纺锤形，穗子偏紧。穗长17.6厘米，单穗重15.4克，穗粒重13.2克，千粒重2.79克。出谷率85.7%，出米率78.7%。黄谷黄米。经农业部谷物品质检验检测中心化验，小米含粗蛋白11.25%、粗脂肪3.37%、直链淀粉21.14%，胶稠度86毫米，碱消指数（糊化温度）4级。含维生素$B_1$6.9克/千克、赖氨酸0.25%。2005年第六届全国食用粟鉴评会上被评为一级优质米。经2003—2004年区域试验鉴定，抗倒、抗旱、耐涝性均为1级，对谷锈病、谷瘟病、纹枯病抗性亦为1级，抗白发病、红叶病。

产量表现：2003—2004年参加华北夏谷区区域试验，两年平均亩产330.65千克，比对照豫谷5号增产12.26%。2004年生产试验，亩产373.23千克，比对照增产14.22%。

栽培技术要点：播前用57℃左右温水浸种，预防线虫病。冀、鲁、豫夏谷区适宜播期为6月20～25日，最晚不得晚于6月30日，晋中南、冀东、冀西及冀北丘陵山区应在5月20日左右春播，宁夏南部5月上旬春播。夏播亩留苗在4.5万～5万株，春播亩留苗3.5～4万株。孕穗期亩施尿素20千克左右，及时进行间苗、定苗、中耕、培土、除草、防治病虫害等田间管理。

适合在河北、河南、山东夏谷区夏播，也可在唐山、秦皇岛、山西中部、宁夏南部春播，注意防治线虫病。

2. 冀谷21 由河北省农林科学院谷子研究所选育。

特征特性：生育期 85 天。绿苗。株高 119.2 厘米。属中秆半紧凑型品种。在亩留苗 5 万的情况下，亩成穗 4.62 万，成穗率 92.4%。穗纺锤形，松紧适中。穗长 17.6 厘米。单穗重 15.2 克，穗粒重 13 克，千粒重 2.77 克。出谷率 85.5%，出米率 80%。黄谷。米色金黄，一致性上等。适口性好。经农业部谷物品质检验检测中心化验，小米含粗蛋白 13.5%、粗脂肪 4.25%、直链淀粉 15.42%，胶稠度 112 毫米，碱消指数（糊化温度）3.3 级。维生素 B_1 5.3 克/千克，矿物质锌、铁含量分别为 31.26 克/千克、30.06 克/千克。硒含量突出，达 0.193 毫克/千克，是我国小米硒平均含量的 2.72 倍。2005 年第六届全国食用粟鉴评会上被评为二级优质米。经 2003—2004 年区域试验鉴定，抗倒性、抗旱性均为 1 级，耐涝性好，对谷锈病、谷瘟病、纹枯病抗性均为 1 级，抗白发病、红叶病。

产量表现：2003—2004 年参加华北夏谷区区域试验，两年平均亩产 330.47 千克，比对照豫谷 5 号增产 12.20%。2004 年生产试验亩产 384.7 千克，比对照增产 17.73%。

栽培技术要点：播前用 57℃左右温水浸种，预防线虫病。冀、鲁、豫夏谷区适宜播期为 6 月 20～25 日，最晚不得晚于 6 月 30 日，晋中南、冀东、冀西及冀北丘陵山区应在 5 月 20 日左右春播，宁夏南部 5 月上旬春播。夏播亩留苗在 4.5 万～5 万株，春播亩留苗在 3.5～4 万株。孕穗期亩施尿素 20 千克左右，及时进行间苗、定苗、中耕、培土、除草、防治病虫害等田间管理。

适合在河北、河南、山东夏谷区夏播，也可在唐山、秦皇岛、山西中部、宁夏南部春播，注意防治线虫病。

3. 衡谷 9 号　由河北省农林科学院旱地作物研究所选育。

特征特性：生育期 89 天。绿苗。株高 116.9 厘米。穗纺锤形，松紧适中。成穗率 91%。穗长 17.7 厘米。单穗重 14 克，穗粒重 11.2 克。千粒重 2.83 克。出谷率 80%，出米率 78.3%。

黄谷，米色浅黄。2005 年第六届全国食用粟鉴评会上被评为二级优质米。经 2003—2004 年区域试验鉴定，抗倒性、耐涝性为 3 级，抗旱性为 1 级，对谷锈病抗性 1 级，谷瘟病、纹枯病抗性分别为 3 级、2 级，红叶病和线虫病发病率分别为 0.5%、0.3%，抗白发病。

产量表现：2003—2004 年参加华北夏谷区区域试验，两年平均亩产 319.41 千克，比对照豫谷 5 号增产 8.44%。2004 年生产试验亩产 349.63 千克，比对照增产 6.99%。

栽培技术要点：合理密植，亩留苗在 3.5 万～4 万株。及时进行中耕培土等田间管理。适合在河北、河南、山东夏谷区种植，注意防倒伏、防治纹枯病、线虫病。

4. 长农 35 号　由山西省农业科学院谷子研究所选育。

特征特性：生育期 139 天。绿苗。株高 143.3 厘米。穗棍棒形，穗码紧。穗长 17.2 厘米。单穗重 17.4 克，穗粒重 14.1 克。千粒重 3.05 克。出谷率 80.1%。白谷黄米。经农业部谷物品质监督检验测试中心检验，小米含粗蛋白 13.1%、粗脂肪 3.62%、直链淀粉 14.18%，胶稠度 105 毫米，糊化温度（碱消指数）2.8，维生素 B_1 0.92 克/千克。在第四届全国食用粟鉴评会上被评为一级优质米。经 2003—2004 年区域试验鉴定，抗倒性、抗旱性均为 1 级，抗锈性 1 级，对谷瘟病、纹枯病、线虫病、黑穗病抗性强，红叶病发病率为 4.1%，白发病发病率为 1.64%，虫蛀率为 1%。

产量表现：2003—2004 年参加西北春谷区区试，两年平均亩产 256.8 千克，比对照晋谷 16 号增产 10.98%。2004 年生产试验平均亩产 313.5 千克，比对照增产 8.67%。

栽培技术要点：该品种为春播中晚熟品种，适宜播期为 5 月中旬，亩播量 1 千克，亩留苗 2.5 万～3 万株。基肥为农家肥和 25 千克硝酸磷肥，一次性深施，生育期间不再追肥，注意防治钻心虫等。

适合在山西中南部、陕西延安、甘肃东部无霜期150天以上的地区春播。注意适时早播。

5. 晋谷36　由山西省农业科学院作物遗传研究所选育。

特征特性：生育期141天。株高155.8厘米。穗纺锤形，松紧适中。穗长25.5厘米。单穗重18.3克，穗粒重14.8克。千粒重2.72克。出谷率79%。黄谷黄米。经农业部谷物品质监督检验测试中心检验，小米含粗蛋白13.38%、粗脂肪4.92%、直链淀粉15.88%，胶稠度110毫米，糊化温度（碱消指数）4.8，维生素B_1 6.8克/千克。在2005年全国食用粟鉴评会上被评为二级优质米。经2003—2004年区域试验鉴定，抗倒性、抗旱性均为1级，抗锈性1级，抗谷瘟病、纹枯病、线虫病、黑穗病，红叶病发病率为3.1%，白发病发病率为0.42%，虫蛀率为2.0%。

产量表现：2003—2004年参加西北春谷区区试，两年平均亩产266千克，比对照晋谷16号增产14.95%。2004年生产试验，平均亩产329千克，比对照增产14.04%。

栽培技术要点：适宜播期为5月上、中旬，亩播量0.8～1千克，亩留苗2.5万～3万株。播前施足底肥，及时进行间苗、定苗、中耕培土等田间管理。适合在山西中南部、陕西延安、甘肃东部无霜期150天以上的地区春播。注意适时早播。

6. 兴谷88　由山西省农业科学院选育。

特征特性：生育期140天。绿苗。株高127.8厘米。穗细纺锤形，穗码紧。穗长22.7厘米，单穗重12克，穗粒重9.2克。千粒重2.52克。出谷率74.4%，黄谷黄米。经化验，小米含粗蛋白12.77%、粗脂肪5.81%、粗淀粉77.48%、粗纤维0.38%。在2005年全国食用粟鉴评会上被评为二级优质米。经2003—2004年区域试验鉴定，抗倒性、抗旱性均为1级，抗锈性1级，抗谷瘟病、纹枯病、线虫病、黑穗病，红叶病发病率为6.27%，白发病发病率为0.6%，虫蛀率为4%。

产量表现：2003—2004 年参加西北春谷区区试，两年平均亩产 246.8 千克，比对照晋谷 16 号增产 6.66%。2004 年生产试验平均亩产 312.8 千克，比对照增产 8.42%。

栽培技术要点：适期早播，年平均温度 8℃地区 4 月下旬播种，年平均温度 9℃地区 5 月上旬播种，年平均温度 10℃地区 5 月下旬至 6 月上旬播种或复播。合理密植，亩留苗 1.2 万～1.5 万株，可成穗 3 万～6 万穗。平衡施足底肥，适时追肥。

适合在山西中南部、陕西延安、甘肃东部、辽宁铁岭无霜期 150 天以上地区春播，注意预防红叶病。

7. 张杂谷 3 号　由河北省张家口市农业科学院、中国农业科学院作物科学研究所选育的谷子杂交种。

特征特性：生育期 125 天。绿苗。株高 112.4 厘米。穗棍棒形，松紧适中。穗长 23.4 厘米，单穗重 19.2 克，穗粒重 16 克。千粒重 3.23 克。出谷率 82%，黄谷黄米。在 2005 年全国食用粟鉴评会上被评为二级优质米。经 2003—2004 年区域试验鉴定，抗谷锈病、谷瘟病、纹枯病、白发病、线虫病，耐旱性为 1 级，红叶病、黑穗病发病率分别为 0.25%和 3.49%，抗倒性为 3 级。

产量表现：2003—2004 年两年区域试验平均亩产 338.7 千克，比对照大同 14 号增产 5.71%。2004 年生产试验平均亩产 297 千克，比对照增产 19.13%。

栽培技术要点：适宜播期为 5 月 10～25 日，最适播期为 5 月 20 日左右。旱肥地种植，建议亩留苗 2.0 万～2.5 万，中等肥力地块 2.0 万左右。本品种根系发达，抗倒伏，丰产潜力大，要注意平衡施肥，施足底肥，以利增产。田间管理宜早间苗、适时定苗，以培育壮苗，及早防治病虫害。

适合在河北张家口坝下、山西北部、陕西榆林、内蒙古呼和浩特地区春播。注意防倒伏。

8. 大同 29　由山西省农业科学院高寒区作物研究所选育。

特征特性：生育期 125 天。绿苗。株高 127.3 厘米。穗纺锤形，稍紧。穗长 22.2 厘米，单穗重 19.2 克，穗粒重 16.7 克。千粒重 4 克。出谷率 83.9%，黄谷黄米。经农业部谷物品质监督检验测试中心检测，小米含粗蛋白 10.25%、粗脂肪 4.37%。经 2003—2004 年区域试验鉴定，抗倒性 1 级，耐旱性 1 级，抗谷锈病、谷瘟病、纹枯病、白发病、线虫病，黑穗病发病率 2.34%，红叶病发病率 0.25%，虫蛀率 0.5%。

产量表现：2003—2004 年两年区域试验平均亩产 344.2 千克，比对照大同 14 号增产 7.43%。2004 年生产试验平均亩产 270.3 千克，比对照增产 8.42%。

栽培技术要点：一般水浇地亩留苗 2.5 万株，旱地亩留苗 2.0 万株。适合在山西北部、甘肃、宁夏中南部、河北张家口坝下春播。注意防治黑穗病。

9. 承谷 12　由中国种业集团承德长城种子公司选育。

特征特性：生育期 121 天。浅紫苗。株高 133.3 厘米。穗纺锤形，松紧适中。穗长 22.3 厘米，单穗重 17 克。穗粒重 13.8 克，千粒重 2.92 克。出谷率 80.3%，浅黄谷黄米。经 2003—2004 年区域试验鉴定，抗倒性 3 级，耐旱性 1 级，对谷锈病、谷瘟病抗性 1 级，抗纹枯病、黑穗病、线虫病，白发病发病率 5.5%，红叶病发病率 2.78%，虫蛀率 2.42%。

产量表现：2003—2004 年两年区域试验平均亩产 297.8 千克，比对照承谷 8 号增产 7.7%。2004 年生产试验平均亩产 293.7 千克，比对照增产 12.4%。

栽培技术要点：春播行距 0.4～0.5 米，亩留苗 2.5 万～3.0 万株，5～7 叶期间苗，孕穗期亩追施尿素 10 千克，成熟后及时收获。适合在河北北部、山西中部、辽宁朝阳地区春播。注意防治纹枯病、白发病。

10. 公谷 68　由吉林省农业科学院作物研究所选育。

特征特性：生育期 126 天。绿苗。株高 158.4 厘米。穗纺锤形，松紧适中。穗长 25.9 厘米，穗粒重 20.3 克。黄谷黄米。经化验，小米含粗蛋白 12.3%、粗脂肪 4.04%、直链淀粉 18.1%，胶稠度 126 毫米，碱消指数（糊化温度）1.8 级。经 2003—2004 年区域试验鉴定，中抗倒伏，抗旱性、耐涝性均为1级，对谷锈病、谷瘟病、纹枯病、黑穗病抗性1级，抗白发病。

产量表现：2003—2004 年两年区域试验平均亩产 321.6 千克，比对照公谷 60 增产 8.3%。2004 年生产试验平均亩产 362.0 千克，比对照增产 6.3%。

栽培技术要点：施足底肥，4月下旬播种，亩播量 0.7 千克，播种时撒毒谷，防治地下害虫，及时间苗定苗，亩留苗 4.5 万株，适时适量追肥，6月下旬防治黏虫。适合在吉林中、西部和辽宁北部种植。注意防涝。

二、2006 年通过国家鉴定的谷子品种

1. 冀谷 22　由河北省农林科学院谷子研究所选育。

特征特性：生育期 88 天。绿苗。株高 123.1 厘米。在亩留苗 5.0 万株的情况下，亩成穗 4.59 万穗，成穗率 91.8%。穗纺锤形，穗子偏紧，穗长 18.5 厘米。单穗重 12.9 克，穗粒重 10.9 克。出谷率 84.5%，出米率 77.7%。黄谷黄米。千粒重 2.81 克。米色鲜黄。2005 年在第六届全国优质食用粟鉴评会上被评为二级优质米。经 2004—2005 两年谷子品种区域试验鉴定，抗旱、抗倒、耐涝性均为1级，对谷锈病、谷瘟病、纹枯病抗性亦为1级，红叶病、白发病、线虫病发病率很低。

产量表现：2004—2005 年全国谷子品种区域试验平均亩产 359.66 千克，比对照豫谷 5 号增产 13.01%，2005 年生产试验平均亩产 380.83 千克，比对照增产 13.67%。

栽培技术要点：播前用 57℃左右温水浸种。冀、鲁、豫夏谷区适宜播期 6 月 20～25 日，最晚不得晚于 6 月 30 日，晋中南、冀东、冀西及冀北丘陵山区应在 5 月 20 日左右春播。夏播

亩留苗4.5万～5.0万株，春播留苗密度3.5万～4.0万株。在孕穗期间趁雨或浇水后亩施尿素20千克左右，及时进行间苗、定苗、中耕、培土、锄草、防治病虫害等项田间管理。

适合在冀、鲁、豫夏谷区夏播，也可在冀东北和冀西丘陵山地春播，在推广中注意适期早播。

2. 冀谷24　由河北省农林科学院谷子研究所选育。

特征特性：生育期87天。绿苗。株高127.6厘米。在亩留苗5.0万株的情况下，亩成穗4.52万穗，成穗率90.4%。穗纺锤形，松紧适中。穗长17.9厘米，单穗重13.3克，穗粒重10.8克。出谷率81.2%，出米率77.5%。黄谷黄米。千粒重3.08克。米色鲜黄，粒大整齐。食用品质和商品品质兼优。2005年在第六届全国优质食用粟鉴评会上被评为一级优质米。经2004—2005两年区域试验鉴定，抗倒性、抗旱性均为1级，耐涝性为2级，对谷锈病、谷瘟病、纹枯病抗性均为1级，抗白发病，红叶病、线虫病发病率较低。

产量表现：2004—2005年区域试验平均亩产334.99千克，比对照豫谷5号增产5.26%，2005年参加生产试验平均亩产362.52千克，比对照增产7.91%。

栽培技术要点：播种前灭除麦茬和杂草，每亩底施农家肥2 000千克左右，或氮磷钾复合肥15～20千克，浇地后或雨后播种，保证墒情适宜。冀、鲁、豫夏谷区适宜播期6月20～25日，最晚不得晚于6月30日，晋中南、冀东、冀西及冀北丘陵山区应在5月20日左右春播。播种后出苗前喷施阿特拉津以封除田间杂草，保证除草效果。夏播亩留苗4.5万～5.0万株，春播留苗密度4.0万株。在拔节期间亩施尿素20千克左右。及时防治病虫害。

适合在冀、鲁、豫夏谷区夏播，也可在冀东北和冀西丘陵山地春播，在推广中注意正确使用除草剂，适期早播。

3. 冀谷25　由河北省农林科学院谷子研究所选育。

特征特性：生育期86天。绿苗。株高114.0厘米。在亩留苗5.0万株的情况下，亩成穗4.63万穗，成穗率92.6%。穗纺锤形，松紧适中。穗长17.6厘米，单穗重12.6克，穗粒重10.6克。出谷率84.1%，出米率76.9%。黄谷黄米。千粒重2.77克。米色浅黄，米色一致性上等。2005年在第六届全国优质食用粟鉴评会上被评为一级优质米。经农业部谷物品质检验检测中心化验，小米含粗蛋白12.99%、粗脂肪4.27%、直链淀粉21.15%，胶稠度90毫米，碱消指数（糊化温度）3.0级。维生素B_1 7.4毫克/千克，赖氨酸含量0.28%。经2004—2005年谷子品种区域试验鉴定，抗倒性2级，抗旱、耐涝性均1级，对谷锈病抗性2级，对谷瘟病、纹枯病抗性均1级，抗白发病，红叶病、线虫病发病率较低。

产量表现：2004—2005年谷子品种区域试验平均亩产345.94千克，比对照豫谷5号增产8.70%，2005年生产试验平均亩产362.78千克，比对照增产8.28%。

栽培技术要点：播种前灭除麦茬和杂草，每亩底施农家肥2 000千克左右，或氮磷钾复合肥15～20千克，浇地后或雨后播种，保证墒情适宜。夏播适宜播种期6月15～30日，适宜行距35～40厘米；在唐山、秦皇岛及河北省西部丘陵区晚春播适宜播种期5月25日～6月10日，适宜行距40厘米；在山西中部、辽宁南部、陕西大部分地区春播适宜播种期5月20日左右，适宜行距40～50厘米。夏播每亩播种量0.9千克，春播每亩播种量0.75千克，要严格掌握播种量，并保证均匀播种。

配套药剂使用方法：播种后、出苗前，于地表均匀喷施配套的除草剂80～100克/亩，对水不少于50千克。在无风的晴天均匀喷施，不漏喷、不重喷。谷苗生长至4～5叶时，根据苗情喷施配套的间苗剂80～100毫升/亩，对水30～40千克。如果因墒情等原因导致出苗不均匀时，苗少的部分则不喷施间苗剂。在晴朗无风、12小时内无雨的条件下喷施，间苗剂兼有除草作用，垄内和垄背都要均匀喷施，并确保不使药剂飘散到其他谷田或其他作物。喷施间苗剂后 7 天左右，杂草和多余谷苗逐渐萎蔫死亡。谷苗 8～9 片叶时，喷施溴氰菊酯防治钻心虫；9～11 片叶（或出苗 25 天左右）每亩追施尿素 20 千克，随后务必耘地培土，防止肥料流失，并可促进支持根生长、防止倒伏、防除新生杂草。及时进行防病治虫等田间管理。

适合在冀、鲁、豫夏谷区夏播，也可在冀东北和冀西丘陵山地春播。该品种配合使用化控间苗技术和专用除草剂能够达到简化栽培效果，在推广中应注意配套药剂的合理应用。

4. 豫谷 12　由河南省安阳市农科所选育。

特征特性：生育期 86 天。浅紫苗。株高 124.7 厘米。在亩留苗 5.0 万株的情况下，亩成穗 4.51 万穗，成穗率 90.2%。穗纺锤形，穗子偏松。穗长 19.4 厘米，穗重 13.4 克，穗粒重 10.6 克。出谷率 79.1%，出米率 78.3%。千粒重 2.74 克。黄谷，米色浅黄。经 2004—2005 年区域试验鉴定，抗倒性 4 级，抗旱性 2 级，耐涝性 1 级，对谷锈病、纹枯病抗性均 2 级，对谷瘟病抗性 1 级，抗白发病，红叶病、线虫病发病率较低。

产量表现：2004—2005 谷子品种区域试验平均亩产 335.49 千克，比对照豫谷 5 号增产 5.41%，2005 年参加生产试验平均亩产 367.81 千克，比对照增产 9.78%。

栽培技术要点：播前底墒充足，施足底肥。在华北夏谷区 5 月 25 日～6 月 20 日播种。及早间苗、定苗，孕穗期亩追施尿素 15 千克，及时防治病虫害。

适合在冀、鲁、豫夏谷区夏播种植，在推广中要加强后期管理，注意防倒伏。

5. 九谷 13　由吉林省吉林市农业科学院选育。

特征特性：生育期 126 天。株高 156 厘米。穗纺锤形，松紧适中。穗长 25.6 厘米，穗重 19.5 克，穗粒重 14.6 克。出谷率 77.2%。千粒重 2.9 克。黄谷白米。2005 年在第六届全国优质食用粟鉴评会上被评为二级优质米。经农业部谷物品质检测中心检测，小米含粗蛋白 10.93%、粗脂肪 4.48%、直链淀粉 21.17%，胶稠度 134.8 毫米，碱消指数 5.0。经 2003—2005 年品种区域试验鉴定，抗倒性、抗旱性、耐旱性均 1 级，对谷锈病、谷瘟病、纹枯病、黑穗病抗性均 1 级，抗白发病。

产量表现：2003—2004 年谷子品种区域试验平均亩产 313.4 千克，比统一对照公谷 60 增产 5.6%，2005 年生产试验平均亩产 254.7 千克，比对照增产 15.5%。

栽培技术要点：适于中等以上肥力土壤种植，应适当使用有机肥做底肥，播前晒种 2～3 天。4 月末至 5 月初播种。及早间苗、定苗，亩留苗不宜超过 4.2 万株，及时防治病虫害。及时收获，以腊熟末期或完熟期收获最好。

适合在吉林省中、东部和辽宁省铁岭、朝阳以及黑龙江省哈尔滨市以南种植。

三、2007 年通过国家鉴定的谷子品种

1. 冀谷 26　由河北省农林科学院谷子研究所选育。

特征特性：生育期 87 天。绿苗。株高 123.8 厘米。在亩留苗 5.0 万的情况下，亩成穗 4.44 万，成穗率 88.88%。穗纺锤形，松紧适中。穗长 21.6 厘米，单穗重 17.0 克，穗粒重 13.9 克，千粒重 2.93 克。出谷率 81.8%，出米率 78.4%。黄谷黄米。经农业部谷物品质检验检测中心化验，含粗蛋白 11.90%、粗脂肪 1.75%、直链淀粉 19.07%，胶稠度 154 毫米，碱消指数（糊化温度）4 级。经 2005—2006 年区域试验鉴定，抗倒性、抗旱性均 1 级，耐涝性 2 级，对谷锈病、谷瘟病、纹枯病抗性均 1 级，抗白发病，红叶病、线虫病发病率较低。

产量表现：2005—2006 年参加全国谷子品种区域试验，两年平均亩产 335.84 千克，比对照豫谷 5 号增产 10.54%。2006

年生产试验平均亩产346千克，比对照增产20.29%。

栽培技术要点：播前用57℃左右温水浸种。冀、鲁、豫夏谷区适宜播期为6月15～25日，最晚不得晚于6月30日，冀东、冀西及冀北丘陵山区应在5月20日左右春播。夏播亩留苗3.5万～4.5万株，春播亩留苗在3.0万株左右。孕穗期亩施尿素20千克左右。

适合在冀、鲁、豫夏谷区夏播，也可在冀东北和冀西丘陵山地春播。注意适期早播。

2. 冀谷27　由河北省农林科学院谷子研究所选育。

特征特性：高寒地区正常成熟，生育期95天。浅紫苗。株高105.7厘米。综合性状优良。成熟时青枝绿叶，秸秆微甜。糖分、粗蛋白含量高。符合粮草兼用要求，适合高寒区农牧业发展的需要。在亩留苗3.0万的情况下，成穗3.57万，单株平均成穗1.19个。穗筒型，穗子偏紧，穗长17.8厘米，单穗重15克，穗粒重12.6克，千粒重2.92克。出谷率84%，出米率82.8%。橙谷白米。经农业部谷物品质检测中心化验，含粗蛋白15.39%、粗脂肪4.86%、直链淀粉14.99%，胶稠度121毫米，碱消指数（糊化温度）4.5级，小米含硒66.57微克/千克、锌27.28毫克/千克、铁38.53毫克/千克、维生素$B_1$4.7毫克/千克。在全国第六届优质食用粟鉴评会上被评为二级优质米。经2005—2006年区域试验鉴定，抗旱性1级，抗寒性强。

产量表现：2005—2006年参加全国谷子品种区域试验，两年平均亩产252.0千克。2006年生产试验，平均亩产219.4千克。

栽培技术要点：在高寒地区春播适宜播期为4月20～25日，最迟不晚于4月30日。在张家口、承德中南部、辽西朝阳夏播适宜播期为6月25～7月5日，最迟不晚于7月10日。在冀鲁豫夏谷区备荒种植的最晚播期为7月25日。在高寒地区春播要求行距0.35～0.4米，亩留苗3.0万～3.5万株。在张家口、承德中南部、辽西朝阳夏播和冀鲁豫夏谷区备荒种植，亩留苗5.0万株。夏播或备荒种植，播前用种子量0.3%瑞毒霉拌种，预防线虫病和白发病。底肥以农家肥为主，有条件的增施磷钾肥（有效成分各5千克）。旱地拔节后至抽穗前趁雨亩追施尿素15～20千克，水浇地孕穗中后期亩追施尿素15千克。及时中耕除草，及早间苗，拔节后、封垄前注意培土。

适合在河北坝上、山西北部春播，也可在河北张家口、承德中南部、辽宁西部夏播种植。注意适期早播。

3. 冀谷28　由河北省农林科学院谷子研究所选育。

特征特性：在高寒地区正常成熟生育期102天。绿苗。株高109.1厘米。综合性状优良。成熟时青枝绿叶，符合粮草兼用要求。适合高寒区农牧业发展的需要。在亩留苗3.0万苗的情况下，亩成穗4.06万穗，单株平均分蘖1.35个。纺锤形穗，松紧适中。穗长19.7厘米，单穗重20.5克，穗粒重17.5克，千粒重3.08克。出谷率85.4%，出米率81.2%。黄谷黄米。经2005—2006年区域试验鉴定，抗旱性1级，抗寒性中上等。

产量表现：2005—2006年参加全国谷子品种区域试验，两年平均亩产285.8千克。2006年生产试验，平均亩产251.5千克。

栽培技术要点：在高寒地区春播适宜播期4月20～25日，最迟不晚于4月30日；在张家口、承德中南部、辽西朝阳夏播适宜播期6月25日至7月5日，最迟不晚于7月10日；在冀、鲁、豫夏谷区备荒种植最晚播期7月25日。在高寒地区春播，要求行距0.35～0.4米，亩留苗3.0万～3.5万株；在张家口、承德中南部、辽西朝阳夏播和冀、鲁、豫夏谷区备荒种植，亩留苗5.0万株。夏播或备荒种植，播前用种子量0.3%的瑞毒霉拌种，预防线虫病和白发病。底肥以农家肥为主，有条件的增施磷钾肥（有效成分各5千克）。旱地拔节后至抽穗前趁雨亩追施尿素15～20千克；水浇地孕穗中后期亩追施尿素15千克。及时中耕锄草，及早间苗，拔节后、封垄前培土。

适合在河北坝上、山西北部春播，也可在河北张家口、承德中南部、辽宁西部夏播种植。注意适期早播。

4. 豫谷13　由河南省安阳市农科所选育。

特征特性：生育期84天。绿苗。株高124.2厘米。在亩留苗5.0万的情况下，亩成穗4.53万，成穗率90.6%。穗纺锤形，穗子偏松。穗长18.9厘米，单穗重13.3克，穗粒重10.6克，千粒重2.92克。出谷率79.7%，出米率76.3%。黄谷黄米。经2005—2006年区域试验鉴定，抗倒性偏差，抗旱性3级，耐涝性2级，谷锈病抗性4级，谷瘟病抗性2级，纹枯病抗性2级，抗白发病，红叶病、线虫病发病率较低。

产量表现：2005—2006年参加全国谷子品种区域试验，两年平均亩产319.64千克，比对照增产5.21%。2006年生产试验，平均亩产315.70千克，比对照增产9.76%。

栽培技术要点：播前用57℃左右温水浸种；冀、鲁、豫夏谷区适宜播期5月20日至6月20日；及时进行间苗、定苗等田间管理；夏播亩留苗5.0万株左右；孕穗期亩施尿素20千克左右；及时防治病虫害。适合在冀、鲁、豫夏谷区夏播种植。注意防倒伏、防治谷锈病。

5. 冀乡1号　由河北省农林科学院谷子研究所选育。

特征特性：生育期83天。绿苗。株高110.4厘米。在亩留苗5.0万苗的情况下，亩成穗4.58万穗，成穗率91.6%。穗纺锤形，穗子偏松。穗长17.7厘米。单穗重11.4克，穗粒重9.4克，千粒重2.55克。出谷率82.7%，出米率77.3%。谷粒橙色、米色金黄。在2001年全国第四次优质食用粟鉴评会上被评为一级优质米。经2004—2005两年区域试验鉴定，抗倒性4级，抗旱性、耐涝性为3级，谷锈病、谷瘟病抗性2级，纹枯病3级，抗白发病，红叶病发病率较低，线虫病发病率较高。

产量表现：2004—2005年参加全国谷子品种区域试验，两年平均亩产313.15千克，比对照减产1.72%。2006年生产试验，平均亩产281.83千克，比对照减产2.02%。

栽培技术要点：选用包衣谷种或播前用0.2%的1605闷种8～12小时，以防治线虫病；夏谷播适宜播期为6月中下旬，春播适宜播期为5月中下旬；亩留苗在4.0万株左右；及时防治钻心虫、黏虫等虫害和病害。适合在冀、鲁、豫夏谷区夏播种植。注意防倒伏、防治线虫病。

6. 长0301 由山西省农业科学院谷子研究所选育。

特征特性：生育期132天。绿苗。株高139.5厘米。穗棍棒形，松紧适中。穗长18.9厘米，单穗重20.4克，穗粒重16.1克，千粒重2.89克。出谷率78.9%。黄谷黄米。经农业部谷物品质监督检验测试中心检验，含粗蛋白12.78%、粗脂肪2.85%、赖氨酸0.21%、直链淀粉（脱脂样品）15.56%，胶稠度148毫米，糊化温度（碱消指数）3.6，每百克含维生素B_1 0.32毫克。经2005—2006年区域试验鉴定，抗倒性1级，抗旱性3级，谷锈病、谷瘟病、纹枯病1级，白发病发病率较低，红叶病发病率较高。

产量表现：2005—2006年参加全国谷子品种区域试验，两年平均亩产278.3千克，比对照承谷8号增产10.77%。2006年生产试验，平均亩产344.9千克，比对照增产16.6%。

栽培技术要点：该品种为春播晚熟种，山西长治及同类型区适宜播期5月中旬，适宜播量1千克，亩留苗2.5万～3.0万株。底肥在施足农家肥的基础上，亩加施硝酸磷肥25千克，一次性深施，生育期间不再追肥，及时防治钻心虫等虫害。适合在山西、陕西、甘肃谷子中晚熟区春播。注意防治红叶病。

7. 晋谷41号 由山西省农业科学院作物遗传研究所选育。

特征特性：生育期133天。紫苗。株高130.9厘米。穗筒形，松紧适中。穗长22.0厘米。单穗重19.6克，穗粒重15.9克，千粒重2.77克。出谷率81.1%。黄谷黄米。2006年经农业部谷物品质监督检验测试中心化验，含蛋白质 14.59%、脂肪 4.43%、直链淀粉 17.17%，每百克含维生素 B_1 0.54 毫克，胶稠度 117.5 毫米，糊化温度 3.7。经 2005—2006 年区域试验鉴定，抗倒性 0 级，耐旱性 3 级，谷锈病 3 级，谷瘟病、纹枯病 2 级，黑穗病、线虫病发病率为 0，红叶病发病率、白发病发病率较低。

产量表现：2005—2006 年参加全国谷子品种区域试验，两年平均亩产 277.8 千克，比对照承谷 8 号增产 10.59%。2006 年生产试验，平均亩产 370.0 千克，比对照承谷 8 号增产 25.07%。

栽培技术要点：亩播量 0.8～1.0 千克，以 5 月上、中旬播种为宜，亩留苗 2.5 万～3.0 万株。在播前施足农家肥的基础上，亩增施硝酸磷 40 千克作底肥，一次深施，有条件最好秋施农家肥。出苗后早间苗，早定苗，早中耕，生育期注意防虫害及鸟害。

适合在山西、陕西、甘肃谷子中晚熟区春播。注意防治谷锈病、红叶病。

8. 长农 36 号　由山西省农业科学院谷子研究所选育。

特征特性：生育期 123 天。绿苗。株高 142.7 厘米。穗纺锤形，穗子偏紧。穗长 20.5 厘米。单穗重 21.7 克，穗粒重 17.0 克，千粒重 3.06 克。出谷率 78.3%。白谷黄米。经农业部谷物品质监督检验测试中心化验，含粗蛋白 12.77%、粗脂肪 3.91%、赖氨酸 0.24%、直链淀粉（脱脂样品）17.56%，胶稠度 115 毫米，糊化温度（碱消指数）4.7，维生素 B_1 4.2 毫克/千克。2003 年参加全国第五届优质食用粟评选中被评为一级优质米。经 2005—2006 年区域试验鉴定，抗倒性 1 级，耐旱性 3 级，谷锈病、谷瘟病 1 级，纹枯病、黑穗病、线虫病 0，红叶病、白发病发病率较低。

产量表现：2005—2006 年参加全国谷子品种区域试验，两年平均亩产275.0千克，比对照承谷8号增产9.45%。2006年生产试验，平均亩产321.3千克，比对照承谷8号增产8.62%。

栽培技术要点：该品种为春播晚熟种，山西省长治地区5月中旬为适宜播期，亩播量0.75～1.0千克，亩留苗2.5万～3.0万株。在施农肥的基础上，一般亩施硝酸磷肥25千克作底肥，一次深施，生育期间不追肥。及时防治钻心虫等虫害，田间管理注意早间苗、早中耕。

适合在山西、陕西、甘肃谷子中晚熟区春播。注意防治红叶病。

9. 汾选4号　由山西省农业科学院经济作物研究所选育。

特征特性：生育期126天。绿苗。株高139.9厘米。穗纺锤形，松紧适中。穗长21.8厘米，单穗重20.9克，穗粒重16.3克，千粒重3.03克。出谷率78.0%。黄谷黄米。经农业部谷物品质监督检验测试中心化验，小米含粗蛋白14.48%、粗脂肪3.560%、直链淀粉15.96%，胶稠度136毫米，碱消指数4，每千克小米含钙135.9毫克、铁41.34毫克、锌42.35毫克、硒75.46毫克。经2005—2006年区域试验鉴定，抗倒性、耐旱性2级，谷锈病3级，谷瘟病2级，纹枯病1级，黑穗病、线虫病发病率均为0，红叶病、白发病发病率较低。

产量表现：2005—2006年参加全国谷子品种区域试验，两年平均亩产262.4千克，比对照承谷8号增产4.44%。2006年生产试验，平均亩产329.5千克，比对照承谷8号增产11.39%。

栽培技术要点：亩播量0.8～1.0千克，以5月上、中旬播种为宜，亩留苗2.5万～3.0万株。在播前施足农家肥的基础上，亩增施硝酸磷40千克作底肥，一次深施，有条件的最好秋施农家肥。出苗后早间苗，早定苗，早中耕，生育期注意防虫害及鸟害。

适合在山西、陕西谷子中晚熟区和辽宁西部春播。注意防治红叶病、白发病。

10. 龙谷31　由黑龙江省农业科学院作物育种研究所选育。

特征特性：生育期116天。绿苗。株高147.9厘米。穗圆筒形，穗子偏紧。穗长20.9厘米，单穗重16.1克，穗粒重13.9克，千粒重2.9克。出谷率86.3%，出米率76.7%。黄谷黄米。2005年全国第六届优质食用粟鉴评会上被评为一级优质米。经2005—2006年区域试验鉴定，抗旱性1级，抗倒性1级，耐涝性2级，谷锈病2级，纹枯病1级，白发病和蛀茎率较低。

产量表现：2005—2006年参加全国谷子品种区域试验，两年平均亩产332.7千克，比对照公谷60增产10.3%。2006年生产试验，平均亩产370.3千克，比对照减产10.8%。

栽培技术要点：在黑龙江省南部4月中旬到5月初播种为宜；起垄播种，采取垄上三条或双条的播种方法；亩留苗4.5万株左右；播前施足农家肥，孕穗期亩施尿素15～20千克；及时防治钻心虫、黏虫等虫害或病害。

适合在吉林中、东部，辽宁铁岭、朝阳，黑龙江哈尔滨市以南种植，注意合理密植。

四、2008年通过国家鉴定的谷子品种

1. 冀谷29　由河北省农林科学院谷子研究所选育。

特征特性：生育期87天。绿苗。株高109.6厘米。亩留苗5.0万株时，成穗率91.8%。纺锤形穗，松紧适中。穗长19.5厘米，单穗重15.0克，穗粒重12.05克。千粒重3.06克。出谷率80.3%，出米率78.3%。黄谷黄米。在2006年第七届优质食用粟鉴评会上被评为二级优质米。经2006—2007年谷子品种区域试验鉴定，该品种抗倒性、抗旱性、耐涝性均为1级。对谷锈病、谷瘟病、纹枯病抗性2级，抗白发病，红叶病、线虫病发病率分别为0.2%、0.32%。

产量表现：2006年、2007年夏谷区品种区域试验平均亩产分别为279.50千克、353.64千克，比对照豫谷5号增产3.71%、12.68%。2007年生产试验平均亩产391.95千克，比对照豫谷5号增产10.31%。

栽培技术要点：均匀播种，夏播0.9千克/亩，春播0.75千克/亩。播种后至出苗前，喷施配套除草剂80～100克/亩，对水不少于50千克/亩。4～5叶期，根据苗情喷施配套间苗剂80～100毫升/亩，对水30～40千克/亩。及时中耕培土、追肥浇水，注意防治病虫害。

适合在河北、山东、河南夏谷区夏播，也可在冀东北和冀西丘陵山地春播。注意按配套栽培技术使用除草剂、间苗剂。

2. 冀谷30　由河北省农林科学院谷子研究所选育。

特征特性：生育期81天。紫苗。株高120.3厘米。亩留苗5.0万株时，成穗率90.4%。纺锤形穗，松紧适中。穗长18.1厘米，单穗重12.82克，穗粒重10.01克。千粒重2.41克。出谷率78.1%，出米率75.3%。白谷、糯质白米。经农业部谷物品质检验检测中心化验，小米含粗蛋白13.76%、粗脂肪2.40%、直链淀粉1.89%、支链淀粉97.67%，胶稠度156毫米，碱消指数（糊化温度）3级。经2006—2007年谷子品种区域试验鉴定，该品种抗倒性、抗旱性、耐涝性均为2级。对谷锈病、谷瘟病抗性为1级，纹枯病抗性为2级，白发病、红叶病、线虫病发病率分别为0.04%、1.61%、0.37%。

产量表现：夏谷区谷子品种区域试验，2006年平均亩产252.50千克；2007年平均亩产301.20千克。2007年生产试验平均亩产344.31千克。该品种为糯质白米新类型，产量与高产对照豫谷5号基本持平，达到了生产应用水平。

栽培技术要点：播前用57℃左右温水浸种。冀、鲁、豫夏谷区播种期6月25日至7月5日，冀东、冀西及冀北丘陵山区春播5月20～30日。夏播亩留苗在4.0万～4.5万株，春播亩留苗3.5万株左右。及时中耕培土、追肥浇水，注意防治病虫害。

适合在河北、山东、河南夏谷区夏播，也可在冀东、冀西、冀北丘陵山区春播。在推广中应注意防倒伏、防红叶病。

3. 豫谷14 由河南省安阳市农科所选育。

特征特性：生育期84天。绿苗。株高123.1厘米。亩留苗5.0万株时，成穗率93.6%。纺锤形穗，松紧适中。穗长17.8厘米，单穗重13.63克，穗粒重10.70克。千粒重2.92克。出谷率78.5%，出米率77.9%。黄谷黄米。在2007年第七届优质食用粟鉴评会上被评为二级优质米。经2006—2007年谷子品种区域试验鉴定，该品种抗倒性3级，抗旱性、耐涝性2级，对谷锈病抗性4级，谷瘟病抗性2级，纹枯病抗性3级，白发病、红叶病、线虫病发病率分别为0.01%、0.07%、0.33%。

产量表现：夏谷区谷子品种区域试验，2006年平均亩产289.50千克，比对照豫谷5号增产7.42%；2007年平均亩产342.73千克，比对照豫谷5号增产9.21%。2007年生产试验平均亩产380.67千克，比对照豫谷5号增产7.13%。

栽培技术要点：播前用56～57℃温水浸种，冀、鲁、豫夏谷区播种期5月20日至6月20日，夏播亩留苗5.0万株左右，及时中耕培土、追肥浇水，注意防治病虫害。

适合在河北、山东、河南夏谷区夏播种植。注意防止倒伏和防治谷锈病。

4. 保谷18 由河北省保定市农业科学研究所选育。

特征特性：生育期84天。绿苗。株高120.4厘米。亩留苗5.0万株时，成穗率91.8%。穗纺锤形、棒形，松紧适中。穗长17.8厘米，单穗重13.93克，穗粒重11.34克。千粒重2.64克。出谷率81.4%，出米率78.4%。黄谷黄米。在2007年第七届优质食用粟鉴评会上被评为一级优质米。经2006—2007年谷子品种区域试验鉴定，该品种抗倒性、抗旱性、耐涝性 2 级，对谷锈病抗性 3 级，谷瘟病抗性 2 级，纹枯病抗性 3 级，白发病、红叶病、线虫病发病率分别为 0.09%、0.11%、0.21%。

产量表现：夏谷区谷子品种区域试验，2006 年平均亩产 294.00 千克，比对照豫谷 5 号增产 9.09%；2007 年平均亩产 333.50 千克，比对照豫谷 5 号增产 6.27%。2007 年生产试验平均亩产 374.61 千克，比对照豫谷 5 号增产 5.43%。

栽培技术要点：播前用 57℃左右温水浸种，冀鲁豫夏谷区播种期 5 月 20 日至 6 月 20 日。夏播亩留苗在 4.5 万株左右。及时中耕培土、追肥浇水，注意防治病虫害。

适合河北、山东、河南夏谷区夏播种植，也可在冀东、冀西丘陵山区春播。注意防治谷锈病。

5. 张杂谷 9 号　由河北省张家口市农业科学院选育的谷子杂交种。

特征特性：生育期 128 天。株高 114.5 厘米。穗长 23.7 厘米，穗重 22.1 克，穗棍棒形，松紧适中。穗粒重 16.2 克。出谷率 72.9%，千粒重 3.09 克。黄谷黄米。经 2006—2007 年谷子品种区域试验鉴定，该品种抗倒性 1 级、耐旱性 2 级，对纹枯病抗性 1 级，白发病、线虫病发病率为 0，红叶病发病率 3.2%，黑穗病 1.41%，虫蛀率 0.79%。

产量表现：谷子品种区域试验，2006 年平均亩产 316.6 千克，比对照大同 14 号增产 5.36%；2007 年平均亩产 358.6 千克，比对照大同 29 号增产 13.10%。2007 年生产试验平均亩产 317.1 千克，比对照大同 29 号增产 5.35%。

栽培技术要点：亩施 50 千克磷酸二铵作底肥，5 月上中旬播种，亩播量 0.75 千克，及时采用人工或喷施拿扑净除草剂的方法去除黄苗假杂种及单子叶杂草，亩留苗 0.8 万～2.5 万株。适合在河北张家口、山西北部、陕西榆林、甘肃、宁夏、内蒙古赤峰和呼和浩特谷子早熟区春播。注意防治红叶病，并按配套栽培技术使用除草剂。

6. 蒙谷 10 号　由内蒙古农牧业科学院作物研究所选育。

特征特性：生育期 127 天。绿苗。株高 144.5 厘米。穗长 26.2 厘米。穗重 20.8 克。长纺锤型穗，松紧适中。穗粒重 16.0 克。出谷率 77.0%。千粒重 3.18 克。白谷黄米。经农业部谷物品质监督检验测试中心检验，小米含粗蛋白 14.45%、粗脂肪 1.27%、直链淀粉 18.73%，胶稠度 103 毫米，糊化温度（碱消指数）4，每百克含维生素 B_1 0.26 毫克，含磷 1 544 毫克/千克、钙 124.4 毫克/千克、硒 84.68 微克/千克。在 2007 年第七届优质食用粟鉴评会上被评为二级优质米。经 2006—2007 年谷子品种区域试验鉴定，抗倒性 2 级，耐旱性 1 级，对谷锈病抗性 3 级，谷瘟病、纹枯病抗性 2 级，红叶病发病率 6.7%，白发病 2.85%，虫蛀率 0.03%。

产量表现：谷子品种区域试验，2006 年平均亩产 250.5 千克，比对照承谷 8 号增产 3.51%，2007 年平均亩产 280.6 千克，比对照长农 35 号增产 13.62%。2007 年生产试验平均亩产 249.7 千克，比对照长农 35 号增产 16.78%。

栽培技术要点：播前用盐水精选种子，用瑞毒霉加种衣剂拌种包衣，适时早播。亩播量 0.5 千克，亩保苗 4 万株，及时中耕培土、追肥浇水，注意防治病虫害。

适合在内蒙古呼和浩特、山西、陕西、甘肃谷子中晚熟区春播。注意防治红叶病、白发病。

7. 晋谷 42 号　由山西省农业科学院作物遗传研究所选育。

特征特性：生育期 131 天。绿苗。株高 131.4 厘米。穗长 20.6 厘米。穗重 20.2 克。穗筒形，松紧适中。穗粒重 15.5 克。出谷率 76.3%，千粒重 2.57 克。黄谷黄米。经 2006—2007 年谷子品种区域试验鉴定，抗倒性 1 级，耐旱性 2 级，对谷锈病抗性 2 级，谷瘟病、纹枯病抗性 1 级，红叶病发病率 5.5%，白发病 5.80%，虫蛀率 0.02%。

产量表现：谷子品种区域试验，2006 年平均亩产 262.0 千克，比对照承谷 8 号增产 8.26%，2007 年平均亩产 266.5 千克，比对照长农 35 号增产 7.89%，2007 年生产试验平均亩产 254.7 千克，比对照长农 35 号增产 19.11%。

栽培技术要点：播种量 0.8～1.0 千克/亩，适宜播期 5 月上、中旬，亩留苗 2.5 万～3.0 万株，及时中耕培土、追肥浇水，注意防治病虫害。

适合在山西、陕西、辽宁西部、甘肃、北京谷子中晚熟区春播。注意防治红叶病、白发病。

8. 九谷 14　由吉林市农业科学院作物所选育。

特征特性：生育期 122 天。绿苗。株高 165.3 厘米。穗长 22.7 厘米，纺锤形穗，松紧适中。单穗重 18.2 克，穗粒重 14.4 克。出谷率 77.9%，出米率 79.5%。黄谷、白米。千粒重 2.75 克。经农业部谷物品质监督检验测试中心检验，小米含粗蛋白 11.18%、粗脂肪 4.67%、直链淀粉 19.09%，胶稠度 132.5 毫米，糊化温度（碱消指数级别）3.5。经 2005—2007 年谷子品种区域试验鉴定，抗旱性 1 级，抗倒性 1 级，耐涝性 1 级，对谷锈病抗性 1 级，蛀茎率很低，白发病率为 0.1%。

产量表现：谷子品种区域试验，2005 年平均亩产 343.6 千克，比对照公谷 60 增产 15.6%；2006 年平均亩产 331.0 千克，比对照公谷 60 增产 10.3%。2007 年生产试验平均亩产 350.4 千克，比对照公谷 60 增产 8.1%。

栽培技术要点：播前晒种 2～3 天，以杀灭附着于种子上的白发病菌和黑穗病菌，一般 4 月底至 5 月上旬播种，亩播量 0.4～0.5 千克，亩留苗 4.3 万株，及时中耕培土、追肥浇水，注意防治病虫害。

适合在吉林省东部、辽宁省西部、黑龙江省第一积温带种植，注意合理密植。

（陆　平）

主要参考文献

1. 山西省农业科学院等. 中国谷子栽培学. 北京：中国农业出版社，1987
2. 李荫梅等. 谷子育种学. 北京：中国农业出版社，1997
3. 中国农业科学院作物品种资源所. 中国谷子及其他粟类作物遗传资源目录. 北京：中国农业出版社，1995、2000
4. 中国农学会遗传资源分会. 中国作物遗传资源. 北京：中国农业出版社，1994
5. 《中国农业百科全书》编委会. 中国农业百科全书（农作物卷）. 北京：中国农业出版社，1991
6. 牛西午等. 中国杂粮研究—中国首届杂粮产业化发展论坛论文集. 北京：中国农业出版社，2004
7. 牛西午等. 中国杂粮研究—中国第二届、第三届杂粮产业化发展论坛论文集. 北京：中国农业科学技术出版社，2005、2007
8. 柴岩等. 中国特色作物产业发展研究. 扬凌：西北农林科技大学出版社，2008
9. 成卓敏. 新编植物医生手册. 北京：化学工业出版社，2008

第四章 黍 稷

黍稷是起源于我国的最古老的作物。黍子糯性，稷子也叫糜，粳性。黍稷具有生育期短、抗旱耐瘠的特点，主要分布在我国北方的干旱地区，主产区是内蒙古、山西、陕西、甘肃、宁夏等省、自治区，其次是河北、黑龙江、吉林、辽宁、山东等省，但以黍子为主（西北各省以稷子为主），全国种植面积约173.3万公顷。黍稷每公顷产量一般2 250千克，高者3 750千克，最高可达6 000千克。黍稷除作为干旱、贫困地区的主要作物以外，还是改造盐碱地、治理沙漠、新开垦荒地的先锋作物，在自然灾害频繁地区可作为补救作物。近几年，由于人们生活水平提高，对优质小杂粮的需求量日益增大，科研单位又相应培育出一批优质高产的黍稷新品种应用于生产，使其生产水平得到了进一步提高。

第一节 黍稷的营养成分及综合利用

一、黍稷的营养成分

（一）黍稷籽粒的营养成分 黍稷籽粒脱皮后称为软黄米、硬黄米，不同的品种其营养成分也不相同，蛋白质含量10.32%～17.37%，脂肪含量1.02%～5.45%，淀粉含量67.6%～75.1%，膳食纤维含量3.5%～4.4%，灰分含量1.3%～4.3%。表4.1为1991年中国预防医学科学院营养与食品卫生研究所对我国主要粮食营养分析的平均结果。黍稷籽粒蛋白质含量明显高于大米、小米、高粱米、玉米、小麦、大麦和青稞。

表 4.1 我国主要粮食营养成分（以 100 克计）

营养成分 \ 粮食	黄米		小米	大米		高粱米	玉米（糁）	大麦	小麦（标准粉）	青稞
	粳米	糯米		籼米	粳米					
蛋白质（克）	10.6	13.6	9.0	7.9	7.7	10.4	7.9	10.2	11.2	10.2
脂肪（克）	0.6	2.7	3.1	0.6	0.6	3.1	3.0	1.4	1.5	1.2
碳水化合物（克）	72.5	67.6	73.5	77.5	76.8	70.4	72.0	63.4	71.5	61.6
膳食纤维（克）	4.4	3.5	1.6	0.8	0.6	4.3	3.6	9.9	2.1	13.6
灰分（克）	4.3	1.3	1.2	0.6	0.6	1.5	0.7	2.0	1.0	1.5
硫胺素（毫克）	0.45	0.3	0.33	0.09	0.16	0.29	0.1	0.43	0.28	0.32
核黄素（毫克）	0.18	0.09	0.1	0.04	0.08	0.1	0.08	0.14	0.08	0.21
尼克酸（毫克）	1.2	1.4	1.5	1.4	1.3	1.6	1.2	3.9	2.0	3.6
维生素 E（毫克）	3.50	1.79	3.63	0.54	1.01	1.88	0.57	1.23	1.8	1.25
钾（毫克）	148	201	284	146	97	281	177	49	190	—
镁（毫克）	146	116	107	60	34	129	151	158	50	—
钙（毫克）	99	30	41	6	11	22	49	66	31	—
磷（毫克）	205	244	229	141	121	329	143	381	188	—
铁（毫克）	5.0	5.7	5.1	2.8	1.1	6.3	2.4	6.4	3.5	—

黍稷籽粒脂肪含量高于大米、小麦、玉米、小米，与高粱米相近。

黍稷籽粒淀粉含量与小米、大米等相近。粳性稷籽粒淀粉含量 72.5%左右，其中直链淀粉含量 4.5%～12.7%；糯性黍籽粒淀粉含量在 67.6%左右，其中直链淀粉含量一般在 3.7%以下，特别糯性的黍籽粒几乎全部是支链淀粉。

黍稷籽粒中含有钾、锌、钙、磷、铁、铜、硒等元素，其中磷、铁等含量高于大米和小麦。

此外，黍稷籽粒中还含有丰富的维生素，其中硫胺素（维生素 B_1）、核黄素（维生素 B_2）和维生素 E 的含量都高于大米和小麦。

（二）黍稷副产品的营养成分 黍稷的副产品也有丰富的营养成分，是牲畜的良好饲料。从表 4.2 可以看出，黍稷的茎秆、青干草、颖壳、米糠等副产物均含牲畜和家禽可利用的营养成分。种植黍稷一举两得，既可解决人的口粮，又可饲养禽畜，适宜我国广大农村特别是干旱、贫困地区种植。

表 4.2 黍稷副产品的营养成分（%）

种类	蛋白质	纤维素	碳水化合物	脂肪	灰分	水分	资料来源	备 注
茎秆	2.4	13.9	23.9	0.6	—	—	东北农学院	饲料单位 0.41
糠	2.5	10.9	27.6	0.9	—	—	东北农学院	饲料单位 0.39
颖壳	7.9	22.4	39.5	2.9	10.6	—	国外资料	
青干草	10.3	22.8	48.1	3.5	7.3	8.0	国外资料	

二、黍稷的综合利用

（一）食用方法 黍稷的食用方法很多。糯性黍加工成的面粉可制作油炸糕、黏糕、黏豆包、黏面饼、汤圆等；也可用米直接做成黄糯米黏糕、腊八粥、粽子等食用，是我国北方农民最喜食的耐饥食品和节日待客佳品；还可与红小豆、饭豆混合做成小豆黏米饭，与大米混和做成二米饭。粳性稷米主要做炒米、捞饭、焖饭和酸粥。炒米是蒙古民族喜爱的食品；稷米泡水发酵后煮成酸粥，营养丰富，别具风味，既能充饥又能止渴，是有些地区农民喜爱的主食；稷米加工成面粉可以做发糕、摊花和煎饼。现将几种常见食品制作、食用方法介绍如下。

1. 黄糯米黏糕 原料有黄糯米、枣。将黄糯米用焖米饭的方法焖熟（比焖饭要多加水），焖软后放在屉上铺平，将枣用开水烫后均匀地码在屉面上，趁热上锅，约蒸半小时即熟。

2. 炸糕 原料有黄糯米、小豆、白糖、香精、豆油。将小豆洗净，放少量碱面煮烂，水控干，用搅刀（或木棒）捣碎，加糖拌匀，放少许香精即成馅备用。将黄糯米面稍加温水拌成半湿颗粒面粉，一层一层撒在蒸笼上（边蒸边撒），约 20 分钟后出笼，在抹上油的案板上趁热揉成糕团，包馅后油炸即可食用。

3. 红枣粽子　原料有黄糯米 2.5 千克，白糖 1 千克，红枣 200 颗。糯米用清水淘洗干净沥干，取粽叶三片卷成圆锥形，放入糯米，中间摆入红枣两颗，按压结实包好入锅，煮 1 小时后捞出，置入冷水中，可随时捞出食用。

4. 腊八粥　原料有黄糯米、薏仁米、小米、红小豆、绿豆各 50 克，适量核桃仁、花生仁、葡萄干。将红小豆、绿豆洗净后倒入锅内，加水用火煮 40 分钟左右，再将糯黄米、小米、薏仁米倒入，用旺火煮开后转微火煮 25 分钟，再将核桃仁、葡萄干、花生仁倒入，用微火继续煮 20 分钟后加入白糖即可食用。

5. 炒米　是蒙古族人民日常的主要食品之一，以粳性稷子作为原料。将稷子筛选后，淘去沙土，放入大锅内，加适量水，用慢火焖至半熟出锅，经炒锅炒熟，再碾去皮壳，即为炒米。香脆味美，可口耐饥。食用方便，可干吃或干拌，但常用奶茶浸泡食用，加少许黄油和白糖则味道更好。

6. 煎饼　原料有稷米面 500 克，食油 25 克。将稷米面泡透，加水搅拌成稀糊状，加盐适量。待平底锅烧热时，在锅面抹上食油，将一小勺面糊（约 25 克）倒入锅心，用 T 形小木拐来回摊抹成 20 厘米大小的薄饼，待面糊凝固后取下，可摊 60 张左右。

7. 发糕　原料有稷米面、白糖、碱面发酵粉（少许）。稷米面发酵后成稀糊状，加入适量碱水及白糖，搅匀，倒在铺上笼布的笼屉内，摊平，蒸 20 分钟左右出笼，打成斜方块。口感松软、香甜、可口。

（二）深加工　以黍米为原料酿造黄酒，在我国有悠久的历史，特别是在长江以北，人们习惯饮用黍米酿造的黄酒。山东省的即墨老酒、兰陵美酒久负盛名，是我国黍米黄酒的名牌产品。黄酒的制作工艺比较简单，每年冬季我国北方农民在自己家里就可以酿制。黄酒的制作流程为：黍米→洗涤并烫米→浸渍→煮糜→拌曲→接种酒母→落缸发酵→压榨。

1. 洗涤、烫米 每缸称取黍米50千克，添加清水65～75千克，充分搅拌淘洗，然后沥尽余水，另换清水25～30千克，随即注入沸水50～60千克，用木楫急速搅动，待水温冷至35～40℃时，开始浸渍。

2. 浸渍 浸渍期间一般需换清水2～3次，浸米至以手捏米能碎为度，然后捞至淘米木斗中，再用清水冲洗一次，沥尽余水。浸渍时间，冬季22小时，春、秋两季20小时，夏季12小时。

3. 煮糜 在大铁锅中先倒入清水75～80千克，加热至沸，然后将浸米加入，先以猛火煮至呈黏性，再将火势压弱慢煮，每隔15～20分钟搅拌一次，约1.5～2小时即煮成黍米醪。

4. 拌曲 将煮好的醪凉至60～66℃时，按原料重量的10%拌入麸曲，使其进行糖化作用。

5. 接种酒母 待糖化温度降至28～30℃时，再按原料的80%加入酒母醪，将其充分拌匀后移入发酵缸中。

6. 发酵 经过30小时左右，温度上升至35℃以上，进行第一次搅拌，再经8～12小时，进行第二次搅拌，并掀起缸盖降温，7天发酵完毕。

7. 压榨 把发酵醪移出压榨，初次榨出的酒先置入瓷缸中，澄清6～8小时，不必灭菌即可饮用。

黄酒营养价值很高，富含各种氨基酸、维生素、糖分和各种人体必需的微量元素，是深受人民群众欢迎的保健酒，长期饮用有益健康。

（三）副产品利用 黍稷的副产品米糠、颖壳、茎秆、青干草是家禽和家畜的良好饲料。米糠和颖壳喂猪可提高肉质，喂鸡可提高产蛋率，增加蛋壳的坚固性。茎秆是耕牛的主要饲料。黍稷还可以作为一年生牧草栽培，一年可以收割多次，既可以晒成干草，又可以青贮，青干草营养丰富，是幼龄耕畜的专用青贮料。

黍稷的穗经人工脱粒后可作笤帚，特别是穗分枝细长的侧穗品种，作小笤帚优于其他帚用作物。

（四）医疗保健 黍稷籽粒圆润光滑，可随体移动，现代医学新推出黍稷颈椎枕、褥床垫等医疗保健产品，具有按摩、舒筋活血、通风散热的作用，可促进人体血液循环，对颈椎病和久病卧床产生的褥疮具有很好的疗效。

第二节 黍稷的栽培技术

一、轮作倒茬

黍稷不宜连作。其原因：①连作使伴生杂草危害加重。黍稷的伴生杂草主要是野糜子，越是黍稷种植面积大、耕作粗放的地区，危害就越严重，连作4～5年的黍稷田，野糜子可达20%～30%，野糜子和黍稷品种极易杂交，使品种降低纯度，影响产量和品质。②土壤养分消耗不平衡。连作后造成表层养分不足，不能发挥黍稷本身的生产潜力，使产量下降。③消耗水分较多。黍稷虽然是抗旱作物，但属须根系，消耗耕层水分较多，连作后容易形成土壤缺墒，使产量逐年下降。④伴生病虫害多。连作会使黍稷黑穗病、红叶病、黍芒蝇为害严重，导致减产。

黍稷是开荒先锋作物，不仅抗旱，而且耐土壤贫瘠，在新开垦的荒地上最适宜先种植黍稷。黍稷能作为开荒先锋作物与黍稷的生物学特性有很大关系，黍稷具有适应性强，抗旱、耐瘠、耐盐，根系耗水少，生育期短等特性。黍稷的分蘖能力也强于其他禾谷类作物，对田间群体结构有较强的自我调节能力，对于新开垦的荒地也有较强的适应能力。

轮作方式因不同的栽培地区而有不同。在实践应用中，应注意以下几个方面：①应从全面提高粮食作物和经济作物的总产量着眼，合理安排轮作周期内的前后作关系，不能只考虑某个作物当年的产量高，而不考虑整个轮作周期内的总经济效益。②发挥黍稷开荒先锋作物的优势，把黍稷安排在生荒地、压青地和轻盐碱地上，也可在增施肥料的前提下，在瘠薄的土地上与豆、谷和小杂粮等进行轮作，发挥黍稷耐旱和适应性强的特点。③黍稷与解磷低耗作物进行轮作，可合理利用土壤养分。解磷低耗作物有油菜、萝卜、苕子、大豆、豌豆等，其中以油菜解磷能力最强。

现将各栽培区适宜的黍稷轮作方式介绍如下。

1. 黄土丘陵春播生态区

黍稷→春小麦→马铃薯

豆类→春小麦→黍稷→胡麻（或油菜）

春小麦→玉米→黍稷→马铃薯

黍稷→马铃薯→谷子→油料或豆类

草木樨→黍稷→春小麦→马铃薯

2. 东北平原春播生态区

马铃薯→玉米→黍稷→大豆

大豆→春小麦→玉米→黍稷

马铃薯→豆类→春小麦→黍稷

3. 华北平原夏播生态区

冬麦（复种黍稷）→棉花→玉米

甘薯→玉米→冬小麦（复种黍稷）

玉米→冬小麦（复播黍稷）→薯类

玉米→薯类→大豆→冬小麦（复播黍稷）

在青藏高原高寒春播生态区和南方多熟生态区，黍稷多作为填闲或救灾应急种植，无固定的轮作方式。

二、播 种

（一）播种期和播种量 黍稷的播种期是一个地区性很强、与品种特性和各地气候密切相关的技术问题。播种过早，气温低，日照长，使营养体繁茂，分蘖增加，但成熟早，鸟害严重；播种过晚则气温高，日照短，植株变矮，分蘖少，分枝成穗少，穗小粒少，产量不高。因此，在生产中应根据以下几点确定当地适宜的播种期：①地温稳定在12℃以上，出苗时终霜期已过；②孕穗至抽穗期应与当地雨热季节相吻合；③按品种特性掌握播种期，生育期长的晚熟种一般适宜于春播，迟播则在生育后期遇到低温或早霜，不能正常成熟，或降低产量和品质，生育期短的早、中熟品种可适当晚播或复播。

我国黍稷春播区的播期在4月下旬至6月中旬，干旱年份有时延迟到7月上旬；夏播区的播期在7月上、中旬。播种期的适应范围较其他禾谷类作物广。

播种量对黍稷的合理密植有重要影响，在保证整地质量和播种质量的前提下，各地应根据当地生产特点和生产实际，确定适宜的留苗密度，并通过控制播种量来达到合理的群体结构并夺取高产。

计划单位面积苗数可根据土壤肥力状况来定。一般中等或中等以上肥力的土壤，每公顷留苗120万～165万株，比较贫瘠的土壤留苗45万～75万株。复播品种主要靠主茎成穗夺取高产，留苗密度要相对大一些，根据土壤肥力状况一般每公顷留苗130万～300万株。我国各地种植黍稷，一般每公顷播种量为15～22.5千克。

（二）播后镇压及耱地 播后镇压是行之有效的保墒、保苗措施，可以使种子与土壤紧密接触，易于吸水发芽，提高出苗率，但要根据墒情决定镇压的时间。干旱区一般随播种随镇压，以土不粘磙子为宜；地湿可以推迟半天至一天镇压。干旱严重时，可以重压或压两遍。有些地区播后及时耱地，作用相同。

（三）抗旱播种技术 我国北方十春九旱，播种时若土壤严重缺墒，可采用以下抗旱播种方法。

1. 抢墒播种　春旱区随着气温逐渐升高，土壤中贮存的水分蒸发逐渐加快，到一定时期就降到临界线以下，因此农民有“春争日，夏争时”之说。由于地势对土壤墒情的影响，抢墒的顺序应该是先岗坡地后平缓地、先阳坡后阴坡。

2. 引墒播种　通过镇压把底层水分引到播种层，达到保全苗。镇压器以表面平滑的较好，重量依土质和底墒而定，沙土重压、黏土轻压，墒差重压、墒好轻压。

3. 探墒播种　在特大旱年，引墒也无济于事，可以采取探墒播种。方法是深开沟，以便把种子播到有墒的湿土层上，再覆盖一定厚度的土，力争覆盖湿土，并及时镇压。10 厘米以内有墒的，则用深开沟、浅覆土的办法，开沟 10 厘米，覆土 5～7 厘米。10 厘米以上有墒的，则用前后两个犁或耧开沟，后一犁（耧）下种，覆土 5～7 厘米。

水平播种法也属探墒播种法，它是根据土壤墒情深播到有墒层。具体做法是，先用犁犁成水平沟，再用耧来播种，耧后带一个似耱的小器具，将播种沟填平，覆土深度不能超过 7 厘米。

4. 省墒播种　即浸种催芽后播种。实行这种方法的条件比较严格，一是种子萌动后要立即播种，浸泡种子的时间只要 10 分钟，不能太长；二是土壤要有足够出苗的水分，否则会形成干芽。

5. 补墒播种　有水源的地方，在特别干旱的年份可用水耧补墒播种。即在普通耧上加一水箱，出水口伸入耧腿后面，让水流入种子沟内，直接喷在种子上。水量能浸湿种子沟内的干土，接上深层湿土，足够发芽出苗之用。

6. 等墒播种和播后等雨　若各种抗旱措施都不能保证出苗，就只有等雨播种。预先做好播前准备工作，一旦有雨，及时抢墒播种。等雨播种和播后等雨有时效果相同，有时效果不同。降雨量较足时两种方法都可以获得全苗，效果相同；降雨量不大，刚够种子发芽出苗用时，播后等雨效果好于等雨播种。

三、田间管理

黍稷田间管理分为苗期、拔节孕穗期和抽穗灌浆期三个时期。

（一）苗期管理　苗期管理的中心是控上促下，保全苗，促壮苗。

1. 蹲苗　幼苗长到三叶期，要及时用石磙滚压青苗一次，能促进根系生长，增加分蘖，使幼苗生长健壮。滚压时要选择晴天的下午，此时苗发软，受伤轻。

2. 中耕除草　苗期要进行两次中耕除草，一次在三叶期后，另一次在分蘖到拔节期之间。第一次中耕宜浅，因次生根尚未很好形成；第二次中耕可向根系壅土，苗密时可适当疏苗。

3. 防治苗期虫害　苗期地上蛀茎害虫有黍芒蝇、粟灰螟、粟茎跳甲、黍秆蝇等，以黍芒蝇为害严重，从苗期一直为害到抽穗期。防治方法是苗期喷施2～3次高效胃毒剂，有很好的防治作用。

（二）拔节孕穗期管理　拔节孕穗期是黍稷一生中生长最旺盛的时期，此时营养生长和生殖生长并进，如何满足黍稷对水肥的需求，是这一时期的管理重点。

1. 第三次中耕　为除尽田间杂草，促进根系健壮生长，在第二次中耕后不久，新的杂草又已萌发尚未长大时，紧接着进行第三次中耕，这次中耕要锄细、锄透，深5厘米。结合中耕为根部培土。

2. 追肥　结合中耕或培土追施一次速效氮肥。多次试验表明，每公顷追75千克纯氮化肥，可增产15%左右。追肥后要覆土盖严，最好开沟施肥后盖土或施后培土。追肥最好根据天气预报在降雨前完成，有利于发挥肥效。

3. 培土　培土有利于次生根形成和生长，增强植株吸收水分、养分和防止倒伏的能力。培土可用机械化操作，也可以和中耕同时进行。培土的要求是及时、适墒。及时就是要在拔节后及时进行，这时植株还不太高，既便于操作，损伤叶片少，又能抑制无效分蘖生长。适墒就是要看土壤墒情，过干时不能培，既盖不严实，又要伤根，只有墒情合适时，培土散落，效果才好。群众的经验是“干培如夹棍，湿培如上粪”。

（三）抽穗灌浆期管理 抽穗灌浆期即花粒期。此期田间管理的中心任务是在维持植株健壮的基础上，促进开花授粉快速灌浆，空秕粒少、籽粒饱满、千粒重高。

1. 根外追肥 中、低产地块往往由于地力不足、有机肥施得少，到抽穗后出现脱肥现象，叶色发淡，光合作用效率低，新生干物质积累少，难以满足灌浆需要，可以采用根外追施化肥的方法，以磷酸二氢钾 0.2%的浓度喷在叶面上。

2. 拔除大草和野黍子 为防止散落在垄上的大草和野黍争肥、争水，要及时拔掉。

3. 防治后期害虫 为害黍穗花器而形成秕粒的害虫不少，如黍吸浆虫、化梢蓟马、黍蝇、黍实蜂和某些蟮象等。主要用菊酯类农药防治，根据害虫发生规律，在羽化产卵期喷施。

4. 防治鸟害和鼠害 鸟害主要是家雀为害，害鼠主要有家鼠、田鼠、黄鼠等。害鸟以人工驱赶为主，害鼠可在地边投放毒饵毒杀。

四、复 播

黍稷是禾谷类作物中生育期最短的作物，不少地区在冬小麦、春小麦、大麦、扁豆、豌豆和油菜等作物收获后复种黍稷。

（一）复播区的生态特点 复播黍稷，对当地的热量资源有一定要求，一般前期作物收获后稳定生长期不少于 65 天，≥10℃活动积温不小于 1 150～1 200℃，前期作物收获后的生长天数与活动积温是能否进行复播的限制因素。从理论上讲，夏作物收获后生长季越长、活动积温越高，复播黍稷越保险，产量也越高。但在生产实践中，如果夏作物收获后生长季节较长、活动积温较高，一般播种产量较高的夏玉米，当夏玉米不能稳产时，才选种黍稷，所以复播黍稷的栽培技术要根据抓紧、抓早、抓快的原则进行。

（二）复播品种 复播黍稷一般采用早熟品种，如内糜2号、宁糜8号、龙黍19、晋黍1号等。如果夏作物收获后生长期较长，也可采用中晚熟品种，如陇糜3号、陇糜4号、晋黍2号等。原则上是既能充分利用生长季节，又能高产稳产。由于黍稷异地引种，生育期变化很大，各地区应通过试验，选择适于当地种植的复播品种。

（三）播种密度和播种方法 就同一品种来讲，复播的密度要比春播的密度大，因为春播除主茎成穗外，还要依靠分蘖成穗夺取高产，而复播由于生育期短、以攻主穗为主，所以种植密度要大一些，一般每公顷留苗180万～300万株，积温较多的地区留苗可少一些，一般在135万株左右。由于种植黍稷大多数地区没有间苗的习惯，所以留苗的多少主要以播种量的多少来控制，一般复播黍稷的播种量每公顷22.5千克左右。生育期较长、植株高大的品种密度应小一些；生育期较短、植株较矮的品种密度要适当大一些。

播种方法与春播黍稷相同，有撒播、条播、平播后起垄和垄作等方法。覆土深度比春播浅一些，一般为3～4厘米。

（四）耕作和田间管理 复播黍稷正值高温多雨季节，发芽出苗快，播种后耱平即可，不需镇压。田间管理要突出一个“早”字，具体来讲要抓好三项管理。一是要早中耕。出苗后要早中耕松土，促进早发。二是要早疏苗。一般不必疏苗，过稠时要结合中耕、在分蘖前进行，疏苗后要及时适量灌水，灌水原则和方法与正茬黍稷相同，但因复播黍稷生长发育快，要注意不能大水漫灌，以免造成倒伏。三是要早追肥。要在拔节前追入，早地结合下雨、水地结合第一水进行，一般每公顷追施尿素75～120千克、碳酸氢铵150～225千克。根外叶面追肥也有一定增产效果，可在拔节和抽穗期各喷一次，用尿素250克、磷酸二氢钾250克，对水25千克，叶面喷施，一般增产率8.1%～15.2%。

第三节 新品种介绍

一、黍子新品种

1. 龙黍22 黑龙江省农业科学院作物育种研究所以龙黍12×龙黍3号高代株系为母本、龙黍9号×龙黍5号高代株系为父本，杂交育成。绿色花序、散穗、褐粒，籽粒糯性，千粒重6.1克，耐冷凉、耐瘠、抗倒伏。在当地生育期110天。米质黏，口感好，籽粒粗蛋白含量15.12%。适宜黑龙江、吉林、辽宁等省山区和半山区种植。

2. 年丰6号 黑龙江省嫩江农业科学研究所以年丰4号为母本、年丰1号为父本，杂交育成。绿色花序、侧穗、黄粒，千粒重6.1克，在当地生育期108天。抗倒伏，抗落粒。籽粒粗蛋白含量15.0%。适宜黑龙江省东北部及内蒙古、山西大同等地种植。

3. 晋黍1号 山西省高寒地区作物研究所从农家种马乌黍中系选育成。紫色花序、散穗、白粒，千粒重7克，在当地生育期101天。适应性一般，在山西雁北高寒区种植产量高而稳定。品质和口感好。适宜山西雁北地区及内蒙古、河北坝上地区种植。

4. 晋黍2号 山西省农业科学院农作物品种资源研究所从天镇黍子中系选育成。绿色花序、散穗、黄粒，千粒重7.8克，生育期在太原81天，河北坝下102天，需活动积温2 200℃。抗倒伏，抗黑穗病，适应性好。适宜山西中南部麦茬复播以及山西北部和陕西、内蒙古、河北坝下等地春播。

5. 内黍2号　内蒙古伊克昭盟农业科学研究所从农家种黑跳蚤中系选育成。绿色花序、侧穗，千粒重8.4克，在当地生育期101天，需活动积温2 024℃。耐盐碱，抗倒伏，适应性广。适宜内蒙古、山西及河北北部种植。

6. 伊黍1号　内蒙古伊克昭盟农业科学研究所以小白黍×紫秆红黍杂交育成。紫色花序、侧穗、白粒，千粒重8.3克，在当地生育期105天，需活动积温2 100℃。抗旱性强，耐水肥，抗倒伏，不耐盐碱。黍糕色、香、味俱全。适宜内蒙古伊克昭盟丘陵区、陕西榆林及山西中南部麦茬复播。

7. 晋黍7号　山西省农业科学院农作物品种资源研究所以小红黍×内蒙古红黍杂交育成。绿色花序、侧穗、红粒，千粒重10.0克，属特大粒品种。在山西太原种植生育期78天，适应性广，丰产优质。籽粒蛋白质含量17.08%，脂肪含量4.75%，是做黏糕的良好品种。适宜在山西、陕西、内蒙古、河北等省、自治区种植，也可作为救灾补种品种。

二、稷（糜）子新品种

1. 陇糜4号　甘肃省农业科学院粮食作物研究所以雁北大黄黍×会宁大黄糜杂交育成。绿色花序、侧穗、黄粒，籽粒粳性，千粒重7.7克，在甘肃会宁生育期119天，需活动积温1 912℃。在甘肃庆阳地区作为复播品种推广。抗旱，抗倒伏。籽粒含蛋白质13.13%。适宜甘肃会宁、镇远、环县、庆阳及陕西中部种植。

2. 宁糜9号　宁夏固原地区农业科学研究所以鼓鼓头×海原紫秆红杂交育成。绿色花序、侧穗、黄粒，籽粒粳性，千粒重8.0克，在当地生育期100天左右。穗颈长13厘米，耐旱性强，久旱遇雨恢复能力极强，减产较少。籽粒含蛋白质12.02%，米饭口感好。适宜宁夏固原地区及甘肃中部及山西西北部种植。

3. 内糜2号 内蒙古伊克昭盟农业科学研究所以紫秆红×东胜二黄糜杂交育成。绿色花序、侧穗、红粒，籽粒粳性，千粒重8.5克，皮壳率18%，在当地生育期99天，需活动积温1 828℃，麦茬复播生育期65天，需活动积温1 200℃。耐旱，抗倒。籽粒含蛋白质13.11%，做米饭口感很好。适宜内蒙古东胜、准葛尔旗和山西河曲等地种植。

4. 580黄糜 内蒙古巴彦淖尔盟农业科学研究所从重盐地上选择的众多单株中系选育成。绿色花序、散穗、黄粒，籽粒粳性，千粒重7.5克。植株较矮，茎叶茸毛长密。在当地生育期90天，需活动积温2 000℃左右。耐盐能力强，中度抗倒伏，耐旱性较强，不易落粒。籽粒含蛋白质10.50%。适宜内蒙古河套灌区种植。

5. 晋品稷1号 山西省农业科学院农作物品种资源研究所以河曲小黄糜×硬黄糜杂交育成。花序绿色，侧散穗，黄粒，千粒重7.3克。在山西太原种植生育期84天。抗旱耐瘠，适应性广。籽粒蛋白质含量14.9%，脂肪含量3.8%，是米饭用优良品种。适宜在山西、内蒙古等省、自治区种植。

（王星玉 王 纶）

主要参考文献

1. 王星玉．中国黍稷品种资源目录．北京：农村读物出版社，1986
2. 王星玉．中国黍稷．北京：中国农业出版社，1996
3. 王星玉．中国黍稷品种资源特性鉴定集．北京：农业出版社，1990
4. 王星玉．中国黍稷优异种质筛选利用．北京：中国农业科技出版社，1995
5. 中国预防医学科学院营养与食品卫生研究所．食物成分表．北京：人民卫生出版社，1991

第五章 燕 麦

燕麦一般分为带稃型和裸粒型两大类。世界各国栽培的燕麦以带稃型为主，常称为皮燕麦。我国栽培的燕麦以裸粒型为主，常称裸燕麦。

裸燕麦别名颇多。在我国华北地区称为莜麦，西北地区称为玉麦，西南地区称为燕麦（有时也称莜麦），东北地区称为铃铛麦。

燕麦是长日照作物，性喜冷凉、湿润。分布在五大洲 42 个国家，但集中产区是北半球的温带地区。在世界禾谷类作物中，燕麦种植面积、总产量仅次于小麦、玉米、水稻、大麦、高粱，居第六位。据世界粮农组织统计，1990—1994 年，燕麦年平均种植面积 2 000 万公顷，总产量 3 599.6 万吨，每公顷产量 1 767 千克。

燕麦在我国种植历史悠久，遍及各山区、高原和北部高寒冷凉地带。历年种植面积 120 万公顷左右，其中裸燕麦占总播种面积 92%。主要种植在内蒙古、河北、山西、甘肃、陕西、云南、四川、宁夏、贵州、青海等省、自治区，其中前 4 个省、自治区种植面积约占全国总面积的 90%左右。近些年来，全国播种面积不到 100 万公顷，据中国农业统计资料统计结果，1999—2000 年中国燕麦平均播种面积 32.3 万公顷（1999 年 23.5 万公顷，2000 年 41.1 万公顷），平均总产量 38.9 万吨，每公顷产量两年变化较大，1999 年为 1 711 千克，2000 年仅为 913 千克。由于新品种的不断推广和栽培技术水平的提高，平均每公顷已经提高到了 1 000 千克以上。高产典型不断涌现，如河北省张北县对口淖 1989 年种植冀张莜 4 号 6.67 公顷，平均每公顷 4 515 千克；山西省朔州市平鲁区种子公司 1996—1998 年引种冀张莜 4 号，出现了每公顷 5 475 千克的高产田块；内蒙古自治区和林格尔县郭宝营材连续多年平均每公顷产量 3 000 千克以上。

在欧美各国燕麦食品工业中，有以燕麦片为主的早餐食品和以燕麦制品为主的快餐食品。燕麦生产国通常把 80%以上的燕麦籽粒作为饲料，除少部分直接喂养幼弱畜、种公畜之外，主要用于饲料工业，尤其是用作家禽饲料的添加剂。燕麦秸秆是造纸的好原料，其青草也可用于提取叶绿素、胡萝卜素。

第一节 燕麦营养价值与开发利用

一、燕麦的营养价值

（一）燕麦子粒营养价值 在我国人民日常食用的九种食粮（小麦粉、稻米、小米、玉米面、高粱米、大麦、燕麦粉、荞麦面、黄米）中，燕麦的蛋白质、脂肪、维生素、矿物元素、纤维素等五大营养指标均居首位。中国医学科学院卫生研究所的综合分析见表 5.1。

表 5.1 燕麦粉与其他八种粮食的营养指标比较（每 100 克）

营养成分	燕麦粉	小麦粉	籼米	粳米	小米	高粱面	玉米面	荞麦面	大麦米	黄米面
蛋白质（克）	15.6	9.1	7.6	6.7	9.7	7.5	8.9	10.6	10.5	11.3
脂肪（克）	0.8	1.3	1.1	0.7	1.7	2.6	4.4	2.5	2.2	1.1
碳水化合物（克）	64.8	74.6	76.6	76.8	76.1	70.8	70.7	68.4	66.3	68.3
释热量（千焦）	1 637	1 461	1 457	1 444	1 503	1 411	1 499	1 482	1 390	1 377
粗纤维（克）	2.1	0.6	0.4	0.3	0.1	1.2	1.5	1.3	6.5	1.0

（续）

营养成分	燕麦粉	小麦粉	籼米	粳米	小米	高粱面	玉米面	荞麦面	大麦米	黄米面
钙（毫克）	69.0	23.0	8.0	8.0	21.0	44.0	31.0	15.0	43.0	～
磷（毫克）	390	133	162	120	240	～	367	180	400	～
铁（毫克）	3.8	3.3	2.4	2.3	4.7	～	3.5	1.2	4.1	～
维生素 B_1（毫克）	0.29	0.46	0.19	0.22	0.66	0.27	～	0.38	0.36	0.20
维生素 B_2（毫克）	0.17	0.06	0.06	0.06	0.09	0.09	0.22	～	0.10	～
尼克酸（毫克）	0.80	2.50	1.60	2.80	1.60	2.80	1.60	4.10	4.80	4.30

此外，燕麦还含有所有谷类食粮中都缺少的皂甙（人参的主要成分）。燕麦中的赖氨酸含量是小麦粉、籼米、粳米等 8 种主要粮食的 1.5～3 倍。

（二）燕麦茎叶营养价值 燕麦茎叶多汁、柔嫩，适口性好。裸燕麦秸秆中含粗蛋白 5.2%、粗脂肪 2.2%、无氮抽出物 44.6%，均比谷草、麦草、玉米秆高；难以消化的纤维 28.2%，比小麦、玉米、粟秸低 4.9%～16.4%，是最好的饲草之一。其籽实是饲养幼畜、老畜、病畜和重役畜以及鸡、猪等家畜家禽的优质饲料。

二、燕麦的医疗保健作用

燕麦的医疗价值和保健作用已被古今医学界所公认。

（一）燕麦对高血脂症的作用 中国农业科学院原作物品种资源研究所与北京 18 家医院合作，在较大人群中进行临床观察共 482 名病例，其中燕麦组 393 例，对照组 56 例，冠心平组（药物组）33 例。取得如下主要研究结果：对高胆固醇脂血症、高甘油三脂血症、高β-脂蛋白血症和高密度脂蛋白胆固醇的影响，燕麦和冠心平比较，具有相同的治疗效果。

燕麦是一种纯天然的粮食，我国燕麦资源丰富，价格低廉，选用中国农业科学院世壮牌优质燕麦保健片（富含降血脂成分），不但含有丰富的蛋白质和必需氨基酸，还具有明显降脂效果，且无毒副作用，可长期服用，是一般降脂药物所不具备的。

（二）燕麦对糖尿病的作用 糖尿病患者随着病程延长，可发生多种并发症，其中因血脂增高导致的冠心病是糖尿病患者的主要死亡原因。燕麦的降脂作用已被动物实验和临床疗效观察所证实，但燕麦对非胰岛素依赖型糖尿病患者降糖的疗效，有待研究。为此，中国农业科学院原作物品种资源研究所与北京协和医院合作，进行了燕麦降糖研究，在准备期时，选 29 名糖尿病患者在临床较好控制的基础上进行合理饮食指导，指导前后分别测定患者的空腹血糖和糖基化血红蛋白。结果表明，实验前后空腹血糖及糖化血红蛋白无显著性差异，说明燕麦未能使血糖进一步下降，但服用燕麦后两项指标均控制在接近正常值的较好水平。

三、燕麦营养保健食品的开发

我国种植的燕麦大都是裸燕麦。有不少新育成的品种，产量高，抗倒伏、抗病性强，蛋白质含量达 18%左右，β-葡聚糖（膳食纤维）含量 5%～6%，籽粒整齐，适合加工。燕麦的食品加工产品主要有如下几种。

（一）燕麦片系列 燕麦片是降脂、降糖研究较为深入的燕麦食品，也是欧、美各国主要的早餐食品之一。燕麦片主要有老式燕麦片和快熟燕麦片两种类型。老式燕麦片也叫原燕麦片，食用时需要经过煮沸约 5 分钟；快熟燕麦片也叫即食麦片，食用时用沸水冲后加盖焖 2～3 分钟即可食用。燕麦片中含所有支链淀粉约占 60%，在沸水中体积即行膨大，温度下降后成胶体状，成为燕麦胶。燕麦片的自然状态是厚度不超过0.02毫米的微黄白色薄片。普通燕麦片较大，快熟燕麦片为整齐的圆形小片。两种燕麦片都可以添加全脂、脱脂奶粉、蛋白质、甜味素、坚果碎片、牛肉干、肉松、蜂蜜以及为适宜于青少年、中老年人食用添加的各种营养素，其成品色泽随之改变。

（二）燕麦乳粉 燕麦乳粉是在熟制的燕麦粉中加入药食同源的品种，如枸杞、昆布、大枣、山楂、薏仁等植物药材以及南瓜粉、绿豆粉等，配制成降脂、降糖乳粉系列，使其营养、保健功能更为显著。燕麦乳粉为粉末状，细度为通过80目细筛，与燕麦片相同能形成胶体，为快速燕麦食品。

（三）膨化燕麦产品 本品系在燕麦片中掺加一定量的玉米粉、大米粉，经膨化后粉碎而成的碎片；可加营养素、蛋黄、乳粉（脱脂或不脱脂）、香精、芝麻、干果碎片，也可加枸杞、山楂、蒙芪、葡萄干、葵花仁等制成多种膨化燕麦产品。为适应婴幼儿食用，可添加牛黄酸，五、六烯脂肪酸。为适应老年人食用，可添加钙质。本品为速食营养易消化吸收的燕麦膨化食品，只需用开水冲泡，即可食用。

（四）燕麦八宝粥 本系列产品分两大类，六个品种，是根据燕麦片营养、保健功能，结合燕麦支链淀粉含量较高的特性，取代传统八宝粥中糯米制成的。具有糯性强、禾香味浓、食用方便等特点。本系列产品为罐装燕麦八宝粥和八宝粥料两大类。罐装燕麦八宝粥每听400毫升，开盖即可食用，燕麦八宝粥料每包250克，需煮熟才能食用。煮的过程中可根据个人口味增添其他调味品。

（五）燕麦饼干 近代医学科学研究证明，燕麦不仅蛋白质、脂肪、维生素、矿物质含量均高于其他谷物，是全价食物，而且能降低血脂、血糖，是高血脂症患者、糖尿病患者以及肥胖病人良好的保健食品，使患者在饮食过程中恢复了健康，或者控制了病情的发展。燕麦饼干系列产品就是依据燕麦降脂、降糖的原理为消费者配制成的健康食品。

（六）燕麦方便面　本品是以裸燕麦粉为主要原料、掺加其他物料而制成的速食方便面，内有加蔬菜和不加蔬菜两种。泡软的燕麦方便面中，可加热汤、冷汤，做成热汤面、冷汤面，既可作为高脂血症、糖尿病等患者的主食，亦可供旅游、外出食用。

第二节　燕麦栽培技术

一、轮作与耕作

（一）轮作　在北方夏播燕麦区，由于气候条件的关系，主要作物有春小麦、燕麦、马铃薯、胡麻、油菜和豆类。这一地区的坡梁旱地，其轮作方式主要有：豌豆→燕麦→马铃薯＋豌豆→小麦→胡麻、油菜；马铃薯＋豌豆→小麦，燕麦→胡麻、油菜；马铃薯→胡麻、油菜→豌豆→小麦、燕麦。这一地区的滩川水地，其轮作方式主要有小麦→蚕豆→燕麦；蚕豆→燕麦→小麦→马铃薯＋胡麻＋油菜。

在北方春播燕麦区，气温较高，无霜期长，土壤肥沃，水资源丰富，主要作物有小麦、玉米、甜菜和燕麦。轮作方式主要有：甜菜→小麦→玉米→燕麦，每4年为一个周期，其中2年夏茬，2年秋茬，夏秋茬交替安排。

（二）耕作　我国燕麦产区多为旱作，长期以来形成了以蓄水保墒为中心的耕作制度。土壤耕作的重点是早、深，即在前作收获后宜早进行深耕，深度为25厘米左右，但对坡梁地及浅位栗钙土，耕深以15～18厘米为宜，滩水地和下湿地，耕深20～25厘米。

燕麦产区在耕作时间上有伏耕、秋耕、春耕3种情况。

（三）整地　深耕虽能提高土壤水分，但当年不能促进土壤水稳性团粒结构的形成，因此保水保墒必须依靠耙、耱、磙、压等整地保墒措施，作业程序一般是耕后立即耙、耱或边耕边耙、糖。冬季镇压是北方常用的保墒措施。

二、施　肥

（一）基肥（底肥）　播种之前结合耕作整地施入土壤深层的基础肥料。一般多为有机肥，也有配合施用无机肥的。常用的有机肥有粪肥（人畜粪尿）、厩肥和土杂肥，一般亩施500～800千克。在土壤缺磷情况下，可用磷肥单作基肥或与厩肥混合作基肥施用。

在北方燕麦产区也有用绿肥作基肥施用的，栽培绿肥多为复种，其方式有套种翻压、休闲地种植翻压和根茬翻压。夏播燕麦区坡梁旱地，在传统的轮歇压青耕作制度基础上，改自然压青休闲为种草（绿肥）压肥则效果会更好。在春播燕麦区，多为复种、套种绿肥。

（二）种肥　在燕麦产区，由于耕作粗放，有机肥用量不足，土壤基础养分较低，供应不足，不能满足燕麦苗期生长发育对主要养分的需要，因此最好在播种时将肥料施于种子周围。种肥的种类有粪肥和无机肥。粪肥作种肥施用的方法主要有粪耧、抓粪、大粪滚籽等。无机肥作种肥主要有磷酸二铵、氮磷二元复合肥、尿素、碳酸氢铵和过磷酸钙等，一般亩施尿素或二元、三元复合肥5千克左右。

（三）追肥　燕麦在分蘖期、拔节期、抽穗期这三个关键时期需要大量的营养元素，此时给土壤补充一定数量的养分，对燕麦生长发育、形成高产具有重要意义。追肥一般宜用速效氮肥，如尿素。

三、播种技术

（一）播前准备　播种前的种子处理有选种、晒种和拌种几种方法。

1. 选种 即选出籽粒饱满、整齐一致的种子，因籽粒饱满的种子养分含量高，生活力强，发芽率高，播种后生长快，生根多，出苗快，幼苗壮，对增强苗期抗灾能力、提高产量有一定作用。选种方法有风选、筛选、泥水（或盐水）选。泥水（或盐水）选是把种子放在30%的泥水或20%的盐水中搅拌几次，绝大部分杂物和秕粒浮在水面时，即可先除去，然后把沉在水下的燕麦种子捞出，在清水中淘洗干净、晾干，留作播种用。

2. 晒种 晒种能提高燕麦种子的发芽势和发芽率，种子经晒种后，其透气和透水性得到改善，从而增强了种子的发芽力。同时，晒种也可杀死部分种子表面病菌，减轻某些病害的发生。晒种一般在种子清选后进行，在播种前晴朗天气下晒3～4日即可播种。

3. 药剂拌种 是防治燕麦病虫害的有效措施。用0.2%～0.3%甲基托布津等农药拌种，可防治燕麦坚黑穗病和燕麦散黑穗病。一般在选种、晒种后拌种。

（二）播种时期 播种时期应根据不同地区的生态条件和耕作栽培制度来确定。我国北方春播燕麦区一般从4月上旬开始播种，至5月中、下旬结束，有时也延至6月初；南方云、贵地区一般在10月中、下旬秋播，但有时也进行春播，时间为3月下旬至4月上、中旬。燕麦与其他谷类作物相比，对播期有较大的适应幅度，这一特性对于适应燕麦产区的气候条件、保证一定的产量具有重要意义。

在上述一般播期范围内，不同地区依据其具体环境特点各有最佳的适宜播种期。内蒙古阴山两侧，河北坝上地区，山西、陕西两省北部，甘肃东南部和宁夏南部等丘陵山区，气候阴凉，春播干旱少雨，7～8月份降雨集中（约占全年的60%左右），先熟条件较好，在保证正常成熟的条件下，种植生育期较短的早熟、中早熟类型燕麦品种，播种期可适当推迟，一般可在5月下旬前后播种。适时迟播可以更好地利用夏季雨热同季的有利资源条件，提高燕麦产量。

内蒙古阴山以南沿山灌区及土默特平原、河北坝下和山西北部平川地区，气候温暖，无霜期长，灌溉条件好，但夏季高温不利于燕麦生长发育，造成青枯早衰。因此，这些地区播期不宜过晚，以4月上旬最为适宜。

（三）播种方法 燕麦播种方法主要采用条播，有窄行条播和宽窄行条播两种方法。主要是由畜力牵引的耧播、犁播和拖拉机牵引的机播。耧播、机播行距一般为23～25厘米，具有播种深浅一致、落籽均匀、出苗整齐一致的特点。犁播一般行距23厘米，播幅7.5～10厘米。

（四）播种量 燕麦播种量根据不同地区土壤类型、品种、种子发芽率和群体密度来确定。一般亩产50～75千克的旱地，亩播量6.5～7.5千克；亩产100～125千克的中等肥力水、旱地，亩播量9～10千克；亩产150～175千克肥力较高水地，亩播量10～11千克。

（五）播种深度 北方地区燕麦播种深度一般4～6厘米，南方地区一般播种深度3～4厘米。

四、合理密植

燕麦合理密植以不同生产条件及栽培条件和适宜的播种量来确保一定数量的壮苗为标准。要求达到以籽保苗、以苗保蘖、提高分蘖成穗率、增加单位面积穗数、协调群体与个体之间的关系，发挥增株、增穗，粒多粒大的目的。适宜的密度范围是：亩产50～75千克的旱地，亩播25万～28万粒（6.5～7.5千克），保穗20万个为宜；亩产100～125千克的中等肥力水、旱地，亩播30万～35万粒（9～10千克），保穗30万个左右为宜；亩产150～175千克的水地或无灌溉条件的下湿滩地，亩播40万～45

万粒（10～11 千克），保穗 32～35 万个为宜。对肥水条件更高，亩产过 200 千克的地块，其播量不宜再增加，相反应适当减少，这对穗部经济性状的发育有利，同时还可依靠部分分蘖成穗，充分利用优越的环境条件，达到个体与群体协调发展，获得较高产量。

五、田间管理

（一）确保全苗 在北方，燕麦播种后常遇干旱，要及时镇压，破碎土坷垃，减少土壤空隙，增强土壤水分，促进种子发芽和幼苗生长，早出苗，出全苗，出壮苗。

（二）中耕除草 当幼苗长到 4 叶时，进行第一次中耕，宜浅。但对杂草多、土壤带盐碱的地块，第一次中耕不宜提前。第二次中耕宜在分蘖至拔节前进行，此次中耕有利于消灭田间杂草、松土、提高地温、减少土壤水分蒸发。第三次中耕宜在拔节后一封垄前进行，既能减轻蒸发，又可适当培土，起到防倒的作用。

（三）追肥灌溉

1. 早浇头水 第一次浇水时间应在 3～4 片叶时进行，因此时是燕麦开始分蘖、同时生长次生根、主穗顶部小穗开始分化的时期，对产量影响较大。结合浇水也可亩施 5～7 千克尿素作追肥。

2. 晚浇拔节水 拔节期是燕麦营养生长与生殖生长并重时期，也是需水需肥最旺盛的时期，如果及时浇水、追肥，可争取穗大、穗多、粒多，从而获得丰产。结合浇水再追施氮肥，或氮磷配合使用，可获丰产。追肥一般亩施尿素 5～7 千克，磷肥 5 千克。

3. 浇好灌浆水 燕麦在抽穗至灌浆阶段，由于气温高，植株耗水量大，因此对水分要求十分迫切。特别是在灌浆期，水分供应不足，严重影响籽粒饱满度和成熟度，最终影响产量。

（四）及时收获 燕麦成熟很不一致，当花铃期已过，穗下部籽粒进入蜡熟期后，应及时进行收获。

六、主要病虫害及其防治

（一）燕麦病害与防治

1. *燕麦黑穗病* 包括燕麦坚黑穗病和燕麦散黑穗病。燕麦坚、散黑穗病各有其不同的生理小种，其病菌孢子——厚垣孢子，近圆形，黑色，6微米×6～7微米。坚黑穗病菌表面光滑，而散黑穗病菌表面有细刺。厚垣孢子的发芽适宜温度为18～25℃，在低温条件下，病菌可保持较长的生活力。

燕麦黑穗病的侵染、循环过程是附在健康种子表面的厚垣孢子，随种子的发芽而发芽，并侵入幼芽芽鞘直达生长点，而后随燕麦穗分化再侵入结实部位。病菌在穗内部以菌丝体形式繁殖，至收获前菌丝体断裂而成为厚垣孢子，形成黑褐色菌块，使整个花序呈灰黑色病穗。在种子脱粒时，从病穗中飞散出的厚垣孢子再黏附在种子表面，造成了种子带菌。

防治燕麦黑穗病的方法如下：

（1）选育抗病品种。

（2）实行轮作和清除田间病株。

（3）药剂拌种。用40%拌种双可湿性粉剂按种子重量的0.2%拌种，或用25%萎锈灵或50%福美双按种子重量的0.3%拌种，或用多菌灵、甲基托布津等可湿性农药湿拌闷种，均可起到防治效果。

2. *燕麦红叶病* 是一种由大麦黄矮病引起的病毒性病害，一般通过蚜虫传播。病毒病原在多年生禾本科杂草或秋播的谷类作物上越冬。传毒蚜虫在迁飞活动中把病毒病原传播到燕麦植株上，吸毒后的蚜虫一般在15～20天之后才能传毒。蚜虫吸毒后可持续传毒 20 天左右。初发病的植株称为中心病株。幼苗得病后，病叶开始发生在中部自叶尖变成紫红色，尔后沿叶脉向下部发展，逐渐扩展成红绿相间的条斑或斑驳，病叶变厚变硬，后期呈橘红色，叶鞘紫红色，病株有不同程度的矮化、早熟、枯死现象。

在常年蚜虫开始出现之前，及时检查，一旦发现中心病株，要及时喷药灭蚜控制传毒。防治方法是：

（1）用 40％乐果乳油 2 000～3 000 倍液喷雾，或用 80％敌敌畏乳油 3 000 倍液喷雾，或用 50％辛硫磷乳油 2 000 倍液喷雾，或用 20％速灭杀丁乳油 3 000～5 000 倍液喷雾。或用 50％抗蚜威可湿性粉剂 30 克/亩，对水 50～60 千克，喷雾。

（2）消灭田间及周围杂草，控制寄主和病毒来源。

（3）在播种前用内吸剂浸种或拌种。

（4）选用耐病品种。

3. 燕麦秆锈病　其症状类似于小麦秆锈病，始见于中部叶片的背面，初为圆形暗红色小点，尔后逐渐扩大，穿过叶肉，使叶片两面都有夏孢子堆（病斑），然后向叶鞘、茎秆、穗部发展。病斑呈暗红色、梭形，可连片密集呈不规则斑，使受病组织早衰、早死，遇大风天气病株折断。

燕麦秆锈病是专性寄生菌，普通小蘖是它的转主寄主，其性孢子和锈孢子要在小蘖上度过，尔后转到燕麦植株上。

防治方法如下：

（1）选育抗秆锈病品种。

（2）消灭田间病株残体，清除田间杂草寄主。

（3）实行轮作，避免连作。

（4）一旦发病，要及时进行药剂控制。可用 25％三唑酮可湿性粉剂 50 克/亩，对水 50 升，在发病初期喷雾；或用 20％萎锈灵乳油 2 000 倍溶液喷雾；也可用 25％三唑酮可湿性粉剂120 克拌种子 100 千克。

4. 燕麦冠锈病　真菌性病害。病斑为橘黄色圆形小点，稍隆起，散生不连片，发生严重时可连成大斑，最后破裂散出黄色粉末（夏孢子）。冠锈病一般发生在叶片、叶鞘上，收获前在夏孢子堆的基础上形成暗褐色或黑色冬孢子堆，在叶片上为圆形点斑，在叶鞘上呈长条形，但不破裂。病菌夏孢子与燕麦秆锈菌相似，圆形，表面光滑，浅黄色。冬孢子为双胞柄生锈菌，但上端的一个细胞为指状突起，恰似皇冠而得名。

防治方法：参考燕麦秆锈病。

5. 燕麦线虫病　燕麦线虫一年一代，幼虫由孢囊中孵化出来，聚集在土壤中，从植物根部吸收营养，经4次蜕皮发育成雌雄成虫。雌虫在燕麦皮层内形成一个黏液状卵袋，卵受精后仍保留在孢囊中。感染线虫的燕麦植株通常生长衰弱、矮小、倒伏，穗缩短，籽粒干瘪。

防治方法：线虫的传播主要是借寄主植物的种子作远距离传播和通过土壤进行传播，因此防治的方法主要有：

(1) 加强植物检疫，严防其从境外传入。

(2) 与非感染作物进行6～7年轮作。

(3) 土壤消毒，用5%辛硫磷颗粒剂2～3千克/亩，拌成毒土，施入土壤。

(二) 燕麦害虫与防治

1. 黏虫　北方虫源由南方迁飞而来，在北方不能越冬。一年发生多代，成虫昼伏夜出，白天一般潜伏在秸草堆、土块下或草丛中，晚间出来取食、交尾、产卵。在无风晴朗的夜晚活动较盛，幼虫在阴雨天可整天出来取食危害，到5～6龄进入暴食期。

防治方法：

(1) 做好预测预报工作，最大限度消灭成虫，把幼虫消灭在三龄以前。

(2) 诱杀或捕杀害虫。利用杨树枝或谷草把诱集捕杀成虫，或用糖醋酒毒液诱杀成虫。在成虫产卵盛期采摘带卵块的枯叶和叶尖，带出田外烧毁。

（3）对三龄前黏虫可用4 000倍速灭杀丁、溴氰菊酯等菊酯类农药或1 500倍辛硫磷乳油、1 000倍氧化乐果等有机磷杀虫剂，喷雾防治。对三龄后黏虫，于清晨有露水时，用乙敌粉剂、辛拌磷粉剂进行喷粉防治。

2. 土蝗　俗称蚂蚱。种类繁多，除成群远飞的飞蝗外，其他均称为土蝗。土蝗的生活习惯各不相同，一年发生一代或多代，以卵块在土中越冬。5～6龄即为成虫，飞翔能力较弱，幼土蝗跳跃力极强，喜欢栖息在荒坡的草丛中，其食性极为复杂，几乎什么粮食作物都吃。

防治方法如下：

（1）作好土蝗预测预报工作。

（2）消灭幼蝻。幼蝻的抗药能力弱，可在其进入农田之前，在农田与荒坡之间喷一药带，宽度为1.67～3.33米。可用80%敌敌畏乳油1 000～2 000倍液喷洒。

（3）消灭成虫。土蝗进入农田要及早消灭，一般用马拉硫磷、敌敌畏、乐果等农药超低量防蝗。

3. 草地螟　属杂食性、暴食性害虫。一年发生2～3代，以幼虫和蛹越冬。幼虫有5个龄期。1龄幼虫在叶背面啃食叶肉；2～3龄幼虫群集在心叶取食叶肉；4～5龄幼虫进入暴食期，可昼夜取食，吃光原地食料后，群集向外地转移；老熟幼虫入土作茧成蛹越冬。

防治方法如下：

（1）农业防治。秋季进行深耕耙耱，破坏草地螟越冬环境，春季铲除田间及周围杂草，可杀死虫卵。

（2）药剂防治。对三龄前草地螟可用80%敌敌畏乳油1 000倍液，或2.5%溴氰菊酯乳油、20%速灭杀丁等菊酯类药剂4 000～8 000倍液，喷雾。

（3）人工诱杀。可用网捕和灯光诱杀。在成虫羽化至产卵2～12天空隙时间，采用拉网捕杀；或利用成虫的趋光性（成虫在黄昏后有结群迁飞的习性），采用黑光灯诱杀。

4. 麦类夜蛾　一年一代，以老熟幼虫越冬。在北方6～7月份为成虫出发至盛发期，严重危害燕麦等农作物。成虫昼伏夜出，一般晚8时开始活动，交尾5～8天后产卵，卵多产在第1～3小穗的颖壳内，初龄幼虫蛀食籽粒，老熟幼虫蚕食籽粒。

防治方法如下：

（1）诱杀。可用灯光或糖蜜诱杀器诱杀。

（2）药剂防治。三龄前幼虫用50%敌敌畏乳油1 500～2 000倍或50%杀螟松乳油2 000倍液，喷杀。

（3）推迟播种期。麦类夜蛾产卵盛期与寄主抽穗、扬花期相吻合，避开其产卵盛期，即可减轻损失。

第三节　燕麦新品种

一、裸燕麦新品种

1. 冀张莜4号　河北省张家口市农业科学院通过皮、裸燕麦种间杂交培育而成。幼苗直立。苗色深绿，生长势强。生育期88～97天。株型紧凑，叶片上举。株高100～120厘米，最高达140厘米。侧散型穗，短串铃。主穗长20.4厘米，小穗数18.7个，穗粒数39.8～60粒，穗粒重0.85克，千粒重20～22.6克。籽粒长型浅黄色。含蛋白质13.38%、脂肪7.98%。抗倒、抗旱、耐瘠性强，群体结构好。成穗率高。抗坚黑穗病，耐黄矮病力强。增产潜力大，增产极显著。三年品比试验平均亩产197.68千克，比冀张莜1号增产21.77%。三年河北省区试平均亩产125.27千克，比冀张莜1号种产23.33%。三年国家区试平均亩产152.5千克，比华北2号增产34.8%。三年生产鉴定平均亩产106.56千克，比冀张莜1号增产26.17%。适应在生产潜力100～200千克的平滩地和肥坡地种植。

2. 坝莜三号 河北省张家口市农业科学院通过品种间有性杂交和系谱法选育培育而成。幼苗直立，苗色深绿，生长势强。生育期95～100天，属中晚熟品种。株型紧凑，叶片上举，株高110～120厘米，最高可达165厘米，成穗率高，群体结构好。周散型穗，短串铃。主穗小穗数23.0个（最高达55.0），穗粒数61.7粒（最高达142粒），小穗粒数2.75粒，穗粒重1.22克（最高达3.5克），籽粒长形，粒色浅黄，千粒重22.0～25.0克，带皮籽粒率0.1%，籽粒蛋白质含量16.8%、脂肪含量4.9%、总纤维含量7.05%。抗倒、抗旱性强，适应性广，高抗坚黑穗病，轻感黄矮病。1999年参加优质莜麦品系鉴定试验，平均亩产197.75千克，比对照冀张莜4号增产22.17%。2001年参加中熟旱地莜麦品种比较试验平均亩产262.5千克，居参试品种之首，比对照冀张莜5号增产5.0%。2001—2002年参加张家口中熟组旱地莜麦品种区域试验，两年8个点中有5个点产量居第一位，2个点居第二位，1个点居第三位，平均居首位，平均亩产213.50千克，比对照增产9.55%。2002年参加饲草用品种比较试验，平均亩产干草864.6千克，居6个参试品种之首，比对照冀张莜6号增产31.8%。该品种适宜生产潜力100～200千克的旱滩地、阴滩地、肥坡地种植。

3. 坝莜六号 河北省张家口农业科学院通过品种间有性杂交，系谱选育而成的早熟高产莜麦新品种。该品种幼苗半直立，苗色深绿，生育期80天左右，属早熟品种。株型紧凑，叶片上举，株高80～90厘米，成穗率高，群体结构好。周散型穗，短串铃。主穗平均小穗数21.2个，穗粒数54.1粒，小穗粒数2.55粒，穗粒重1.21克。籽粒椭圆形，浅黄色，千粒重20～23.5克。籽粒蛋白质含量14.2%、脂肪含量3.58%。高产抗倒，一般亩产200千克以上。适宜在河北坝上肥力较高的平滩地和下湿阴滩地以及内蒙古、山西等省、自治区同类型区种植。

4. 坝莜五号 河北省张家口市农业科学院通过品种间有性

杂交，系谱选育培育而成的粮草兼用莜麦新品种。该品种幼苗半直立，苗深绿，生长势强。生育期100天左右，属中晚熟型品种。株型紧凑，叶片上举，株高110～140厘米，最高可达150厘米，产草率高，一般亩产可达350千克左右。周散型穗，短串铃。主穗小穗18.9～24.0个，主穗粒数42.4～45.0个，主穗粒重0.84～1.88克，千粒重23～26克，籽粒椭圆，品质优。茎秆坚韧，抗倒伏力强，群体结构好，成穗率高。轻感黄矮病，坚黑穗病，口紧不落粒，抗旱耐瘠性强，适应性广，一般亩产100～150千克，适宜在河北坝上瘠薄平滩地、旱坡地以及山西、内蒙古等地同类型区种植。

5. 坝莜九号　河北省高寒作物研究所采用皮裸燕麦种间杂交、裸燕麦品种间杂交、花粉管通道法导入外源DNA相结合的育种技术培育而成的裸燕麦新品种。该品种幼苗直立，苗色深绿，生长势强，生育期80～85天。株型紧凑，叶片上冲，株高85～120厘米。周散型穗，短串铃。平均主穗小穗数29.5个，穗粒数60.6个，穗粒重1.8克，千粒重25.1克。籽粒整齐，粒色浅黄，粒形椭圆，粗蛋白质含量15.8%、粗脂肪含量7.5%。抗旱、抗病（黄矮病、秆锈病、黑穗病）、抗倒性强，增产潜力大。2003—2004年参加品种比较试验，两年平均亩产226.0千克，比对照冀张莜2号增产18.45%，增产极显著。2004—2005年参加张家口裸燕麦品种区域试验，两年平均亩产193.68千克，比对照增产9.09%。2006—2007年参加生产试验，两年平均亩产216.46千克，比对照增产11.30%。适宜生产潜力200千克/亩以上的阴滩地和水浇地种植。

6. 草莜一号　内蒙古农业科学院燕麦育种课题育成的高产、优质新品种。2002年12月25日经内蒙古自治区农作物品种审定委员会办公室认定通过，准予在适宜地区推广。幼苗直立，深绿色，株高130厘米左右。穗呈周散型，长25厘米左右。结实小穗20个，串铃型。穗粒数60粒，穗粒重1.1克左右，千粒重

24.0克左右。生育期100天。一般亩产150～250千克。籽实蛋白质含量15.7%、脂肪含量6.1%。

7. 燕科一号 内蒙古农业科学院燕麦育种课题育成的旱地高产新品种，2002年12月25日经内蒙古自治区农作物品种审定委员会办公室认定通过，准予在适宜地区推广。品种比较试验平均亩产197.4千克，最高亩产253.7千克，平均比对照增产29.4%。株高100厘米，主穗长20厘米，结实小穗数30个，单株粒数70粒，粒重1.0～1.5克，千粒重21克。生育期95天。蛋白质含量13.6%、脂肪含量7.6%。1997年示范推广，旱滩地平均亩产250.0千克，比对照增产12.6%，旱坡地平均亩产90.7千克，比对照增产27.4%。1998年旱滩地平均亩产206.0千克，比对照增产12.9%，旱坡地平均亩产150.5千克，比对照增产38.7%。生育期适中，分蘖力中，抗旱、抗倒，稳产性好，适宜旱滩、旱坡地种植。

8. 晋燕12号（原编号8914） 山西省高寒作物研究所于1992年用裸燕麦晋燕七号做母本，皮燕麦Marion做父本，杂交，经多年连续单株选择培育而成。生育期90～105天，属中熟类型。株高105～125厘米，幼苗直立、深绿色。叶片后期有灰色蜡质层。分蘖力较弱，成穗率高，茎秆粗壮，抗倒性强。周散型圆锥花序，穗长18～20厘米，轮层数6.5，主穗小穗数20个，穗粒数54，穗粒重1.2克，千粒重28克左右，籽粒纺锤形、白色。籽粒粗蛋白质含量19.34%、粗脂肪5.62%、赖氨酸0.63%（晋燕七号粗蛋白含量16.2、粗脂肪6.27%）。在品比试验中三年平均亩产177千克，增产13.2%，在参试品种中居第一位。2002—2003年参加直接生产试验，2002年6个试验点平均亩产121.5千克，比对照晋燕七号增产17.5%，6点试验5点增产。2003年平均亩产117.1千克，比对照增产12.1%。两年平均亩产119.3千克，比对照增产14.8%。

9. 白燕5号 吉林省白城市农业科学院选育，于2003年1

月15日通过吉林省农作物品种审定委员会审定。春性，幼苗直立，深绿色，株高78.3厘米，穗长16.8厘米，侧散穗，小穗纺锤形，颖壳白色，主穗小穗数11.8个，主穗粒数60.8个，主穗粒重1.42克。籽粒纺锤形、浅黄色、表面光洁、无绒毛，千粒重25.4克，容重656.0克/升。籽实蛋白质含量18.96%、脂肪含量6.00%。灌浆期全株蛋白质含量11.87%、粗纤维含量为23.66%。收获后干秸秆蛋白质含量4.50%、粗纤维含量32.71%。抗逆性强，根系发达，强抗倒伏，水旱兼用。生育日数，早熟品种出苗至成熟81天左右。在吉林省西部地区种植，下茬可以进行复种。2001—2002两年旱地产量试验平均公顷产量1 959.9千克，水浇地产量试验平均公顷产量3 287.1千克。2002年旱地生产试验平均公顷产量1 895.3千克，水浇地生产试验平均公顷产量3 142.7千克。适于吉林省西部地区中上等肥力土地栽培。主要优点：早熟、抗倒伏，水旱兼用。主要缺点：晚收遇大风易落铃。

10. 白燕4号　吉林省白城市农业科学院选育，2003年1月15日通过吉林省农作物品种审定委员会审定。春性，幼苗直立，深绿色，分蘖力较强，株高107.0厘米，穗长19.8厘米，侧散穗，小穗串铃形，颖壳白色，主穗小穗数22.3个，粒数40.5个，主穗粒重1.05克。籽粒纺锤形、浅黄色、表面光洁、无绒毛，外观性状极佳，千粒重27.5克，容重684.2克/升。籽粒蛋白质含量18.34%、脂肪含量5.52%；灌浆期全株蛋白质含量11.82%、粗纤维含量27.40%；收获后干秸秆蛋白质含量4.21%、粗纤维含量36.14%。抗逆性强，根系发达，抗旱性强。中熟品种，出苗至成熟83天左右；下茬可以进行复种。2001年产量试验公顷产量2 395.1千克；2002年产量试验公顷产量2 561.7千克。2002年生产试验公顷产量2 456.0千克。适于吉林省西部地区中等肥力的土地栽培。主要优点：抗旱，高产，籽粒外观性状好，品质优良。主要缺点：水肥过大易倒伏。

11. 白燕3号 吉林省白城市农业科学院选育，于2003年1月15日通过吉林省农作物品种审定委员会审定。春性，幼苗直立，深绿色，株高80.6厘米，茎秆较强，穗长15.0厘米，侧散穗，小穗串铃形，颖壳白色，主穗小穗数25.8个，主穗粒数67.5个，主穗粒重1.21克。籽粒纺锤形、浅黄色、表面光洁，千粒重23.7克，容重688.0克/升。籽粒蛋白质含量18.17%、脂肪含量为5.40%。灌浆期全株蛋白质含量11.47%、粗纤维含量25.47%。收获后干秸秆蛋白质含量4.18%、粗纤维含量35.56%。抗逆性强，根系发达，强抗倒伏。极早熟品种，出苗至成熟76天左右。下茬可以进行复种。2001年产量试验公顷产量3 107.0千克，2002年产量试验公顷产量3 218.8千克，2002年生产试验公顷产量3 185.6千克。适于吉林省西部地区具备水浇条件的中等以上肥力土地栽培。主要优点：极早熟、抗倒伏，产量高。主要缺点：晚收遇大风易落铃。

12. 白燕2号 吉林省白城市农业科学院选育，2003年1月15日通过吉林省农作物品种审定委员会审定。春性，幼苗直立，深绿色，分蘖力较强，株高99.5厘米，穗长19.0厘米，侧散穗，小穗串铃形，颖壳黄色，主穗小穗数10.5个，主穗粒数39.3个，主穗粒重1.11克，活秆成熟。籽粒纺锤形、浅黄色、表面光洁，千粒重30.0克，容重706.0克/升。籽粒蛋白质含量16.58%、脂肪含量5.61%。灌浆期全株蛋白质含量12.11%、粗纤维含量27.40%。收获后干秸秆蛋白质含量5.12%、粗纤维含量为34.95%。根系发达，抗旱性强。早熟品种，出苗至成熟81天左右。可以进行下茬复种。2001年产量试验公顷产量2 304.5千克。2002年产量试验公顷产量2 506.2千克。2002年生产试验公顷产量2 473.8千克。适于吉林省西部地区中等以上肥力的土地种植。主要优点：抗旱，高产，活秆成熟，粮饲兼用。主要缺点：水肥过高易倒伏。

13. 白燕1号 吉林省白城市农业科学院选育，2003年1

月15日通过吉林省农作物品种审定委员会审定。春性，幼苗直立，深绿色，分蘖力较强，株高103.2厘米，茎秆较强，穗长13.4厘米，侧散穗，小穗串铃形，颖壳白色，主穗小穗数27.2个，主穗粒数73.6个，主穗粒重1.4克。籽粒卵圆形、浅黄色、表面光洁、无绒毛，属于小粒型品种，千粒重14.2克，容重704.2克/升。籽粒蛋白质含量18.17%、脂肪含量5.31%。灌浆期全株蛋白质含量11.39%、粗纤维含量26.42%。收获后干秸秆蛋白质含量4.67%、粗纤维含量34.88%。抗逆性强，根系发达，秆强抗倒伏。中熟品种，出苗至成熟83天左右。在吉林省西部地区种植，与小麦熟期相仿，可以进行下茬复种。2001年产量试验公顷产量3 662.6千克。2002年产量试验公顷产量3 969.9千克。2002年生产试验公顷产量3 897.6千克。适于吉林省西部地区具备水浇条件中等以上肥力的土地种植。主要优点：中熟、抗倒伏、产量高。主要缺点：口略松，易落粒。

14. 定莜6号　甘肃省定西市旱作农业科研推广中心用7633-112-1作母本、蒙燕146作父本杂交选育而成，2005年通过甘肃省农作物品种审定委员会审定。幼苗绿色，呈直立状，穗型周散，内外颖黄色，轮层数4～6层。株高66～120厘米，穗长13～26.5厘米，小穗数19.7～29.2个，穗粒数31～59.8粒，穗粒重0.67～1.28克，单株粒数36.4～70.5粒，单株粒重0.7～1.31克，千粒重17.6～22.8克，容重613克/升，籽粒淡黄色、长筒形。生育期85～113天，中熟。在1997年和2000年特大干旱年份表现出极强的抗旱性，抗坚黑穗病，红叶病轻。籽粒含粗蛋白20.86%、赖氨酸0.886%、粗脂肪7.25%、亚油酸43.47（占不饱和脂肪酸）、灰分2.22%。2002—2003年在旱农中心种植0.073公顷，平均产量1 630.5千克/公顷，较对照定莜1号增产11.9%；唐家堡种植0.133公顷，平均产量1 387.5千克/公顷，较对照增产3.2%；西寨后湾种植0.113公顷，平均产量1 608.5千克/公顷，较对照增产28.8%；黑山种植

0.086 公顷，平均产量 1 657.5 千克/公顷，较对照增产 17.1%；两年 6 点次中平均产量 2 022.6 千克/公顷，较对照增产 14.1%。适宜于年降雨量 340～500 毫米、海拔 1 400～2 400 米、干旱及半干旱二阴区种植，干旱地区可作为抗旱品种推广。

15. 定莜 3 号 甘肃省定西市旱作农业科研推广中心用 955 母本、小 465 作父本杂交选育而成，1998 年通过甘肃省农作物品种审定委员会审定。幼苗直立，叶片绿色，穗型周散，轮层数 5～6 层；株高 80～115 厘米，穗长 18.59～21.9 厘米，小穗数 16.5～36.5 个，穗粒数 35.6～75.7 粒，千粒重 15.6～24.3 克，籽粒淡黄色、长筒形。生育期 100～105 天。耐旱性强，轻感坚黑穗病。籽粒含粗蛋白 18.38%、赖氨酸 0.75%、粗脂肪 8.58%。在 1991—1993 年全省莜麦区试中，平均产量 1 890.9 千克/公顷，较对照高 719 增产 9.4%。适宜于年降雨量 340～500 毫米、海拔 1 400～2 400 米、干旱及半干旱二阴区种植，干旱地区可作为抗旱品种推广。

16. 定莜 5 号 甘肃省定西市旱作农业科研推广中心用 955 作母本、小 465 作父本杂交选育而成，2005 年通过甘肃省农作物品种审定委员会审定。幼苗绿色，呈直立状，穗型周散，内外颖黄色，轮层数 4～6 层；株高 66～120 厘米，穗长 13～26.5 厘米，小穗数 19.7～29.2 个；穗粒数 31～59.8 粒，穗粒重0.67～1.28 克，单株粒数 36.4～70.5 粒，单株粒重 0.7～1.31 克，千粒重 17.6～22.8 克，容重 613 克/升，籽粒淡黄色、长卵形。生育期 85～113 天，中熟。在 1997 年和 2000 年特大干旱年份表现出极强的抗旱性，抗坚黑穗病，红叶病轻。籽粒含粗蛋白 20.86%、赖氨酸 0.886%、粗脂肪 7.25%、亚油酸 43.47（占不饱和脂肪酸）、灰分 2.22%。2002—2003 年在旱农中心种植 0.073 公顷，平均产量 1 630.5 千克/公顷，较对照定莜 1 号增产 11.9%；唐家堡种植 0.133 公顷，平均产量为 1 387.5 千克/公顷，较对照增产 3.2%；西寨后湾种植 0.113 公顷，平均产量

1 608.5千克/公顷，较对照增产 28.8%；黑山种植 0.086 公顷，平均产量 1 657.5 千克/公顷，较对照增产 17.1%；两年 6 点次中平均产量 2 022.6 千克/公顷，较对照增产 14.1%。适宜于年降雨量 340～500 毫米、海拔 1 400～2 400 米、干旱及半干旱二阴区种植，干旱地区可作为抗旱品种推广。

17. 定莜 4 号　甘肃省定西市旱作农业科研推广中心用宁远莜麦作母本、73014 作父本杂交选育而成。2001 年通过甘肃省农作物品种审定委员会审定。幼苗绿色，呈直立状，穗型周散，内外颖黄色，轮层数 4～6 层；株高 87～145 厘米，穗长 18.3～23.7 厘米，小穗数 10.5～26.0 个，穗粒数 40.9～70.5 粒，穗粒重 1.16～1.48 克，千粒重 20.9～28 克，容重 644 克/升，籽粒淡黄色、长筒形。抗旱性强，抗坚黑穗病，红叶病轻。籽粒含粗蛋白 22.12%、赖氨酸 0.77%、粗脂肪 6.66%、亚油酸 40.38（占不饱和脂肪酸）。在 1994—1996 年省区域试验中，三年 13 个点次增产 0.5%～25.9%，平均产量 1 728.0 千克/公顷，较对照定莜 1 号增产 9.3%，居第一位。适宜于年降雨量 340～500 毫米、海拔 1 400～2 400 米、干旱及半干旱二阴区种植，干旱地区可作为抗旱品种推广。

二、皮燕麦新品种

1. 坝燕二号　河北省高寒作物研究所 2000 年从中国农业科学院院作物品种资源研究所引进，后经品系观察、品种比较、区域试验，培育而成的皮燕麦品种。幼苗直立。苗色深绿，生育期 80 天左右，属早熟品种。株型紧凑，叶片上冲，株高 85～120 厘米。周散型穗，短串铃，主穗小穗数 28.5 个，穗粒数 53.7 粒，穗粒重 2.53 克，千粒重 40.8 克。该品种抗旱耐瘠，抗病抗倒性强，适应性广。2002—2003 年参加所内品种比较试验，两年平均亩产 360.43 千克，比对照红旗二号增产 37.93%，其中

2002年平均亩产283.0千克，比对照增产12.75%，2003年平均亩产437.85千克，比对照增产62.34%。2004—2005年参加张家口市旱地燕麦品种区域试验，两年平均亩产239.65千克，比对照红旗二号增产6.0%。2006—2007年参加生产试验，两年平均亩产267.0千克，比对照红旗二号增产20.80%。适宜于生产潜力200千克以上的平滩地、肥坡地、阴滩地等种植。

2. 坝燕一号 张家口市坝上农科所1990年从中国农业科学院院作物品种资源研究所引进，后经品系鉴定、品种比较和生产试验，培育而成的皮燕麦品种（原品种名称90035）。幼苗半直立，苗色深绿，生长势强，生育期85～97天。株型中等，叶片下垂，株高85～120厘米，最高可达120厘米，抗旱抗倒性强，适应性广，穗部性状好，千粒重高，周散型穗，小穗纺锤形，主穗小穗数28.15个，穗粒数60.0粒，穗粒重2.17克，千粒重40克左右。籽粒蛋白质含量13.6%、脂肪含量8.2%。2001—2003年参加皮燕麦品种比较试验，三年平均亩产337.23千克，比对照红旗二号增产30.54%，增产极显著。2004—2005年参加张家口市旱地皮燕麦品种区域试验，两年平均亩产265.0千克，比对照红旗二号增产17.18%，增产显著。2006—2007年参加生产试验，两年平均亩产277.7千克，比对照红旗二号增产25.27%。适宜在生产潜力200千克以上的阴滩地种植。

3. 白燕7号 吉林省白城市农业科学院选育，2003年1月15日通过吉林省农作物品种审定委员会审定。春性。幼苗直立，深绿色，分蘖力较强。株高126.8厘米，茎秆较强。穗长17.5厘米，侧散穗，小穗纺锤形。颖壳黄色。主穗小穗数22.3个，主穗粒数37.9个，主穗粒重0.9克。籽实长纺锤形，黄壳。籽粒浅黄色，表面有绒毛。籽实千粒重33.7克，容重352.2克/升。籽实蛋白质含量13.07%、脂肪含量4.64%，春播脱粒后干秸秆蛋白质含量5.18%、粗纤维含量35.01%。下茬复种灌浆期全株饲草蛋白质含量12.23%、粗纤维含量28.55%。抗旱性强，根系发达。早熟品种，春播出苗至成熟80天左右。在吉林省西部地区种植，下茬可以播种新收获的种子进行复种，10月1日前后收获饲草。2001—2002两年春播产量试验平均公顷籽实产量1 804.5千克，每公顷干秸秆产量3.3吨，下茬复种每公顷干饲草产量1.5吨。2002年春播示范试验公顷籽实产量1 837.3千克，每公顷干秸秆产量3.4吨，下茬复种每公顷干饲草产量1.6吨。适于吉林省西部地区退化耕地或草原种植。

4. 白燕6号 吉林省白城市农业科学院选育，2003年1月15日通过吉林省农作物品种审定委员会审定。春性。幼苗直立，深绿色，分蘖力较强。株高126.2厘米。茎秆较强。穗长18.0厘米，侧散穗。小穗纺锤形。颖壳白色。主穗小穗数23.2个，主穗粒数45.3个，主穗粒重0.8克。籽实长纺锤形，白壳，浅黄色，表面有绒毛。千粒重34.6克，容重404.2克/升。籽实蛋白质含量12.64%、脂肪含量4.62%。复种灌浆期全株蛋白质含量12.18%、粗纤维含量28.52%。籽实收获后干秸秆蛋白质含量5.02%、粗纤维含量34.79%。抗旱性强，根系发达。早熟品种，春播出苗至成熟81天左右。在吉林省西部地区种植，下茬可以播种新收获的种子进行复种，10月1日前后收获饲草。2001—2002两年春播产量试验平均公顷籽实产量1 831.3千克，干秸秆产量3.55吨，下茬复种每公顷干饲草产量1.65吨。2002年春播示范试验公顷籽实产量1 816.5千克，干秸秆产量3.6吨，下茬复种每公顷干饲草产量1.7吨。适宜吉林省西部地区退化耕地或草原种植。

（杨克理 田长叶）

主要参考文献

1. 杨海鹏等．中国燕麦．北京：农业出版社，1989

2. 陆大彪．降脂燕麦论文集．1990
3. 杨海鹏等．燕麦资源开发利用可行性研究报告（内部资料）．1997
4. 杨克理等．燕麦优质高产栽培技术与综合开发利用问答．北京：中国农业科技出版社，2000
5. 成卓敏．新编植物医生手册．北京：化学工业出版社，2008

第六章 荞 麦

荞麦有2个栽培种。即甜荞（普通荞麦）和苦荞（鞑靼荞麦）。荞麦种植历史悠久，分布广泛，我国西北、东北、华北、西南的干旱半干旱地区和高寒山区是主要产区，是这些地区的重要粮食作物。荞麦具有其他作物所不具备的优点，如生育期短，适应性广，籽粒营养丰富，含有多种营养成分，在医药上具有重要医用价值，是农业生产和调剂城乡人民生活不可缺少的作物，在国民经济中占有重要地位。

荞麦在我国常年种植面积约100万公顷左右。总产量最高的年份是1955年，面积为220万公顷，总产量为90万吨。20世纪60年代以后，随着玉米、高粱面积的扩大，荞麦种植面积有所下降。据《中国农业统计资料2000》提供的数据，全国荞麦播种面积59.2万公顷，总产量61.2万吨，每公顷产量1 034千克。播种面积在10万公顷以上的有内蒙古、云南和甘肃省，5万～10万公顷以上的有山西、宁夏和四川省、自治区，5万公顷以下的有河南、陕西、辽宁、重庆、湖北、山东、贵州、吉林等省、自治区、直辖市。

第一节 荞麦营养价值与开发利用

一、荞麦籽粒营养成分

（一）蛋白质与氨基酸 荞麦籽粒中蛋白质含量一般10%～12%。荞麦粉的蛋白质含量受不同磨粉方式、不同细度和出粉率的影响而表现出较大差异（4.3%～10.5%），一般出粉率高的面粉，蛋白质和其他营养物质含量也较高。

荞麦籽粒中含有丰富的氨基酸，以谷氨酸含量最高，平均2.21%，变幅0.67%～3.49%；其次为精氨酸（1.11%）、天冬氨酸（1.09%）；最低为胱氨酸和蛋氨酸（0.17%）。

（二）淀粉 荞麦籽粒中的淀粉含量58.5%～73.5%，其中80%以上为支链淀粉。食用后易被人体消化吸收。

（三）粗脂肪 荞麦籽粒中脂肪含量，甜荞平均1.89%，变幅0.3%～3.25%；苦荞平均2.04%，变幅0.27%～3.19%。通过对国内800份荞麦地方品种的脂肪含量分析，有97份品种粗脂肪含量≥2.5%。

（四）维生素 荞麦籽粒中含有多种维生素。国内品种的维生素E含量（以每百克计，下同），甜荞平均1.42毫克，变幅0.09～8.51毫克；苦荞平均0.99毫克，变幅0.21～4.58毫克。维生素PP含量，甜荞平均3.11毫克，变幅0.84～9.84毫克；苦荞平3.42毫克，变幅1.62～5.21毫克。苦荞维生素P含量可达6%～7%，维生素C含量0.82～1.08毫克；甜荞维生素P含量在0.3%左右。

（五）矿物质元素 荞麦中含有十多种矿物质元素，其含量差异较大。每克籽粒磷含量平均3 700毫克、钙300～400毫克、铁110～160毫克，锰、锌、铜含量平均为10～30毫克。除锌和磷外，上述元素一般甜荞高于苦荞。荞麦中硒的含量，甜荞平均0.054毫克/克，苦荞平均0.050毫克/克。可见，荞麦食品对于某些矿物质缺乏地区儿童的生长发育，对于因缺铁、缺锌、缺硒等引起的疾病和发育不良现象具有较好的预防和治疗作用。

（六）纤维素 荞麦中含有1%～2%的纤维素。不同细度和籽粒不同部位的荞麦粉，其纤维素含量也有变化。细度增加，纤维素含量随之降低。

（七）其他 荞麦籽粒中含有叶绿素，是其他粮食作物所不含的。苦荞籽粒中还含有苦味素，具有清热解毒、消炎作用。

二、荞麦的药用成分

荞麦含有很高的药用成分——生物类黄酮，苦荞尤甚。芦丁属类黄酮化合物为槲皮素-3-0-芸香糖苷，在荞麦籽粒中含量较高，甜荞一般0.02%～0.798%，苦荞1.08%～6.6%。除籽粒外，荞麦茎、叶、花中也含有类黄酮，甜荞茎、叶类黄酮含量分别为0.54%、4.11%，苦荞分别为0.38%、5.02%。

三、荞麦的开发利用

（一）荞麦营养保健食品的开发 荞麦的食用方法有许多，全国各地传统的风味小吃有几十种。主要的荞麦食品有面条、烙饼、煎饼、荞酥、凉粉、河漏、荞米和灌肠等。近十多年来，国内又研制出许多荞麦营养保健食品，特别是苦荞保健食品，如苦荞健茶、苦荞袋泡茶、苦荞茶、苦荞胶囊、苦荞挂面、苦荞方便面、苦荞饼干、苦荞疗效粉、黄酮颗粒剂、苦荞化妆品及酒类产品。除食品外，国内还利用苦荞麦或其提取物配以果蔬等加工成固体或液体功能性饮料和苦荞滋补饮料，是治疗和预防糖尿病、高血脂症、高血压的理想保健品，产品投放国内或国际市场，取得了较好的经济和社会效益。

（二）菜用荞麦的开发 荞麦苗可被当作蔬菜食用。荞菜风味独特，烹饪后的荞菜柔嫩爽滑，口感好，是理想的保健和绿色食品。荞麦在苗期生长快，荞菜产量可达2 620～25 000千克/公顷。荞菜的品质主要与播种季节、播种量、生育期长短、温度等因素有关。生长20天的荞菜，蛋白质含量21.5%；干叶芦丁含量（以百克计算）60毫克，干茎为17毫克，整个植株的芦丁含量为46毫克。国内近几年芽菜生产发展较快，已有荞麦芽菜

（甜荞、苦荞）在市场上销售，但规模相对较小。

（三）荞麦药品的开发　荞麦药品的开发主要集中在苦荞上。因苦荞中含有较高的生物类黄酮——芦丁，其功效是清热解毒，活血化瘀，改善微循环，拔毒生机，降糖降脂。国内利用苦荞提炼出生物类黄酮，并以其为主要原料，已开发出6种医药制品——生物类黄酮散（外用）、生物类黄酮软膏、生物类黄酮（1号、2号）胶囊、生物类黄酮牙膏和生物类黄酮口香糖。多数产品已应用于临床，并取得了较好的效益。

第二节　荞麦栽培技术

一、轮作与耕作

（一）轮作与间作套种

1. 轮作　我国荞麦轮作制度有很大差别。一般荞麦是在春旱严重、主作物播种失时或前茬作物受灾后补种。西北、东北及华北高海拔冷凉地区，荞麦多与裸燕麦、马铃薯轮作，华北地区荞麦常作为冬小麦或马铃薯的后作，一年两作或两年三作。南方低海拔地区大多在春作物之后，利用一段短期的生长季节种荞麦，实现一年三作。亚热带地区由于冬季温暖，在晚稻或晚秋作物之后种植冬荞麦。

茬口与荞麦产量和质量直接相关。荞麦在轮作时好的前茬有豆科作物和薯类作物。荞麦理想的前茬是豆科作物。

2. 间作　荞麦是适于间作的理想作物。间作形式因种植方式和栽培作物而不同。在陕北，春小麦收获后在原埂内复种糜子，待其出苗后又在田埂上播种荞麦，充分利用田埂获得一定荞麦产量。也有利用马铃薯行间空隙播种荞麦的。

3. 套种　在生育期较长的低纬度地区，多用甜荞麦与玉米、马铃薯套种，也有与烤烟、玉米套种的。

（二）耕作 荞麦对土壤的适应性较强，对酸性土壤具有较强的忍耐力，一般在酸性土壤上种植荞麦能获得较高的产量。荞麦喜湿润，但忌过湿与积水。一般来讲，土壤耕作有利于农作物的根腐烂，并使其转化为有机质，也能为荞麦生长发育创造有利的水分、温度和营养状况。

土壤耕作包括基本耕作和播种前耕作。土壤基本耕作是前茬作物收获后第一次深耕（20～25 厘米）。深耕又分为春深耕、伏深耕和秋冬深耕，其中以伏深耕效果最好。深耕能熟化土壤，提高土壤肥力。既利于蓄水保墒和防止土壤水分蒸发，又利于荞麦发芽出苗、生长发育。

当荞麦作为复种或补种作物时，由于时间紧迫，整地质量较差，影响荞麦的产量，必须进行播种前耕作。在播种前耕耙灭茬，消灭坷垃，保持土壤水分，消灭田间杂草，适时早播，以保证荞麦苗全、苗壮，根系发育良好。

二、施　肥

（一）基肥（底肥）　荞麦播种之前，结合耕作整地施入土壤深层的基础肥料。一般为有机肥，也可配合施用无机肥。常用有机肥为粪肥、厩肥和土杂肥，一般每公顷施 7 500～11 250 千克。常用作基肥的无机肥有过磷酸钙、钙镁磷肥、磷酸二铵、硝酸铵、尿素和硫酸氢铵等，施用量过磷酸钙 300～450 千克/公顷，尿素 45～75 千克/公顷。基肥可秋施、早春施和播前施。

（二）种肥 在播种时将肥料施于种子周围，包括播前以肥滚籽，播种时溜肥及种子包衣等。传统的种肥有粪肥（如羊粪、鸡粪、人粪尿等）、草木灰、炕灰等，也有用无机肥料作种肥的，如过磷酸钙、钙镁磷肥、磷酸二铵、硝酸铵和尿素等。种肥用量因地而异，一般用量，每公顷尿素 45～75 千克，或磷酸二铵 60～90 千克，或过磷酸钙 225 千克。

(三)追肥 荞麦在现蕾开花后需要大量的营养元素,此时给土壤补充一定数量的营养元素,对荞麦生长发育、形成高产具有重要作用。追肥一般用尿素等速效氮肥,每公顷施75千克左右为宜。施用时期在荞麦开花期为最佳。

三、播 种

(一)播前准备 播种前种子处理主要有晒种、选种、浸种和药剂拌种几种方法。

1. 晒种 晒种能提高种子的发芽势和发芽率,改善种皮的透气性和透水性,提高酶的活力,增强种子的生活力和发芽力。晒种时间一般选择在播种前7~10天晴朗天气。

2. 浸种(闷种) 温汤浸种是提高种子发芽力的有效措施之一。用35℃温水浸15分钟或用40℃温水浸种10分钟,或用5%~19%的草木灰浸液浸种,均能获得良好的效果。也可用其他微量元素溶液如钼酸铵(0.005%)、高锰酸钾(0.1%)、硼砂(0.03%)浸种,促进荞麦幼苗生长和提高产量。经过浸种的种子要在地上晾干。

3. 药剂拌种 药剂拌种是防治荞麦地下害虫和病害极其有效的措施。一般在晒种和选种之后进行。

(二)播种时期 荞麦在我国一年四季均有种植。春播、夏播、秋播和冬播,俗称春荞、夏荞、秋荞和冬荞,各地均有最适宜的播种期。北方春荞麦区适宜播期一般为5月下旬至6月上旬,夏荞麦区一般适宜播期为7月中、下旬至8月上、中旬。南方秋、冬荞麦区由于气候复杂,播期时间差别很大。四川凉山低海拔地区在7月份播种,云南、贵州秋荞(海拔1700米以下地区)一般在8月上、中旬播种,湖南湘西、浙江金华、江苏沿海等地秋荞一般在8月下旬至9月上旬播种,云南西南部平坝地区,广西、广东、海南一些地区则种冬荞,一般在10月下旬至

11 月上旬播种。西南春秋荞麦区海拔 2 000 米以上的高寒山区，春播苦荞一般在 4 月中、下旬至 5 月上旬，海拔高度不同，播期也有所不同。

（三）播种方法

1. 条播　北方春荞麦区大部分地区采用此方式，主要是畜力牵引的耧播和犁播。犁播是犁开沟，手溜籽。条播优点是深浅一致，落籽均匀，出苗整齐。

2. 点播　主要是犁开沟，人抓粪籽。播前把有机肥过筛成细粪，与荞籽拌匀，按一定穴距抓放。其实质是条播与穴播结合、粪籽结合的一种方式。一般犁距 26～33 厘米，穴距 33～40 厘米，10～15 粒/穴。

3. 撒播　西南春秋荞麦区广泛使用。一般是畜力牵引犁开沟，人顺犁沟撒种子。也有先耕地，随后撒种子，再进行耙耱。

（四）播种量　荞麦播种量一般根据品种、种子发芽率、播种方式和群体密度来确定，甜荞 37.5～52.5 千克/公顷，苦荞 45～60 千克/公顷。

（五）播种深度　荞麦属双子叶植物，播种不宜太深。其深度的确定，一要看土壤水分，水分充足时浅播。二要看播种季节，春荞宜深播，夏荞宜浅播。三要看土质，沙质土、旱地可适当深播，黏土要浅播。一般播种深度 4～6 厘米。

四、合理密植

（一）溜苗密度　合理密植是实现荞麦合理群体结构的基础。根据影响荞麦群体结构的主要因素来确定适宜的密度，使群体与个体矛盾趋于统一，以获得最大荞麦产量。

1. 北方春荞麦区和北方夏荞麦区　根据试验结果，一般甜荞溜苗密度以 75 万～90 万/公顷为宜，低于或高于此密度，不利于形成合理的群体结构。

2. 南方秋、冬荞麦区　主要是插空填闲种植，在耕作和管理上比较粗放，多为撒播或点播。一般甜荞每公顷成苗105万～135万株，最低时75万～105万株（浙江），最高时亩150万～180万株（云南）。

3. 西南春、秋荞麦区　以苦荞生产为主。在中等肥力条件下，苦荞每公顷溜苗150万～225万株为宜。

五、田间管理

（一）确保全苗　在北方，荞麦播种后时常遇干旱。要及时镇压，破碎土坷垃，减少土壤空隙，增强土壤水分，促进种子发芽和幼苗生长发育，深扎根，早出苗，出全苗，出壮苗。

荞麦出苗前，最怕土表板结，尤其雨后，大雨淤泥，地表板结，需疏松表土，幼苗才能出土。荞麦田只要不板结，就容易保全苗、壮苗。因此，荞麦播种后，要注意雨后破除地表板结。

荞麦喜湿不喜水，水分过多对生长不利，特别是苗期。因此，在低洼地、陡坡地，播种后要做好田间排水。

（二）中耕除草　适时中耕可以破除土壤板结，疏松土壤，增加土壤通透性，蓄水保墒，提高土壤温度，对荞麦生长发育十分有利。在杂草严重地区，中耕更是必不可少的一项管理措施。

中耕除草次数和时间根据地区、土壤、苗情及杂草多少而定。春荞一般2～3次，夏、秋荞1～2次。第一次中耕除草时间要尽量提早，最后一次中耕要在封垄前进行。北方夏荞麦区和南方秋冬荞麦区，荞麦出苗后处于高温多雨季节，田间杂草生长较快，中耕以除草为目的，在封垄前结合培土进行最后一次，深度一般为3～5厘米。

在中耕除草的同时要注意疏苗、间苗和培土，有利于促进荞麦根系生长，减轻后期倒伏，提高根系吸收能力和抗旱能力，具有提高荞麦产量的作用。

（三）酌情灌溉 荞麦是抗旱能力较弱，需水较多的喜湿作物。尤其在开花结实阶段，需要较充足的水分供应。我国春荞麦多种植在旱地，缺乏灌溉条件。荞麦生长发育依赖自然降水。夏荞麦区在生长季节除了利用自然降水外，有灌溉条件的地区如遇干旱，可在荞麦开花灌浆期灌水，以满足其生长需水要求，提高产量。灌水时要轻灌，防止积水。

（四）辅助授粉（甜荞） 甜荞属异花授粉作物。花为两性花，结实率非常低。要提高荞麦结实率，最好的方法是辅助授粉。辅助授粉分有蜜蜂辅助授粉和人工辅助授粉。

蜜蜂辅助授粉是在荞麦开花前2～3天在田里养蜂放蜂（约1 000平方米放1箱蜂）。能显著提高荞麦结实率、株粒数、粒重及产量。据研究，在相同条件下昆虫传粉能使荞麦产量增加80%以上。

人工辅助授粉也可提高荞麦产量1.2%～19.7%。其方法是在荞麦盛花期每隔2～3天，于上午9～11时，用一块240～300厘米长、30厘米宽的布，两头各系一条绳子，由两人各执一端，沿荞麦顶部轻轻拉过，震动植株辅助授粉。

（五）收获与贮藏 荞麦果实成熟很不一致，但当全株有2/3籽粒成熟（即籽粒变褐或银灰色）、呈现品种固有颜色时，就是最适宜的收获期。收获过早，大部分籽粒尚未成熟；收获过晚，籽粒大量脱落。均会影响产量。

秋荞一般应在霜前收获，收获后宜将植株立即竖堆，或穗朝里、根向外堆码，保持3～4天使之后熟。若气候潮湿，荞麦不要堆垛，以防垛内发热，造成种子霉烂。

收获后晾干或晒干的荞麦植株，要尽早脱粒，安全贮存。

六、主要病虫害及其防治

（一）主要病害种类

1. 荞麦轮纹病　主要发生在荞麦叶片和茎秆。叶片上产生中间较暗的淡褐色病斑，呈圆形或近圆形，直径2～10毫米。有同心轮纹。病斑中间有黑色小点，即病原分生孢子器。荞麦茎秆被害后，病斑呈梭形、椭圆形，红褐色。植株枯死后变黑色，上有黑褐色小斑。受害严重时，常常造成叶片早期脱落，减产严重。

2. 荞麦立枯病　荞麦立枯病俗称腰折病。是荞麦苗期的主要病害，常发生于湿地。一般在出苗后15天左右发生，有时在种子萌发出土时也发病，常造成烂种、烂芽，缺苗断垄。受害的种芽变黄褐色，腐烂。荞麦幼苗易感染此病。病株茎基部出现赤褐色病斑，逐渐扩大凹陷，严重时扩展到茎的四周。幼苗萎蔫、枯死，子叶受害后出现不规则黄褐色病斑，病部破裂、穿孔、脱落，边缘残缺，常造成约20%的损失。

3. 荞麦褐斑病　发生在荞麦叶片上。最初在叶面形成圆形或椭圆形病斑，直径2.5毫米，外围红褐色，有明显边缘，中间为灰色，病叶渐渐变褐色，枯死脱落。一般在花期可见到症状，开花后发病加重，严重时叶片枯死，造成较大损失。

4. 荞麦霜霉病　主要发生在荞麦叶片上。受害叶片正面可见不整齐的失绿病斑，其边缘界限很不明显。病斑背面产生淡灰白色霜状霉层。叶片从上向下发病。该菌侵染幼苗及花蕾期以开花期的叶片为主，受害严重时叶片卷曲、枯黄、枯死，叶片脱落。

（二）主要害虫种类

1. 钩刺蛾　属专食性害虫。仅为害荞麦叶、花、果实。成虫有趋光性、趋绿色性，白天栖息在草丛中、树林里，飞翔能力不强，清晨和傍晚活动。高龄幼虫吐丝将花序附近叶片和花序卷曲，包藏在其中食花和幼嫩籽粒。

2. 黏虫　一年发生多代。成虫昼伏夜出，在无风晴朗的夜晚活动较盛。幼虫在阴雨天可整天出来取食，5～6龄进入暴食期，可将作物吃成光秆。

3. 草地螟　属杂食性、暴食性害虫。一年发生三代，以幼虫和蛹越冬。幼虫有5个龄期。1龄幼虫在叶背面啃食叶肉，2～3龄幼虫群集在心叶，取食叶肉，4～5龄幼虫进入暴食期，可昼夜取食，吃光原地食物后，群集向外地转移。老熟幼虫入土作茧成蛹越冬。

（三）病虫害防治

1. 农业防治

（1）清理田园，实行深耕。荞麦收获后及时清理田间病残株，收集烧毁，以减少越冬菌源。深耕土地，将土壤表面的病菌埋入土层中，以减少病菌侵染源。合理轮作，适时播种，精耕细作，促进幼苗健康生长，增强抗病能力。

（2）加强田间管理。早中耕，深中耕，不使土壤板结，以促进幼苗齐苗壮苗。及时追肥、灌水，以提高幼苗的抗病性。

2. 药剂防治病害　用多菌灵胶悬剂或甲基托布津800～1 000倍液，喷药防治荞麦立枯病。用50%多菌灵可湿粉剂250克拌种50千克，或40%五氯硝基苯粉剂拌种100千克（0.25～0.50千克药剂），防治荞麦立枯病。用40%多菌灵胶悬剂500～800倍液，可防治荞麦轮纹病。用40%复方多菌灵胶悬剂或75%代森锰锌可湿性粉剂，可防治荞麦褐斑病。用65%代森锌500～800倍液，可防治荞麦立枯病、荞麦轮纹病、荞麦褐斑病。

3. 药剂防治害虫　对3龄以前钩刺蛾可用4 000倍2.5%溴氰菊酯乳油防治幼虫。对3龄前黏虫，可用4 000倍速灭杀丁、2.5%溴氰菊酯乳油或1 500倍辛硫磷乳油、1 000倍40%氧化乐果乳油1 000～2 000倍，喷雾。对3龄前草地螟，可用80%敌敌畏乳油1 000倍液或2.5%溴氰菊酯、20%速灭杀丁等菊酯类药剂4 000倍液，喷雾。

4. 诱杀或捕杀害虫

（1）黏虫。利用杨树枝或谷草把诱集捕杀成虫，或用糖醋酒毒液诱杀成虫。在成虫产卵盛期，采摘带卵块的枯叶和叶尖，或用谷草把每3天换一次草把，并把其带出田外烧毁。

(2) 钩刺蛾。利用成虫趋光性，在其发生期采用黑光灯诱杀。利用幼虫假死性，进行人工捕杀。

(3) 草地螟。可用网捕和灯光诱杀。在成虫羽化至产卵2～12天空隙时间，采用拉网捕杀；或利用成虫的趋光性，黄昏后有结群迁飞的习性，采用黑光灯诱杀。

第三节 品种介绍

一、甜荞品种

1. 茶色黎麻道　由内蒙古农业科学院小作物所从河北省丰宁县引进的农家品种黎麻道中选择褐色籽粒而育成。1987年通过品种审定。

本品种属中晚熟品种，生育期75天左右（内蒙古呼和浩特市以北地区）。幼苗绿色，花粉白色，株高70厘米左右，株型紧凑，分枝力强，一级分枝平均3.2个。籽粒茶褐色，整齐一致，异色率1%～3%。千粒重30～32克。皮壳率18.2%，出粉率75%左右。具有抗旱、抗倒、抗病能力，对土壤肥力要求不严，适应性强的特点。其籽粒含蛋白质10.66%，脂肪2.59%，淀粉54.6%。

该品种在≥10℃积温2 000～2 700℃的旱地区都可以种植，但不宜在水浇地种植。水肥条件过高也容易徒长，导致倒伏。可在内蒙古地区、陕西雁北地区、河北坝上地区等地种植。一般每公顷产量1 125千克左右，高者可达1 500千克。

2. 榆荞2号　由陕西省榆林地区农科所从原始群体榆林荞麦中选择粒色、粒型基本一致的单株，进行二年三代原种繁殖而成。1990年通过陕西省品种审定。

幼苗绿色，叶色深绿，花蕾粉红色，茎红色。株高95厘米左右。主茎地上节14个左右，株型松散，一级分枝3~4个，二级分枝4~6个。籽粒棕色，千粒重35克左右。生育期85~90天。抗病、耐旱性强，较抗倒伏。籽粒含粗蛋白14.11%，粗脂肪3.62%，淀粉67.07%，芦丁0.414%。出粉率72%左右。

本品种主要适宜在陕北以及内蒙古东部，晋西北、宁夏、甘肃等省、自治区旱地种植。一般每公顷产量1 125~1 500千克，高者可达2 250~2 700千克。

3. 北海岛荞麦　原产于日本。20世纪80年代初由陕西省外贸部门自日本引进。

本品种属中早熟品种，生育期60~65天。幼苗紫色，白花，籽粒有黑色麻纹。株高70~105厘米。株型紧凑，一级分枝5~6个。单株粒重3.62克，千粒重30~40克。植株花多而集中，结实率达40%左右。具有抗倒、耐涝、耐旱、耐瘠、耐霜、抗病的特点。适应性较强，在北方一年可春、夏两次播种。面粉白，品质好，出粉率一般73.1%。籽粒含粗蛋白质11.0%，粗脂肪1.57%。

本品种适宜在陕北、甘肃陇东、陇南、河西走廊等地区种植。一般每公顷产量1 500~2 250千克，高者可达2 625~3 000千克以上。

4. 牡丹荞　原产于日本。20世纪80年代由陕西省、内蒙古自治区由日本引进。1990年通过陕西省品种审定。

生育期80~85天。幼苗绿色，白花，籽粒黑褐色。花序为有限型。株型紧凑。株高70~80厘米，主茎节数16个，一级分枝4~6个，单株粒重6.8克，千粒重28~32克，皮壳率23.6%。抗倒伏、抗病，落粒性轻，适应性强，丰产性好。籽粒含蛋白质12.4%。

本品种适宜在陕北、内蒙古东部等地区种植。一般每公顷产量1 125千克左右，最高可达2 550千克。

5. 吉荞 10 号 由吉林农业大学从地方品种白城荞麦混杂复合群体中选育优良单株，连续两年在隔离条件下继续选择综合性状优良单株混合脱粒，并进一步提纯，选育而成。1995 年通过吉林省农作物品种审定委员会审定。

生育期 80～85 天。株高 130 厘米，株型紧凑，一级分枝4～5 个。幼茎浅绿色，叶大、色浅绿，花白色，籽粒深褐色。单株粒种 4.5 克，千粒重 28.5 克。抗倒伏，落粒轻，抗旱耐瘠薄，适应性强。籽粒含蛋白质 13.93%，粗淀粉 67.51%。

本品种适应性较广，吉林省中西部地区及北方其他荞麦产区均可种植。具有高产稳产特点，一般每公顷产量 1 200～1 350 千克，高者可达 1 500 千克以上。

6. 平荞 2 号 甘肃省平凉地区农科所以云南白花甜荞为亲本，在隔离条件下采用集团混合选择法选育而成。1994 年通过甘肃省农作物品种审定委员会审定。

夏播生育期 75～80 天，春播 90 天。株高 75～85 厘米。株型紧凑。叶色浅绿。茎秆红绿色，花白色。有限花序。一级分枝 5 个，二级分枝 6 个。籽粒褐色。单株粒种 1.7 克，千粒重 31.4 克。抗倒伏，抗旱，耐瘠薄，抗病虫，落粒轻，适应性广。籽粒含蛋白质 14.56%，粗淀粉 64.53%，粗脂肪 3.96%，芦丁 0.436%。

本品种适宜在陕北、宁夏、甘肃、湖北、贵州等地区种植。可作春播或夏播，春播产量高于夏播。一般每公顷产量1 800～2 250千克，高者可达 23 850 千克。

二、苦荞品种

1. 九江苦荞 江西省吉安地区农科所选育。2000 年经国家小宗粮豆品种审定委员会审定。

生育期 65～75 天。株高 80～100 厘米。株型紧凑。叶绿色，茎绿色，花黄绿色。籽粒黑色。主茎节数 15.8 个，一级分枝5～6 个。单株粒重 3～5 克，千粒重 19～21 克。谷壳率 22%，适应性强。抗倒伏，抗旱，耐瘠，抗病虫，不易落粒。籽粒含蛋白质 13.86%，脂肪 3.77%，淀粉 71.51%，芦丁 1.18%。

本品种适应性广，全国各地表现均好。宜在云南、贵州、四川等苦荞产区种植，属早熟、高产类型品种。一般每公顷产量 2 250～3 000千克。

2. 川荞 1 号　由四川省凉山州昭觉农科所从贵州地方品种老鸦苦荞中经系统选择而育成。2000 年通过国家品种审定委员会品种审定。

该品种在四川春、秋播均可。生育期 78 天左右。株高 100 厘米。株型紧凑。茎秆紫红。花黄绿色。籽粒长尖形，黑色。千粒重 20～21 克。出粉率 63.7%。抗逆性较强，品质优良。籽粒含蛋白质 15.6%，粗脂肪 3.9%，淀粉 69.1%，芦丁 2.64%。

该品种适宜在云贵高原高寒山区种植，平均每公顷产量 1 950～2 400千克，高者可达 2 700 千克。

3. 西农 9920　西北农林科技大学选育。2004 年通过国家小宗粮豆品种鉴定委员会鉴定。

生育期 88 天左右。抗倒伏，抗旱，耐瘠薄，落粒轻，适应性强。株型紧凑。单株粒重 3.6 克，千粒重 17.9 克。含蛋白质 13.1%，淀粉 73.43%，粗脂肪 3.25%，芦丁 1.334%。

春、夏、秋播均可。秦巴山区春播 4 月上中旬，长城沿线地区 5 月下旬至 6 月上旬，南方秋播则以 8 月中下旬为宜。密度每公顷 90 万～120 万株。全株 2/3 籽粒成熟，籽粒变为褐色、浅灰色时收获。

适宜内蒙古、河北、甘肃、陕西、宁夏、贵州等春播区以及湖南、江苏等秋播区。

4. 黔苦 4 号　贵州威宁县农科所选育，2004 年通过国家小宗粮豆鉴定委员会鉴定。

生育期83天。株型松散。株高96.2厘米。主茎分枝5.4个。籽粒灰褐色，单株粒重4.1克，千粒重20.2克。蛋白质含量13.25%，淀粉71.61%，脂肪3.53%，芦丁1.103%。

适宜贵州、四川、甘肃、内蒙古等地区种植。

5. 榆6-21　陕西榆林市农科所选育。1996年通过青海省品种审定。

生育期85天左右。株高110～140厘米。株型紧凑。茎绿色，黄绿花。籽粒短锥形，黑色，皮薄易脱壳。主茎节数26～28个，一级分枝4～6个，千粒重20克以上。抗倒伏，落粒轻。籽粒含蛋白质13.25%，脂肪2.71%，淀粉70.61%，芦丁含量1.202%。

每公顷播量35.0～45.0千克，适宜密度75万～90万株。长城沿线地区5月下旬至6月上旬播种。

适宜青海、甘肃、宁夏、内蒙古及陕西、河北、山西北部种植。

6. 西荞1号　四川西昌选用选育，1997年8月四川省农作物品种审定委员会审定。

生育期75～85天。株型紧凑。株高90～105厘米。主茎分枝4～7个，主茎节数14～17节。籽粒黑色，粒形桃形。单株粒重1.9～4.2克，千粒重19.1～20.5克。抗倒伏，落粒轻，抗旱能力较强。出粉率64.5%～67.7%。含蛋白质13.6%，脂肪2.35%，淀粉60.07%，芦丁1.3%。

对前茬虽要求不严，但忌连作。前作以豆类、马铃薯或休闲地为好。每667平方米施农家肥300～400千克，作基肥，另施50千克草木灰加3千克过磷钙作种肥。开厢条播或犁沟点播，667平方米用种3.5～4.5千克，留苗10万～12万株。3～4片真叶期667平方米追施3～5千克尿素，提苗壮苗。当全株籽粒70%成熟时即时收获。

适宜四川、云南和贵州等省及长江以南各苦荞栽培区种植。

（杨克理　柴　岩）

主要参考文献

1. 林汝法等．中国荞麦．北京：中国农业出版社，1994
2. 林汝法，柴岩等．中国小杂粮．北京：中国农业科技出版社，2002
3. 柴岩，冯佰利等．中国小杂粮品种．北京：中国农业科技出版社，2007
4. 丁明等．宁夏小杂粮．银川：宁夏人民出版社，2008
5. 陆大彪等．荞麦．北京：科学普及出版社，1986
6. 全国荞麦育种栽培及开发利用协作组．荞麦动态（内刊）．1987－1999
7. 全国荞麦育种栽培及开发利用协作组．中国荞麦科学研究论文集．北京：学术期刊出版社，1989
8. 内蒙古农业科学院，中国农业科学院品质资源研究所．中国荞麦品种资源目录第一辑（内刊）．1987
9. 杨克理等．中国荞麦遗传资源目录第二辑．北京：中国农业出版社，1996
10. 成卓敏．新编植物医生手册．北京：化学工业出版社，2008

第七章 绿 豆

绿豆原产中国。我国绿豆资源丰富、类型繁多，并在云南、广西、河北、河南、山东、湖北、辽宁等生发现不同类型的野生绿豆。

绿豆是喜温作物，主要分布在温带、亚热带及热带地区，以亚洲的印度、中国、泰国、缅甸、印度尼西亚、巴基斯坦、菲律宾、斯里兰卡、孟加拉、尼泊尔等国家栽培较多。近年来，在美国、巴西、澳大利亚等国家，绿豆的种植面积也在不断扩大。世界上最大的绿豆生产国是印度，其次是中国。20 世纪 80 年代，泰国是世界上最大的绿豆出口国，近年来中国出口量最大。

绿豆在中国已有 2000 多年的栽培历史。全国各地都有种植，产区主要集中在黄淮流域及东北、华北地区，以河北、山西、内蒙古、辽宁、吉林、黑龙江、安徽、山东、河南、湖北、重庆、四川、陕西等省、市、自治区种植较多，其中内蒙古、吉林、陕西发展较快。在 20 世纪 50 年代初，我国绿豆栽培面积曾达到 166.7 万公顷，总产和出口量也居世界首位。50 年代末开始减少，以后只有零星种植。70 年代后期，随着人们饮食观念的改变和耕作制度的发展，种植面积逐年增加。据不完全统计，到 1986 年绿豆种植面积已达 54.7 万公顷以上，总产量约 50 万吨，单产 914 千克/公顷。尤其是在 80 年代后期，随着绿豆改良品种的推广利用，我国绿豆生产有了突飞猛进的发展，1993 年全国绿豆种植面积达到 94.33 万公顷。加入世界贸易组织后，我国农业种植结构调整步伐不断加快，绿豆生产又得到进一步发展，在其他粮食作物种植面积大幅度减少的情况下，绿豆生产稳中有升。2002年绿豆年种植面积达到97万公顷，总产量约119万吨，平均单产上升到1 226千克。近几年，我国种植绿豆面积基本上稳定在80万公顷左右，总产量约100万吨。种植方式多以填闲、麦后复播和间作套种为主。目前，生产上使用的品种主要有中绿系列、冀绿系列、潍绿系列、豫绿系列、晋绿豆系列以及鄂绿2号、苏绿1号等良种。

第一节　绿豆的营养成分与利用价值

一、绿豆的营养成分

（一）绿豆籽粒的营养成分　绿豆籽粒中含蛋白质24.5%左右，氨基酸0.24%～2.0%，淀粉约52.2%，脂肪1%以下，纤维素5%。另外，绿豆还含有丰富的B族维生素和矿物质等。如维生素B_2是禾谷类的2～4倍，钙是禾谷类的4倍，磷是禾谷类的2倍。

（二）绿豆芽菜的营养成分　绿豆芽中含有丰富的蛋白质、综合性矿物质及多种维生素。每百克干物质中含有蛋白质27～35克，人体必需氨基酸0.3～2.1克，钾981.7～1 228.1毫克，磷450毫克，铁5.5～6.4毫克，锌5.9毫克，锰1.28毫克，硒0.04毫克，维生素C18～23毫克（以萌发后第二天含量最高）。

（三）绿豆秸秆的营养成分　绿豆秸秆蛋白质含量一般在16.0%左右，粗脂肪约1.9%，均高于玉米茎秆。

绿豆摘荚后，每公顷可掩入土壤新鲜秸秆约15 000千克，为土壤提供氮素70.5千克、磷（P_2O_5）31.5千克、钾（K_2O）130.5千克。

（四）绿豆的医疗保健作用　绿豆籽实和水煎液中含有生物碱、香豆素、植物甾醇等生理活性物质，对人类和动物生理代谢活动具有重要的促进作用。绿豆皮中含有0.05%左右的单宁物质，能凝固微生物原生质，故有抗菌、保护创面和局部止血作用。单宁具有收敛性，能与重金属结合生成沉淀，进而起到解毒作用。

中医学认为绿豆种子、种皮、花、叶、豆芽等均可入药。其种子性味甘寒，内服具有清热解毒、消暑利水、抗炎消肿、保肝明目、止泄痢、润皮肤、降低血压和血液中胆固醇、防止动脉粥样硬化等功效；外用可治疗创伤、烧伤、疮疖痈疽等症。绿豆芽性味甘平，利三焦、解酒毒。

现代医学认为，在绿豆及其芽菜中含有丰富的维生素 B_{17} 等抗癌物质，以及一些具有特殊医疗保健作用的营养成分。

二、不同用途绿豆对品质的要求

（一）食用 长期以来，人们一直把绿豆作为防暑、健身佳品，在环保、航空、航海、高温及有毒作业场所被广泛应用。在炎热的盛夏，绿豆汤是传统的家庭必备清凉饮料。另外，用绿豆制作的面条、绿豆沙、绿豆糕、绿豆丸子、各色绿豆点心等，都是物美价廉的风味小吃。凉爽清香的绿豆凉粉也倍受人们青睐。绿豆冷饮、冰棒更是暑期的大众消夏食品。绿豆粉皮，薄如棉纸，是国内外市场俏品。绿豆汁、绿豆茶、绿豆晶、绿豆酸奶及冰棍等更是暑期的大众消夏食品。绿豆粉皮、绿豆粉丝质量上乘，畅销国内。绿豆还是酿造名酒的好原料，如四川泸州的绿豆大曲、安徽的明绿液、山西及江苏的绿豆烧、河南的绿豆大曲等，酒质香醇，独具风味，深受国内外消费者欢迎。

优质绿豆的质量标准：粒大、皮薄，硬实率低，好煮易烂，口感好。一般应达到百粒重 6 克以上，蛋白质含量 24%以上，淀粉含量 50%以上。

（二）菜用 绿豆芽营养丰富、美味可口，既可充当新鲜蔬菜，又能冷冻或制作罐头。它不仅畅销国内市场，近年来在亚洲及欧、美国家也极为盛行，成了许多家庭和餐馆、饮食店的必备食品。日本、美国等每年进口大量绿豆，主要用于生产豆芽。

生豆芽宜选用中等粒型、绿色幼茎的品种，并要求成熟一致、饱满、均匀、无发芽、无霉烂、无破损、发芽率高的种子。

（三）饲用或绿肥 绿豆植株蛋白质含量高，茎叶柔软，消化率高，是牲畜的优质饲料。将绿豆茎叶及荚皮粉碎，发酵后再拌精料喂猪，适口性好，易消化，猪生长快。用青刈绿豆直接喂猪和家兔，效果也很好。用新鲜绿豆秧喂牛，其消化率为蛋白质82%、脂肪51%、粗纤维72%。用打谷后的绿豆秸秆喂牛和羊，其消化率为蛋白质54%、脂肪54%、粗纤维64%。

绿豆是很好的绿肥作物。绿豆的压青方式有两种：一是复播掩青，麦收后抢墒播种，20天后根瘤开始固氮，盛花期达到高峰，在花荚期掩青效果最好。二是摘掩（粮肥兼用），即绿豆成熟后先收摘1～2批豆荚，然后再翻压。

作为饲料或绿肥种植的绿豆，易选用生育期短、枝叶繁茂的品种。

（四）药用 绿豆属清热解毒类药物，广泛应用于肝炎、胃炎、尿毒症及酒精、药物和重金属中毒病人的临床治疗，对一〇五九农药中毒、腮腺炎、烧伤、麻疹合并肠炎等症疗效尤为明显。绿豆皮能清风热、去目翳、化斑疹。绿豆荚可治赤痢经年不愈。绿豆叶能治霍乱吐下。

民间历来就有用绿豆治病的习惯。如用绿豆汤防止中暑，用开水冲服绿豆粉解煤气中毒，用绿豆及红糖适量煎汤催乳，把绿豆皮炒黄加冰片研末治烫伤，用绿豆马齿苋汤治痢疾、肠炎，用猪苦胆汁绿豆粉治高血压等。绿豆皮作枕头解热明目，治痰喘等。

绿豆芽菜的叶绿素中，含有较强的抗癌物质，能有效防止直肠癌和其他一些癌症。

第二节　绿豆栽培技术

一、绿豆的种植方式

（一）单作　在生长季节较短或荒沙薄地、贫瘠的山坡、轻盐碱地，特别是在一些干旱、地广人稀、因遭受旱涝灾害而延误其他作物播种的地区，单种一季绿豆，能获得一定的产量。在平原肥沃的耕地上单种绿豆，一般每公顷产量1 500千克，高者可达3 750千克以上。

（二）间作套种　利用绿豆、小豆、大豆和豇豆分别与玉米套种，其中以套种绿豆的组合玉米产量最高，经济效益最好。常用的间套种方式有：绿豆—玉米（高粱、谷子）、绿豆—甘薯、棉花—绿豆、绿豆—黄烟、绿豆—幼龄果树等。

二、合理施肥

绿豆施肥应掌握以有机肥为主，无机肥为辅，有机肥和无机肥混合使用；施足基肥，适当追肥的原则。基肥常以人粪尿、草木灰以及猪、鸡、羊粪等为主，追肥以氮、磷、钾复合肥和尿素较好。

（一）配方施肥原则　田间施肥量应视土壤肥力和生产水平而定，在土壤含氮量低于0.05%的情况下，施用少量氮肥能促使绿豆植株健壮生长；在土壤含氮量高于0.1%时，不施氮肥。绿豆需磷量较少，一般每公顷施五氧化二磷60～90千克即可。绿豆对钾元素反应不敏感，土壤含钾量低于50毫克/千克时，每公顷施45千克氧化钾。夏播绿豆如底肥不足，每公顷可用30～75千克尿素或75千克复合肥作种肥或追肥。间套种田一般应每公顷比单作地块多施碳铵225千克，过磷酸钙150千克。

（二）施肥技术 春播绿豆应在播种前结合整地施足底肥。夏播绿豆如抢墒播种来不及施底肥，每公顷可用30～75千克尿素或75千克复合肥作种肥。在地力较差、不施基肥和种肥的山岗薄地，于绿豆第一片复叶展开后，结合中耕每公顷追施尿素45千克或碳酸铵75千克、复合肥120千克。在中等肥力地块，于第四片复叶展开（即分枝期）前后，结合培土每公顷施尿素75千克，或过磷酸钙300～375千克、尿素37.5～75千克。

（三）绿豆叶面喷肥技术 根据绿豆生长情况，全生育期可喷肥2～3次。一般第一次喷肥在现蕾期，第二次喷肥在第一批荚采摘后，第三次喷肥在第二批荚采摘后进行。喷肥种类酌情而定，若分枝期未追施氮肥，第一、二次喷肥时，每公顷可用磷酸二氢钾3 000克，加植物生长剂180毫升和15 000克尿素，对水750千克喷施；如在分枝期已追施氮肥，在第一次喷肥时则不加尿素；在第三次喷肥时，每公顷可用植物生长剂180毫升或硼砂6 000克，加尿素3 750克，对水750千克。喷肥在晴天上午10时前或下午3时后进行，亦可与药液同时喷洒。

三、播　种

（一）播前准备

1. 土壤准备　绿豆是双子叶植物，出苗时子叶出土，幼苗顶土能力较弱。在播种时应精细整地，疏松土壤，蓄水保墒、保肥，消灭杂草，以保证出苗整齐。

春播绿豆应进行秋耕，并结合深耕每公顷施有机肥22 500～45 000千克，翌年春季浅耕细耙，做到疏松适度，地面平整。

稻茬绿豆在水稻收获之后要注意作畦、开沟排水，趁土壤干湿适度翻耕、整地。

套种绿豆受条件限制，无法进行整地，应加强主作物的中耕管理。

夏播绿豆多在麦后复播，收麦前要适当灌水，麦收后及早整地，浅犁细耙，疏松土壤，清除根茬和杂草，掩埋底肥。对于铁茬播种的地块也应耙后播种。

2. 种子处理　为了提高品种纯度和种子发芽率，在播种前应进行种子晾晒和清选。在有条件的地区可用根瘤菌、增产菌拌种，或进行种子包衣，能增产绿豆10%～25%。

（二）适期播种　绿豆播种适期长，在许多地区既可春播亦可夏播。北方春播自4月下旬至5月上旬，夏播在5月下旬至6月份。南方春播在3月中旬到4月下旬，夏播在6～7月份，个别地区可以延至8月初。尽管绿豆从3月到8月均可播种，但过早或过晚都不适宜，要根据当地的气候条件和耕作制度及时播种。

（三）播种技术　绿豆的播种方法有条播、穴播和撒播。单作以条播为主，间作、套种和零星种植多是穴播，荒沙地或作绿肥以撒播较多。

播种量要根据品种特性、气候条件和土壤肥力，因地制宜。一般条播每公顷22.5～30.0千克，撒播60～75千克，间作套种根据绿豆实际种植面积而定。播深以3～4厘米为宜。

种植密度一般每公顷株数为早熟直立型品种12万～22.5万株，半蔓生型品种10.5万～18万株，晚熟蔓生型品种9万～15万株。而肥地每公顷留苗12万～18万株，中肥地块19.5万～22.5万株，瘠薄地块22.5万～27万株较好。行距40～50厘米，株距10～20厘米。

四、田间管理

（一）视情镇压　对播种时墒情较差、坷垃较多、土壤沙性较大的地块，要及时镇压。以减少土壤空隙，增加表层水分，促进种子早出苗、出全苗，根系生长良好。

（二）间苗定苗　为使幼苗分布均匀，个体发育良好，应在第一片复叶展开后间苗，在第二片复叶展开后定苗。按既定的密度要求，去弱苗、病苗、小苗、杂苗，留壮苗、大苗，实行单株留苗。

（三）灌水与排涝　绿豆耐旱主要表现在苗期，三叶期以后需水量逐渐增加，现蕾期为绿豆的需水临界期，花荚期达到需水高峰。在有条件的地区可在开花前灌一次，以促单株荚数及单荚粒数；结荚期再灌水一次，以增加粒重并延长开花时间。水源紧张时，应集中在盛花期灌水一次。在没有灌溉条件的地区，可适当调节播种期，使绿豆花荚期赶在雨季。

绿豆不耐涝、怕水淹。如苗期水分过多，会使根病加重，引起烂根死苗，或发生徒长导致后期倒伏。后期遇涝，根系及植株生长不良，出现早衰，花荚脱落，产量下降。地面积水2～3天，会导致植株死亡。采用深沟高畦沟厢种植或开花前培土，是绿豆高产的一项重要措施。

（四）中耕除草　绿豆多在温暖、多雨的夏季播种，生长初期易生杂草。另外，播后遇雨易造成地面板结，影响幼苗生长。一般在绿豆开花封垄前应中耕2～3次，即在第一片复叶展开后结合间苗进行第一次浅锄；在第二片复叶展开后开始定苗，并进行第二次中耕；到分枝期结合培土进行第三次深中耕。

（五）适当培土　绿豆主根不发达，且枝叶茂盛，尤其是到了花荚期，荚果都集中在植株顶部，头重脚轻，易发生倒伏，影响产量和品质。可在三叶期或封垄前在行间开沟培土，不仅可以护根防倒，还便于排水防涝。

五、绿豆地膜覆盖关键技术

地膜覆盖是绿豆创高产和加速良种繁殖的有效途径。其关键栽培技术有以下几点。

（一）保证盖膜质量 在播种前施足基肥，浅犁细耙。按种植要求起垄，将地膜拉紧铺平，紧贴地面。要避免土块过大，垄面不平，顶破薄膜或膜面积水，及大风揭膜。

（二）适时播种 以晚霜过后，寒尾暖头播种效果最好。一般应掌握播时气温稳定通过10℃，开花期气温不低于23℃。

（三）地膜覆盖播种方式 在春雨来得较早、土壤墒情好的地区，可先播种后盖膜，即播种时先开沟、定穴、浇水、放籽，然后覆土、盖膜。在春季干旱较严重的地区，应采用先盖膜后打孔播种，以减少土壤水分蒸发。一般垄宽60～80厘米，高5～7厘米，边沟宽20厘米。播种量每公顷11.5～15千克。行距40～50厘米，穴距20～25厘米，每公顷留苗12万株。

（四）及时引苗出膜 引苗出膜以出苗后10天左右进行最好。对播后盖膜的地块，可在苗顶处用刀片划人字或十字口，把苗放出来，随即用细土压好缝口。对先盖膜后打孔播种的地块，要及时将播种孔上的泥土刨开。

六、主要病虫害及其防治

（一）主要病害及其防治

1. 根腐病 绿豆根腐病以半知菌亚门细丝核菌侵染引起的病害最重。发病初期，幼苗下胚轴产生红褐色到暗褐色病斑，皮层裂开，呈溃烂状。严重时病斑逐渐扩展并环绕全茎，导致茎基部变褐，凹陷，折倒，叶片凋萎，植株枯萎死亡。发病较轻时，植株变黄，生长迟缓。以4～8天的幼苗，在22～30℃时最易被病菌侵染。

防治方法：①使用健康种子或按种子量0.3%的50%多菌灵可湿性粉剂或50%福美双可湿性粉剂拌种。②与禾本科植物倒茬轮作，一般2～3年轮作一次为好。③加强田间管理，深翻土地，清除田间病株。④药剂防治：发病初期用75%百菌清可湿粉剂 600 倍液或 50%多菌灵可湿性粉剂 600 倍液喷洒，也可用 75%五氧硝基苯加干细土撒在绿豆根旁。

2. 病毒病　绿豆病毒病又称花叶病、皱缩病等。田间主要表现为花叶、斑驳、皱缩等。在我国危害绿豆的病毒主要有豇豆蚜传花叶病毒（CAbMV）和黄瓜花叶病毒（CMV）。病毒可在种子内越冬，播种带毒的种子后，幼苗即可发病，形成初侵染，然后通过蚜虫等传播，在田间形成系统性再侵染。

防治方法：①选用无病种子。②选用耐病品种，如中绿 1 号、中绿 2 号、明绿 245、D0317 等。③防治传毒昆虫，如有蚜虫发生时，要及时防治。

3. 叶斑病　叶斑病是绿豆最主要的病害，各产区均有发生，以半知菌亚门尾孢属菌引起的病害最重。发病初期，在叶片上出现小水浸斑，以后扩大成圆形或不规则黄褐色至暗红褐色枯斑。到后期几个病斑彼此连接形成大的坏死斑，导致植株叶片穿孔脱落、早衰枯死。

防治方法：①种植抗病品种，如中绿 1 号、中绿 2 号、鄂绿 2 号、苏绿 1 号等。②选留无病种子，建立无病繁种基地。③实行与禾本科作物轮作或间作套种。④药剂防治：在绿豆现蕾期开始喷洒 50%的多菌灵，也可用 80%可湿性代森锌 400 倍液，每隔 7～10 天喷药一次，连续喷洒 2～3 次，能有效地控制病害流行。

4. 白粉病　白粉病是绿豆生长后期常发生的真菌性病害，主要为害叶片。发病初期下部叶片出现白色小斑点，以后逐渐扩大，并向上部叶片发展。严重时整个叶子布满白粉，使叶片由绿变黄，失去光合能力，最后干枯脱落。绿豆白粉病由子囊菌亚门单丝壳菌属真菌引起。

防治方法：①选用抗病品种，如中绿 1 号、中绿 2 号、鄂绿 2 号、苏绿 1 号等。②深翻土地，掩埋病株残体。③药物防治：发病初期，在田间喷洒 25%粉锈宁 2 000 倍液或 75%百菌清

500～600 倍液能有效控制病害发生。

（二）主要害虫及其防治

1. 小地老虎 小地老虎俗称切根虫、地蚕、土蚕、大口虫、夜盗虫等。小地老虎每年可发生 2～7 代，幼虫在 3 龄期前群集为害幼苗的生长点和嫩叶，4 龄后的幼虫分散为害，白天潜伏于土中或杂草根系附近，夜间出来啮食幼茎。成虫有强大的迁飞能力，常在傍晚活动，对甜、酸、酒味和黑光灯趋性较强。

防治方法：①翻耕土地，清洁田园。②诱杀成虫，用糖醋液或用黑光灯诱杀。③诱杀幼虫，将泡桐树叶用水浸泡湿后，每公顷撒放 1 050～1 200 片叶子，第二天捉拿捕杀；也可在播种前将新鲜菜叶在 90％敌百虫晶体 400 倍液中浸泡 10 分钟，傍晚放入田间诱杀。④药剂防治：3 龄前幼虫，可用 90％敌百虫 1 000 倍液或 2.5％溴氰菊酯 3 000 倍液、2.5％敌百虫粉剂物喷洒防治，也可于傍晚在靠近地面的幼苗嫩茎处施用毒饵，或用 90％敌百虫晶体 1 000 倍液、50％辛硫磷乳剂 1500 倍液灌根。⑤3 龄后幼虫，可在早晨拨开被咬断幼苗附近的表土，顺行捕捉。

2. 蚜虫 危害绿豆的蚜虫主要是豆蚜、豌豆蚜和棉蚜，其中以豆蚜危害最重。豆蚜又名花生蚜、苜蓿蚜。蚜虫为害绿豆时，成、若蚜群聚在绿豆的嫩茎、幼芽、顶端心叶和嫩叶叶背、花器及嫩荚等处吸取汁液。绿豆受害后，叶片卷缩，植株矮小，影响开花结实。

防治方法：用 90％敌百虫晶体 1 000 倍液或 40％乐果乳剂 1 000～1 500倍液喷雾。

3. 豆野螟 豆野螟又名抹花虫、蛀荚虫、大豆卷叶螟蛾等。豆野螟对绿豆危害极大，常以幼虫卷叶或蛀入绿豆的蕾、花和嫩荚取食。初化幼虫蛀入花蕾或嫩荚内取食花药和嫩荚子房，引起落蕾落荚。3 龄后的幼虫多蛀入荚果内取食豆粒。幼虫也可为害叶片、叶柄及嫩茎。

防治方法：①实行轮作，与非豆科作物轮作 1～2 年。②及时清除田间落荚、落叶。③药物防治：可分别选用90%晶体敌百虫750克或40%敌敌畏乳剂600毫升、80%敌敌畏乳剂300毫升、2.5%敌杀死乳油150～225毫升、50%辛硫磷，每公顷对水750千克，在现蕾分枝期和盛花期各喷一次，能起到良好的防治效果。

4. 绿豆象　绿豆象又名豆牛、豆猴，是绿豆主要的仓库害虫。

防治方法：①物理防治：在贮藏的绿豆表面覆盖15～20厘米草木灰或细沙土，可防止外来绿豆象成虫在贮豆表面产卵。对绿豆存储量较小的农户，可在阳光下连续晾晒3～7天，可使各种虫态的豆象在高温下致死。将绿豆放入沸水中停放20秒钟，捞出晾干，能杀死所有成虫，且不影响发芽。也可利用绿豆象闻触到花生油后不产卵的特性，用0.1%花生油敷于种子表面，放在塑料袋内封闭。②化学药物熏蒸：取磷化铝1～2片（3.3克/片）装入小沙布袋内，埋入250千克绿豆中，用塑料薄膜密封保存。对于存储量较大的用户，可按贮存空间每立方米1～2片磷化铝的比例，在密封的仓库或熏蒸室内熏蒸，密封时间不得少于5天，注意安全。也可每50千克绿豆用80%敌敌畏乳油5毫升，装入小瓶中，纱布封口，放于贮豆表层，外部密封保存。也可将马拉硫磷原液用细土制成1%药粉，每50千克绿豆拌0.5千克药粉，然后密封保存，防效可达100%。③选用抗虫品种，如中绿4号等。

七、收获与贮藏

绿豆有分期开花、成熟和第一批荚采摘后继续开花、结荚的习性，农家品种有炸荚落粒现象，应适时收摘。一般植株上有60%～70%的荚成熟后，开始采摘，以后每隔6～8天收摘一次效果最好。收下的绿豆荚应及时晾晒、脱粒、清选种子，并熏蒸后入库。

第三节 绿豆优良品种

一、高产优质品种

1. 中绿1号 中绿1号（VC1973A）是中国农业科学院原作物品种资源研究所从国外引进的优良品种。该品种适应性强，稳产性好，在中等以上肥水条件下具有较大的增产潜力。一般每公顷产量1 500～2 250千克，高者可达4 500千克以上。春播、夏播均可。夏播70天即可成熟，且抗早衰能力强，如条件适宜，生育期可延长到120天以上，能形成2～3次开花、结荚高峰，可进行多次收获。较抗叶斑病、白粉病和根结线虫病，并耐旱、涝。植株直立抗倒伏，株型紧凑，株高60厘米左右，幼茎绿色。主茎分枝1～4个，单株结荚10～36个，多者可达50～100个。成熟时不炸荚，利于机械化收获。成熟荚黑色，荚长10厘米左右，每荚10～15粒种子。籽粒绿色有光泽，百粒重7克左右，单株产量10～30克。种子含蛋白质21%～24%，脂肪0.78%，淀粉50%～54%，以及多种维生素和矿物质如钙、铁、磷、硒等元素，具有较高的商品价值和较好的加工品质。作绿豆汤易煮烂，适口性好；发豆芽，芽粗、根短、甜脆可口。该品种已先后通过河南、河北、山西、山东、陕西、安徽、四川、湖南、北京、天津等省、直辖市和全国农作物品种审定委员会审（认）定，成为我国主要的绿豆栽培品种。

2. 中绿2号 中绿2号是中国农业科学院原作物品种资源研究所从亚蔬绿豆VC2917A中系统选育而成的优良品种。该品种早熟，夏播生育期65天左右。高产稳产，一般每公顷产量1 800～2 250千克，最高可达4 050千克以上。植株直立抗倒伏，株高约50厘米，幼茎绿色。主茎分枝2～3个，单株结荚25个左右。结荚集中，成熟一致，不炸荚，适于机械化收获。成熟荚黑色，荚长约 10 厘米，每荚 10～12 粒种子。籽粒碧绿有光泽，百粒重约 6.0 克。种子含蛋白质 24%，淀粉 54%，以及多种维生素和矿质元素。商品价值高，作绿豆汤易煮烂，口感好；发豆芽，芽粗、根短、甜脆可口。抗叶斑病和花叶病毒病。耐旱、耐涝、耐瘠、耐阴性均优于中绿 1 号。适应性广，我国各绿豆产区都能种植，春、夏播均可，不仅适于麦后复播，更适合与玉米、棉花、甘薯、谷子等作物间作套种。1999 年通过农业部科技成果技术鉴定，并在全国各绿豆产区大面积推广。

3. 鄂绿 2 号　鄂绿 2 号是湖北省农业科学院从亚蔬绿豆 VC2778A 中系统选育而成的优良品种。该品种较早熟，夏播生育期 75 天左右。植株直立抗倒伏，株高 60 厘米左右，幼茎绿色。主茎分枝 2～5 个，单株结荚 10～35 个。结荚集中，成熟一致，不炸荚，适于机械化收获。成熟荚黑色，荚长 11 厘米左右，每荚约 13 粒种子。籽粒碧绿有光泽，百粒重约 6.5 克。较抗叶斑病、白粉病和根结线虫病。适于在高肥水条件下种植，夏播每公顷产 1 950 千克。1990 年通过湖北省农作物品种审定委员会审定，并在湖北、河南、山西等省大面积推广应用。

4. 苏绿 1 号　苏绿 1 号（VC2768A）绿豆是中国农业科学院原作物品种资源研究所从国外引进的优良品种。该品种中早熟，夏播 75～80 天成熟。植株直立，抗倒伏，幼茎绿色，株高 55 厘米左右，主茎分枝 3～6 个。结荚集中，成熟一致，不炸荚，适于机械化收获。成熟荚黑色，籽粒绿色有光泽，粒大色艳，百粒重 6.5～7.0 克，含蛋白质 20%左右，脂肪 0.8%，淀粉 50.6%。适合做粉丝、粉皮及出口商品。该品种适应性较强，抗叶斑病，耐病毒病，丰产性好，有一定的增产潜力，适于在中等以上肥水条件下种植。夏播一般每公顷产量 1 500～2 250 千克，高者可达 3 000 千克。在北京、河南、安徽、江苏、广东等地种植表现良好，并被江苏省定名为苏绿 1 号，广东省定名为粤引1号，山西省定名为晋绿豆1号。

5. 豫绿2号　豫绿2号由河南省农业科学院利用地方品种博爱砦和与亚蔬绿豆VC1562A杂交育成。该品种早熟，夏播65天左右。植株直立，幼茎紫色，株高约65～70厘米。主茎分枝3～4个，单株结荚20个左右。荚长约10厘米，每荚12粒种子。籽粒绿色有光泽，百粒重约6.2克。抗旱、耐涝、抗叶斑病。适于河南省及全国各绿豆产区种植。高产稳产，产量一般每公顷1 800千克左右，高者可达3 513千克。1994年通过河南省农作物品种审定委员会审定，是我国第一个通过有性杂交技术育成的绿豆品种。

6. 冀绿2号　冀绿2号由河北省保定市农业科学研究所用高阳绿豆为母本，亚蔬绿豆VC2917A为父本杂交选育而成。该品种早熟，夏播生育期65～70天。有限结荚习性，株型紧凑，直立生长。幼茎紫色，成熟茎绿色，株高52～57厘米，主茎分枝3.5个，主茎节数8.5节，叶片卵圆形，花黄色。单株结荚25.7个，豆荚长9.2厘米，直筒形，成熟荚黑色，单荚粒数10.2粒。籽粒短圆柱型，种皮绿色有光泽，百粒重6.0克。籽粒蛋白质含量28.66%，淀粉含量48.57%。结荚集中，不落荚，不炸荚，适于机械收获。抗旱、耐涝、耐瘠薄，稳产性能好，适应性强。产量一般每公顷1 500千克左右，高者可达2 089千克以上。适于生产豆芽和豆沙。1996年通过河北省农作物品种审定委员会审定，2002年通过国家农作物品种审定委员会审定。适宜河北、河南、山东、陕西、甘肃等地种植。

7. 南绿1号　南绿1号由四川省南充市农业科学研究所从亚蔬绿豆V1381中系统选育而成。该品种早熟，夏播生育期65天，比中绿1号早5天。植株直立抗倒伏，株型紧凑，幼茎绿色，株高58～88厘米。结荚集中，成熟一致，可一次性收获。单株结荚30个左右，成熟荚黑色，籽粒绿色有光泽，粒大色艳，百粒重6.5～7.0克，种子含蛋白质22%～26%左右，脂肪

0.7%，淀粉48%。做绿豆汤易煮烂，品味好，商品价值高。该品种对环境条件反应较敏感，丰产性好，有一定的增产潜力，适于在中等以上肥水条件下种植，夏播产量一般每公顷1 500～2 250千克，高者可达3 000千克。抗叶斑病，轻感白粉病，耐病毒病，在北京、河北、河南、湖北等地种植表现良好。在四川春、夏、秋三季种植均可。1997年通过四川省农作物品种审定委员会审定。

8. 冀绿9239　冀绿9239是河北省农林科学院粮油作物研究所以冀引3号为母本，VC2802A为父本杂交选育而成的新品种。该品种早熟，夏播生育期70天，春播生育期90天。有限结荚习性。直立生长。幼茎紫红色，成熟茎绿色。夏播株高65厘米，春播55厘米。主茎分枝3.0个，主茎节数8.7节，浓绿色。卵圆形。花浅黄色。单株结荚23.9个。豆荚长9.4厘米，圆筒形。成熟荚黑色。单荚粒数9.5粒。籽粒长圆柱形，种皮绿色有光泽，百粒重5.8克。籽粒蛋白质含量23.95%，淀粉含量49.79%。成熟一致，不炸荚，适于一次性收获。田间自然鉴定抗病毒病、叶斑病和白粉病。夏播产量一般每公顷1 500千克。2004年国家小宗粮豆新品种鉴定委员会鉴定。适于生产豆芽、淀粉加工。适宜在黑龙江、辽宁、吉林、内蒙古、陕西、山西、新疆等地种植。

9. 冀绿9309　冀绿9309是河北省农林科学院粮油作物研究所以唐山绿豆108与品D0049-1的后代8313-11-4-3为母本，辽宁鹦歌绿豆为父本杂交选育而成的新品种。该品种早熟，夏播生育期70天，春播生育期90天。有限结荚习性。直立生长。幼茎紫红色，成熟茎绿色。夏播株高65厘米，春播50厘米。主茎分枝2.7个，主茎节数9.4节。叶卵圆形，浓绿色。花浅黄色。单株结荚26.8个。豆荚长8.7厘米，圆筒形，成熟荚黑色。单荚粒数10.5粒。籽粒长圆柱形。种皮绿色，有光泽。百粒重5.2克。籽粒蛋白质含量25.46%，淀粉含量49.26%。成熟一致，不炸荚，适于一次性收获。田间自然鉴定抗病毒病、叶斑病和白粉病。产量一般每公顷 1 200～1 500 千克。适于生产豆芽、淀粉加工。2004 年通过全国小宗粮豆新品种鉴定委员会鉴定。适宜河北、吉林、内蒙古、陕西、山西等地种植。

10. 冀绿 7 号　冀绿 7 号是河北省农林科学院粮油作物研究所以河南优资 92-53 为母本，冀绿 2 号为父本杂交选育而成的新品种。该品种早熟，夏播生育期 65 天，春播生育期 85 天。有限结荚习性。株型紧凑，直立生长。幼茎紫红色，成熟茎绿色。夏播株高 55 厘米，春播 50 厘米。主茎分枝 3.6 个，主茎节数 8.2 节。叶卵圆形，浓绿色。花浅黄色。单株结荚 24.7 个，豆荚长 10.1 厘米，圆筒形，成熟荚黑色。单荚粒数 11.0 粒。籽粒长圆柱形。种皮绿色有光泽。百粒重 6.8 克。籽粒蛋白质含量 20.93%，淀粉含量 45.58%。结荚集中，成熟一致，不炸荚，适于一次性收获。田间自然鉴定抗病毒病、叶斑病，抗旱、抗倒、耐瘠性较强。产量一般每公顷 1 600 千克左右。适宜外贸出口，生产豆芽及淀粉加工。可平作也可间作套种。2007 年通过河北省科技厅鉴定。适宜在河北、辽宁、吉林、山东、河南、湖北等省份春、夏播种植。

11. 保 942-34　保 942-34 是河北省保定市农业科学研究所以冀绿 2 号为母本，邓家台绿豆为父本杂交选育而成的新品种。该品种特早熟，夏播生育期 60～62 天，春播生育期 70～73 天。有限结荚习性。株型紧凑，直立生长。幼茎紫色，成熟茎绿色。株高 48.4 厘米，主茎分枝 3.2 个，主茎节数 8.6 节，叶片卵圆形，花黄色。单株结荚 24.4 个，豆荚长 9.5 厘米，直筒形，成熟荚黑色。单荚粒数 10.6 粒。籽粒短圆柱形。种皮绿色，有光泽。百粒重 6.3 克。籽粒蛋白质含量 23.67%，淀粉 50.13%。结荚集中，不落荚，不炸荚，适于机械收获。具有一定的抗旱、耐涝、耐瘠薄、耐盐碱能力。稳产性能好，具有较好适应性，可广泛引种种植。产量一般每公顷 1 800 千克左右，适于生产豆芽和豆沙。2004 年通过国家小宗粮豆品种鉴定委员会鉴定。适宜在北京、河北、河南、山东、陕西、内蒙古、辽宁、吉林、黑龙江等地种植。

12. 保绿 942　保绿 942 是河北省保定市农业科学研究所以冀绿 2 号为母本，邓家台绿豆为父本杂交选育而成的新品种。该品种特早熟，夏播生育期 61 天。有限结荚习性。株型紧凑，直立生长。幼茎紫色，成熟茎绿色。株高 53.4 厘米。主茎分枝 3.1 个，主茎节数 9.2 节。叶片卵圆形。花黄色。单株结荚 25.2 个。豆荚长 10.0 厘米，直筒形。成熟荚黑色。单荚粒数 11.0 粒。籽粒短圆柱形。种皮绿色，有光泽。百粒重 5.8 克。籽粒蛋白质含量 23.31%，淀粉 51.61%，脂肪 1.62%，可溶性糖 3.3%。结荚集中，不落荚，不炸荚。前期稳健生长，后期不早衰。具有一定的抗旱、耐涝、耐瘠薄、耐盐碱能力。稳产性能好，适应性较好。产量一般每公顷 1600 千克左右。适于生产豆芽和豆沙。2006 年通过国家小宗粮豆品种鉴定委员会鉴定。适宜在北京、河北、河南、陕西、山东等地区种植。

13. 白绿 5 号　白绿 5 号是吉林省白城市农业科学院从白城农家品种大鹦哥绿 925 的变异单株中系统选育而成的新品种。该品种中早熟品种，生育期 100 天左右。无限结荚习性。半直立。幼茎紫色，成熟茎绿色。株高 50～90 厘米，分枝 2～4 个。叶卵圆形，花黄色。单株荚数 15～30 个，豆荚长 11～13 厘米，扁圆形。成熟荚黑褐色。单株粒数 100～200 粒，单株产量 7～12 克。籽粒短圆柱形。种皮绿色，色艳，皮薄。百粒重 6.6 克。蛋白质含量 26.5%左右。豆芽菜品质优良甜脆可口，做绿豆汤易煮烂，口味清香。早熟，抗旱，耐瘠，适应性强。产量一般每公顷 1 300千克左右，高者可达 2 000 千克。1994 年通过吉林省农作物品种审定委员会审定。2008 年通过国家小宗粮豆品种鉴定委员会鉴定。可在吉林省，宁夏原州区，陕西靖边、府谷，甘肃平凉等地区种植。

14. 白绿 6 号　白绿 6 号是吉林省白城市农业科学院以农家品种 86023 为母本，大鹦哥绿 925 为父本杂交选育而成的新品种。该品种中晚熟品种，生育日数 105 天左右，需积温 2 199℃。无限结荚习性。半直立。幼茎紫绿色，成熟茎绿色。株高 80 厘米左右。分枝 3～5 个。叶卵圆形。花黄色。单株荚数 20～35 个。豆荚长 13 厘米左右，扁圆形。成熟荚黑褐色。单荚粒数 14 粒左右。单株产量 13.5 克。粒长圆柱形。绿种皮，色泽鲜绿，有光泽，外观品质好。粒重 7.1 克。干籽粒蛋白质含量 25.7%。豆芽菜品质优良甜脆可口，做绿豆汤易煮烂，口味清香。具有繁茂性好、抗旱、耐瘠薄、抗霜霉病和叶斑病等优点。产量一般每公顷 1 200～1 500 千克，高者 2 100 千克以上。2000 年通过吉林省农作物品种审定委员会的审定。2001 年长春国际农业博览会获吉林优质名牌产品称号。适于在吉林省各地区及邻近地区种植。

15. 白绿 8 号　白绿 8 号是吉林省白城市农业科学院以外引材料 88012 为母本，大鹦哥绿 925 为父本杂交育成的新品种。该品种中早熟，春播 100 天左右。亚有限结荚习性。半直立。幼茎紫色，成熟茎绿色。株高 80 厘米左右，分枝 3～4 个。叶卵圆形。花黄色。单株荚数 23～38 个。荚长 10～11 厘米，扁圆形。成熟荚黑褐色，单荚粒数 12 粒左右，单株产量 18 克左右。籽粒长圆柱形，浅绿色，白脐。百粒重 6.8 克。蛋白质含量 25.1%。豆芽菜品质优良甜脆可口，做绿豆汤易煮烂，口味清香。抗叶斑病和菌核病等主要病害。抗旱，耐瘠，适应性强。产量一般每公顷 1 100～1 500 千克，高者可达 2 200 千克。2002 年通过吉林省农作物品种审定委员会审定。适宜在吉林省各地及辽宁省、内蒙古兴安盟等地区种植。

16. 潍绿 4 号　潍绿 4 号是山东省潍坊市农业科学院以中绿 2 号为母本，以柳条青为父本杂交育成的新品种。该品种早熟，夏播生育期 63 天。有限结荚习性。株型紧凑，直立生长。春播株高 40 厘米，夏播 50 厘米。幼茎绿色。主茎分枝 1～2 个。叶卵圆形，花黄色。单株结荚 25～35 个。豆荚长 9 厘米，羊角形。成熟荚黑色。单荚粒数 12 粒。籽粒圆柱形。种皮绿色，有光泽。百粒重约 5.5 克。干籽粒蛋白质含量 27.7%，淀粉 50.22%。结荚集中，成熟一致，不炸荚，适于一次性收获。抗花叶病毒病和霜霉病，中抗叶斑病，抗倒伏，耐瘠薄、耐旱性较强。产量一般每公顷 2 000 千克左右，高者可达 2 500 千克以上。适于生产豆芽、粮用和粉丝加工。2002 年通过国家农作物品种审定委员会审定。可在黄淮地区春播、夏播种植。

17. 潍绿 5 号　潍绿 5 号是山东省潍坊市农业科学院以中绿 1 号为母本，以鲁绿 1 号为父本杂交选育而成的新品种。该品种特早熟，夏播生育期 58 天。有限结荚习性。株型紧凑，直立生长。春播株高 35 厘米，夏播 50 厘米左右。幼茎紫色，主茎分枝 2～3 个。叶卵圆形，花浅黄色。单株结荚 25～30 个。豆荚长 9 厘米，荚羊角形。成熟荚黑色。单荚粒数 10～11 粒。籽粒圆柱形。种皮绿色，无光泽。百粒重约 6 克。籽粒蛋白质含量 26.27%，淀粉含量 50.61%。结荚集中，成熟一致，不炸荚，适于一次性收获。抗花叶病毒病和霜霉病，中抗叶斑病，抗倒伏，喜肥水，增产潜力大。产量一般每公顷 1 500～1 700 千克，高者可达 2 700 千克以上。适于生产豆芽、粮用和粉丝加工。2006 年通过国家农作物品种鉴定委员会鉴定。可在黄淮地区春播、夏播种植。

18. 豫绿 4 号　豫绿 4 号是河南省农业科学院粮食作物研究所以博爱寨和为母本，亚蔬绿豆 VC1562A 为父本杂交选育而成的新品种。该品种早熟，生育期 56.6 天。植株直立。有限结荚习性，结荚集中。幼茎紫色，成熟茎绿色。株高 48 厘米，主茎分枝 1～2 个。叶心形，花浅黄色。单株荚数 16～20 个。豆荚长 10 厘米，棒形。成熟荚黑色。单荚粒数 10.21 粒。籽粒长圆柱形。种皮绿色，有光泽。百粒重 7.21 克。粗蛋白质含量

26.04%，粗脂肪0.76%，粗淀粉49.83%。抗叶斑病（R）、抗白粉病（R）、抗枯萎病（R），较强抗旱性，耐涝，耐瘠。产量一般每公顷1 500～2 000千克。1999年河南省农作物品种审定委员会审定。2002年国家农作物品种审定委员会审定。适应性广，在河南省及周边河北、山东、山西、安徽、北京等地区均宜种植。

19. 潍绿1号　潍绿1号是山东省潍坊市农业科学院以夹杆括角为母本，以亚蔬中心VC2719A为父本杂交选育而成的新品种。该品种早熟，夏播生育期64天。有限结荚习性。株型紧凑，直立生长。春播株高35厘米，夏播55厘米。幼茎紫色，主茎分枝1～2个。叶卵圆形，花浅黄色。单株结荚25～30个。豆荚长9厘米，羊角形。成熟荚黑色。单荚粒数12～13粒。籽粒圆柱形。种皮绿色，无光泽。百粒重约4.5克。干籽粒蛋白质含量27.9%，淀粉含量48.4%。结荚集中，成熟一致，不炸荚，适于一次性收获。抗花叶病毒病和霜霉病，中抗叶斑病，较抗倒伏，耐盐碱，较耐旱。产量一般每公顷2 500千克左右，高者可达3 000千克以上。适于生产豆芽和粮用等。1996年通过山东省农作物品种审定委员会审定。可在山东省春播、夏播种植。

20. 鄂绿3号　鄂绿3号是湖北省农业科学院粮食作物研究所从亚蔬绿豆VC1562A系统选育而成的优质新品种。该品种早熟，夏播生育期65～69天。有限结荚习性。株型紧凑。茎秆粗壮直立。幼茎基部绿色。株高65.7厘米，主茎有效分枝2.9个。单株结荚28.4个。豆荚长10.6厘米，圆筒形。成熟荚黑色。单荚粒数11.2粒。单株产量21.3克。籽粒长圆柱形。种皮绿色，有光泽。百粒重6.7克。干籽粒蛋白质含量23.05%，淀粉含量53.91%。抗旱、抗涝性较好，抗枯萎病、叶斑病。产量一般每公顷1 700千克左右，高者可达4 000千克以上。1993通过湖北省农作物品种审定委员会审定。适于湖北、河南、安徽、山东、河北、陕西、四川等省平原、丘陵地区种植。

二、高产优质抗病虫新品种

1. 中绿 5 号　中绿 5 号是中国农业科学院原作物品种资源研究所用亚蔬绿豆 VC1973A 和 VC2768A 为亲本，通过人工有性杂交，经系谱法选育而成的抗叶斑病新品种。该品种早熟，夏播生育期 70 天左右。植株直立抗倒伏，株高约 60 厘米，幼茎绿色。主茎分枝 2～3 个，单株结荚 20 个左右，多者可达 40 个以上。结荚集中，成熟一致，不炸荚，适于机械化收获。成熟荚黑色，荚长约 10 厘米，每荚 10～12 粒种子。籽粒碧绿有光泽，饱满，商品性好，百粒重 6.5 克左右，干籽粒含蛋白质约 25.0%，淀粉 51.0%左右。高产稳产，夏播产量一般每公顷 1 500～2 250 千克，高者可达 3 000 千克以上。抗叶斑病、白粉病，耐旱、耐寒性较好。2004 年通过国家小宗粮豆新品种鉴定委员会鉴定，是我国育成的第一个抗叶斑病品种。适应性广，不仅适于麦后复播，还可与玉米、棉花、甘薯、谷子等作物间作套种。我国东北、华北、西北、西南及全国各绿豆产区均可种植，在北京、河北、山西、内蒙古、辽宁、吉林、黑龙江、江苏、河南、云南、陕西、新疆等地表现良好。

2. 中绿 4 号　中绿 4 号是中国农业科学院原作物品种资源研究所用亚蔬绿豆 VC1973A 和 V2709 为亲本，通过人工有性杂交，经系谱法选育而成的抗豆象新品种。该品种早熟，夏播生育期 70 天左右。植株直立抗倒伏，株高约 60 厘米，幼茎绿色。主茎分枝 2～3 个，单株结荚 20 个左右，多者可达 40 个以上。结荚集中，成熟一致，不炸荚，适于机械化收获。成熟荚黑色，荚长约 10 厘米，每荚 10～12 粒种子。籽粒碧绿有光泽，饱满，商品性好，百粒重 6.5 克左右，干籽粒含蛋白质约 25.5%，淀粉 52.6%左右。高产稳产，夏播产量一般每公顷 1 500～2 250 千克，高者可达 3 000 千克以上。高抗豆象。抗逆性强，耐瘠、耐寒、耐干旱。2004年通过国家小宗粮豆新品种鉴定委员会鉴定，是我国育成的第一个抗豆象绿豆品种。适应性广，不仅适于麦后复播，还可与玉米、棉花、甘薯、谷子等作物间作套种。我国东北、华北、西北、西南及全国各绿豆产区均可种植，在北京、河北、山西、黑龙江、浙江、山东、河南、广西、陕西等地表现良好。

3. 晋绿豆3号　晋绿豆3号是山西省农业科学院小杂粮研究中心从亚蔬中心VC6089A中系统选育而成的抗豆象新品种。该品种中早熟，春播生育期90天，夏播生育期75天。植株直立生长，株型紧凑。幼茎绿色，成熟茎绿色，株高60厘米左右，主茎分枝3～4个。叶片卵圆形，花黄色。单株结荚20～30个，豆荚长约8厘米，成熟荚黑色，单荚粒数11粒。籽粒圆柱形，种皮绿色有光泽，百粒重约6克，干籽粒蛋白质含量26.36%，淀粉含量51.88%，脂肪含量0.61%。结荚较集中，成熟一致，不炸荚，适于一次性收获。抗绿豆象，抗旱，抗倒伏。产量一般每公顷1 500千克左右。适于出口创汇及生豆芽、煮豆粥。2005年通过山西省品种审定委员会审定。可在黄淮地区春播、夏播种植。

三、高产优质黑绿豆新品种

1. 冀绿9号　冀绿9号是河北省农林科学院粮油作物研究所以冀绿2号为母本，河南黑绿豆为父本杂交选育而成黑绿豆新品种。该品种早熟，夏播生育期65天，春播生育期80天。有限结荚习性。株型紧凑，直立生长。幼茎紫红色，成熟茎绿色。夏播株高48厘米，春播43厘米。主茎分枝3.6个，主茎节数8.3节。叶卵圆形，浓绿色。花浅黄色。单株结荚24.6个。豆荚长9.1厘米，圆筒形。成熟荚黑色。单荚粒数10.6粒。籽粒长圆柱形，种皮黑色，有光泽。百粒重5.2克。籽粒蛋白质含量

21.90%，淀粉含量 39.28%。结荚集中，成熟一致，不炸荚，抗倒性强。产量一般每公顷 1 300 千克左右。粒用型，营养及药用价值高，可制做理想的营养及保健食品。2007 年通过河北省科技厅鉴定。适宜在河北、辽宁、吉林、山东、河南、湖北等省春、夏播。

2. 安黑绿 1 号　安黑绿 1 号是河南省安阳市农业科学研究所从豫绿 3 号变异单株选育而成的黑绿豆新品种。该品种特早熟，生育期 53 天。有限结荚习性。株型直立紧凑。幼茎绿色，成熟茎绿色。株高 65 厘米左右。主茎分枝 2～3 个。叶心形。花紫黄色。单株结荚 25～28 个。豆荚长 11 厘米，弓形。成熟荚黑色。单荚粒数 10～13 粒。籽粒长圆柱形。种皮黑色，有光泽。百粒重 6.5 克。蛋白质含量 28.01%，脂肪含量 0.77%，淀粉含量 51.39%，18 种氨基酸总含量 23.03%。产量一般每公顷1 400 千克，高者可达 2 400 千克以上。可作商品绿豆和食用，具有较高的营养价值和药物价值。2005 年通过河南省科技厅成果鉴定。适合河南及周边省区种植。

3. 黑珍珠绿豆　黑珍珠绿豆是山西省农业科学院小杂粮研究中心从国际绿豆圃试验材料中发现的变异单株，经系统选育而成。该品种早熟，春播生育期 80～85 天，夏播生育期 60～65 天。无限结荚习性。株型紧凑。植株直立。幼茎深紫色，成熟茎紫色。株高 50～60 厘米。主茎分枝 2～3 个。叶片卵圆形。花暗紫色。单株结荚 20～30 个。豆荚长 8～9 厘米。成熟荚黑色。单荚粒数 10 粒左右。单株产量约 13 克。籽粒圆形。种皮黑色，有光泽。百粒重约 6.5 克。干籽粒蛋白质含量 27.35%，淀粉含量 54.10%，脂肪含量 0.32%。结荚集中，成熟一致，不炸荚，适于一次性收获。抗花叶病毒病，耐旱性较强。产量一般每公顷 1 200～1 500千克，高者可达 1 800 千克以上。品质极佳，是一特色绿豆品种。做绿豆汤易煮烂，品味好，商品价值高，利于出口创汇。2003 年通过山西省品种审定委员会审定。可在黄淮地区春播、夏播种植。

（程须珍）

主要参考文献

1. 程须珍，王有田，杨又迪．亚蔬绿豆科技应用论文集．北京：农业出版社，1993
2. 程须珍，曹尔辰．绿豆．北京：中国农业出版社，1996
3. 郑卓杰等．中国食用豆类学．北京：中国农业出版社，1997
4. 程须珍，王有田，杨又迪．中国绿豆科技应用论文集．北京：中国农业出版社，1999
5. 程须珍，童玉娥等．中国绿豆产业发展与科技应用．北京：中国农业科技出版社，2002
6. 林汝法，柴岩等．中国小杂粮．北京：中国农业科技出版社，2002
7. 程须珍，王素华等．绿豆种质资源描述规范和数据标准．北京：中国农业出版社，2006
8. 成卓敏．新编植物医生手册．北京：化学工业出版社，2008

第八章　小　　豆

小豆，也称赤豆、红小豆。原产于我国。栽培历史悠久，品种很多，资源丰富。仅地方农家品种就有 4 800 余份。世界上种植小豆的国家大约有 24 个，多数在亚洲。但没有完整的生产统计数字。就面积和总产而言，中国占首位，日本、朝鲜其次，有“东亚作物”之称。我国小豆生产几乎遍及全国，产区主要集中在华北、东北和黄河、淮河流域。近年来黑龙江、内蒙古、吉林、河北、陕西、山西、江苏、河南、山东等省、自治区种植较多。1957 年全国小豆种植面积约 37.67 万公顷，总产量 30 万吨。20 世纪 50 年代末开始减少，以后只有零星种植。70 年代后期，随耕作制度的改变和国内外市场需求量的增加，其种植面积逐年恢复，到 1986 年全国小豆种植面积发展到 8.5 万公顷。尤其在 90 年代初期，小豆改良品种的出现使我国小豆生产有了较大发展。到 1993 年，全国小豆种植面积达到 25.67 万公顷。近年来，随着农业种植结构调整步伐加快，小豆生产稳中有升。2001 年播种 25.1 万公顷，年产量 36.3 万吨。2002 年播种 27.32 万公顷，年产量 38 万吨。2003 年播种面积有所下降(22.6 万公顷)，年产量 34 万吨。2004 年播种 21.7 万公顷，年产量 30 万吨。2005 年播种面积小幅增加，为 23.7 万公顷，年产量 35.3 万吨，其中黑龙江、吉林、辽宁和内蒙古总产 24.3 万吨，约占全国红小豆总产量的 69%。

红小豆以其鲜艳亮丽的粒色和别具风味的口感，远销港、澳、日本、东南亚及欧美地区。20 世纪 50～80 年代，红小豆曾是我国重要的出口物资。著名的品牌有天津红小豆、东北大红袍、宝清红、唐山红小豆、启东大红袍、德州鸡血红。因生产品种有其特殊的地区适应性，产品有地方特色，在国际市场上享有盛誉，被列入地方名贵豆类。需要注意的是，商品小豆名不是单一的某个种植品种，而是某个地区几个或多个品种的混和，指的是商牌名称。例如，天津红小豆是我国出口的名牌豆，籽粒中等大，百粒重 10～12 克，粒色鲜红泽润，籽粒饱满均匀，短圆柱粒形。老的代表品种有武清红小豆、安次珠砂红。新的推广品种有早红及中红系列、冀红系列、保红系列品种，主要产区在天津、河北、山西、陕西、江苏。唐山红小豆为河北省北部地区又一出口商品，粒色深红，粒形椭圆，粒较大，百粒重 13 克左右，主产区在河北唐山和承德地区。

第一节　营养与用途

一、营养价值

（一）主要营养成分　小豆籽粒中含粗蛋白 21.4%～29.2%、粗脂肪 0.4%～3.6%、碳水化合物 55.9%～61.0%，含人体必需的 8 种氨基酸，每 100 克种子含赖氨酸 1 603～1 882 毫克、蛋氨酸 361～243 毫克、苏氨酸 757～1 361 毫克、异亮氨酸 701～1 762 毫克、精氨酸 1 052～1 841 毫克、缬氨酸 980～1 921毫克，维生素 B_1 0.26～0.43 毫克、维生素 B_2 1.8～2.1 毫克，还富含磷 305～478 毫克、钙 67～356 毫克、铁 4.5～11.1 毫克等矿质养分及微量元素。

（二）营养特性　小豆是人们生活中不可多得的高蛋白、低脂肪、多营养、多功能食品，也是食品工业和饮食业的重要原料。小豆营养丰富，养分较全，又含适量的酮类、皂苷和抗氧化物质等，有一定的药用价值。淀粉颗粒较大（20～27 微米），小豆豆沙比其他豆沙口感好，易融化，富沙性，别具风味，是加工许多主食、糕点、小吃及冷食的优质原料。

二、主要用途

小豆的用途很多，可食用、药用、饲用和作绿肥用。

（一）食用 我国人民自古以来就有种小豆、食小豆的习惯。小豆不仅可以直接作主食，常先初加工成小豆沙或小豆馅，再做成主食或副食品，可以调剂生活。小豆做成的副食很多，可做汤料如小豆羹、小豆汤；可做冰镇饮料如小豆冰棍、雪条、小豆冰淇淋；可做多种中西高点的夹馅与制品，如沙仁饼、豆沙糕、小豆春卷、小豆羊羹、什锦小豆粽子、奶油小豆蛋糕、玫瑰豆沙酥、小豆香肠、粉肠，还可以做咖啡、巧克力制品的填充料或代用品。这些主食和副食色艳味美，增添喜庆气氛，深受人们喜爱。随着人们生活水平的不断提高，食品结构不断改善，人们对美食的要求也越来越高。小豆制品将越来越受人们的欢迎。

（二）药用 小豆种子可入药。《本草纲目》记载，小豆主治水气肿胀、痢疾、肠痔下血、牙齿疼痛、痈疽初作、腮颊热肿、丹毒如火、小便频数、小儿遗尿等多类病症。据《中药大辞典》介绍，小豆种子性味甘甜无毒入心、小肠经、有利水除湿、活血排脓、消肿解毒之功效。对水肿、脚气、黄疸、泻痢、便血、痈肿、先兆流产有一定疗效，还对保胎、催乳有一定效果。小豆叶子可用于退热，豆芽能治便血和妊娠胎漏。现代医学又进一步证明，小豆对金黄色葡萄菌、福氏痢杆菌及伤寒杆菌都有明显抑制作用。人们越来越重视的是小豆的营养保健功能，具有补脾、补血、生津、益气作用，是一种温补食品。随着黑色食品的不断发展，黑小豆同样也受到重视。黑小豆益肾补肝，适用于肝肾阴虚或血虚肝旺引起的眩晕、头痛等症，可治阴虚盗汗。并有美容抗衰老和一定的抗肿瘤作用。

（三）饲用和作绿肥 小豆主要是利用其茎叶来作饲料或作

绿肥。小豆在盛花期稍后鲜草量（营养体）最高，是作饲料或绿肥的最好时机。此时收割作青饲或翻压作绿肥效果最好。

三、商品品质要求

小豆的用途不同，商品质量的要求也不同。但一般说来，可分为外观商品品质和内在商品品质。外观品质要求粒色鲜艳，粒形、粒大小整齐，无杂质，无虫蛀，无水渍斑，无霉变，使消费者赏心悦目。内在品质要求水分含量低，营养成分含量高，并且无活虫卵和虫蛀，以利运输和保存；皮薄，易加工，节省能源，节省成本；农药残余量低，符合健康卫生标准。特种用途的小豆商品还有特定的品质要求。

第二节　栽培技术

一、选择茬口，合理布局

合理轮作换茬能减少病虫害蔓延，调解土壤养分，改善土壤结构，培肥地力，提高产量。在轮作中，小豆是好茬口，尤其是与禾本科作物倒茬时效果更好。

（一）选择茬口　小豆也忌连作，不宜重茬和迎茬。

1. 东北地区　小豆—小麦—小麦，小豆—玉米—谷子，小豆—小麦—玉米，小豆—谷子—玉米—小麦，小豆—高粱—谷子等。

2. 华北地区　春麦—谷子—小豆，冬麦—小豆—冬麦—小豆，冬麦—玉米间小豆—冬麦—玉米间小豆，冬麦—向日葵间小豆—冬麦—向日葵间小豆，冬麦—小豆—棉花，冬麦—小豆—玉米或高粱、谷子等。

3. 长江流域及其以南地区　主要是在早稻收获后播种小豆，

如禾兜际豆。丘陵山区也有夏播小豆或间种小豆的。

(二)合理布局 小豆种植方式有纯作和其他作物间套作之分。长期以来，小豆总是作为填闲作物种植。可与许多作物间、套种，如小麦、玉米、高粱、谷子、棉花、甘薯等。与其他作物间套作，尤其在与高秆作物套种、间作时，要更合理安排两者的行数、比例、行间距离。近年来，随着市场经济的发展和经济水平的提高，小豆的种植与利用越来越为人们所重视，小豆的种植面积不断扩大，而纯作面积也逐年增大，也提倡单种。因为单种便于轮作换茬，有利于田间管理，减少病虫害蔓延和危害，更有利于提高小豆产量和品质。改良的间作套种方式，逐年也有发展。

二、精选良种，精细整地

选好良种、深耕整地、施好底肥，是小豆播种前的一项重要工作。

(一)选好良种 小豆种植品种的选择，除具有通常要求的高产稳产外，在外贸出口的地区要特别注意其商品外观质量。在适应不同种植制度基础上，还要注意其熟性的早晚。如在豆麦两茬耕作制度中，要求小豆不晚熟，不误秋麦播种，就要选择中早熟品种。在冬闲地种豆，可选择中晚熟品种。异地引种，应注意生育期的变化。

(二)深耕整地 小豆对土壤要求不严，可以种植在各种类型的土壤上。小豆根系虽有一定的穿透能力，也需要一个疏松的土壤环境供其充分发展。根瘤菌的活动也需要一个地面平整、上松下实、保水良好的土层。播种在深耕疏松土壤中，为小豆的生长发育和丰产奠定良好基础。通常不耕地即行播种是小豆不能取得较高产量的原因之一。深耕不仅可以加厚松土层，增强蓄水保肥能力，又将病菌和虫卵翻入地下，减少病虫害的蔓延，有利于小豆植株的发育及产量和品质的提高。因此，播前进行深耕整地至关重要。

（三）施好底肥 增施农家肥作底肥，是改善小豆营养、提高产量的重要措施。基肥以堆肥、厩肥等农家肥为好。在农家肥中增加磷、钾，如草木灰、骨粉等。也可将计划用肥量的全部磷肥和30%左右的氮肥等作为基肥或种肥施入。

三、适时播种，合理密植

（一）播种时间 小豆播种期早晚对其产量和品质影响较大。在一年一作区的东北及西北、华北北部春播地区和无霜期小于150天的高纬度海拔地区，一般在4月下旬播种，最迟在5月上旬。要求田间土壤温度要在14℃以上、播种后一周能出苗。一年两熟或两年五熟制地区多在麦收后或早稻收割后夏播。北方夏播如华北中、南部和山东一带，一般在6月中下旬为宜。南方夏播区如长江一带延迟到7月初播种。

（二）播种密度 小豆的种植密度必须因时、因地、因品种而定。春播中熟品种一般行距70～80厘米，株距15厘米左右。夏播早熟品种一般行距50～60厘米，株距15厘米左右。瘠薄地夏播早熟品种行距40～50厘米，株距10厘米左右。每穴留两株苗时穴距要放大。与玉米间作，玉米行距应不少于250厘米，对小豆产量影响较小。目前，各地选育了一批矮秆直立或半蔓生型品种，在华北地区密度每公顷12万～22.5万株，在东北地区每公顷15万～18.8万株，较为适合。

小豆的播种量需要根据不同的播种时期所要求的密度和品种的籽粒大小来定。一般每公顷用种30～37.5千克。通常播种的种子粒数为留苗数的1.5～2倍。春播小豆因生育期长，株型较大，应适当稀植，所以播种量可适当少一些；夏播和秋播量稍大一点。小粒品种播种量少一点，一般30千克左右即可。各地选育的一些大粒型品种（百粒重大于15克），则需适当加大播种量，即37.5～45千克。

小豆籽粒较小，播种深度宜稍浅，一般为3～4厘米，过深则妨碍出苗，太浅不利于根系发育，易造成倒伏。春播小豆为防止吊干苗，一般可深一些，夏播小豆墒情较好，应浅一些。

（三）播种方式 小豆播种有条播和穴插两种。按密度等距离条点播，是发挥单株优势和群体增产的重要环节，而且也是节约用种，减少用工的基本措施。在东北、西北垄作区多采取单垄耕种、耢耥种和掏沟种的形式。大面积种植是在耕翻整地的基础上，采取机械平播后起垄的方法，并采取相应的镇压措施，以利于保墒、提墒。在华北、山东平作区，多在整地基础上豁种、创埯点种，或使用简易单行播种机平播。大面积应在耕翻整地后播种，在麦茬未耕地播种，应结合头遍深中耕及时灭茬。

（四）趁墒播种 土壤墒情直接影响种子的吸胀、发芽、出苗速度，是关系到能否获得齐苗、壮苗的关键。如果在小豆播种期间遇旱，则必须采取措施以保有足够的底墒。办法是播前浇地，然后耕耙整地，乘墒播种，或在播种前将地整平，播时开沟浇种，随即盖土压紧保墒。在浇溉条件差、水紧张的地方也可以采用沟浇办法，即将播种沟开好后，先将沟内浇透水，然后马上下种，再覆盖保墒。也有抢播在雨前或播后等雨的做法，但必须在预报有雨的情况下进行，并预防发芽后干芽死种情况发生。

四、早管巧管，合理施肥

小豆一生的生育阶段（又称生育时期）可大致分为出苗期、开花期和成熟期。开花以前称生长前期，或营养生长期。开花以后称生长后期，或花荚期，或生殖生长期。

（一）小豆生育前期田间管理重点 从出苗到开花前田间管理的重点是抓间苗，保全苗。抓中耕除草，防止草荒，使土壤疏松，有利根瘤生成和活动。防治蚜虫和红蜘蛛危害。注意排灌，保持土壤适当湿度。各项措施围绕一个“早”字，以促进分枝生出和花芽分化。

（二）小豆生育后期田间管理重点　开花后田间管理的重点是追施少量速效氮肥，防止干旱，及时防治豆荚螟、红蜘蛛和锈病、白粉病的发生和危害，以防成灾。协调营养生长与生殖生长，确保多开花多结荚，粒多粒大，籽粒丰满泽润。

（三）几项重要的田间管理操作

1. 间苗与定苗　间苗时间宜早不宜迟，一般在田间齐苗后，两片子叶展平便可开始间苗，第一复叶期可定苗，最晚不迟于第二复叶期。间苗、定苗要注意结合拔除病株和弱苗，按计划种植的密度留壮苗、留匀苗，一般单株留苗，当断垄缺档时，可留双苗。

2. 中耕松土　小豆是喜中耕作物，一般封垄之前至少中耕2～3次，先浅后深。中耕既清除杂草，又疏松土壤。松土主要能提高地温，调节水分和改善土壤水、气、热状况，有助于养分吸收与充分利用，促进根系生长和根瘤菌形成和活动，增强固氮能力，加速根系和植株正常发育，促进幼苗迅速生长，以保根壮苗健，打好丰产架子。所以有“锄一次地，发一批根，促一次苗”之说。中耕锄地也要看天、看地、看苗进行。晴天、干旱要保墒，中耕后要把地表土块弄碎推平，防止跑墒。雨天不中耕，雨后抓住宜耕期及时中耕。水分过大时，稀锄，土块不粉碎有利放墒。看苗中耕的原则是苗期离苗近锄、浅锄，中期离苗远锄、深锄。苗过旺深锄，离苗近些伤些根可控制生长；苗弱时深锄、细锄，以促进生长。中耕时结合培土壅根，开花后停止中耕。

3. 灌排适度　小豆的需水应掌握“两足”、“两少”，即底墒要足，花期要足，苗期和成熟期要少，适度灌排。底墒足利于出苗和苗期生长。盛花期是小豆需水的临界期，需水量也大。北方夏播小豆的苗期正处于雨季，应注意排涝。盛花后往往遇上秋旱，小水轻灌，保持土壤一定湿度有利籽粒饱满充实。

4. 合理施肥　小豆施肥应掌握以基肥为主、花肥为辅，磷钾肥为主、氮肥为辅的原则。一般经验是，整地前每公顷施过磷酸钙 375 千克，播种时种肥尿素 37.5～75 千克（尿素不与种子接触）。追肥要看天、看地、看苗情，避免疯长。根据田间情况，在初花期追施适量速效氮肥，每公顷施尿素 75～150 千克。施肥后结合培土和灌水，以发挥肥效；有条件的可在花荚期根外喷肥、叶面喷磷或其他微量元素。除氮、磷、钾三要素外，小豆还需要一定量的钙、硼、镁、铜、钼等元素。根瘤菌拌种效果很好。

五、主要病虫害及其防治

（一）主要病害及其防治

主要病害有锈病、叶斑病、根腐病、褐斑病、病毒病和线虫病。

1. 小豆锈病　小豆锈病是一种真菌病害。主要危害叶片，严重时侵染到茎和豆荚等部位。侵染初期有苍白色褪绿小斑点，逐渐在小斑点上产生黄白色略突起的夏孢子堆，有时周围有褪绿晕圈。孢子堆表皮破裂后散出黄褐色夏孢子。在小豆生长后期，锈病孢子堆散发出深褐色粉末，即冬孢子。此病在华北 7～8 月、华南 6～7 月多发生。条件适宜时病情发展很快，严重时叶茎提前枯死，造成严重减产。

防治方法：①农田综合防治，选用抗病品种；实行轮作，合理密植；增施磷钾肥，增强植株抗病能力；清沟排渍，降低田间湿度；烧毁病株，销毁病原。②化学防治，在发病初期用 25％粉锈宁对水 2 000 倍以及石硫合剂喷施，效果较好。

2. 小豆叶斑病　小豆叶斑病是真菌病害。主要危害叶片。病斑散生，形状不规则，大小不一。病斑中部灰白色，边缘红褐色。此病多发生在多雨季节，当温度 25～28℃，相对湿度 85%～90%时，分生孢子萌发最快，32℃时菌丝体生长最旺盛，病情发展严重，造成碎叶、落叶，影响产量。

防治方法：选用抗病品种；合理密植，田间通风透光；加强管理，排除渍水，降低田间湿度。化学防治以 50%多菌灵对水 1 000倍，或 80%代森锌对水 400 倍，每隔 7～10 天喷一次药，连喷 2～3 次，效果较好。

3. 小豆白粉病　小豆白粉病是真菌性病害。主要危害叶片，也可侵染茎和荚。在温度适中（22～26℃），相对湿度较大（80%～90%），特别是昼暖夜凉、有露的潮湿环境下发病严重。此病在叶片上出现小而分散、褪绿的病斑，病斑逐渐扩大并为白粉（菌丝和分生孢子）覆盖，最后至全叶。后期在病斑上可见黑点状子囊壳。严重时叶片呈蓝白色，重病叶可枯萎。华北地区在 9 月份易发生。

防治方法：选用抗病品种，合理密植，排除积水，以改善通风透光条件。化学防治主要是在发病早期喷洒农药，如用 25%粉锈宁 2 000 倍或 15%粉锈宁 1 000 倍、50%苯来特 2 000 倍、75%百菌清 500～600 倍，有较好的效果。

4. 小豆病毒病　小豆病毒病包括黄花叶、斑驳和芽枯病毒病。通常多发生黄花叶病毒病，叶脉间呈现黄化褪绿，进而缩叶，植株矮化。斑驳病毒侵染叶片出现斑块黄化失绿。芽枯病毒病从植株顶部主茎或分枝生长点部分开始生病，最后顶部发褐枯死。病毒病往往几种病毒交叉一起，并引发其他病害。病原主要由种传和田间传播侵染，蚜虫和茶褐螨及叶蝉类害虫是主要的传播者。此病在高温、干旱气候条件下容易发生。

防治方法：此病发生后难治，应以预防为主。选用抗病品种，如早红 1 号、冀红 2 号等。防治害虫，避免感染。加强苗期田间管理，防止干旱，增强植株抗病能力。

5. 孢囊线虫病　也叫根结孢囊线虫病。由线虫侵染小豆根后形成虫瘿（孢囊），线虫在虫瘿中繁殖，消耗植株营养，并使植株发育受阻。植株发黄矮小。受侵害的根从近孢囊处形成许多分支，形成丛密根系。此病还发生在花生、大豆、绿豆、豇豆等作物上。主要靠土壤与种子传染。

防治方法：合理轮作，与禾本科和薯类作物倒茬，选用抗病品种。农药防治主要是土壤消毒剂，但成本过高。用5%辛硫磷颗粒剂5千克/公顷，撒施在播种行内，然后覆土，对抑制线虫的发生和防其他地下害虫、前期蚜虫有一定效果。

（二）主要害虫及其防治 小豆主要害虫有蚜虫、红蜘蛛、茶褐螨、地老虎和绿豆象。

1. **蚜虫** 俗称腻虫。为害小豆的蚜虫有豆蚜、桃蚜和长管蚜。蚜虫喜温暖干燥气候，平均温度22℃左右、相对适度78%以下，繁殖较快。

危害状：蚜虫常在小豆顶芽、嫩叶和青荚上群居，吸取叶汁，使幼苗嫩叶卷缩，严重时植株萎缩。迁飞的有翅蚜常传播病毒。

化学防治：①播种时在播种行内撒施5%辛硫磷颗粒剂5千克/公顷。此农药有内吸作用，对幼苗期蚜虫有20天左右的效果。②叶面喷洒40%乐果1 000～1 500倍或50%马拉硫磷1 000倍。③田间喷1.5%乐果粉剂或2%杀螟松粉，每公顷30～37.5千克。

生物防治：施放瓢虫或草蛉。

2. **红蜘蛛** 俗称火地龙。红蜘蛛在高温干燥的气候条件下繁殖很快，尤其在温度29～31℃、相对湿度35%～55%的6～8月份，不到两周完成一个世代。

危害状：常群集在叶的下表面吸食叶汁。受害叶片表面呈现黄色或白色小斑点，继而叶片褪绿，严重时叶片发红，田间成片死亡。由于红蜘蛛能织丝结网，覆盖其生活和繁衍的地方，导致喷洒的农药也很难触及其群体。

防治方法：主要采用化学防治。及早查清始发区，治早治了，消灭在成灾之前。早期防治可用20%三氯杀螨醇1 000～1 500倍，重点喷施叶下面；在无风时，喷洒80%敌敌畏乳剂1 000倍或施放烟雾剂。

3. 茶褐螨　茶褐螨又名茶黄螨，在连阴雨、湿度大、光照弱、气温适中的环境中繁殖快。发生的最适条件为气温16～23℃，相对湿度80%～90%，在高温、低湿时危害严重。此螨体态小，长约0.2毫米，淡绿或淡黄色，肉眼看不见，早期难以发现。

危害状：常以若虫或成虫期居息在叶下表面，吸取叶汁，受害初期叶绿体败坏呈淡绿色，严重时叶片呈暗褐色。此螨常带黄化病毒，虫、病并发时叶片黄化，致使植株不能开花，损失严重。

防治方法：加强田间巡查，及早发现始发区，治早治了，消灭在成灾之前。以化学防治为主，多用杀螨剂。用药量见红蜘蛛的防治。

4. 地老虎　俗称土蚕、切根虫。为害小豆的有小地老虎和黄地老虎。地老虎食性杂，危害多种作物的幼苗。潮湿的土壤和杂草丛生的沿河沟低洼地，是地老虎虫源地。

危害状：幼虫3龄前群集为害幼苗生长点和嫩叶，啃个小洞或切断顶芽。4龄后幼虫分散为害，白天潜伏在幼苗或杂草根茎附近的土中，夜间出来啃吃幼茎，切断幼苗或啃倒幼株，并拖回部分嫩叶到洞口。使田间缺苗断垄。

化学防治：施敌百虫诱饵。

农业防治：铲除杂草，清理田园，人工捕捉。

5. 豆野螟　又名大豆卷叶螟、蛀荚虫、蛀花虫。喜高温、多雨气候，对夏播小豆危害较重。

危害状：幼虫卷叶或蛀入蕾、花和幼荚中食荚和嫩粒，造成严重减产。

防治方法：化学农药喷施。如40%敌敌畏乳剂或50%辛硫磷、2.5%敌杀死等按规定比例对水，在幼虫孵化高峰期及时喷施。

6. 豆象　主要是绿豆象。除为害绿豆外，也为害小豆和豇豆等种子。是主要的仓库害虫。成虫将卵散产于种子表面，孵化后幼虫蛀入粒中为害，10～17天化蛹，蛹45天羽化成虫，成虫寿命一般5～20天，第2～4天卵量最大。一年发生4～5代。在24～30℃时繁殖最快，也在田间繁殖为害。10℃以下停止发育。被蛀的小豆种子中空或种内成粉状，失去发芽能力，严重时全部贮存种子被蛀空。

（1）化学防治。磷化铝熏蒸。按每立方米1.6克的比例，投入盛小豆的密封容器中，在20～25℃的室温条件下，熏蒸3～4天。既能杀虫又能杀卵。注意安全，熏过的籽粒，晾开待药散发后仍可作种子或食用，或长期保存。

（2）农家小经验。将小豆种子置于能密封的小容器（坛、罐或小塑料袋）中，在底部放置石灰或草木灰，或具挥发性农药拌细土，然后密封，效果也很好。另外，也可用开水杀虫。将小豆种子放入沸水中约20秒钟，捞出晾干，杀虫率也能达100%。

六、收获和贮藏

当田间大多数植株上有2/3的荚变黄或变黑时，是适宜的收获期。这时，未完全成熟的青荚和豆秆经晾晒，有后熟作用。小豆在田间虽不自行裂荚掉粒，如等全部荚成熟后收获，中下部的荚反而易受机具损伤，造成落粒，影响产量。脱粒扬净后籽粒不要暴晒，以免影响色泽。贮前要预防豆象蛀食，生产量多的企业，可用磷化铝熏蒸灭虫，生产量少的农户，可用陶器或小囤保存。小量保存时可用石灰或草木灰垫底，对防潮和防虫有较好的效果。

要切实注意种子的保纯工作。从播种、收获、打场、保存各个环节都要采用分离措施，避免机械混杂，造成品种退化。

第三节 主要品种

1. 早红 1 号 中国农业科学院原作物品种资源研究所育成。早中熟，华北夏播 90～100 天收。半蔓生。株高 75～100 厘米。抗病，中粒，粒色鲜红。每公顷产量 1 800～2 250 千克，最高达 3 750 千克。适应东北南部及华北地区种植。

2. 早红 2 号 中国农业科学院作物品种资源研究所育成。早熟。吉林以南春播 130 天收，华北夏播 85～89 天收。直立矮秆，株高 50～55 厘米。抗病，大粒，粒色鲜红。每公顷产量 1 500～2 250 千克。适应华北中北部、东北中南部地区种植。

3. 中红 2 号 中国农业科学院作物科学研究所育成。早熟。华北地区夏播生育期 90 天左右。有限结荚习性，植株直立。幼茎绿色，株高约 70 厘米。主茎分枝 2～4 个，叶卵圆形，花黄色。单株结荚 25～50 个，多者可达 100 个以上，豆荚长约 7.5 厘米，镰刀形，成熟荚黄白色，单荚粒数 7.4 个。籽粒短圆柱形，种皮鲜红色，有光泽，百粒重 16.0 克左右，干籽粒蛋白质含量 24.2%～24.4%，淀粉含量 50.3%～54.3%。抗逆性强，抗病性、耐寒性较好，后期不早衰。产量一般每公顷 1 500～2 250千克，高者可达 3 450 千克以上。粒大、色艳、皮薄，品质优良，符合出口标准。做豆沙出沙率高，口味清香。2004 年通过国家小宗粮豆新品种鉴定委员会鉴定。适应我国东北南部、华北中北部、西北及西南小豆区种植。

4. 中红 3 号 中国农业科学院原作物品种资源研究所育成。中晚熟。华北夏播 100～105 天收。半蔓，株高 80～100 厘米。大粒，粒色红。每公顷产量 1 875～2 250 千克。适应华北中南及其以南地区种植。

5. 冀红小豆2号　河北省农林科学院粮油作物研究所育成。早熟。夏播生育期100天左右。无限结荚习性。株型较松散，半蔓生，幼茎绿色，株高60厘米。主茎分枝3.0～6.5个，叶片圆形，花浅黄色。单株结荚20～30个，豆荚长7.0厘米，圆筒形，成熟荚黄白色，单荚粒数7～9粒。籽粒近球形，种皮鲜红，百粒重12.0克，干籽粒蛋白质含量22.55%，淀粉含量35.15%，脂肪含量0.16%。抗病毒病。产量一般每公顷1 200千克左右。适宜外贸出口、豆沙加工和粮用。1988年通过河北省农作物品种审定委员会审定。适应华北中南部以及以南地区种植。

6. 冀红小豆4号　河北省农林科学院粮油作物研究所育成。早熟品种。夏播生育期88天左右。有限结荚习性。株型紧凑，直立生长，幼茎绿色，株高40厘米。主茎分枝3.0个，叶卵圆形，深绿色，花浅黄色。单株结荚35.0个，豆荚长5.5～6.5厘米，镰刀形，成熟荚黄白色，单荚粒数6.0粒。籽粒短圆柱形，种皮鲜红色，百粒重14.5克，干籽粒蛋白质含量23.19%，淀粉含量54.96%，出沙率74.6%。抗病毒病。产量一般每公顷1 700千克左右。适宜外贸出口、豆沙加工和粮用。1992年通过河北省农作物品种审定委员会审定。适应河北、河南、山东、山西、陕西、内蒙古、江苏等地种植。

7. 冀红9218　河北省农林科学院粮油作物研究所育成。早熟。夏播生育期85天左右，春播生育期115天左右。有限结荚习性。株型紧凑，直立生长，幼茎绿色，夏播株高55厘米，春播50厘米。主茎分枝3.2个，主茎节数13.5节，叶卵圆形，深绿色，花浅黄色。单株结荚23.8个，豆荚长8.1厘米，圆筒形，成熟荚黄白色，单荚粒数5.6粒。籽粒短圆柱形，种皮鲜红，百粒重15.9克，干籽粒蛋白质含量23.69%，淀粉含量51.99%，出沙率82.9%。抗病毒病、叶斑病和锈病。平均产量一般每公顷1 400千克，高者可达1 900千克以上。适宜外贸出口、豆沙加工和粮用。2004年通过全国小宗粮豆新品种鉴定委员会鉴定。

适宜黑龙江、辽宁、山西、陕西延安、新疆、宁夏等春播地区和河北、河南、江苏、四川、北京、山东等夏播地区种植。

8. 冀红 8937　河北省农林科学院粮油作物研究所育成。早熟。夏播区生育期 85 天左右，春播区生育期 112 天左右。有限结荚习性。株型紧凑，直立生长，幼茎绿色，夏播株高 53 厘米，春播 48 厘米。主茎分枝 3.0 个，主茎节数 14.2 节，叶卵圆形，深绿色，花浅黄色。单株结荚 25.0 个，豆荚长 8.0 厘米，圆筒形，成熟荚黄白色，单荚粒数 5.5 粒。籽粒短圆柱形，种皮鲜红，百粒重 15.9 克，干籽粒蛋白质含量 22.27%，淀粉含量 52.11%，出沙率 77.2%。田间抗病毒病、叶斑病和锈病。适宜外贸出口、豆沙加工和粮用。平均产量一般每公顷 1 400 千克，高者可达 1 900 千克以上。2004 年通过全国小宗粮豆新品种鉴定委员会鉴定。适宜河北、山西、陕西、新疆、河南、江苏等省、自治区种植。

9. 冀红 352　河北省农林科学院粮油作物研究所育成。早熟。夏播区生育期 89 天左右，春播区生育期 114 天左右。有限结荚习性。株型紧凑，直立生长，幼茎绿色，夏播株高 60 厘米，春播 48 厘米。主茎分枝 3.9 个，主茎节数 13.7 节，叶卵圆形，深绿色，叶片较大，花浅黄色。单株结荚 28.6 个，豆荚长 8.0 厘米，圆筒形，成熟荚黄白色，单荚粒数 6.4 粒。籽粒短圆柱形，种皮鲜红色，百粒重 16.2 克。干籽粒蛋白质含量 22.97%，淀粉含量 53.86%，出沙率 75.9%。田间自然鉴定抗病毒病、叶斑病和锈病。产量一般每公顷 1 600 千克左右。适宜外贸出口、豆沙加工和粮用。2008 年通过全国小宗粮豆新品种鉴定委员会鉴定。适宜黑龙江、辽宁、吉林、内蒙古、山西、甘肃等春播地区，河北、北京、陕西等夏播地区种植。

10. 保红 947　河北省保定市农业科学研究所育成。早熟。春播生育期 111.0 天。有限结荚习性。株型紧凑，直立生长。幼茎绿色，株高 57.5 厘米，主茎分枝 3.4 个，主茎节数 11.3 节，叶片卵圆形，花黄色。单株荚数 30.9 个，豆荚长 8.6 厘米，单荚粒数 6.3 粒，百粒重 17.6 克。夏播生育期 87.0 天，株高 52.0 厘米，主茎分枝 4.1 个，主茎节数 14.5 节，单株荚数 21.2 个，豆荚长 7.8 厘米，直筒形，成熟荚淡黄褐色，单荚粒数 6.4 粒。籽短圆柱型，种皮鲜红，百粒重 18.8 克，干籽粒蛋白质含量 22.92%，淀粉 53.37%，脂肪 1.04%，可溶性糖 3.19%。抗倒，耐病，具有较好的适应性。产量一般每公顷 1 600～1 800 千克。粒大，粒色鲜艳，商品性状好，适合生产豆沙。2006 年通过全国小宗粮豆品种鉴定委员会鉴定。适宜黑龙江、吉林、辽宁、内蒙古、陕西、甘肃等春播地区和河北、河南、北京等夏播地区种植。

11. 保 876 - 16　河北省保定市农业科学研究所育成。早熟。夏播生育期 82.7 天。有限结荚习性。株型紧凑，直立生长。幼茎绿色，株高 44.7 厘米，主茎分枝 3.9 个，主茎节数 13.8 节。叶片卵圆形，花黄色。单株结荚 22.8 个，豆荚长 8.0 厘米，圆筒形，成熟荚淡黄褐色，单荚粒数 5.2 粒。籽粒短圆柱形，种皮鲜红，百粒重 17.2 克，干籽粒蛋白质含量 24.93%，淀粉含量 49.87%。具有较好的抗倒伏、耐病、耐盐碱能力及适应性。产量一般每公顷 1 400 千克左右，高者可达 2 700 千克以上。适于生产豆沙。2004 年通过全国小宗粮豆品种鉴定委员会鉴定。适宜河北、山西、陕西、河南、辽宁、吉林、黑龙江等小豆产区种植。

12. 保 8824 - 17　河北省保定市农业科学研究所育成。早熟。夏播生育期 87 天。有限结荚习性。株型紧凑，直立生长，幼茎绿色，株高 39.3～53.0 厘米，主茎分枝 3.3 个，主茎节数 12.7 节，叶片卵圆形，花黄色。单株结荚 20.8 个，豆荚长 9.2 厘米，圆筒形，成熟荚淡黄褐色，单荚粒数 5.7 粒。籽粒长圆柱形，种皮红褐色，百粒重 26.2 克，干籽粒蛋白质含量 25.48%，淀粉含量 50.38%。抗倒伏、耐病能力强，具一定的耐盐碱能力。产量一般每公顷1 300千克，高者可达1 800千克以上。粒大，粒色鲜艳，商品性状好，适合生产豆沙。1999年通过河北省农作物品种审定委员会审定，2004年通过全国小宗粮豆品种鉴定委员会鉴定。适宜河北、山东、山西、陕西、河南、辽宁、吉林、黑龙江等小豆产区种植。

13. 京农5号 北京农学院作物遗传育种研究所育成。中早熟品种。北京平原地区夏播全生育期92～95天。有限结荚习性。植株直立紧凑。幼茎绿色，成熟茎绿色。株高50厘米左右，主茎10～12节，主茎有效分枝数2～3个。复叶中等大小，小叶卵圆或短剑形，叶色深绿。单株荚数10～20个，豆荚长7.8厘米，直筒型，成熟荚褐色，单荚粒数6～7粒。籽粒长圆柱形，种皮鲜红有光泽，百粒重14～16克，干籽粒粗蛋白含量26.76%，含钙量748毫克/千克。种皮色泽符合日本红小豆进口标准，某些方面优于日本当地同类品种。抗锈病，耐白粉病。产量一般每公顷2 000千克左右，具有2 250千克以上的产量潜力。普通食用或豆沙型小豆，主要作为高档小豆制品原料。皮薄，易煮烂，出沙多。豆沙色泽及风味俱佳，是日本市场的高档豆沙商品。1999年通过北京市农作物品种审定委员会审定。适宜华北、黄淮流域、东北黑龙江第三积温带以南等地种植。

14. 京农8号 北京农学院作物遗传育种研究所育成。中早熟。北京平原地区夏播全生育期92～95天。植株直立紧凑。幼茎嫩绿色，成熟茎黄白色，株高45～50厘米左右，主茎15～17节，主茎有效分枝数2～4个。复叶中等大小，小叶卵圆形，花中黄色。单株荚数15～25个，豆荚长7.2厘米，直筒型，成熟荚黄白色，单荚粒数5～6粒。籽粒近圆柱形，种皮浅红有光泽，百粒重14～16克。籽粒均匀，饱满度好，外观品质符合日本红小豆进口标准。抗锈病，耐白粉病。产量一般每公顷2 250千克左右，高者可达2 700千克以上。普通食用或豆沙型小豆，主要作为高档小豆制品原料。易煮烂，出沙多。豆沙色泽好，日本小豆加工企业评价风味稍优于京农5号，可作为日本市场的高档豆沙商品。是北京地区主要出口品种京农5号的后备品种。适宜华北、黄淮流域、黑龙江第三积温带以南等地区种植。

（胡家蓬　程须珍）

主要参考文献

1. 胡家蓬．中国作物遗传资源．北京：中国农业出版社，1994
2. 李安智，傅翠贞．中国食用豆类营养品质鉴定与评价．北京：农业出版社，1993
3. 郑卓杰等．中国食用豆类学．北京：中国农业出版社，1997
4. 程须珍，童玉娥等．中国绿豆产业发展与科技应用．北京：中国农业科技出版社，2002
5. 林汝法，柴岩等．中国小杂粮．北京：中国农业科技出版社，2002
6. 程须珍，王素华等．小豆种质资源描述规范和数据标准．北京：中国农业出版社，2006
7. 成卓敏．新编植物医生手册．北京：化学工业出版社，2008

第九章 饭 豆

饭豆在温带及亚热带干旱、潮湿地带以至热带干旱森林生物地带都能生长。主要分布在亚洲南部和东部的中国、日本、印度、菲律宾、缅甸、印度尼西亚等国。在东南亚、西印度群岛、东非、澳大利亚和美国也有一定栽培面积。

饭豆在中国具有悠久的栽培历史。自东到西，从南至北，有江苏、甘肃、广西、吉林等15个省、自治区种植饭豆，分布范围相当广泛。据不完全统计，全国栽培面积约4万～6万公顷，每公顷产量750～1 500千克，在良好的栽培条件下单产可达2 240千克/公顷。其种植方式多以填闲和间作套种为主，或在田边地头及房前屋后另行种植。目前，生产上使用的品种仍以地方品种为主，如山西石楼芒饭豆、吉林怀德精米豆、湖北红蛮豆、广西花竹豆、贵州红爬山豆、云南大白饭豆等良种。

第一节 饭豆的营养成分与利用

一、饭豆的营养成分

（一）饭豆籽粒的营养成分 饭豆籽粒含蛋白质19.1%～22.7%，脂肪0.6%～1.2%，淀粉60.7%～65.4%，粗纤维4.0%～5.8%，灰分4.2%～4.3%，每百克籽粒含钙142～257毫克、磷301～480毫克、铁7.2～10.9毫克、维生素B_1（硫胺素）0.39～0.57毫克、维生素B_2 0.08～0.21毫克、烟酸2.2～2.4毫克。与其他豆类比较，饭豆含钙更为丰富。在饭豆蛋白质中各种氨基酸含量为：精氨酸462毫克，组氨酸380毫克，亮氨酸606毫克，异亮氨酸387毫克，赖氨酸769毫克，蛋氨酸169毫克，胱氨酸44毫克，苯丙氨酸325毫克，苏氨酸294毫克，缬氨酸394毫克。

（二）饭豆秸秆的营养成分 饭豆作为饲草，在豆荚长到成熟时一半大小时收割，营养最丰富。据测定，营养生长期的营养成分为干物质16.0%，其中纤维素31.5%，粗蛋白质18.0%，脂肪1.1%，无氮浸出物39.9%，灰分9.5%，钙1.4%，磷0.35%。开花期营养成分为干物质24.0%，其中纤维素32.1%，蛋白质14.5%，脂肪1.0%，无氮浸出物40.0%，灰分10.8%，钙1.2%，磷0.4%。

（三）饭豆的医疗保健作用 饭豆也是一种古老的民间药材，其药用价值在我国2000多年前的古医书中就有记载。在中医学上常将红饭豆与红粒小豆合称为赤小豆，其功能为清热、消肿、排脓。据《中药大词典》记载：红饭豆种子性平、味甘酸，无毒，入心、小肠经。有利水、除湿和排血脓、消肿解毒的功效。对治疗水肿、脚气、黄疸、便血、痈肿等病有明显疗效。并认为作药材优于小豆，但因货源不足常被小豆替代。据资料介绍，饭豆以粒小而赤褐色者可入药，其稍大而鲜红色者，无治病效果。

饭豆的叶可以治疗尿频、遗尿；花可清热、解毒、止渴，治疟疾、痢疾等病；豆芽可治便血、妊娠胎漏等。

二、饭豆综合利用价值

饭豆可以食用，做粥、汤，也可与大米同煮做饭或煮豆粒食用，还可与小麦等粮食混磨制做面条。幼苗、嫩荚和叶片可用做蔬菜，籽粒可以生豆芽、做豆沙。

饭豆是我国传统出口农产品，每年都有一定数量出口。据不完全统计，1992年以来，年出口量1 785～6 091吨，约占我国杂豆出口总量的0.1%～0.6%。

饭豆枝叶茂盛，茎叶柔软，蛋白质含量高是家畜尤其是猪和小牛的优质饲料。将饭豆茎叶及荚皮粉碎，发酵后再拌精料喂猪，适口性好，易消化，猪生长快。用青刈饭豆直接喂猪、牛和家兔，效果也很好。

饭豆不仅分枝多、蔓生性强，且主根发达，入土长达100～150厘米，并有大量小根瘤，是很好的绿肥作物。在我国北部地区，饭豆压青以复播掩青为主，即小麦或其他作物收获后抢墒播种，在花荚期掩青；我国南方或生长期较长的地区，可采取摘荚掩青（粮肥兼用），即饭豆成熟后先采收1～2批豆荚，然后翻压。

作为食用或出口的优质饭豆质量标准：粒大、皮薄，硬实率低，易煮烂，口感好。作为饲料或绿肥种植的饭豆，宜选用生育期短、枝叶繁茂的品种。

第二节　饭豆栽培技术

一、种植方式

饭豆品种多为蔓生类型，单作需要搭设支架以利植株生长，生产上大面积连片种植较少，多为零星种植或与玉米、高粱及幼龄果树等作物间作套种。也可在早稻、小麦或其他禾本科作物收获后复种，或在庭院及田边地头种植。在亚洲南部及东南部地区，常在水稻播种前种植，除收获种子外，秸秆还田以提高稻田氮素和腐殖质含量，进而提高水稻产量。

二、播前准备

（一）土壤准备　饭豆对土壤要求不严格，但要获得较好的产量需要种植在耕层深厚、肥沃、排水良好、富含钙质的土壤上。另外，饭豆是双子叶植物，出苗时子叶不出土，幼苗顶土能力较弱。因此，在播种前应根据各种土壤类型和不同的耕作制度进行适当深耕和整地，并结合整地施足底肥。通过耕、翻、耙、耱，疏松土壤，蓄水保墒、保肥，抑制和消灭杂草，以保证饭豆在土壤中迅速发芽和出苗。饭豆不宜连作，适合与禾本科作物轮作。

（二）种子处理 为了提高品种纯度和种子发芽率，在播种前应进行种子晾晒和清选。在有条件的地区可用根瘤菌、增产菌拌种，也可用缩节胺拌种或苗期叶面喷施，以提高饭豆产量。

三、播种技术

（一）适时播种 饭豆属热带和亚热带作物，对霜冻反应敏感，耐干旱和高温，多在平均温度 18～30℃的地区种植。饭豆播种期与小豆相似，在许多地区既可春播亦可夏播。一般我国北方春播在 4 月下旬至 5 月上旬，夏播在 5 月下旬至 6 月份播种。南方春播在 3 月中旬到 4 月下旬，夏播在 6～7 月播种。饭豆对播种期要求比较严格，过早播种易导致茎叶徒长，过晚播种则影响种子正常成熟，要根据当地气候条件和耕作制度适期播种。一般饭豆在吉林省 5 月上旬播种，气温 16.3℃左右，开花期温度 22.3℃；在湖北省 6 月上旬播种，气温约 21.6℃，开花期温度 28.5℃；在广西 6～7 月上旬播种，气温约 27.1℃，开花期温度 28.1℃。

（二）播种技术 饭豆的播种方法主要有条播、撒播和点播。一般单作以条播为主，荒沙地或作绿肥以撒播较多，间作、套种和零星种植多点播。

播种量要根据品种特性、气候条件和土壤肥力，因地制宜。一般条播为每公顷 50～70 千克，撒播 65～90 千克，点播 30～

45千克。间作套种视饭豆实际种植面积而定，种植密度根据品种和土壤肥力而定。一般条播行距40～90厘米，株距15～20厘米，播深以4～5厘米为宜。

四、田间管理

（一）酌情镇压 对播种时墒情较差、坷垃较多、土壤沙性较大的地块，要及时镇压。以减少土壤空隙，增加表层水分，促进种子早出苗、出全苗，根系生长良好。

（二）间苗定苗 为使幼苗分布均匀，个体发育良好，应在第一片复叶展开后间苗，在第二片复叶展开后定苗。按既定的密度要求，去弱苗、病苗、小苗、杂苗，留壮苗、大苗，实行单株留苗。

（三）灌水与排涝 饭豆耐旱主要表现在苗期。三叶期以后需水量逐渐增加，现蕾期为饭豆的需水临界期，花荚期达到需水高峰。饭豆花期较长，在有条件的地区可在盛花期灌水一次。在没有灌溉条件的地区，可适当调节播种期，使饭豆花荚期赶在雨季。

在饭豆生长期间，如雨水太多应及时排涝。采用深沟高畦沟厢种植或开花前培土，是饭豆高产的一项重要措施。

（四）中耕除草 饭豆多在温暖、多雨的夏季播种，生长初期易生杂草。另外，播后遇雨易造成地面板结，影响幼苗生长。一般在饭豆开花封垄前应中耕2～3次，即在第一片复叶展开后结合间苗进行第一次浅锄；在第二片复叶展开后，开始定苗并进行第二次中耕；到分枝期结合培土进行第三次深中耕。

（五）搭设支架 饭豆多为蔓生类型，茎秆细软，尤其花荚期，荚果集中在植株中上部，倒伏现象严重，影响产量和品质。对蔓生性较强的品种应在三叶期或主茎甩蔓前搭好支架，以利通风透光和提高产量及品质，支架插杆应距植株10厘米左右，防止伤根。

(六) 整枝打杈 饭豆分枝较多，且枝叶茂盛，易造成田间郁蔽。对未搭设支架或植株生长过旺的地块，应及时整枝，减少养分消耗，提高结荚率和产量。

五、主要病虫害防治

饭豆对许多病害和虫害具有较强的抗性，受病、虫害比其他豆类轻。

在生育期，饭豆受白粉病、锈病及黄瓜病毒病危害。另外，饭豆对大豆胞囊线虫、爪哇根结线虫等反应较为敏感。目前，对这些病害的研究还很少，其防治方法可参照绿豆、小豆。相对而言，饭豆抗多种虫害，也极少有仓库害虫发生。

六、收获与贮藏

饭豆开花期长，有边开花边结荚边成熟的习性，农家品种又有炸荚落粒现象，应适时收摘。一般植株60％～70％的荚成熟后开始采摘，以后每隔6～8天收摘一次。饭豆成熟时易炸荚落粒，应在早晨空气湿度较大时采收。收下的饭豆荚应及时晾晒、脱粒。饭豆很少有仓贮害虫为害，故种子晾干、清选后即可入库。

第三节 优良品种

1. *石楼芒饭豆* 山西石楼地方品种。株高300厘米，蔓生，生育期约145天。单株结荚130个左右，荚长11厘米以上，单荚粒数约9粒，单株产量约85克。粒黄色，长圆柱形，百粒重6.5克。

2. 坏德精米豆 吉林怀德地方品种。株高260厘米，蔓生，生育期约104天。单株结荚300个左右，荚长约10厘米，单荚粒数约8粒，单株产量约150克。粒黄色，长圆柱形，百粒重6.5克。

3. 泌阳饭豆 河南泌阳地方品种。株高130厘米，蔓生，生育期约105天。单株结荚140个左右，荚长近10厘米，单荚粒数9～10粒，单株产量约70克。粒红色，长圆柱形，百粒重5.4克。

4. 黄金爬山豆 云南永胜地方品种。蔓生，生育期约126天。主茎分枝3.1个，单株结荚80个左右，成熟荚黑色。粒黄色，长圆柱形，百粒重4.2克。

5. 麻饭豆 云南腾冲地方品种。生育期约140天。蔓生，有限结荚，主茎分枝2.8个，单株结荚47个左右，荚长12厘米，成熟荚黑色。粒麻色，长圆柱形，百粒重6.5克。

6. 懒豆 贵州毕节地方品种。生育期约140天。蔓生，无限结荚，主茎分枝4.1个，单株结荚77个左右，成熟荚黑色。粒黄色，长圆柱形，百粒重8.0克。

7. 白蔓豆 陕西柞水地方品种。株高112厘米，生育期约120天。蔓生，无限结荚，主茎分枝2.8个，单株结荚27个左右，成熟荚黑色。粒黄色，长圆形，百粒重4.8克。

8. 花竹豆 广西那坡地方品种。生育期约239天。蔓生，无限结荚，单株结荚28个左右，荚长12厘米，成熟荚淡黄色。粒黄色，长圆柱形，百粒重7.1克。

9. 红蛮豆 湖北宜昌地方品种。早中熟，全生育期178天。无限结荚习性，蔓生。幼茎紫色，株高192.8厘米。主茎分枝7.9个，叶片卵圆形，花黄色。分枝结荚率较高，单株结荚235.0个，豆荚长12.3厘米，圆筒形，成熟荚褐色，单荚粒数8.5粒，单株产量158.2克。籽粒长圆柱形，种皮红色光亮，百粒重7.9克。干籽粒粗蛋白质含量22.68%，淀粉含量45.69%。抗旱性好，抗涝性一般，田间未发现白粉病、锈病、根腐病、枯萎病危害。在湖北宜昌地区一般每公顷产量4 000千克左右。粮饲兼用。适于湖北省平原、低山丘陵地区种植。

10. 白蔓豆　湖北汉川地方品种。早中熟，全生育期176天。无限结荚习性，蔓生。幼茎绿色，株高353.0厘米。主茎分枝11.9个，叶片卵圆形，花黄色。分枝结荚率较高，单株结荚320.0个，豆荚长9.9厘米，圆筒形，成熟荚褐色，单荚粒数8.4粒，单株产量230.1克。籽粒长圆柱形，种皮白色光亮，百粒重8.6克。干籽粒粗蛋白质含量22.68%，淀粉含量45.69%。抗旱性好，抗涝性一般，田间未发现白粉病、锈病、根腐病、枯萎病危害。在湖北汉川地区一般每公顷产量4 250千克左右。粮饲兼用。适于湖北省平原、丘陵地区种植。

11. 新平汤豆　云南省传统优良地方品种。中熟，全生育期131天。无限结荚习性，蔓生。幼茎绿色，成熟茎褐黄色，株高150厘米以上。分枝力中等，单株分枝3.3个，叶片心脏形，叶缘全缘，花黄色。单株结荚87.5荚，豆荚长10.1厘米，直线形，鲜荚绿色，成熟荚黑色，裂荚性弱；单荚粒数8.39粒，单株粒重54.6克。籽粒长圆柱形，种皮浅黄有光泽，百粒重7.5克。干籽粒粗蛋白含量20.4%。在云南一般每公顷干籽粒产量3 200～4 914千克。干籽粒食品加工。适宜云南省海拔400～1 900米区域及生境条件近似的饭豆产区种植。

12. 长武红饭豆　陕西省长武县地方品种。生育期100～105天。无限结荚习性，蔓生，植株高大繁茂。株高达到2米以上，分枝3～5个。叶色浓绿，花色金黄。单株结荚50个以上，单荚粒数6.3～8.8个，单株粒重25.3～34.5克。籽粒长圆柱形，种皮红色有光泽，百粒重6.0～6.2克。籽粒分批成熟，最早为9月中旬，最迟可延续到11月上旬。一般每公顷产量1 650～2 100千克。可制豆馅、制糕点等，也可煮粥，亦作药用。适宜关中地区、渭北和陕北旱原以及陕南地区沟坡地种植。

（程须珍）

主要参考文献

1. 郑卓杰等．中国食用豆类学．北京：中国农业出版社，1997
2. 林汝法，柴岩等．中国小杂粮．北京：中国农业科技出版社，2002
3. 程须珍，王素华等．绿豆种质资源描述规范和数据标准．北京：中国农业出版社，2006

第十章　蚕　豆

蚕豆，俗称胡豆、佛豆、南豆、罗汉豆、大豆、寒豆、川豆、倭豆、夏豆、马料豆等。

世界蚕豆生产主要分布在亚洲、欧洲、近东、大洋洲和南美洲。目前，全世界有 51 个国家生产干蚕豆。2000—2005 年世界平均栽培面积 262.9 万公顷，总产 425.3 万吨。全世界干蚕豆栽培面积最大的 5 个国家依次是中国、埃塞俄比亚（39.1 万公顷）、澳大利亚（17.9 万公顷）、摩洛哥（15.0 万公顷）和埃及（13.0 万公顷）。全世界 45 个国家生产青蚕豆，2000—2005 年平均栽培面积 19.1 万公顷，总产 106.1 万吨。青蚕豆栽培面积最大的 5 个主产国是中国、玻利维亚、阿尔及利亚、秘鲁和摩洛哥。

中国是世界上干蚕豆栽培面积最大、总产最多的国家，2000—2005 年平均面积和产量分别为 115.2 万公顷和 206.7 万吨，在世界干蚕豆生产中所占比重分别为 43.82%和 48.60%。法国是世界上干蚕豆单产水平最高的国家，2000—2005 年平均面积 7.6 万公顷，总产 29.8 万吨，全国平均单产 38 735.8 千克/公顷。因此，中国是世界第一大蚕豆生产国和消费国，在世界蚕豆生产中举足轻重。

蚕豆是蛋白质含量高、易消化吸收的粮、菜和风味小吃兼用的作物，又是除大豆和花生之外我国目前面积最大、总产最多的食用豆类作物。蚕豆还是我国南方最重要的豆类作物。因而，蚕豆产量的多少，对我国人民的“米袋子”和“菜蓝子”有着重要影响。在全国 34 个省、自治区、直辖市中，除山东、海南、澳门、北京、天津和东北三省较少种植外，其余26个省、自治区、直辖市均有蚕豆种植。其中秋播蚕豆以云南、四川、湖北和江苏省的种植面积和产量较多，而春播蚕豆以甘肃、青海、河北、内蒙古较多。

第一节　营养价值和加工利用

一、营养及药用价值

（一）营养成分　蚕豆籽粒平均蛋白质含量27.6%，高者达34.5%，是食用豆类中仅次于大豆、四棱豆和羽扇豆的高蛋白作物。蚕豆籽粒中还含有丰富的矿质营养和维生素等（表10.1）。

表10.1　蚕豆营养成分（以100克籽粒计）

项　目	干籽粒	炸盐蚕豆	鲜籽粒	芽蚕豆
水分（克）	13.0	11.0	77.1	63.8
蛋白质（克）	28.2	28.2	9.0	13.0
脂肪（克）	0.8	8.9	0.7	0.8
碳水化合物（克）	48.6	47.2	11.7	19.6
热量（千焦）	1.31	1.60	0.37	0.58
粗纤维（克）	6.7	1.3	0.3	0.6
灰分（克）	2.7	3.4	1.2	2.2
钙（毫克）	71.0	55.0	15.0	109.0
磷（毫克）	340.0	222.0	217.0	382.0
铁（毫克）	7.0	6.7	1.7	8.2
胡萝卜素（毫克）	0	—	0.15	0.03
VB_1（毫克）	0.39	—	0.33	0.17
VB_2（毫克）	0.27	—	0.18	0.14
尼克酸（毫克）	2.6	—	2.9	2.0
VC（毫克）	0	—	12.0	7.0

（二）药用价值　蚕豆茎、叶、花、荚壳和种皮均可入药。明代《群芳谱》记载：蚕豆“味甘微辛平无毒，快胃、和脏腑、解酒毒。主要功能：健脾、除湿、通便、凉血”。据《中医学大

辞典》介绍，蚕豆有健脾除湿、通便凉血功能，治疗小便频数、咳血、鼻衄有显著疗效。

（三）营养抑制因子及“蚕豆黄”病 蚕豆花和种子中含有蚕豆嘧啶和伴蚕豆嘧啶，能使先天性缺乏葡萄糖-6-磷酸脱氢酶的人发生急性溶血性贫血症，即蚕豆黄或豆黄。发病者多为男孩，吸入蚕豆花粉或食青蚕豆后，有尿血、乏力、眩晕、胃肠紊乱和尿胆素排泄增加等现象，严重者出现黄疸、呕吐、腰痛、发烧、贫血及休克。一般吃生蚕豆5～24小时后发生，但有时食炒熟的也可发生，如果吸入其花粉，则发作更快。

蚕豆黄病在中国少数地区有发现，一般在春夏之际吃青蚕豆时发生，地中海地区如意大利，发病较多。若发生蚕豆黄病，应及时请医生救治。

二、加工利用技术

蚕豆营养丰富，食用方法多样，既可作主食，又可作副食。根据加工方法和食用要求，加工产品可分为炸炒类（如盐炒、砂炒、土炒蚕豆，油炸兰花豆、五香豆、怪味豆等），酿造类（如酱油、甜酱、豆瓣酱等），淀粉类（如粉丝、粉皮和凉粉等）。

（一）风味食品

1. 绍兴茴香豆（孔乙己豆）与五香辣味豆

原料：蚕豆1 000克，香料（大茴香、桂皮）、精盐适量。

制法：①将蚕豆入锅，加水约0.5千克，煮沸15～20分钟，加香料、盐，边煮边搅拌，待锅内水煮干，即成茴香豆。②如在加料时再增加少量甘草、辣椒粉，即成五香辣味豆。

2. 脆香椒盐豆

原料：蚕豆500克，花生油50毫升，花椒盐15克。

制法：①将饱满、无虫蛀的干蚕豆用水浸泡，在室温下浸泡2天，每天换水1～2次，泡好后捞出，沥净水分，吹凉至干。

②将铁锅置于旺火上烧热，加入花生油烧至七成熟，倒入蚕豆翻炒10～15分钟后，再改用文火继续翻炒，待蚕豆皮呈暗红色散发出焦香味时，即可离火。③将花椒盐用旺火炒焦（无麻涩味），碾成细末，与精盐拌匀后，再次上火翻炒2～3分钟。④将花椒盐趁热撒入炒熟的蚕豆中拌匀，晾凉即成。

3. 辣味开花蚕豆

原料：蚕豆500克，精盐25克，花椒粉5克，五香粉5克。

制法：①先将清水入锅煮沸，加入食盐5克，倒入装有蚕豆的桶中，加盖浸泡1天。②将蚕豆取出沥干，用刀片将蚕豆的端头纵横各割一刀（呈十字形），晾干待用。③往锅中注入生油，用旺火烧沸后倒入蚕豆，炸至豆面生花，豆壳呈紫色时迅速取出，滤除余油。④将花椒粉、精盐、五香粉拌在一起，入锅用温火稍炒，取出，拌入炸好的蚕豆中调匀，经冷却后即为成品。

4. 糖豆瓣

原料：鲜青蚕豆瓣500克，饴糖75克，白砂糖500克，植物油500克。

制法：①将鲜蚕豆去皮，剥成豆瓣，用清水洗净。②将素油入锅，用大火烧沸，然后徐徐放入豆瓣，每次炸1/4，用笊篱不停地翻动。待豆瓣中的水分蒸发，并在锅里发出沙沙响声时，捞出，沥干油。③把砂糖和饴糖放入锅中，加清水50克，熬成糖浆（115℃左右），待糖浆稍冷后，加入一些玫瑰花末，将豆瓣放入，轻轻翻动，待完全冷却后，成为白色颗粒即可。

注意事项：①炸制时，时间不可过长，否则豆瓣变黄，不能保持鲜绿的色泽。每千克豆瓣炸好后，可得500克左右成品。②如做椒盐豆瓣，可不放糖。在炸好的豆瓣中放入花椒粉和精盐即可。咸淡适口，以稍淡为好。

5. 糖胡豆（糖蚕豆）

原料：菜油750克（实耗150克），干胡豆500克，白糖250克，明矾5克，炒芝麻100克。

制法：①先将白矾砸细入冷水中溶解，再下胡豆浸泡(夏、秋季泡 2 天，冬、春季泡 3～4 天)。每天换水一次。②用筲箕沥干水，去掉豆眉。油锅烧至五成熟时下胡豆（快起锅时宜小火），待胡豆炸酥呈谷黄色时，用漏勺捞起。③另锅置于中火上，下油 50 克，加热到五成熟时放糖，炒制成糖汁。糖翻沙后放入胡豆，翻炒均匀，直至裹上糖，再放芝麻，拌匀，起锅即成。如不喜甜味，胡豆炸酥后，亦可拌成鱼香味或撒上椒盐成椒盐味。

6. 怪味胡豆（怪味蚕豆）

原料：白砂糖 1 500 克，饴糖 350 克，熟芝麻 100 克，白皮胡豆 3 000 克，辣椒面 25 克，菜油 700 克，花椒面 25 克，五香粉 3.5 克，味精 5 克，甜酱 200 克，白矾 35 克，食盐 40 克。

制法：①浸泡：浸泡时用冷水，以淹过胡豆为宜。若气温 36℃以上浸泡 12 小时左右，若气温 30℃以下浸泡 30 小时左右，若气温 10℃以下需泡 48 小时以上。②去嘴：胡豆浸泡后必须去嘴，即破除芽部的外壳，油炸后才酥脆。③浸矾：去嘴后的胡豆再浸泡，在水中按 100 千克胡豆：1 千克明矾的比例配制，浸矾时间约 10 小时，不宜过长。④油炸：旺火，油温 200℃左右，将浸矾后的胡豆炸制 10～15 分钟，待胡豆酥脆后即可起锅。⑤拌辅料：先拌甜酱，如太干可加入适量酱油；甜酱拌好后需充分冷却，才能再拌和食盐、香料等其他辅料。⑥滴糖衣：白糖、饴糖加水溶化，熬至 115℃，即可为已拌好辅料的胡豆滴糖衣。⑦包装：滴完糖衣的胡豆，冷却后进行包装。

7. 糖醋香酥蚕豆

原料：干蚕豆 250 克，白糖 30 克，醋 30 克，盐 10 克，油 30 克，味精 1.5 克，油适量。

制法：①用温水加盐倒入盆内，将干蚕豆倒入搅拌均匀，待蚕豆泡涨后捞出，沥水。②将炒锅放置旺火上，倒入花生油，烧至七成热时，投入蚕豆，炸至浮起，酥时，即可捞出，沥去油；趁热用白糖、醋、味精烹炒，入味后，淋上香油即可出锅。

8. 玫瑰糖豆瓣

原料：青蚕豆米1 000克，白糖适量，饴糖、玫瑰花末少许，豆油500克（实耗50克）。

制法：①炒锅中倒入油，上旺火烧热，分次下入青豆瓣，捞出控干油备用。②取十分之一炸酥豆瓣重量的糖，加上少量饴糖，再加少许清水，烧熬成糖浆；将炸好的豆瓣投入糖浆内翻炒，待砂糖起沙，放入玫瑰花，盛入盘中晾凉即可。

9. 炸开花豆

原料：蚕豆500克，花生油500克（实耗50克），精盐适量。

制法：①将蚕豆用水泡涨，冬天用温水保持温度泡2天左右，使蚕豆吸足水分，捞出控干，在蚕豆出芽处用刀划破一个小口，备用。②锅内放油，待油七八成热后，将蚕豆放入锅中炸，头次下油炸时要热些，火要旺些，待炸到外脆内绵时，捞出晾凉；第二次炸时在油烧到五六成热时下蚕豆，一直炸至蚕豆呈深黄色时，捞出控净油，放入适量精盐，拌匀即成。

（二）食品加工

1. 蚕豆酱　又称豆瓣酱。以蚕豆为主要原料，用面粉作碳源，添加盐和水等。如果添加辣椒及香辛料，就制成辣豆瓣酱。

操作要点：①浸泡去壳：将洗净的蚕豆用清水浸泡，待豆瓣断面无白心，并有发芽状态，用80～85℃、2%氢氧化钠液浸泡4～5分钟，去壳，再用冷清水漂洗至无碱性。如果用干法去壳，则用石磨或钢片磨磨碎，用筛子（或风扇）分取豆瓣，排除豆壳（即种皮）。②蒸煮和拌入面粉：为了保持蚕豆瓣形状，一般宜小锅蒸煮，豆瓣蒸熟后取出冷却，拌入焙炒过的面粉（一般蚕豆瓣和面粉的比例为100 ∶ 3），以待接种。③接种培养制成豆曲：将蒸熟拌入面粉的混合料冷至40℃左右，接入种曲。一般种曲用量1.5%～3%。为将种曲均匀接种，可先将种曲和面粉拌匀后，再与豆瓣拌和接种。将接种好的料压成一块饼坯，放在竹帘上，移至室内（室温30℃左右为宜），进行自然发酵，一般4天左右饼坯上长出菌毛，即豆曲制成。④下缸发酵：将豆曲取出，日晒数小时后，将其弄碎放入缸中，加入波美15°的盐水（稍淹没豆曲为宜），将豆曲缸移至阳光下暴晒发酵（注意缸上加纱罩以防灰尘和苍蝇），每天早晨搅拌一次，经40～50天左右，当酱色变成黑褐色，并放出香味时，则发酵完成，即可食用。还可根据口味要求，将胡椒、辣椒、茴香等磨粉加入，制成辣豆瓣酱等。⑤装罐灭菌：先将空罐消毒灭菌后装入豆瓣酱，加盖后再消毒灭菌10～15分钟，杀菌后密封贮存。

2. 蚕豆罐头　蚕豆和豌豆一样可以加工为很有风味的罐头食品。因为许多蚕豆加工时容易变成深色，应当用白色或乳白色蚕豆制作罐头。制罐头用的蚕豆在青嫩时摘收。先将豆粒在77℃温水中软化2分钟，然后进行浸洗，检验，再装入罐头盒内，并加入含有1.6%盐和1.4%糖的热水，随后排气、封口，并在116℃温度下处理25分钟。处理后的罐头，要尽快冷却，以便贮藏待用。

3. 快速冷冻　白粒型和绿粒型蚕豆品种均可用于此类加工，但以绿粒型和绿皮绿心型品种为好。快速冷冻用的蚕豆通常在沸水中软化1分钟，接着冷冻和包装密封。

4. 蚕豆蛋白质的分离和浓缩产品　蚕豆蛋白质的分离工序包括蚕豆去壳、磨碎（得到蛋白质和淀粉的混合面粉），用稀释的弱碱提取蛋白质，接着将提取的蛋白质进行酸化，再行分离、洗涤和干燥等程序而得到蛋白质分离产品。另一种方法是用空气分级法将磨细的去壳蚕豆粉分离为蛋白质粉和淀粉两部分。富含蛋白质的浓缩粉可与大豆蛋白质浓缩粉媲美。

第二节 栽培管理技术及病虫害防治

一、耕作制度

蚕豆是固氮能力很强的作物，也是各种大秋作物的良好前茬。在种植结构和耕作制度的调整中占有非常重要的地位。

(一) 单作和轮作 蚕豆不宜重茬连作，连作常使植株矮小，落花落荚，结荚少，病害加重，产量降低。一般蚕豆只能种一年，最多只能连作两年。在南方冬植地区，蚕豆是一年三熟制的良好冬作物，为玉米、水稻、棉花、高粱、甘薯、烟草等的后茬，与麦类、油菜等实行隔年轮作，热量充足的地区实行水稻—水稻—蚕豆或油菜—水稻—蚕豆一年三熟制。在北方春蚕豆产区实行一年一熟制，蚕豆与麦类、马铃薯、玉米等轮作倒茬。

(二) 间作套种 为了充分利用土地和光照，蚕豆常与非豆科作物实行间作套种。例如蚕豆和油菜、马铃薯间作，与水稻、棉花套种，使蚕豆适时播种。此外，在果园、桑田、田埂地头上均可间种。

二、田间管理技术

(一) 生育期划分 蚕豆一生可分为发芽出苗、营养生长和生殖生长3个生育期。其中生殖生长期较长，边现蕾、边开花、边结荚。

1. 发芽出苗 蚕豆粒大、种皮厚，发芽时需水较多，吸水较难。从胚根突破种皮到主茎（幼芽）伸出地面2～3厘米为发芽出苗期，所需时间因品种与秋播和春播而不同，秋播区一般要 11～14 天，春播区需要 21～30 天，比其他作物长。在土壤湿度适中条件下，温度高低是影响出苗天数的主要因素。

2. 营养生长　营养生长期是指出苗后到现蕾前的阶段。在云南省适时播种条件下一般经历 40～45 天，有效积温 480～680℃；江苏和浙江一带约 35～40 天。出苗后，主茎不断向上伸长，一般在 2.5～3 片复叶时开始发生分枝。一般早出生的分枝长势强，积累的养分多，大多都能开花结荚，成为有效分枝。蚕豆发生分枝早晚受温度影响最大。在南方秋播区，日夜平均温度在 12℃以上时，出苗到分枝约 8～12 天。随着温度下降，分枝的发生逐步减慢，春后发生的分枝常因营养不良，生长弱而自然衰亡或不能开花结荚。利用蚕豆分枝的这一特性，适时播种，施足基肥，加强越冬培土，施腊肥，促早发，保冬枝，是蚕豆的高产基础。

3. 生殖生长期　生殖生长期是指从现蕾到成熟前的阶段。主茎或分枝下部第一花簇开始出现，标志着蚕豆已进入生殖生长期。进入生殖生长期，植株高度因品种和播种早迟、栽培条件的不同而有差异。此时植株高矮对产量影响很大。过高，造成荫蔽，花荚脱落多，甚至引起后期倒伏，产量不高；过矮，达不到丰产的营养生长量，产量也不高。生殖生长初期是干物质形成和积累较多的时期，要协调好生长与发育的关系。对生长不良的要促，提早施肥、灌水；对长势旺的要防止过早封行，影响花荚形成，要进行整枝；对密度太大的田块适当间苗，改善通风透光条件，促进茎秆健壮，以防倒伏。

生殖生长中后期，蚕豆开花结荚并进，其开花期可长达 50～60 天。从始花到豆荚出现是蚕豆生长发育最旺盛的时期。这个时期，在茎叶生长的同时，茎叶内贮藏的营养物质又要大量地向花荚输送，此时期需要土壤水分和养分充足，光照条件好，叶片的同化作用能正常进行，这样才有足够的营养物质同时保证花荚大量形成和茎叶继续生长，促进开花多，成荚多，落花落荚少。这是蚕豆能否高产的关键。因此，这时要加强田间管理，灌好花荚水，适施花荚肥，整枝打顶，以调节蚕豆内部养分和水分的供给，改善群体内部通风透光条件，防止晚霜冻害和后期排水防渍。

蚕豆花朵凋谢以后，幼荚开始伸长，荚内的种子也开始膨大。随着种子的发育，荚果向宽厚增大，籽粒逐渐鼓起。种子的充实过程称为鼓粒。鼓粒到成熟是蚕豆种子形成的重要时期。这个时期发育是否正常，将决定每荚粒数的多少和百粒重的高低。鼓粒阶段缺水会使百粒重降低，并增加秕粒，降低产量和质量。为了保证养分积累，必须加强以养根保叶、通风透光和防止早衰为中心的田间管理工作。当蚕豆下部荚果变黑，上部豆荚呈黑绿色，叶片变枯黄时，就达到成熟期。

（二）整地 蚕豆是深根作物，根系发达，入土深，宜选择排灌良好、疏松肥沃的土壤。北方春播区由于春旱比较严重，而且有充足的时间进行播前整地，最好耕两次。第一次耕深15～20厘米，第二次浅耕7～10厘米，并进行耙耱，使下层土壤紧密，上层土壤疏松，消灭杂草，减少土壤水分蒸发。南方水田种植蚕豆，要在水稻蜡熟初期开沟作畦排水，一般畦宽1.5～2.5米，主沟深30～50厘米。或者待水稻收割后，采用免耕法。

（三）播种 播种前对蚕豆种子进行粒选。选择粒大饱满、无病无残的籽粒作种子。播种时间，南方秋播多在10～11月份，北方春播多在3～5月初。播种密度，一般每公顷冬蚕豆单作，大粒种密度15万～19.5万株，小粒种密度40万株左右；春蚕豆单作，大粒种为18万株左右，小粒种37.5万～45万株。

（四）中耕除草 在蚕豆生长期中，需要多次中耕除草和必要的培土。冬蚕豆，第一次中耕需在苗高7～10厘米时进行，中耕深度为7～10厘米，株间宜浅；第二次中耕需在苗高15～20厘米时进行，耕深为4～5厘米，同时结合培土保温防冻；第三次中耕在入春后开花前进行，并在根部培土7～8厘米以防倒伏。后期如杂草多，可拔草1～2次。

（五）水肥管理

1. 施足底肥　为改善土壤结构，确保苗齐、苗全、苗壮，南方一般每公顷施优质农家肥7 500～11 250千克，北方每公顷施农家肥22 500～30 000千克、过磷酸钙225千克。为提高磷肥的利用率，一般把过磷酸钙和农家肥混匀沤制5～7天，然后混合施入大田。在土壤缺钼地区，播种时每千克种子拌2克钼酸铵，可增产蚕豆15%左右。

2. 巧施苗肥　幼苗期施氮肥要适量，以增加冬前有效分枝。在土壤肥力中等、基肥充足和适期播种的前提下，最好不施苗肥。但在地薄或基肥不足、长势差的地块，应在苗期轻施氮肥（每公顷施硫酸铵45～60千克），以促进分枝。春蚕豆幼苗期根瘤尚未形成和固氮时，特别是薄地，一般应施入少量的速效氮肥，以促进根系和幼苗生长。

3. 重施花荚肥　花荚肥可延长叶功能期，加速养分运输和转化，有保花、增荚、增粒、增粒重的作用。一般以初花期施肥为宜，不能迟过盛花期，每公顷施尿素75～150千克，过磷酸钙150～225千克，磷酸二氢钾15千克。长势差的适当早施重施，施肥一般在初花期进行，达到增花增荚的效果，每公顷施尿素225千克以上；长势中等的，在开花始盛期施，以利于增加下部结荚数，争取中部多结荚，每公顷施尿素150～195千克；长势好的宜晚施轻施，以达到稳住下部荚、争取中上部荚、促进籽粒饱满的目的，一般在花中盛期每公顷施氮素75～120千克。

4. 根外追肥　灌浆期根外追肥，有利于延长功能叶的寿命，确保粒饱粒重。主要采取叶面喷肥。一般喷0.05%硼砂溶液，百粒重可增加10克左右，增产15%左右；喷钼酸铵、锌肥、尿素、硝酸钾可增产3.5%～6.4%。

5. 灌溉与排水　蚕豆对水分很敏感，涝时要及时开沟排水，旱时要及时供水。花荚期是蚕豆需水的临界期。一般在蚕豆生育期中灌水2～3次，第一次在现蕾开花期，第二次在结荚期，第三次在蚕豆鼓粒期。蚕豆生育后期怕涝，长期阴雨连绵或土壤积水过多会使其根系发育不良，容易感染立枯病和锈病。开花结荚阶段，浸水3天叶片变黄，5～7天根系霉烂，植株枯死。

（六）整枝摘心　蚕豆的分枝能力很强，生育后期的分枝多为无效分枝。无效分枝造成田间通风透光差，养分消耗大，影响有效分枝开花结荚。因此，整枝、摘心是蚕豆种植中一项必要的农艺措施。

冬播蚕豆整枝、摘心技术包括三个时期：第一，主茎摘心。主茎摘心可以促进早分枝，多分枝，并对控制植株高度，防止倒伏有一定作用。以主茎长达6～7叶、基部已有1～2个分枝时摘心最好，保证冬前有3～4个分枝，将来早发为有效分枝，一般摘心留桩7～10厘米。但是，长势差、植株矮小，不打；土壤瘠薄、分枝少、依靠主茎结实，不打。第二，早春整枝。春暖后，蚕豆将继续大量发生二三次分枝，且多为无效分枝，应在初花期去掉小分枝、细弱分枝和茎秆扭曲叶色发黑的分枝。第三，花荚期打顶。蚕豆整株中上部已进入盛花期，下部已开始结荚，为最好的打顶时期。打顶时应掌握：打小顶而不打大顶；打掉的顶尖可带蕾，而不带花；打顶应选择晴天时进行，防止茎秆伤口灌入雨水不易愈合发生病害。一般摘心以掐去嫩尖3～5厘米为宜。

有的地区种植春蚕豆易徒长，落花落荚严重，造成倒伏减产，也需要打顶，以保证蚕豆正常成熟。

三、主要病虫害及其防治

（一）病害及其防治　蚕豆的主要病害为真菌性病害。

1. 蚕豆赤斑病　又称蚕豆红叶斑病。是蚕豆冬播区发生最严重的病害之一，春播区也有发生。主要危害叶片、茎，也能危害荚。病斑从植株下部叶片开始，初为赤色小斑点，后逐渐扩大成2～4毫米的圆斑，颜色变为褐色或铁青色，病斑中央微凹陷。空气湿度过大，超过85%时，有利于该病发生。

赤斑病防治的栽培措施：采用宽窄行条播，使株间空气流通，降低湿度。药物防治：发病期可用65%代森锌可湿性粉剂500～800倍液或50%多菌灵可湿性粉剂600倍液、75%百菌清600～800倍液，每公顷用量1 500千克喷雾。

2. 蚕豆褐斑病　又称壳二孢菌褐斑病。是蚕豆又一种流行很广的主要病害。侵染蚕豆茎、叶、荚和种子。在叶片上开始为赤色斑点，以后扩大成圆形或长圆形或不规则病斑。病斑中央为淡灰色，边缘呈深褐和赤色。表面常有同心轮纹，病斑中央常脱落呈穿孔症状。在干旱条件下病斑中央呈白色，在潮湿条件下中央呈灰色或灰白色。叶片上的病斑开始时呈深褐色，以后形成颜色较浅的中央部分和深赤色的边缘。茎上病斑为圆形、长圆形或卵圆形，中央灰色和边缘赤色。豆荚上的病斑呈圆形或卵圆形，深褐色，边缘黑色。病斑通常深陷入寄主组织内。

防治褐斑病的措施：①不从外地引入带病种子。为保证种子不带病菌，可用50%福美双可湿性粉剂拌种，每50千克种子拌药0.3千克，或在70℃温水中浸种2分钟。②在田间，注意通风和排水，也可用50%福美双喷植株或处理种子。在病害发生期到发展期每2～3周喷一次波尔多液。③清除和销毁田间带病残株，并配合深耕消灭病菌。④轮作可以明显减轻褐斑病危害。

3. 蚕豆轮纹病　主要危害叶。有时也危害茎。常与蚕豆赤斑病、褐斑病同时发生。防治方法与蚕豆赤斑病和褐斑病相同。

4. 蚕豆锈病　锈病在蚕豆主产区普遍发生。在南方秋播区发生严重。主要危害茎和叶。开始时在叶片两面发生淡黄色小斑点，以后加深为黄褐色和锈褐色。斑点扩大并隆起，这是夏孢子堆。夏孢子破裂时飞出夏孢子，产生新的夏孢子堆。在后期叶和茎上产生一种深褐色病斑，呈椭圆或纺锤形，这是冬孢子堆，可散发出黑色粉末，即冬孢子。冬孢子和夏孢子均可在蚕豆残株上越冬。锈病病菌喜欢温暖潮湿，14～24℃适宜锈病菌发芽和侵染。低洼积水、土质黏重、排水不良的地方容易发病；生长茂盛、通风透光不好的地方也易发病。早熟品种在锈病大发前成熟或收获，有可能避免锈病大发生。

防治措施：①将遮阳和潮湿地点的晚熟豆株和遗留的其他残株清除销毁。发病地区应尽量销毁原有病株和残存病株。②在蚕豆生长季节内用500倍代森锌液或福美双每10天喷一次，有一定效果。用粉锈宁常量喷雾，连喷2次，效果显著。

5. 蚕豆立枯病　危害根和茎基部。用50％多菌灵可湿性粉剂拌种（占种子量的3％），播种前用1～1.5千克50％多菌灵与30千克细沙土混匀，撒入田间，再进行耕作，以防止立枯病的发生。

6. 蚕豆枯萎病　俗称霉根病。是蚕豆主要病害之一，各地都有发生。病害多在开花结荚期发生。主要以耕作措施防治为主。

7. 蚕豆根腐病　由菌核根腐菌引起。主要危害根和茎基部，引起全株枯萎。该病以栽培措施防治为主，采取拌种和土壤消毒的办法。药剂防治可用65％代森锌可湿性粉剂400～500倍液或50％多菌灵可湿性粉剂1 000倍液，一般喷施2～3次，以防治枯萎病。

（二）害虫及其防治

1. 蚕豆蚜虫　苜蓿蚜是危害蚕豆的主要害虫之一。危害嫩叶、花、荚。可用1.5％乐果粉剂每公顷22.5～37.5千克或40％乐果乳剂2 000倍液喷雾。

2. 蚕豆象　主要危害收获后的种子。发生普遍，危害严重。

一般在新收获后 40～45 天之内，用氯化苦或磷化铝密闭熏蒸或开水烫种。开水烫种适用于处理少量蚕豆种。通常用竹篮盛种，在沸水中浸烫 20～30 秒钟后立即取出在冷水中浸一下，摊开晾干后贮藏。

3. 地蚕　又称蛴螬（金龟子幼虫）。是旱地危害幼苗最重的害虫。咬断初生根和茎，使幼苗枯死。可用 50%辛硫磷 2 000 倍液灌根。

4. 斑蝥　是危害蚕豆花、叶的主要害虫。幼虫时可用 50%辛硫磷乳油 1 000～1 500 倍液喷雾，成虫用 50%辛硫磷乳油 800～1 000 倍液喷雾。

5. 根瘤象　主要发生在甘肃临夏地区。成虫咬食叶片、花蕾和花瓣，幼虫咬食根瘤和根部表皮。在成虫为害初期可用晶体敌百虫 1 000 倍液喷雾，也可在播种前 1～2 天沟施辛硫磷毒土防治。

四、收获与贮藏

（一）收获　蚕豆上下部分的豆荚成熟期不一致，要适时收获才能获得好的产量。我国秋播蚕豆一般在 4～5 月收获，极少在 6 月上旬收获。春播蚕豆一般 7～8 月收获。在正常气候条件下，在叶片凋落、豆荚变黑褐色即可收割。蚕豆成熟后，豆荚容易落粒，要注意及时抢收。也可适当提前收割，将收割的豆株挂放室内或摊放晒场（注意防雨）待其后熟，不影响发芽率。

（二）贮藏　蚕豆脱粒后水分含量还比较高，不宜立即入库贮藏。否则种子在贮藏中会发热变色，影响发芽力，甚至霉烂不能食用。贮藏蚕豆的关键是豆粒的含水量要低。蚕豆收获后要立即晾晒。秋播蚕豆区在豆粒含水量 11%～12%时贮藏，春播区可在含水量 13%以下时贮藏。农村没有水分测定工具，通常将晒3～4天后的蚕豆粒用牙咬，如一咬即断并有脆断声，表明已晒干，可以贮藏。用刻丝钳，将豆粒用力一夹，豆粒立刻脆断并有脆断声，也表明已晒干，可以贮藏。

蚕豆收获量大时应在药剂熏蒸后入仓库贮藏。要用干燥、阴凉、通风透气的房子作仓库，并将各处缝隙封好。在此前要用20%石灰水粉刷，以消灭虫卵和成虫。入库豆子不能接触地面，要用油毡、塑料薄膜等防潮。农家收获的蚕豆量少时，可用瓦坛或瓦缸等容器贮藏，坛和缸内的底部应放一些生石灰以吸收水分。容器不要装得太满，应留一定空间，保证种子微弱呼吸。装好豆子的容器要用塑料薄膜将口封好，再盖上草纸和木板。留种用的蚕豆在播种前打开，晒1～2天后播种。

（三）蚕豆褐变的控制　若贮存技术不良，经一段时间贮藏后，蚕豆种皮会由乳白或浅绿色逐渐变为浅褐色或黑褐色，称“褐变”。褐变后的豆粒口味欠佳，商品等级下降。

褐变一般先从合点和脐的侧面突起部分开始，先为浅褐色，接着范围扩大，并逐渐变为褐色、深褐色以至红色或黑褐色。蚕豆种皮褐变的原因是由于种皮内含有多酚氧化物质及酪氨酸。这些物质参与氧化反应，反应速度与温度和pH有直接关系，也与光线、水分和虫害的影响有关。在温度40～44℃，pH5.5左右时，氧化酶的活性最强；强光、水分多（13%以上）和虫害可使酶的活性加强，褐变加快。

据甘肃省临夏市粮食局研究，除注意防治虫害外，用下列方法保色，能收到良好的效果。

（1）蚕豆收后带荚晒干或采用风干、晾干等方法干燥，切勿脱粒后使种子在强光下暴晒。入库豆粒含水量以13%以下为宜。经这种方法处理后，豆色良好率达95%以上。

（2）存放环境应尽量保持干燥、密闭、低氧和避光、低温（5℃以下）等条件，可以减低褐变速度，达到较长时间的保色目的。

第三节　品种介绍

1. 戴韦　中国农业科学院作物科学研究所自法国引进，青海省农林科学院作物育种栽培研究所与中国农业科学院作物科学研究所合作经系统选育而成。2007 年通过青海省农作物品种审定委员会审定。该品种春播秋播都有良好表现。生育期 125 天左右。具有高产，优质，小粒，耐旱、耐瘠的特点。分枝一般 2～3 个，单株荚数 18～29 个，单荚粒数 2～3 个，百粒重 50～60 克，种皮乳白色，种子蛋白质含量 29%～30%，种子单宁含量少，不含蚕豆苷等生物碱。株高 115～156 厘米，一般每公顷产量 4 500 千克，高者达 5 250～6 000 千克，是一个粮饲兼用的好品种。适于北方蚕豆主产区推广种植。

2. 崇礼蚕豆　河北省张家口坝上地区著名地方品种。强春性，全生育期 100～110 天，属早熟品种。幼苗绿色，有效分枝 2～3 个，株高 80～100 厘米，单株荚数一般 8～10 个，单荚粒数 2～3 粒，百粒重 120 克左右。籽粒窄圆形，种皮乳白色。籽粒含蛋白质 24.0%，脂肪 1.5%，赖氨酸 1.55%。生育期较短，植株较矮，株型紧凑，适宜密植。喜肥喜水，适应性强，丰产性好，一般每公顷产量 2 250～3 000 千克。适于张家口坝上、山西北部及内蒙古种植。

3. 青海 10 号　青海省农林科学院作物育种栽培研究所以青海 3 号为母本，以马牙为父本杂交选育而成。1998 年通过青海省农作物品种审定委员会审定。属大粒高产旱地蚕豆品种，叶姿上举，株型紧凑，花白色，春性。全生育期 155～165 天。主茎有效荚 6.8±0.52 个，单株有效荚 11.3±0.97 个，籽粒白色，百粒重 168.7±3.1 克，籽粒粗蛋白质含量 27.5%，淀粉 49.6%，粗脂肪 1.53%。水地种植一般每公顷产量 4 500～5 250 千克，在低、中位山旱地种植一般每公顷产量 3 750 千克。适于青海及其他省相似气候条件下种植。

4. 青海11号　青海省农林科学院作物育种栽培研究所于1990年以72-45为母本，新西兰为父本有性杂交，经多年选育而成。2003年通过青海省农作物品种审定委员会审定。春性，中晚熟。株高146.00±1.42厘米，全生育期152±2天。一般每公顷产量5 250～6 000千克。籽粒粗蛋白含量25.66%，淀粉45.35%，脂肪1.38%，粗纤维6.20%，灰分3.73%。中抗褐斑病、轮纹病、赤斑病。适于青海海拔2 000～2 700米川水地种植，其他省区相似气候条件下试种。

5. 青海12号　青海省农林科学院作物育种栽培研究所于1990年以（青海3号×马牙）为母本，（72－45×英国176）为父本有性杂交，经多年选育而成。2005年通过青海省农作物品种审定委员会审定。春性，中晚熟品种。在西宁地区全生育期143±2天，株高104.40±1.93厘米。在水地条件下，一般每公顷产量4 500～6 000千克。中抗褐斑病、轮纹病、赤斑病。籽粒粗蛋白含量26.50%，淀粉47.58%，脂肪1.47%，粗纤维7.37%。适于青海海拔2 000～2 600米的川水及中位山旱地种植，其他省区相似气候条件下试种。

6. 湟源马牙　春播类型。种皮乳白色，百粒重160克左右，属大粒种。是青海省优良地方品种。湟源马牙栽培历史悠久，具有较强的适应性，产量高而稳。分布在海拔1 800～3 000米的地区。一般水地每公顷产量3 750～5 250千克，山地2 250～3 000千克。是我国主要蚕豆出口商品。适于北方蚕豆主产区种植。

7. 云豆324　云南省农业科学院粮食作物研究所以昆明蚕豆经系统选育的育种程序育成。1999年8月通过云南省农作物品种审定委员会审定（审定编号“滇蚕豆11号”，原品系代号83-324）。当地农民称“甜脆绿蚕豆”。秋播型中熟大粒型品种。2002年获云南省政府颁发的科技进步一等奖。全生育期193天。无限开花习性。幼苗分枝半直立，分枝力强，平均分枝数3.7

个/株。株高 80～100 厘米，株型紧凑，幼茎淡紫红色，成熟茎褐黄色，小叶叶形卵圆，叶色黄绿，花淡紫色，荚质硬，荚形扁圆桶形。鲜荚绿色，成熟荚浅褐色。种皮绿色，种脐绿色。粒形阔厚，子叶黄白色。单株 9.92 荚，单荚 2.39 粒，百粒重 132 克，单株粒重 31.4 克。干籽粒淀粉含量 45.88%，粗蛋白含量 25.59%，单宁含量 0.06%，鲜籽粒可溶性粒糖份含量 13.6%。优质鲜销型菜用品种。抗冻力强，耐旱力中等。多点区域试验平均干籽粒产量 3 800 千克/公顷，比对照种 K0729 系增产 26.2%。大田生产实验，干籽粒产量 3 723～4 596 千克/公顷，平均产量 4 159 千克，增产率 7.5%～42.1%。鲜荚产量每公顷 20 535～33 000 千克。1999—2002 年在昆明、曲靖等地示范推广累计面积 5.87 万公顷，成为第一个鲜销型蚕豆当家品种。适宜云南、四川和贵州一带海拔 1 100～2 400 米的秋播区域、海拔 1 800～3 100 米的春播和夏播区生产鲜荚。在江、浙、华中一带秋播和甘肃、青海一带春播栽培，可较当地品种早上市 20～30 天。

8. 云豆 315　云南省农业科学院粮食作物研究所采用常规杂交育种程序育成。组合为 8019/K0228//83324。2001 年 9 月通过云南省农作物品种审定委员会审定（原品系代号 90 - 315，审定编号滇蚕豆 12 号）。秋播型中熟大粒型品种。全生育期 188 天。无限开花习性。幼苗分枝匍匐，株高 100.3 厘米。幼茎红绿，成熟茎褐黄色，株型松散度中等。分枝力中等，平均分枝数 3.7 枝/株，小叶叶形卵圆，叶色深绿。花淡紫色，荚质硬，荚形长桶形，鲜荚绿黄色，成熟荚为浅褐色。种皮绿色，种脐黑色，子叶黄白色，粒形阔厚。单株 12.4 荚，单荚 1.72 粒，百粒重 128 克，单株粒重 19.45 克，干籽粒淀粉含量 45.91%，粗蛋白含量 28.59%。属高蛋白类型。赤斑病抗性较强。云南省区域试验平均干籽粒产量每公顷 3 115 千克，比对照种 8010 增产 4.3%。大田生产实验，干籽粒产量每公顷 2 719～5 518 千克，平均每公顷 4 118 千克，增产率 1.7%～37.2%，最高鲜荚产量每公顷 25 200 千克。2003—2005 年在昆明、曲靖等地示范推广累计面积 0.91 万公顷。适于云南省海拔 1 100～2 400 米秋播区，1 900～3 100 米夏播区以及近似生境的区域种植。

9. 云豆 147　云南省农业科学院粮食作物研究所通过常规杂交育种程序育成（组合 K0285/8047，原品系代号为 89 - 147）。2003 年 12 月云南省农作物品种审定委员会审定通过（审定编号 DS020 - 2003）。属秋播型中熟大粒型品种。2008 年获云南省科技进步三等奖。全生育期 190 天。无限开花习性。幼苗分枝匍匐，株高 79.08 厘米，株型紧凑。分枝力强，平均分枝数 3.64 枝/株，幼茎绿，成熟茎红绿色，叶色深绿。小叶叶形长圆，花色白，荚质硬。荚形扁筒形，鲜荚绿黄色，成熟荚浅褐色。种皮白色，种脐黑色。子叶黄白色，粒形阔厚。单株 11.4 荚，单荚 1.93 粒。百粒重 127.38 克，单株粒重 23.68 克。干籽粒淀粉含量 47.69%，粗蛋白 26.21%。耐冻力强，耐旱中等。云南省区域试验平均产量每公顷 3 475.5 千克，比对照种 8010 增产 21.7%。大田生产实验，每公顷 3 028～4 812.5 千克，平均单产每公顷 3 920 千克，增产率 11.2%～41.5%。2003—2005 年在昆明、曲靖、楚雄等地示范推广累计面积 2.57 万公顷。适于云南省海拔 1 100～2 400 米秋播区和 1 800～3 100 米夏播区以及近似生境的区域种植。

10. 云豆早 7　云南省农业科学院粮食作物研究所通过系统选育的育种程序育成（亲本 K0064）。2005 年通过云南省品种委员会审定（原品系号 K0729 系）。属秋播型早熟大粒型品种。全生育期 160～188 天。无限开花习性。幼苗分枝直立，株高 80.0 厘米。幼茎绿色，成熟茎褐黄色，分枝力强，平均分枝数 4.85 枝/株。株型松散度中等。小叶叶形长圆，叶色绿，花色浅紫。荚质硬，荚形扁圆桶形，鲜荚绿黄色，成熟荚浅褐色。种皮白色，种脐白色，子叶黄白色，粒形阔厚。单株 10.2 荚，单荚

1.49粒。百粒重130.6克，单株粒重16.2克。干籽粒淀粉含量41.67%，粗蛋白含量26.8%。对锈病、潜叶蝇有较好的避病、避虫性。夏播多点区域试验，平均干籽粒产量每公顷4 226.7千克，比对照种83324增产6.1%。大田生产实验，干籽粒产量每公顷4 200～6 600千克，平均单产每公顷4 400千克，增产率0.3%～72.9%，最高鲜荚产量每公顷32 100千克。2002—2005年在昆明、红河、保山等地示范推广累计面积1.66万公顷。适于云南省海拔低于1 600米的正季、海拔1 100～2 400米的反季蚕豆产区栽培，以及近似生境区域种植。注意根据当地气候，特别是温度条件，严格选择播期。

11. 云豆825　云南省农业科学院粮食作物研究所通过常规杂交育种程序育成（组合K0285/8047，原品系代号为91-825）。2005年通过同行专家鉴定。属秋播型中熟大粒型品种。全生育期188～202天。无限开花习性。幼苗分枝直立，株高101.5厘米。株型紧凑，幼茎绿色，成熟茎褐黄色。分枝力中等，平均分枝数2.95枝/株。小叶叶形卵圆，叶色黄绿，花色白，荚质硬。荚形扁圆筒形，鲜荚绿黄色，成熟荚为浅褐色。种皮白色，种脐白色。子叶黄白色，粒形阔厚。单株9.9荚，单荚1.30粒。百粒重144.9克，单株粒重20.2克。干籽粒淀粉含量49.74%，粗蛋白含量24.12%，总糖含量61.2%，单宁含量0.025%。由于总糖含量高，单宁含量低，加工品质极其优异。多点区域试验，平均干籽粒产量每公顷3 892.1千克，比对照种地方品种玉溪大白豆等增产10.76%。大田生产实验，干籽粒产量3 430～5 910千克。平均产量每公顷4 670千克，增产率1.1%～15.3%。2003—2005年在昆明、玉溪、曲靖等地示范推广累计面积0.37万公顷。适宜云南省海拔1 100～2 300米的蚕豆产区以及近似生境的区域种植。

12. 云豆690　云南省农业科学院粮食作物研究所通过常规杂交育种程序育成（组合K0285/8047，原品系代号91-690）。

2006年通过云南省品种审定委员会审定（审定编号滇审蚕豆200601）。属秋播型中熟中粒型品种。全生育期186～206天。无限开花习性。幼苗分枝半匍匐，株高100～120厘米。株型紧凑，幼茎绿色，成熟茎褐黄色。分枝力中等，平均分枝数3.68枝/株。小叶叶形卵圆，叶色黄绿，花色白。荚质硬，荚形扁筒形，鲜荚绿黄色，成熟荚浅褐色。种皮白色，种脐白色。子叶黄白色，粒形中厚。单株11.9荚，单荚1.92粒。百粒重116.3克，单株粒重28.9克。干籽粒淀粉含量40.04%，粗蛋白含量28.9%。属高蛋白品种。抗冻力中等。云南省区域试验，平均干籽粒产量每公顷4 195.9千克，比对照种8010增产9.8%。大田生产实验，干籽粒产量每公顷3 671～6 910千克。平均单产每公顷4 290千克，增产率13.2%～21.3%。2004—2006年在昆明、曲靖、丽江等地示范推广累计面积0.23万公顷。适于云南省海拔1 600～2 400米蚕豆产区以及近似生境的区域种植。

13. 云豆1290　云南省农业科学院粮食作物研究所采用常规杂交育种程序育成（组合89-147/2000-383，原品系代号2003-1290）。属秋播型中熟大粒型品种。2007年完成多点鉴定试验。全生育期183天。无限开花习性。幼苗分枝半匍匐，株高90.8厘米。株型紧凑，幼茎绿色，成熟茎褐黄色。分枝力中等，平均分枝数3.7枝/株。小叶叶形卵圆，叶色绿，花色白。荚质硬，荚形扁筒形，荚长10.5厘米。鲜荚绿黄色，成熟荚浅褐色。种皮白色，种脐黑色。子叶黄白色，粒形阔厚。单株11.1荚，单荚1.96粒。百粒重135.4克，单株粒重25.2克。属长荚鲜销型菜用品种。小区多点试验，平均干籽粒产量每公顷5 061千克，比对照种8363增产7.4%。大田生产实验，干籽粒平均产量每公顷4 575千克，增产率11.7%。2006年开始投入大田生产示范。适于云南省海拔1 100～2 400米蚕豆产区以及近似生境区域栽培种植。

14. 临蚕5号　甘肃省临夏州农科所育成。春播蚕豆品种。

生育期125天左右。分枝少，一般2～3个。具有高产、优质、粒大、抗逆性强等特点。百粒重180克左右。种皮乳白色。适应于高肥水栽培。根系发达，抗倒伏。一般每公顷产量5 250千克左右，是粮菜兼用的优质品种。适于甘肃省、青海省川水地区，张家口坝上、山西北部及内蒙古水浇地种植。

15. 临蚕204　甘肃省临夏州农科所育成。春播蚕豆品种。生育期120天左右。具有高产、优质、粒大的特点。分枝2～3个，结荚部位低，百粒重160克左右。在春播地区适应性广，抗逆性强。一般每公顷产量5 250千克左右。是出口创汇的优质品种。适于甘肃省、青海省川水地区，河北省张家口坝上、山西北部及内蒙古水浇地种植。

16. 临夏马牙　甘肃省临夏州优良地方品种。因籽粒大、形似马齿而得名。春性较强，具有适应性强、高产稳产的特点。平均每公顷产量5 250～7 500千克。种皮乳白色。百粒重170克。籽粒蛋白质含量25.6%。全生育期155～170天。属晚熟种。适宜肥力较高的土地上种植。是我国重要蚕豆出口商品。

17. 临夏大蚕豆　春播类型。种皮乳白色。百粒重160克左右。籽粒蛋白质含量27.9%。平均产量每公顷3 750～4 500千克。喜水耐肥，丰产性好，适应性强。在海拔1 700～2 600米的川水地区和山阴地区均能种植。1981年开始在甘肃省大面积推广。适于北方蚕豆主产区种植。

18. 白皮豆　秋播品种。种皮乳白色。百粒重100克左右，属中粒型。是云南昆明市的一个地方品种。平均产量每公顷2 250～3 000千克。籽粒蛋白质含量27.92%。全生育期190～195天。要求一定的肥力水平。在云南省种植面积较大。

19. 成胡10号　冬、春均可种植。根系发达，茎秆粗壮，长势旺。中熟。生育期120天左右。种皮薄浅绿色。百粒重80～90克。一般每公顷产量2 250～3 000千克，最高4 050千克。适应性广，抗病性强，抗倒伏，高产稳产，食味好。适宜中等以上肥力土壤种植，是粮、菜、饲兼用的中粒高产品种。

20. 启豆1号 中粒型秋播蚕豆品种。百粒重90克左右。分枝性强，结荚多，茎秆粗，耐肥抗倒，耐寒性强。对锈病、轮纹病和赤斑病具有一定的抗性。种皮绿色，种子中厚，成熟较迟，生育期200～210天。在江苏、上海等地种植面积较大。适应于长江流域大面积种植。

21. 慈溪大白蚕豆 秋播品种。原产于浙江省慈溪市。是浙江省著名的地方品种。常年种植面积10 000公顷。分枝性强，结荚多，茎秆粗。百粒重120克左右。是秋播蚕豆中较好的大粒种。种皮薄，乳白色，单宁含量低，品种褪色慢，食味佳美，是全年菜用的优良品种。一般每公顷产量2 250～3 000千克。籽粒主要供外销用。缺点是不抗病，易倒伏。耐湿性差，对耕作条件要求严格，宜安排在滨海棉区与棉花套种及旱地种植。旱地增产潜力大于水田。属晚熟型，生育期210天左右。在浙江省一般霜降前后播种，次年5月底成熟。播种量一般为每公顷112.5～150千克。

22. 上虞田鸡青 秋播品种。原产于浙江省上虞市。是有名的地方品种。种皮绿色，百粒重80克左右，属中粒型。是浙江省地方品种中品质最佳的一个。具有耐湿、耐迟播、抗赤斑病等优点。适应性较强，水、旱两地均可种植。在浙江省一般于10月下旬播种，次年5月下旬成熟。全生育期205～209天，属中熟型。平均产量每公顷2 250千克，高者达3 600千克。

23. 利丰蚕豆 秋播品种。属中熟偏早类型。种皮绿色，百粒重85克以上。丰产稳产，耐蚕豆赤斑病，品质优，食味好。平均产量每公顷2 250～3 000千克。适于在浙江及邻近省区推广种植。

24. 平阳早豆子 原产于浙江温州地区。特早熟，秋播。全生育期196天。也适宜春播。一般每公顷采收青荚10 500千克左右，鲜茎叶3 000千克。6月上旬成熟，全生育期80天左右。

每公顷产干籽粒 1 750 千克。小粒，百粒重 70 克以下。是一个菜、肥兼用品种。

（宗绪晓）

主要参考文献

1. 甘肃省农业厅粮食生产处，临夏回族自治州农科所．春蚕豆，1986
2. 龙静宜，林黎奋，侯修身等．食用豆类作物．北京：科学出版社，1989
3. 宗绪晓．蚕豆的营养特点、加工技术和利用途径．中国粮油学报，第 8 集．1993（9）：51～54
4. 郑卓杰，王述民，宗绪晓等．中国食用豆类学．北京：中国农业出版社，1997
5. 郑卓杰，宗绪晓，刘芳玉．食用豆类栽培技术问答．北京：中国农业出版社，1998
6. 金文林，宗绪晓．食用豆类高产优质栽培技术．北京：中国盲文出版社，2000
7. 宗绪晓．食用豆类高产栽培与食品加工．北京：中国农业科学技术出版社，2002
8. 宗绪晓，包世英，关建平等．蚕豆种质资源描述规范和数据标准．北京：中国农业出版社，2006
9. FAO. Statistical Database，Food and Agriculture Organization（FAO）of the United Nations，Rome. http：//www. fao. org，2006
10. 王晓鸣，朱振东，段灿星，宗绪晓．蚕豆豌豆病虫害鉴别与控制技术．北京：中国农业科学技术出版社，2007
11. 成卓敏．新编植物医生手册．北京：化学工业出版社，2008

第十一章 豌 豆

豌豆，又名麦豌豆、寒豆、麦豆、毕豆、麻累、国豆。软荚豌豆，别名荷兰豆。豌豆起源于亚洲西部、地中海地区和埃塞俄比亚、小亚细亚西部，外高加索全部。豌豆传人中国的具体时间不详，可能在隋唐时期经西域传入，然后又从中国传入日本。汉朝以后，一些主要农书对豌豆均有记载。如三国时张揖所著的《广雅》、宋朝苏颂的《图经本草》载有豌豆植物学性状及用途；元朝王桢《农书》讲述过豌豆在中国的分布；明朝李时珍的《本草纲目》和清朝吴其浚的《植物名实图考长编》对豌豆在医药方面的用途均有明确记载。

据联合国粮农组织统计资料，豌豆是世界第四大食用豆类作物。2005 年全世界有 88 个国家生产干豌豆，年栽培面积 658.4 万公顷，总产 1 126.3 万吨；72 个国家生产青豌豆，栽培面积 112.4 万公顷，总产 910.5 万吨。2000—2005 年平均，全世界干豌豆栽培面积最大的 5 个国家依次是加拿大（126.3 万公顷）、中国（91.4 万公顷）、印度（73.2 万公顷）、俄罗斯联邦（71.5 万公顷）和法国（35.9 万公顷）。中国干豌豆收获面积占世界 13.7%，总产占世界 11.5%，单产 1 440 千克/公顷，低于世界平均单产 1 710 千克/公顷，是世界干豌豆生产大国。世界青豌豆栽培面积最大的 5 个国家依次是印度（33.4 万公顷）、中国（22.1 万公顷）、美国（8.6 万公顷）、英国（3.5 万公顷）和法国（3.2 万公顷）。中国青豌豆收获面积占世界 19.0%，总产占世界 24.3%，单产 9 200 千克/公顷，高于世界平均青豌豆单产 8 100 千克/公顷。中国更称得上世界青豌豆生产大国。因此，中国是世界第二大豌豆生产国，在世界豌豆生产中占有举足轻重的地位。

豌豆是我国生产面积和总产仅次于蚕豆的第二大食用豆类作物。适于高寒地区与非豆科作物轮作倒茬以及南方冬季稻茬填闲种植。分布于几乎所有的省、自治区、直辖市，是我国的优势小宗作物。我国干豌豆生产主要分布在云南、四川、贵州、重庆、江苏、浙江、湖北、河南、甘肃、内蒙古、青海等 20 多个省、自治区、直辖市。青豌豆主产区位于全国主要大、中城市附近。1993—2008 年，我国干豌豆年收获面积增长了 130.5%，青豌豆年收获面积增长了 223.7%，年均增长率分别达到了 8.7%和 14.9%。呈现出有史以来罕见的高增长。

豌豆适应冷凉气候、多种土地条件和干旱环境。具有高蛋白质含量，易消化吸收，粮、菜、饲兼用和深加工增值等诸多特点，是种植业结构调整中重要的间、套、轮作和养地作物。豌豆是我国南方主要的冬季作物，北方主要的早春作物之一。

第一节 营养品质及加工利用

一、营养品质

（一）营养成分 豌豆富含蛋白质、碳水化合物、矿质营养元素等，具有较全面而均衡的营养（表 11.1）。豌豆籽粒由种皮、子叶和胚构成。其中干豌豆子叶中所含的蛋白质、脂肪、碳水化合物和矿质营养分别占籽粒中这些营养成分总量的 96%、90%、77%和 89%。胚虽富含蛋白质和矿质元素，但在籽粒中所占的比重极小。种皮中包含了种子中大部分不能被消化利用的碳水化合物，其中钙、磷含量也较多。

表 11.1　豌豆的营养成分（100 克籽粒中含量）

营养成分	干豌豆粒	青豌豆粒	荷兰豆荚
水分（克）	8.0～14.4	55.0～78.3	83.3
蛋白质（克）	20.0～24.0	4.4～11.6	3.4
脂肪（克）	1.6～2.7	0.1～0.7	0.2
碳水化合物（克）	55.5～60.6	12.0～29.8	12.0
粗纤维（克）	4.5～8.4	1.3～3.5	1.2
灰分（克）	2.0～3.2	0.8～1.3	1.1
维生素 B_1（毫克）	0.68～1.27	0.11～0.54	0.31
维生素 B_2（毫克）	0.19～0.36	0.04～0.31	0.15
尼克酸（毫克）	2.0～4.0	0.17～3.1	2.5
叶酸（毫克）	7.5	—	—
胆碱（毫克）	235.0	—	—
胡萝卜素（毫克）	3.2～37.4	0.15～0.33	0.3
维生素 PP（毫克）	0.04～0.55	—	—
钙（毫克）	68～118	13～63	20
磷（毫克）	307～471	71～127	80
铁（毫克）	4.4～8.3	0.8～1.9	1.5
热量值（千焦）	1.35～1.45	0.33～0.67	0.22

（二）药用价值　豌豆性味甘平，有和中下气、利小便、解疮毒的功效。豌豆煮食能生津解渴、通乳、消肿胀。鲜豌豆榨汁饮服可治糖尿病。豌豆研末涂患处，可治痈肿、痔疮。

二、加工利用技术

（一）风味食品

1. 豌豆黄

原料：白豌豆 500 克，白糖 250 克，金糕适量，石膏少许，水 1 000 毫升。

制法：①将豌豆去皮，并除去杂质，洗净后入锅。加入 1 000毫升净水，加热煮沸后改用小火焖煮 2 小时左右。待豌豆软烂，用锅铲搅成粥状，加入白糖，然后用大火炒制。②炒时锅铲要不停翻搅，以防糊锅，待炒成稠糊状时加入少量用水化开的石膏溶液，立即搅拌均匀，即可出锅。③将豆膏水倒入浅盘内，待其凉透后将凝结的豆黄切块，上面放一片金糕，即为成品。

2. 桃仁豌豆蓉

原料：鲜豌豆 250 克，核桃仁、纯藕粉各 100 克，白糖 250 克，水适量。

制法：①将鲜豌豆洗净后放入沸水锅煮熟，捞出放入凉水中冷却，沥干水分。②将熟豌豆放在 10～20 目网筛上抹滤，使豆泥和豆皮分开。③用温水将藕粉调成稀糊状，核桃仁用微火炒熟后剁成末备用。④炒锅内放适量水加热，并加入白糖、豌豆泥，搅拌均匀。煮沸后加入藕粉浆，待呈稀糊状时，撤火，盛入碗内，并撒上核桃仁末，即成。

3. 炒豆蓉馅

原料：豌豆粉 1 600 克，食糖 1 800 克，饴糖 350 克，食油 500 克，瓜条 475 克，瓜仁 75 克，糖桂花 100 克。

制法：①先将水和饴糖加热至沸腾，随之添加食糖，继续熬制，并不断搅拌。②待糖液熬到可拔出糖丝后，加入油搅拌均匀。③再逐渐添加面粉，搅拌均匀。最后加入瓜仁和糖桂花拌匀。④瓜条需切成小碎丁，包馅时再拌在馅内，不要在炒馅时放入。

4. 豌豆冻

原料：豌豆 500 克，琼脂 13 克，白糖 100 克，桂花、青梅各少许。

制法：①把豌豆去皮、磨碎，加水，泡透，捣细，加糖 100 克、清水 800 克，调匀，蒸熟。②琼脂、水加热溶化。③将上述各物连同青梅、桂花一起调匀，晾凉，入冰箱冷冻。④食用时从冰箱取出，倒在案板上，切块，用刀叉取食。

5. 豌豆糕

原料：豌豆 500 克、豆沙馅 200 克、白糖 100 克，糖腌桂花和黄色素少许。

制法：①浸泡、蒸制。豌豆洗净，用滚开水浸泡20多分钟。将皮剥去，放在盘里，加满清水，再滴上几滴碱水，上笼蒸1.5小时，待豌豆酥烂后取下。②冷却、制泥。将冷却后的豌豆用网筛擦成泥，用白布包起后压干水分，加一半白糖和色素，搓匀，放进冰箱冰镇约30分钟。③成型。将冷却后的豌豆泥放在案板上，两面用白布夹住，用手按成长33厘米、宽20厘米的长薄片，拿去白布，用刀将豆泥对切成两半。一块铺上豆沙馅，要铺得均匀，用另一块豌豆泥盖上，再在上面铺上糖腌桂花，最后铺上另一半白糖，按平后，即成五层糕。食用时可切成棱形块，装于盘中。

6. 八宝豌豆泥

原料：豌豆500克，糯米粉50克，糖橘饼、蜜枣各25克，青梅干、糖莲心、糖冬瓜条、杏干、核桃仁各15克，瓜子仁少许，熟猪油75克，白糖150克。

制法：①豌豆煮熟后即用水激冷，并碾压成泥。其他各料切成米粒状。猪油50克烧至三成热，下豌豆泥、糯米粉、白糖炒至发黏。②取大碗1只，里层涂猪油，铺上1/3切成米粒的八宝，垫上1/3豌豆泥，再铺上1/3八宝粒，铺上1/3豌豆泥，依次全部铺完，上笼蒸煮50分钟，覆于盆上即成。

7. 豌豆凉粉

原料：豌豆500克，味精1.5克，菜油150克，冰糖2.5克，辣椒油22.5克，干大蒜25克，川盐7.5克，甲级黄豆酱油75克，姜2.5克，花椒、葱叶适量。

制法：①制豌豆粉。将豌豆用磨脱皮后磨成粉末（皮不要），粉质越细越好，装入大瓦缸或桶内。掺入清水，搅成水浆，用纱布过滤提渣，再用细罗筛筛滤3次，将渣除尽。然后，将过滤后的水浆顺着一个方向用棒搅动成旋涡状，使淀粉沉淀。待水清见粉，底层粉凝结牢固后，撇去上层清水，将中层粉浆盛入另一缸中，此层粉浆称为水粉（或黄粉、油粉），最下面纯白的沉淀物称为坨粉（或白粉）。②煮粉。净锅加清水1千克，烧开，下水粉搅匀，再次烧开后将事先用温开水稀释搅匀的坨粉倒入锅内，不停地用力搅动，约20分钟后，能挑起牵丝即证明已基本成熟。挑起挂牌，见锅中间起小泡，即完全成熟。此时，应立即舀入瓦钵内，冷却后即成凉粉。下粉比例水粉30%、坨粉70%（以1千克水为100%）。③制配料。选用上等大红辣椒，加工成辣椒粉。菜油入锅烧至六成热，下生姜（拍破）、花椒、葱叶（成捆），然后炼熟。将油起锅，盛入瓦钵内，捞出浮物和杂质。待油温降到约180℃时，将前一天留下的油辣下脚倒入，搅匀后让其沉淀2～3分钟，捞除沉淀杂质。待油温降至约50℃时，再加入新鲜辣椒粉，搅匀，即成红油。这样做可使原有油椒汁耗尽，并可增强红油色泽和浓度，使之更加鲜香味辣。④制蒜泥。选用甲级黄豆酱油，加入捣碎的冰糖，使其色泽鲜亮，并略带甜味。大蒜去皮捣成茸，放入少量生菜油，略加水搅匀，成为色白味浓的上等蒜泥。⑤切丝。制好的凉粉切成薄片或用旋子旋成小筷子头粗细的条丝，装入碗内，分别加盐、蒜泥、酱油、味精，淋红油，即可食用。不吃辣味的，可不放红油而改用小磨香油。

8. 豌豆羹

原料：鲜豌豆750克，核桃仁、藕粉各100克，绵白糖400克，植物油25毫升。

制法：①豌豆煮熟后用冷水冲凉，放在竹箩中擦出细泥，去除豆皮。②另在藕粉中加水100毫升，调成浆状。③核桃仁用开水烫一下，剥去仁衣，然后用热油炸一下，捞出沥尽油，冷却后剁成细末。④锅中加水1升，煮开后加入绵白糖、豌豆泥，混合后再煮开，倒入藕粉浆，调成羹糊。⑤冷却后盛入小碗，表面撒一些核桃仁，放入冰箱冷藏后食用。

（二）食品加工

1. 加工粉丝　干豌豆是制做粉丝的上好原料。制成的粉丝叫银丝，品质极佳，畅销国内外市场。豌豆制粉丝的基本过程包括磨粉、冲芡、捏粉、漏粉4道工序。磨粉是将豌豆（脱去种皮最好）磨成细粉；冲芡是制粉的第二道工序，即将豌豆粉与温水（55℃左右）以1∶1的比例混合后充分搅拌，再迅速充入与混合物等量的沸水，搅拌至起泡，即成芡粉，均匀透明。加入少量明矾并渗入芡粉重量9～10倍的湿粉（含水量为46.5%），搅拌均匀至无粉块为止。捏粉是第三道工序，将冲芡工序制成的粉团用力充分揉和。第四道工序是漏粉，直接决定粉丝的粗细和品质。漏粉的基本过程是将漏粉瓢（瓢底有直径约1毫米的孔眼）挂于灶锅上，锅内水温保持97～98℃。若制细粉丝，瓢离锅内水面较高；若制粗粉丝，则距离可以低一些。漏粉瓢挂好后，可把粉团陆续放入瓢内，粉团通过瓢眼即可漏成粉丝条，落入水中后就会凝固成粉丝，浮于水面。这时应立即捞起放入温水（30～40℃）中（“涨水”），捞起晒干后即可备用或出售。

2. 制罐头　制罐用豌豆有圆粒品种和皱粒品种两类。后者风味较好，但两者在青豌豆阶段都为圆粒，加工程序一样。首先，清洗青豆荚，剥去荚壳，按豆粒大小分级并检查质量，然后软化，一般在99℃热水中软化2～3分钟，82℃热水中软化4分钟。控制软化用水的pH，使新鲜豌豆粒保持鲜艳的绿色。接着用冷水洗豌豆粒，尽快使其温度降到32℃，再通过盐水池将豌豆按品质分级，将合格的豌豆粒装入罐头盒内，并注入浓度为2.5%的净化热盐溶液，再加入适量的糖，以恰能浸没罐内豆粒为度。在溶液中可加入薄荷、留兰香等香料，还可加入食品法所允许施用的色素，以满足不同消费者的需要。制罐头时，所用盐水的浓度应等于或低于波美8°，在温度不低于77℃时将罐头中空气抽净并封盖，然后放入110～122℃的自动压力锅内加压。在贮藏前要充分冷却。

3. 速冻　速冻青豌豆和食荚豌豆是欧美和东南亚国家普遍食用的豆荚蔬菜，近年来在我国大、中城市居民的膳食中也日渐普及。加工过程：①青豌豆。收获青荚后立即脱粒冷藏，运往加工厂的青豌豆经过精细清选和分级，接着在93℃热水中漂洗90秒钟，立即冷却，并用盐浓度分选机对豌豆粒进行分级，将分选后的豌豆粒再次清洗并冷却。在英国，用FLO冷冻器对豌豆粒冷冻，其原理是用－37℃的气流将豌豆带动，顺着气流以一定的速度前进，13分钟后从另一端泄出，每粒豌豆都被均匀速冻，接着进行包装并贮存于－29℃的冷库内。②食荚豌豆。收获的嫩荚立即冷藏，运往加工厂后进行清选分级。清洗后鼓风吹干荚表水分，用速冻机进行均匀速冻，接着进行包装并贮存在冷库中。

4. 脱水　脱水也是青豌豆加工业中较为广泛应用的一种方法。其工艺关键是掌握好青豌豆的收获时间，以嫩度计读数100°～105°时最为适宜。收获的豌豆应立即降温到4℃，并保持籽粒表面干燥。豌豆脱水前应先清洗和分级，然后蒸1.5～3分钟，接着进行漂洗。漂洗后加入适量的食盐和蔗糖。最后用某种工艺将种皮刺破或划破。脱水处理，常用直通传送带法干燥，或隧道式干燥机干燥。用直通传送带干燥法干燥时，在入口的第一段温度一般不超过101℃，在第二阶段降到91℃，第三阶段85℃。在出口时含水量一般降为15%，最后放入干燥器干燥4小时，含水量进一步降到10%左右。从干燥器取出后，再按籽粒大小和颜色分级和分类，去掉太小和破裂的豆粒。合格的豆粒用带铝箔层的袋分装，以便防潮和零售。

（三）发豌豆苗　豌豆苗是豌豆的去根嫩苗。是一种没有污染、营养丰富、风味独特、售价不凡的高档绿色食品蔬菜。生产豌豆苗有水培和固体基质栽培两种方法。不管采用哪种方法，都应对培养器皿严格消毒，不用任何农药、化肥和激素类等有害人体健康的生长促进剂。宜用发芽率在85%以上的圆粒或凹圆粒无污染的豌豆种子，尽量减少发芽和生产过程中霉烂种子的百分率。从种子开始吸涨到胚根突破种皮长到1厘米长，在15℃时约需3天，在20～24℃时约需2天，再长到4片真叶又各需17～20天和12～15天。四真叶时正好采收，一般从第一片鳞叶处剪下。如要豌豆苗长得高些，生长阶段前 7～10 天应采用遮光措施，后几天给以自然光照或灯光照射。这样，到采收时一般可长到 12 厘米以上。如果要长出的豆苗叶片大些，则可整个生长阶段都给以充足的光照。若生成豌豆苗黄，豆苗会高得多，但其风味较差。豌豆苗的生产可采用周转箱工厂化批量生产，也可一家一户自产自用。

第二节 栽培管理技术及病虫害防治

一、耕作制度

在各种耕作制度中，除单作外，一些株型紧凑、早熟、对光温不敏感的品种，还常用于轮作、间作、套种和混作。豌豆还是一种重要的倒茬作物。

(一) 轮作 南方一年二熟或三熟的稻区如四川、湖南、湖北、江西、浙江、广东、广西、福建、云南等省、自治区，水热资源丰富，自然条件优越，人多地少，复种指数较高，不管是双季连作稻区还是单季稻区，冬闲时间一般都有 4～5 个月，平均温度 9～14℃，是冷季作物的理想生长季节，豌豆是这些地区主要的冬季作物之一。豌豆干籽粒产量常在每公顷 1 500 千克以上。常见的轮作方式为：第一年，豌豆（蚕豆或绿肥）—早稻—晚稻（或单季稻）；第二年，大（小麦）—早稻—晚稻（或单季稻）；第三年，油菜—早稻—晚稻（或单季稻）。

在中国西北部高寒地区的青海、新疆、甘肃、宁夏、内蒙古、山西雁北地区、河北张家口地区、东北三省的大中城市及城镇附近等一年一熟地区，仅春播一年一季豌豆或玉米、春麦、燕麦、青稞、油菜、蚕豆、马铃薯等。其轮作方式主要有：豌豆—玉米—玉米，豌豆—油菜—春麦，豌豆—春麦—马铃薯，豌豆—大麦—玉米，三年或四年一轮。豌豆干籽粒产量常在每公顷

2 200千克以上，其中青海、甘肃省不少地区豌豆产量每公顷3 000千克以上。

(二) 间作套种　在新疆、甘肃、青海等省、自治区，历来就有豌豆与春麦、油菜间作的习惯。为了克服前后作之间生育期的矛盾，豌豆与下季作物实行套种更为普遍，形式也多种多样。主要有豌豆/玉米、豌豆/马铃薯、豌豆/向日葵等。中国东南沿海，如江苏、上海、浙江等省、直辖市，以及河南、安徽等内陆省份的棉区，麦/棉套种曾是其主要栽培方式，现正在开拓立体农业的新模式，向早—晚、高—矮、豆科—非豆科作物综合配置巧妙种植的新间、套、轮作方式过渡。豌豆成了新模式中很有发展前途的一种作物。

二、田间管理技术

(一) 生育期划分　豌豆从播种到成熟可分为出苗期、分枝期、孕蕾期、开花结荚期和灌浆成熟期。其中孕蕾期、开花结荚期较长，上下各节之间，孕蕾、开花、结荚同步进行。

1. 出苗期　豌豆种子胚芽突破种皮，露出土表以上 2 厘米左右时称为出苗。豌豆子叶不出土。豌豆籽粒较大，种皮较厚，吸水较难，而且是冷凉季节播种，所以豌豆出苗所需时间比小粒豆类作物要长一些，从种子发芽到主茎伸出地面 2 厘米左右的时期一般需 7～21 天。

2. 分枝期　豌豆一般在 3～5 真叶期，分枝开始从基部节上发生。生长到 2 厘米长、有 2～3 片展开叶时算做一个分枝。豌豆分枝能否开花结荚及开花结荚多少，主要取决于分枝出生的早晚和长势的强弱。早出生的分枝长势强，积累的养分多，大多能开花结荚。一般匍匐习性强的深色粒、红花晚熟品种，分枝发生早而且多，矮生早熟品种分枝迟而且少。

3. 孕蕾期　孕蕾期是豌豆从营养生长向生殖生长的过渡时

期。进入孕蕾期的特征是主茎顶端已经分化出花蕾。在北方春播条件下，出苗至开始孕蕾需要30～50天。孕蕾期是豌豆一生中生长最快，干物质形成和积累较多的时期。

4. *开花结荚期* 豌豆边开花边结荚，从始花到终花是豌豆生长发育的盛期，一般持续30～45天。这个时期，茎叶在其自身生长的同时，又为花荚生长提供大量的营养。因而需要充足的土壤水分、养分和光照，以保证叶片充分发挥其光合效率，确保多开花多结荚和减少花荚脱落。

5. *灌浆成熟期* 豌豆花朵凋谢以后，幼荚伸长速度加快，荚内的种子灌浆速度也随之加快。随着种子的发育，荚果也在不断伸长、加宽。花朵凋谢后约14天，荚果达到最大长度。在荚果伸长的同时，灌浆使籽粒逐渐鼓起。这一时期是豌豆种子形成与发育的重要时期，决定着单荚成粒数和百粒重的高低。当豌豆植株70%以上的荚果变黄变干时，就达到了成熟期。中国春播区，豌豆一般在6月上旬到8月上旬成熟，秋播区一般在翌年4～5月成熟。

（二）整地 豌豆的根比其他食用豆类作物较弱，根群较小。适当深耕细耙，疏松土壤，能促使豌豆根系发育，出苗正齐，幼苗健壮，抗逆性增强。在北方，豌豆多春播，前作收获后先灭茬除草，然后深翻，施足有机肥，年前冬灌。翌年春季土壤表层解冻后随即耙耱保墒。南方雨水较多地区应开沟作畦，使排灌通畅。豌豆种子要进行精选，采用饱满清洁的种子播种。

（三）播种 豌豆在北方多春播，播种期3～4月份。南方多冬播，播种期10～12月份，秋播的播种期8～9月份。豌豆较能耐低温，尤其是幼苗抗寒性强，不怕轻霜冻，在北方可适期早播，土壤化冻后（5厘米地温2～5℃）即可播种，以便充分利用早春土壤水分，有利种子出苗。种植密度应根据土壤肥力、品种特性而定。肥地、高秧和分枝多的普通株型品种宜稀，瘦地和普通株型矮生品种稍密，半无叶株型豌豆密度应加倍。普通株型豌豆，一般地力水平下每公顷 75 万～105 万株，瘠薄土壤可增至 120 万株。半无叶株型豌豆适宜中等肥力以上的地块，密度每公顷 120 万～200 万株。半无叶株型豌豆条播行距 20 厘米左右，普通株型豌豆行距 30～40 厘米。覆土深度 4～6 厘米，土壤干旱时可适当加深。除条播外也可穴播。穴距 20～25 厘米，每穴2～3 粒。播种前晒种 1～2 天，有利出苗整齐。豌豆除单播外，一些株型紧凑、早熟、对光温不敏感的品种，适合与其他作物间套种，可以提高单位面积产量。

（四）水肥管理 豌豆施肥应以基肥为主。除施用堆肥、厩肥外，还应多施磷、钾肥料，如草木灰、骨粉等。也可施用磷酸二铵作基肥和种肥。播种时如果能用根瘤菌拌种，效果更好。豌豆根瘤菌能固氮，不必多施氮肥，但在幼苗期如果地瘦苗黄，应配施氮肥作追肥，每公顷施尿素 75 千克，施后立即浇水，然后松土保墒。开花结荚期喷施硼、锰、钼等微量元素肥料，增产效果显著。

北方春播区在豌豆开花结荚期受旱，产量锐减。应看天气情况，适时浇水 2～3 次，一般每隔 10 天左右一次。南方多雨地区应深沟高畦，注意排水。

（五）中耕除草 豌豆幼苗期容易发生草荒，需中耕除草2～3 次。一般在株高 5～7 厘米时进行第一次中耕，株高 15～20 厘米时进行第二次中耕，第三次可根据豌豆生长情况，灵活掌握。生长后期如果杂草多，应拔除，以免杂草丛生，植株受荫蔽，影响产量，而且会延迟成熟。

三、主要病虫害及其防治

（一）病害及其防治 豌豆主要病害有白粉病、褐斑病和黑斑病。

1. 白粉病 在长江流域普遍发生。发病严重时对豌豆产量影响较大。该病主要危害叶片，有时茎、荚也会受害。叶片感病时，初期淡黄色小点，扩大后呈不规则形粉斑，并遍及全叶，覆盖一层白粉，故称白粉病。后期病部散生黑色小粒点。受害叶片很快枯黄、脱落。茎、荚受害时亦出现白色粉斑。严重时茎部枯黄、豆荚干缩。

防治方法：在发病初期开始喷药，可用50%多菌灵1 000倍液或15%粉锈宁1 500倍液、50%硫磺悬浮剂200～300倍液，每隔10天左右喷一次，连喷2～3次。

2. 褐斑病　在东北、华北、西南等地区都有发生。叶、茎和荚均可受害。叶感病时初呈淡褐色病斑，圆形，有明显的周缘，后在病斑上散生黑色小粒点。茎上病斑褐色至黑褐色，椭圆形或纺锤形，中部颜色浅，周缘较深。荚上病斑圆形至不规则形，中央淡褐色，边缘暗褐色。茎、荚病斑后期稍凹陷，长有黑色小粒点。病荚内的种子在潮湿环境中可见淡黄色至灰褐色病斑，有皱纹。

防治方法：在发病初期可用50%多菌灵1 000倍液或75%百菌清600倍液，每隔10天左右喷一次，连续2～3次。

3. 黑斑病　又名褐纹病。在华东地区发生较普遍，对豌豆产量影响较大。茎、叶、荚均可受害。茎感病多发生在基部，病部紫褐色或黑褐色，向四周扩展环绕茎部一周后，常使上部叶片变黄，发病严重时，可造成全株枯死。受害叶片初生黑褐色斑点，扩大后呈圆形病斑，周缘淡褐色，中央黑褐色或黑色，病斑上有2～3个不规则轮纹。果荚病斑黑褐色或褐色，圆形，病斑上常有分泌物溢出，干涸后变粗糙，呈疮痂状。

防治方法：发病初期用常规杀菌剂按常规浓度喷洒。重点喷洒茎基部及其周围土壤。除药剂防治外，在栽培上，应选抗病品种，注意轮作倒茬，加强田间管理，合理施肥。避免氮肥使用过多，应适当增施钾肥，可提高植株抗病力。不宜种植过密，使株间通风透光良好，降低田间温度，可减少病害发生。

（二）害虫及其防治 常见虫害有豌豆蚜虫、豌豆象、豌豆潜叶蝇。

1. 豌豆蚜虫 用40%氧化乐果乳油1 000～1 500倍液，每公顷用药450～600千克喷雾；或用50%马拉硫磷乳油2 000倍液，每公顷用药液30～40千克喷雾。均有较好防效。如田间蚜虫不多，又发现有七星瓢虫，可不喷药或暂缓喷药。

2. 豌豆象 有种子处理和田间防治两种方法。种子处理常用方法：①豌豆脱粒晒干后，集中在仓库内用氯化苦或磷化铝密闭熏蒸，气温在20℃以上时需3天，气温低于20℃时需4～5天。氯化苦用量每立方米30～40克，磷化铝参考用量每立方米9～12克。熏蒸后两周内残毒就能散尽。②用囤贮放豆种，每囤不少于500千克。豌豆种子收获后，择晴热天气将种子暴晒1～2天，含水量降至13%以下时趁热装囤，利用高温密闭15～20天，杀死豆粒内的幼虫。③开水烫种。用篮子盛种，在沸水中浸泡20～30秒钟，取出在冷水中浸一下，摊开晒干后贮藏。在豌豆象越冬虫量大的秋播地区，田间防治可于豌豆开花、越冬成虫产卵前，喷洒马拉硫磷乳剂。

3. 豌豆潜叶蝇 采用药剂防治，常用的方法有两种：①诱杀成虫。在山芋或胡萝卜5千克煮液中加入90%晶体敌百虫2.5克，制成诱杀剂，每平方米面积内点喷豌豆1～2株，每隔3～5天一次，共喷5～6次。②防治幼虫。用90%晶体敌百虫1∶1 000倍药液，根据田间虫情及时喷雾，共喷1～2次。

四、收获与贮藏

（一）收获 软荚豌豆收嫩荚上市，在荚果未及充分伸长即开花后12～14天开始采收，此时籽粒尚小。因豌豆花期较长，收获时荚果大小有相当大差异，手工采摘是最普遍的收获方式。秋播区一般采收4～5次，春播区2～3次。收获的最理想时期应在荚壳表面可以明显看出种子间缢痕之前。

青豌豆粒是食用豆类中最普遍的一种豆粒蔬菜，通常宜在开花后18～20天时开始采收。用于家庭做菜和上市为目的的豌豆，都是手工采摘。有些种植者也分次采收，一般早熟矮生品种分1～2次采收，中、晚熟蔓生品种分2～3次采收。以出售鲜荚为目的时，应在籽粒充分膨大但尚未成熟时收获，并将采下的荚果尽快冷藏，减缓其糖分转变成淀粉的速度。

成熟籽粒的收获，应在绝大多数荚变黄但尚未开裂时连株收获。植株收获后，接近成熟的荚果会继续成熟。当过多的荚干枯时再收获，裂荚损失会很严重。

（二）干燥处理和贮藏 豌豆脱粒后，应对种子进行干燥处理。干燥处理可避免种子发芽，获得最好的籽粒品质；将种子的含水量降低到令真菌、细菌不能生长的水平，同时在相当程度上阻止昆虫侵害。

无论中国南方或北方的农场和良种场，对豌豆的保存方法比较简单。北方农户多用袋子、囤子贮藏，南方农户贮存留种的豌豆用盆、罐、缸或桶等容器，将充分干燥（含水量10%～12%）的豌豆种子装入容器内盖好，并用塑料薄膜密封。这种方法贮存的种子即使在高温多湿季节，仍能保持种子发芽力，而且很少霉变。

第三节 品种介绍

一、半无叶株型硬荚品种

1. 科豌1号 中国农业科学院作物科学研究所1994年从法国农科院引进，经辽宁省经济作物研究所与中国农业科学院作物科学研究所合作系统选育而成。2006年通过辽宁省农作物品种审定委员会审定。中熟，春播生育期95天。有限结荚习性。株型紧凑，直立生长。幼茎绿色，成熟茎绿色，株高50～60厘米。主茎分枝2～3个，半无叶株型。花白色，单株结荚8～11个。荚长5.5～6.0厘米，宽1.4～1.6厘米。单荚4～5粒，籽粒球形，种皮黄色，白脐，百粒重约26克。干籽粒蛋白质含量21.74%，淀粉54.61%。2003—2004年辽宁省豌豆品种比较试验，平均产量每公顷3 751.5千克，比对照辽选豌豆一号增产48.9%。2005年生产试验，平均产量每公顷3 181.5千克。该品种结荚集中，成熟一致，不炸荚，适于一次性收获。抗花叶病和霜霉病，抗倒伏，耐瘠薄性较强。适于辽宁、河北及周边地区种植。

2. 科豌2号　中国农业科学院作物科学研究所1994年从法国农科院引进，经辽宁省经济作物研究所与中国农业科学院作物科学研究所合作系统选育而成。2007年通过辽宁省农作物品种审定委员会审定。中早熟，从播种到嫩荚采收55天左右。植株矮生，无分枝，半无叶株型。一般株高60～70厘米，茎节数16个左右。初花节位7～9节，花白色，每花序1～3朵花。鲜荚长7～8厘米，宽1.5厘米，荚直，尖端呈钝角形，鲜荚单重4.5～5.5克，单荚粒数一般5～8粒。单株结荚6～8个，硬荚型。成熟籽粒黄白色，种脐白色，表面光滑，百粒重25～27克，粗蛋白含量25.12%。2005—2006年在辽宁黄泥洼镇、河北固安县等多点鉴定，青豌豆平均产量每公顷13 192千克，最高16 500千克，比当地主栽品种中豌6号平均增产18.4%。干籽粒平均每公顷3 825千克，最高4 500千克，比当地主栽品种中豌6号平均增产25%以上。该品种具有群体长势强健、抗倒伏、适合密植、增产潜力大、抗病性强等优点。适于辽宁、河北及周边地区种植。

3. 云豌1号　云南省农业科学院粮食作物研究所采用常规杂交育种程序育成。原品系代号2003（5）-1-17，组合L0307/L0298。2006年完成生产中试。中熟，昆明种植全生育期180

天。株型直立，株高 51 厘米。半无叶株型。平均单株分枝数 5.2 个，花白色，多花多荚，硬荚。荚长 5.93 厘米，种皮淡绿色，种脐灰白色。子叶浅黄色，粒形圆球形。单株 21.2 荚，单荚 5.73 粒。百粒重 21.0 克，单株粒重 20.0 克。中抗白粉病。品比试验平均干籽粒产量每公顷 3 177 千克，比中豌 6 号增产 58.5%。大田生产实验平均干籽粒产量每公顷 3 020 千克，比中豌 6 号增产 17.2%～31.8%。鲜苗产量高于每公顷 15 000 千克。适宜云南省海拔 1 100～2 400 米蔬菜产区及近似生境区域栽培种植。

4. 草原 276　青海省农林科学院作物育种栽培研究所经有性杂交选育成。系国内首次育成的半无叶豌豆新类型。1998 年通过青海省品种审定。籽粒圆形，种皮白色，种脐淡黄色。百粒重 27～28.5 克。株高 65～75 厘米，每株 16～18 个荚，每荚 4～5 粒，双荚率 80%。籽粒蛋白质含量 24.69%，淀粉 50.63%。抗倒伏，中度耐寒、耐旱。无白粉病和褐斑病，根腐病极轻。在中水肥条件下每公顷产量 3 750～5 250 千克，高水肥条件下 6 000～6 750 千克，旱作条件下 2 625～3 000 千克。具有双荚率高、籽粒大、直立抗倒、丰产性好等优点。西宁地区种植，全生育期 120～126 天。适于在青海、甘肃、新疆等省、自治区种植。

5. 草原 23　青海省农林科学院作物育种栽培研究所于 2000 年从英国引进的有叶豌豆经系统选育而成。2005 年 12 月通过青海省农作物品种审定委员会审定。品种合格证号青种合字第 0209 号。春性、中晚熟，生育期 110 天。株高 74～84 厘米，有效分枝 2.0～4.0 个。复叶全部变为卷须，花白色，硬荚。籽粒皱，绿色，近圆形，粒径 0.7～0.8 厘米，种脐淡黄色。单株荚数 19～25 个，单株粒重 47.0～55.0 克，百粒重 31.50～32.50 克。籽粒淀粉含量 44.87%，粗蛋白 22.6%，粗脂肪 1.43%，可溶性糖分 6.4%。在青海省豌豆品种区域试验中，平均产量每公顷 5 349.0 千克，比对照草原 276 增产 11.4%；在青海省豌豆品种生产试验中，平均产量每公顷 5 127.0 千克，比对照草原 276 增产 9.6%。适宜青海省东、西部农业区有灌溉条件的地区种植。

6. 草原 24 号　青海省农林科学院作物育种栽培研究所于 1995 年从德国引进，经多年系统选育而成，原代号为 951-1。2007 年 12 月通过青海省农作物品种审定委员会审定，品种合格证号为青种合字第 0228 号。春性、中熟品种，生育期 100 天。株高 95～100 厘米，有效分枝 1.0～3.0 个。花白色。种皮白色，圆形，粒径 0.61～0.75 厘米，子叶黄色，种脐浅黄色。单株荚数 22～31 个，双荚率 5%～10%，单株粒重 18.6～27.4 克，百粒重 23.73～27.45 克。籽粒淀粉含量 46.58%，粗蛋白含量 26.54%，粗脂肪 1.88%。在青海省豌豆品种区域试验中，平均产量每公顷 5 425.5 千克，比对照草原 276 增产 14.3%。在青海省豌豆品种生产试验中，平均产量每公顷 5 238.0 千克，比对照草原 276 增产 10.77%。适宜青海省东部农业区水地和柴达木灌区及西北豌豆区种植。

7. 秦选 1 号　河北省秦皇岛市农业技术推广站自 1995 年法国引进的半无叶豌豆品系中提纯扩繁而成。2001 年通过品种审定。籽粒圆形，种皮白色，种脐淡黄色，百粒重 22～24 克。株高 65～75 厘米，每株 16～18 个荚，每荚 4～5 粒，双荚率 80%以上。中水肥条件下每公顷产干籽粒 4 125～5 625 千克。

8. 宝峰 3 号　河北省职业技术师范学院以普通株型豌豆中豌 5 号为母本，德国半无叶型豌豆 90-PE-10 为父本，进行有性杂交，通过世代选择，运用一年三代加代选择法，选育出的半无叶型超高产专用豌豆新品种。株型收敛，株高 66 厘米左右。有效分枝 3.8 左右，主茎节数 18 个左右，托叶正常，小叶突变成卷须。属半无叶型。托叶颜色深绿，根系发达，白花，白色荚。单株荚数 10 个左右，单荚粒数 5 个左右，双荚率 90%以上。圆粒，绿子叶，百粒重 22 克左右。中晚熟，春播生育期

103 天。干籽粒粗蛋白含量 24.99%，粗脂肪 2.32%，人及动物必需氨基酸含量高。秦皇岛地区种植，大田生产一般每公顷 3 750千克左右，高产可达 7 500 千克，比主栽品种中豌 6 号增产 30%以上。抗倒伏性强，抗旱性良好，成熟时不裂荚，抗猝倒病、根腐病、白粉病。适于辽宁、河北及周边地区种植。

二、普通株型硬荚品种

1. 中豌 2 号　中国农业科学院畜牧研究所经有性杂交选育成。宽荚、大粒。成熟的干豌豆浅绿色。株高 55 厘米左右。茎叶深绿色，白花，硬荚。单株荚果 6～8 个，多至 20 个。荚长 8～11 厘米，荚宽 1.5 厘米。单荚 6～8 粒，百粒重 28 克左右。春播区从出苗至成熟 70～80 天，冬播区约 90～110 天，以幼苗越冬的约 150 天。干豌豆每公顷产量 2 250～3 000 千克，高的达 3 375 千克以上。青豌豆荚每公顷产量 10 500～12 000 千克，干豌豆风干物中含粗蛋白质 26%左右。该品种以品质优良为优势，荚大，粒多，粒大，丰产性好。食味鲜美易熟，商品性好，尤适菜用。耐肥性强，肥沃土壤种植产量尤高。在光照充足地区栽培产量潜力更大。适于华北、西北、东北等地种植。

2. 中豌 4 号　中国农业科学院畜牧研究所经有性杂交选育成。窄荚、中粒、成熟的干豌豆黄白色。茎叶浅绿色，单株荚果 6～10 个，冬播有分枝的单株荚果可达 10～20 个。荚长 7～8 厘米，荚宽 1.2 厘米。单荚 6～7 粒，百粒重 22 克。该品种盛花早，花期集中，青豌豆荚上市早。耐寒、抗旱、较耐瘠、抗白粉病。干豌豆风干物中含粗蛋白质 23%左右，品质中上，口感好。在南方冬播虽光照时间短，但灌浆鼓粒快，优于宽荚品种。春播地区生育期 90～100 天。干豌豆每公顷产量 2 250～3 000 千克，青豌豆荚每公顷产量 9 000～12 000 千克。四川、浙江、江西、广东、湖北、河南、河北、安徽等地已经较大面积推广。

3. 中豌5号　中国农业科学院畜牧研究所经有性杂交选育成。窄荚、中粒、成熟的干豌豆深绿色。茎叶深绿色，株高40～50厘米。单株荚果7～10个，冬播有分枝的单株荚果在10个以上。荚长6～8厘米，荚宽1.2厘米。单荚6～7粒，百粒重23克左右。荚果节间距离4～5厘米，荚果鼓粒快而集中，因而前期青荚产量高，约占总产量45%左右。上市早，效益好。干豌豆风干物中含粗蛋白质25%左右。品质较好，食味鲜美，皮薄易熟。青豌豆深绿色，尤适合速冻和加工制罐，出口创汇。春播地区生育期90～100天。干豌豆每公顷产量2 250～3 000千克，青豌豆荚每公顷产量9 000～12 000千克。在华北、华东、华中、东北、西北、西南各地及江苏、山东、四川等省已较大面积推广种植。

4. 中豌6号　中国农业科学院畜牧研究所经有性杂交选育成。窄荚、中粒、成熟的干豌豆、浅绿色。茎叶深绿色，株高40～50厘米。单株荚果7～10个，冬播有分枝的单株荚果在10个以上。荚长7～8厘米，荚宽1.2厘米。单荚6～8粒。百粒重25克左右。具有节间短、灌浆鼓粒快的优点，前期青荚产量高，约占总产量50%左右。上市早，效益好。干豌豆风干物中含粗蛋白25%左右。品质较好，食味鲜美，皮薄易熟。与中豌5号相比，荚果和籽粒均略大，产量略高。春播地区生育期90～100天。干豌豆每公顷产量2 250～3 000千克，青豌豆荚每公顷产量9 000～12 000千克。四川、湖北、浙江、江西、安徽、河南、河北等省已较大面积推广。

5. 团结2号　四川省农业科学院经有性杂交选育成。株高100厘米左右，白花，硬荚。在四川省冬播生育期180多天。单株荚果5～6个，多的10个以上，双荚率高。干豌豆白色，圆形，百粒重16克。干豌豆含粗蛋白质27.9%，每公顷产量1 875千克左右。耐旱，耐瘠性较好，较耐菌核病。适应性广，适于四川、福建、湖北、云南、贵州、广东等地种植。

6. 成豌 6 号　四川省农业科学院经有性杂交选育成。株高 100 厘米，茎粗节短。白花，硬荚，结荚部位较低，双荚率很高。干豌豆白色，近圆形，百粒重 17 克左右。含粗蛋白质 26.1%。籽粒品质和烹调味好。耐菌核病，适应性较广。株型较紧凑，生育期和团结 2 号近似。该品种宜选肥力中等偏下地块种植。其余栽培技术同团结 2 号。

7. 白玉豌豆　江苏省南通市地方品种。株高 100～120 厘米，分枝性强，白花，硬荚。始花在 10～12 节，荚长 5～10 厘米，荚宽 1.2 厘米，单荚 5～10 粒。种子圆球形，嫩时浅绿色，成熟后黄白色，光滑。可以嫩梢或鲜青豆食用，也可速冻和制罐。干豌豆可加工食品。耐寒性强，不易受冻害。适于江苏省及华东部分地区种植。

8. 草原 224　青海省农林科学院经有性杂交选育成。1994 年通过青海省品种审定。籽粒扁圆，种皮绿色，上有紫色斑点。百粒重 22～23 克。株高 140 厘米，每株 6～8 个荚，每荚 5～6 粒。籽粒蛋白质含量 23.1%，淀粉 43.74%。田间鉴定根腐病和褐斑病极轻，耐渍性好。区试平均每公顷产量 3 262 千克，生产试验平均每公顷产量 2 958 千克。高水肥条件下 3 750～4 500 千克，中水肥条件下 3 000～3 750 千克，旱作条件下 2 250～3 000 千克。适于在山旱地、沟岔水地栽培。西宁地区种植全生育期 100～110 天。适于青海、甘肃、宁夏等省、自治区种植。

9. 草原 3 号　青海省农林科学院经有性杂交选育成。株高 45 厘米左右，茎叶深绿色，白花，硬荚。单株 5～6 荚，单荚 4～5 粒。干豌豆浅灰绿色，近圆形，百粒重 18 克左右。西宁地区从出苗至成熟 90 多天。干豌豆每公顷产量 3 750 千克左右。干豌豆含蛋白质 24.9%，熟性好，品味佳。青嫩豆含糖量较高，适于烹制菜肴。对短日照反应不敏感，也适于南方冬播，直立型较耐水肥，易感染白粉病。适于西北、华南、华东等地种植。

10. 草原 7 号　青海省农林科学院经有性杂交选育成。株高

50～70 厘米，直立，茎节短，分枝较少。叶色深绿、白花、硬荚。单株 7～8 荚，单荚 5～7 粒。干豌豆淡黄色，光滑，圆形。百粒重 19～23 克。春播区生育期 90～100 天，为中早熟品种。南方冬播区生育期 150～160 天，反季节栽培 80～90 天。对短日照不敏感，生长速度均匀，株型紧凑，抗倒伏，耐根腐病，轻感白粉病，适应性广。干豌豆每公顷产量 3 750 千克，青嫩豆糖分较高，品质好。适于西北、西南、华南等地种植。

11. 草原 9 号　青海省农林科学院从草原 7 号品种中系统选择育成。株高 90～110 厘米，半匍匐，分枝较少。白花，硬荚。单株荚果 5～7 个，单荚 5～6 粒。干豌豆淡黄色，光滑，圆形，百粒重 18～22 克。西宁春播生育期 105～107 天。干豌豆每公顷产量 2 250～3 750 千克。干豌豆含蛋白质 21.7%。青嫩豆含糖分高，食用品味好。对短日照反应不敏感，南方秋冬播也生长良好。耐瘠、耐旱，较耐根腐病。适于西北、西南、华北、华中等地种植。

12. 阿极克斯　原产新西兰。经引种选择育成。株高 80 厘米左右，有效分枝 2～3 个。叶色深绿，花色白，双花双荚多。嫩荚深绿色，鲜籽粒绿色，甜度高，品质品位佳。干籽粒皱缩，淡绿色或绿色，百粒重 20 克左右，单株平均 15～18 个荚，每荚粒数 5～6 粒。干籽粒含粗蛋白质 24.98%，淀粉 40.41%。西宁地区种植生育期 105～110 天。生产试验平均每公顷产量 2 384 千克。中等以上肥力地块种植，可收干籽粒 3 000～3 750 千克或青荚 15 000～18 750 千克，可供速冻用的豌豆粒 7 500～9 000 千克。适于青海及类似气候条件地区浅山或平原单作。也适于果园间作。

13. 草原 20 号　青海省农林科学院作物育种栽培研究所于 1990 年从美国引进的高代品系，经多年系统选育而成（原代号 Ay749）。2005 年 1 月通过青海省农作物品种审定委员会审定（品种合格证号青种合字第 0193 号）。春性，中熟，生育期 102

天。株高50～60厘米，有效分枝2.0～3.0个。花白色。干籽粒绿色，圆形，种脐淡黄色。单株荚数15～20个，单株粒重15.2～23.2克，百粒重24.0～28.0克。干籽粒淀粉含量47.4%，粗蛋白20.82%。鲜籽粒粗蛋白含量7.69%，可溶性糖分2.74%，维生素C每百克31.4毫克。在青海省豌豆品种比较试验中，平均每公顷产量3 684.9千克，比对照中豌4号增产58.48%。在青海省豌豆品种生产试验中，平均每公顷产量3 102.9千克，比对照中豌6号增产38.18%。适宜青海省川水地，低、中位山旱地及柴达木灌区种植。

14. 草原21号　青海省农林科学院作物育种栽培研究所于1995年对新西兰进口商品豆经多年系统选育而成。2004年2月通过青海省农作物品种审定委员会审定（品种合格证号青种合字第0176号）。春性，中熟，生育期103天。株高60～75厘米，有效分枝1.0～2.0个。花白色。干籽粒绿色，近圆形，粒径0.8～0.9厘米，种脐淡黄。单株荚数30～35个，单株粒重18.2～26.2克，百粒重31.0～33.1克。干籽粒淀粉含量47.63%，粗蛋白24.28%，可溶性糖分6.41%。在青海省豌豆品种区域试验中，平均每公顷产量5 080.5千克，比对照草原276增产9.8%。在青海省豌豆品种生产试验中，平均每公顷产量4 686.0千克，比对照草原276增产10.1%。适宜青海省川水地，低、中位山旱地及柴达木灌区种植。

15. 草原22号　青海省农林科学院作物育种栽培研究所于1998年从台湾引进的高代品系，经多年系统选育而成（原名荷仁豆）。2005年12月通过青海省农作物品种审定委员会审定（品种合格证号青种合字第0208号）。春性，中晚熟，生育期113天。株高70～90厘米，有效分枝1.0～2.0个。花白色。籽粒绿色，近圆形，粒径0.61～0.73厘米。种脐淡黄色。单株荚数11～20个，单株粒重11.3～22.3克，百粒重19.62～22.32克。干籽粒淀粉含量47.72%，粗蛋白23.87%，粗脂肪

0.878%；鲜籽粒粗蛋白含量7.12%，可溶性糖分2.32%，维生素C每百克36.9毫克。在青海省豌豆品种区域试验中，平均每公顷产量2 912.55千克，比对照中豌6号增产29.17%。在青海省豌豆品种生产试验中，平均每公顷产量2 744.25千克，比对照中豌6号增产18.54%。适宜青海省水地，中位山旱地种植。

16. 草原25号　青海省农林科学院作物育种栽培研究所于1990年以78007为母本，1341为父本，经有性杂交选育而成(原代号915-3-2-3-4)。2006年7月通过全国小宗粮豆品种鉴定委员会鉴定（编号国品鉴杂2006022)。春性，中熟，生育期98天。株高100～120厘米，有效分枝1.0～3.0个。花白色。干籽粒白色，圆形，粒径0.41～0.52厘米，种脐淡黄色。单株荚数17～31个，单株粒重16.1～36.1克，百粒重22.0～25.0克。籽粒淀粉含量50.98%，粗蛋白24.09%，粗脂肪1.25%。在全国豌豆品种区域试验中，平均每公顷产量2 554.5千克，比对照草原224增产11.6%。在全国豌豆品种生产试验中，平均每公顷产量1 933.5千克，比对照草原224增产18.8%。适宜西北地区春播区和华北地区部分春播区种植。

17. 草原26号　青海省农林科学院作物育种栽培研究所于1990年以78007为母本，1360为父本，经有性杂交选育而成(原代号914-5-3-1-40。2006年7月通过全国小宗粮豆品种鉴定委员会鉴定（编号国品鉴杂20060230。春性，中早熟，生育期93天。株高58～70厘米，有效分枝1.0～3.0个。花白色。干籽粒白色，圆形，粒径0.63～0.78厘米，种脐淡黄色。单株荚数17～27个，双荚率52.3%～76.1%，单株粒重15.6～23.9克，百粒重20.0～25.0克。籽粒淀粉含量53.14%，粗蛋白23.34%，粗脂肪1.45%。在全国豌豆品种区域试验中，平均每公顷产量2 401.5千克，比对照草原224增产4.8%。在全国豌豆品种生产试验中，平均每公顷产量1 969.5千克，比对照草原224增产0.7%。适宜西北地区春播区和华北地区部分春播区种植。

18. 无须豌171　青海省农林科学院作物育种栽培研究所于1990年以无须豌为母本，Ay55为父本经有性杂交选育而成（原代号90-17-1）。2001年12月通过青海省农作物品种审定委员会审定（品种合格证号青种合字第0162号）。春性，中熟，生育期109天。株高130～150厘米，有效分枝1.0～3.0个。复叶由3～4对小叶组成，无卷须。花白色。籽粒白色，圆形，粒径0.36～0.44厘米，种脐淡黄色。单株荚数22～26个，单株粒重20.5～26.7克，百粒重18.32～21.78克。籽粒淀粉含量51.38%，粗蛋白22.66%。鲜苗粗蛋白含量5.06%，可溶性糖分3.53%，维生素C每百克190毫克。在青海省豌豆品种比较试验中，平均干籽粒每公顷产量3 793.5千克，比对照草原7号增产43.45%；平均青苗每公顷产量12 408.0千克，比对照草原7号增产25.0%。在青海省豌豆品种生产试验中，平均干籽粒每公顷产量3 691.5千克，比对照草原7号增产22.42%；平均青苗每公顷产量19 120.5千克，比对照草原7号增产37.2%。适宜青海省东部农业区水浇地种植。

三、普通株型软荚品种（荷兰豆、甜脆豌豆）

1. 食荚大菜豌1号　四川省农业科学院作物研究所用复合杂交选育而成。株高70厘米左右，茎粗节密，叶深绿色，白花。单株荚果11～20个，嫩荚翠绿色，扁长形。鲜荚长12～16厘米，荚宽3厘米，单荚重8～20克。从出苗至采收嫩荚45～50天，每公顷产量10 500～15 000千克。嫩荚品质优良，味美可口。适于四川、吉林等地种植。

2. 云豌10号　云南省农业科学院粮食作物研究所采用常规系统选育方法育成（亲本编号L0148）。2007年完成生产中试。中熟，昆明种植全生育期180天。株型直立，株高60.4厘米，半无叶株型。平均单株分枝数5.0个，花白色，多花多荚，软荚，荚长6.17厘米，荚宽1.24厘米。种皮白色，种脐灰白色。子叶浅黄色，粒形长圆球形。单株16.4荚，单荚6.37粒，百粒重23.0克，单株粒重14.8克。品比试验平均干籽粒每公顷产量3 774千克，比中豌6号减产5.5%。大田生产实验平均干籽粒每公顷产量2 322千克，比同类地方品种增产11.3%～22.1%。鲜荚每公顷产量13 209千克以上。适宜云南省海拔1 100～2 400米蔬菜产区及近似生境区域栽培种植。生产菜用鲜荚。

3. 草原31号　青海省农林科学院经有性杂交选育而成。株高140～150厘米，蔓生，分枝较少，苗期生长快，叶和托叶大。第一花着生于第11～12节，白花，花大。单株荚果10个左右，鲜荚长14厘米，荚宽3厘米，单荚4～5粒。从出苗至成熟在西北、华北地区春播100天左右，秋冬播150天左右，南方反季节栽培65～70天。中早熟品种。鲜荚每公顷产量7 500～13 500千克。适应性强，较抗根腐病、褐斑病，中感白粉病。对日照长度反应不敏感，全国大部分地区均可栽培，以黑龙江、北京、广东和青海等地种植较多。

4. 白花小荚　上海市农业科学院园艺研究所从日本引进。株高130厘米，蔓生，白花。嫩荚绿色，荚长7厘米左右，荚宽1.5厘米左右。嫩荚品质佳，商品性好，是江、浙地区速冻出口的主栽品种。抗寒、抗热、抗病虫能力强。适于上海、浙江、江苏等地栽培。

5. 甜脆豌豆（87－7）　中国农业科学院蔬菜花卉研究所从国外引进。株高约42厘米，矮生直立，分枝1～2个。白花，嫩荚淡绿色，圆棍形。单株荚果8～10个，荚长7～8厘米，荚宽1.2厘米。早熟，从出苗到采收嫩荚51～53天，从播种到收嫩荚70天。丰产性好，嫩荚每公顷产量11 250千克。嫩荚脆甜，品质优良。适于华北、东北，华东、西南等地种植。

6. 台中11号　福建省农业优良品种开发公司从亚洲蔬菜研

究发展中心引进。株高120～160厘米。蔓生，节间短，分枝多，花淡红色。荚形平直，荚长7.5厘米，荚宽1.3～1.6厘米，单荚重约1.6克。晚秋播每公顷产嫩荚4 500～6 000千克，高产栽培可达9 000千克以上。嫩荚肥厚多汁，口感清脆香甜，别具风味。是福建省速冻软荚豌豆出口的主栽品种。适于福建、华南沿海等地种植。

7. 青荷1号　大荚荷兰豆。青海省农林科学院作物育种栽培研究所经有性杂交选育成。1996年通过青海省品种审定。矮茎，直立生长，株高80厘米左右。甜荚，剑形，绿色，长12厘米，宽2厘米。单株平均15个荚，每荚5粒。在西宁种植生育期99～118天。对日照长度反应不敏感。品比实验每公顷产青荚15 428千克，适于青海及类似气候条件地区露地和保护地种植。露地种植每公顷保苗30万～37.5万株，大棚种植时每公顷保苗24万～25.5万株。一般宜采取条播，行距30～40厘米，每隔4～5行空50厘米宽行，以便于采摘。

8. 成驹39　青海省农林科学院作物育种栽培研究所于1992年从上海农科院引进，经多年混合选育而成（原名成驹39）。2004年2月通过青海省农作物品种审定委员会审定（品种合格证号青种合字第0177号）。春性，中晚熟，生育期110天。无限结荚习性。幼苗直立、淡绿，成熟茎黄色，株高150～170厘米。有效分枝3.0～5.0个。花白色。籽粒白色，近圆形，粒径0.35～0.39厘米，种脐黄色。单株荚数20～32个，双荚率54%～58%，单株粒数37～67粒，单株粒重3.8～7.0克，百粒重13.7～20.7克。干籽粒淀粉含量48.78%，粗蛋白22.79%；鲜荚粗蛋白含量2.56%，可溶性糖分5.572%，维生素C每百克52.36毫克。青海省豌豆品种比较试验，平均干籽粒产量每公顷2 577.3千克，比对照青荷1号增产3.56%；平均青荚产量每公顷16 492.5千克，比对照青荷1号增产12.55%。在青海省豌豆品种生产试验中，平均干籽粒产量每公顷2 259.75千克，比对照青荷1号增产34.47%。适宜青海省东部农业区水地及柴达木盆地种植。

9. 甜脆761　青海省农林科学院作物育种栽培研究所于1990年从美国华盛顿州立大学引进的高代品系，经多年系统选育而成（原代号Ay761）。1999年11月通过青海省农作物品种审定委员会审定（品种合格证号青种合字第0145号）。春性，中熟，生育期106天。株高170～180厘米，有效分枝1.0～3.0个。花白色。软荚，链珠形，长10～12.2厘米，宽1.8～2.4厘米。籽粒黄绿色，近圆形，粒径0.7～0.72厘米。种脐浅黄色。单株荚数11～19个，单株粒重14.1～18.7克，百粒重21.65～23.33克。干籽粒淀粉含量46.75%，粗蛋白23.97%；鲜荚粗蛋白含量2.86%，可溶性糖分6.56%，维生素C每百克含量53.14毫克。在青海省豌豆品种比较试验中，平均干籽粒产量每公顷3 360.15千克，比对照阿极克斯增产28.89%；平均青荚产量每公顷17 153.7千克，比对照阿极克斯增产55.7%。适宜青海省东部农业区种植。

（宗绪晓）

主要参考文献

1. 龙静宜，林黎奋，侯修身等．食用豆类作物．北京：科学出版社，1989
2. 宗绪晓．豌豆的营养特点和加工利用．粮食与食品工业．1994（2）：28～33
3. 郑卓杰，王述民，宗绪晓等．中国食用豆类学．北京：中国农业出版社，1997
4. 郑卓杰，宗绪晓，刘芳玉．食用豆类栽培技术问答．北京：中国农业出版社，1998
5. 中国农业科学院．减灾救灾作物生产技术．北京：中国农业科技出版社，1998

6. 金文林，宗绪晓．食用豆类高产优质栽培技术．北京：中国盲文出版社，2000
7. 宗绪晓．食用豆类高产栽培与食品加工．北京：中国农业科学技术出版社，2002
8. 宗绪晓，王志刚，关建平等．豌豆种质资源描述规范和数据标准．北京：中国农业出版社，2005
9. AO. Statistical Database，Food and Agriculture Organization（FAO）of the United Nations，Rome. http：//www. fao. org，2006
10. 王晓鸣，朱振东，段灿星，宗绪晓．蚕豆豌豆病虫害鉴别与控制技术．北京：中国农业科学技术出版社，2007
11. 成卓敏．新编植物医生手册．北京：化学工业出版社，2008

第十二章 豇　豆

豇豆，又名豆角、角豆、长豆、裙带豆、饭豆、蔓豆、泼豇豆、黑脐豆。通常食用其干籽粒、绿荚、青籽粒和嫩叶。茎叶繁茂，适应性强，可作为饲料和迅速生长的覆盖作物，是一种粮、菜、绿肥、饲料兼用的豆科作物。

豇豆广泛分布于热带和亚热带，已有数千年的栽培历史。目前全球种植的面积，非洲占90%以上，其次是北美和中美洲，亚洲第三，欧洲第四，大洋洲最少。世界主要生产国家和地区按总产量依次为尼日利亚、尼日尔、布基纳法索、乌干达、埃塞俄比亚、突尼斯、中国、印度、印度尼西亚、菲律宾、马来西亚、日本、澳大利亚、欧洲各国、地中海地区和南美、中美洲低地和沿海地区。

豇豆在我国栽培历史悠久，目前除西藏自治区外，其他各地都有豇豆生产。我国种植的豇豆主要是籽粒食用的普通豇豆及蔬菜用的长豇豆。粒用短荚豇豆很少，仅云南与广西有极少量农家品种。我国普通豇豆生产面积尚无详细的统计资料，但总的趋势是发展的，特别在山区丘陵地发展较快。生产上多为传统农家品种，蔓生，生育期长，病虫害较重，单产水平较低，全国平均每公顷约 450 千克左右。河北保定地区种植中豇 1 号，每公颂 1 500～2 400 千克。长豇豆是一种度夏的蔬菜，近几年也有发展的趋势。据 1994 年不完全统计，全国长豇豆播种面积 11.6 万公顷，总产 261.6 万吨，平均每公顷鲜荚产量 22 527 千克。普通豇豆主要产区有河南、广西、山西、陕西、山东、安徽、内蒙古、湖北、河北及海南等省、自治区长豇豆主要产地在四川、湖南、山东、江苏、安徽、广西、浙江、福建、河北、辽宁及广东等省、自治区。

我国现已收集保存国内外普通豇豆和短荚豇豆种质资源3 000多份，长豇豆1 700余份。经过近20年的国家科技攻关，已将近5 000份豇豆种质资源送交国家种质库长期保存，部分交国家中期库保存，以提供科研和生产利用。

第一节　营养价值与利用

一、豇豆的营养成分

(一) 豇豆籽粒营养成分　豇豆籽粒营养丰富，含蛋白质18%～30%（平均23%左右），脂肪1%～2%，淀粉40%～60%。中国农业科学院原作物品种资源研究所生理生化研究室、中国农业科学院分析室对57份豇豆籽粒17种氨基酸的含量分析结果见表12.1。

表12.1　豇豆籽粒氨基酸的含量（%）

氨基酸	天门冬氨酸	苏氨酸	丝氨酸	谷氨酸	脯氨酸	甘氨酸	丙氨酸	缬氨酸	蛋氨酸	异亮氨酸	亮氨酸	酪氨酸	苯丙氨酸	赖氨酸	组氨酸	精氨酸	色氨酸
变幅范围	2.42～3.76	0.72～1.09	0.86～1.36	4.15～5.64	1.25～2.01	0.91～1.24	0.95～1.27	1.22～1.68	0.21～0.47	0.88～1.54	1.66～2.42	0.72～0.96	1.20～1.70	1.55～2.19	0.67～1.07	1.45～2.81	0.18～0.23
平均	3.02	0.92	1.07	4.80	1.74	1.11	1.12	1.47	0.33	1.22	1.47	0.83	1.48	1.88	0.84	2.06	0.20

从表12.1可以看出，豇豆籽粒蛋白质的氨基酸组成比较齐全，富含人和动物不可缺少的8种必需氨基酸，特别是赖氨酸(2%左右)、色氨酸（0.2%左右）和谷氨酸（5%左右）含量高。另外，还含有丰富的矿物质，如钙、磷、铁等。维生素A、维生素B_1、维生素B_2含量也比较高（表12.2）。而豇豆有毒物质、

抗代谢物（如胰旦白酶抑制剂、血球凝聚素和肠胃胀气素）含量很少，故在许多地方特别在非洲是最受欢迎的豆类作物。

表 12.2　豇豆籽实矿物质和维生素成分（以 100 克计）

成　　分	干豆（毫克）	鲜豆（毫克）*
钙	79～98	51
磷	329～474	60
铁	7.2～8.8	1.1
胡萝卜素	0.02～0.54	0.12
维生素 B_1	0.33～0.48	0.05
维生素 B_2	0.11～0.36	0.04
维生素 PP	1.6～2.4	0.6
维生素 C	0	12

资料来源：中国医学科学院卫生研究所，食物成分表，人民卫生出版社，1976；
* 长豇豆。

（二）豇豆茎、叶营养成分　豇豆枝叶繁茂，营养丰富，茎秆在成荚期收获时含粗蛋白 21.38%，脂肪 5.01%，碳水化合物 32.59%，纤维 29.05%，灰分 11.97%（表 12.3）。

表 12.3　豇豆茎叶及在成熟各熟期内之化学成分（%）

生长部位（期）	粗蛋白质	脂肪	纤维	碳水化合物	灰分
茎	6.9	1.0	43.1	42.6	6.1
叶	18.4	6.9	16.0	46.1	11.6
连荚茎叶	18.4	6.1	22.8	42.8	9.9
无荚茎叶	10.4	2.5	34.5	46.1	6.9
窖藏连荚茎叶	14.3	2.9	27.0	45.8	10.0
盛花期	17.86	4.04	18.39	52.28	7.43
结荚初期	19.93	3.06	19.52	50.28	7.91
成荚期	21.38	5.01	29.05	32.59	11.97

资料来源：孙醒东，中国食用作物（下册）。

二、不同用途豇豆对品质的要求

（一）粒用　粒用要求籽粒皮薄易煮。豇豆籽粒可直接食用或作食品工业原料。豇豆籽粒可混入大米、糯米煮饭或熬粥，香甜可口，而且比其他豆好煮易烂。中国传统农历腊月初八的正统腊八粥，豇豆是其中原料之一。还可磨面，与小麦面粉掺和食用，弥补小麦蛋白质的不足。在我国广大农村如河南、河北等地，逢年过节都要做豇豆糕吃，掺和豇豆面，做出的面条带黏性而滑溜，好吃。豇豆籽粒还可加工制作豆沙、豆酱及罐头等。我国南方及非洲许多国家利用豇豆加工做月饼及豇豆馅的各式糕点点心。

（二）菜用 菜用要求荚肉质肥厚。长豇豆是优质的蔬菜，在我国作为一种度夏的蔬菜，栽培面积仅次于菜豆。豇豆不仅可采摘鲜豆荚作菜直接食用，长豇豆还可腌制泡菜，可干制贮藏。在蔬菜供应淡季及隆冬季节仍可食到美味的长豇豆。四川酸辣豇豆、广东麻辣豇豆、碎米豇豆，内蒙古自治区、北京的红油豇豆及豆角罐头等，均为大众喜爱的菜肴。

（三）饲料用 饲料用豇豆要求枝叶繁茂，生物学产量高。豇豆生长快，枝叶繁茂，不仅适于放牧，还可与玉米、高粱等混合青贮。豇豆枝叶纤维素比苜蓿更易消化，适于饲喂奶牛。用作干贮、青饲料或青贮都极适宜，为极良好的饲草。

（四）其他用途 豇豆还是一种具有良好药用价值的作物。据古农书《群芳谱》记载：豇豆性甘咸平无毒，理中益气，补肾健脾胃和五脏，调营卫，生精髓，故可入药，健脾补肾，主治脾胃虚弱、泻痢、吐逆、消渴、遗精、白带、白浊、小便频数等。有资料报道，豇豆对治疗脚气病和心脏病也有一定的疗效。

另外，豇豆植株生长快，覆盖率高，是优良的绿肥及覆盖作物。

第二节 豇豆栽培技术

一、整 地

（一）豇豆对耕地的要求 豇豆对土壤适应性较强。一般排水良好、土质疏松的各类土壤都能种植，但以排水良好、能保持适当水分的沙质壤土最好。豇豆不耐盐，适度耐酸，适宜土壤pH5.5～6.5。豇豆病虫较多，忌重茬。连作时由于噬菌体的繁衍，抑制根瘤菌发育，病虫害加剧，致使产量降低。因此，种植豇豆的地块应选前2～3年没有种过同科作物的地块。

（二）精细整地 豇豆根系入土很深，主根可深入地下60～90厘米，支根多，大多数水平伸展在地表45～50厘米的土层内。要求耕层浓厚，有利于根系发育。播种前要深耕土地。前茬地如果是空的地块，可在头年秋季深翻，经过春冬晒垡、冻垡使土壤结构疏松。播种前再浅耕，耙地，平整作畦。前茬作物头年未收获的地块，等收获完前茬作物后，立即清理茬口及枯枝烂叶，及时翻耕，耕深20厘米以上。耕后耙平，开出小畦与排水沟，旱能灌，涝能排。我国北方雨水偏少，在土层深厚、疏松地块可作低畦或平畦，直播。南方雨水偏多，土壤较板结地块宜作高畦播种，以利排水。

二、播　种

（一）播前准备 豇豆在播种前必须精选种子。选择籽粒大、饱满、色泽好、无病虫害、无损伤、具有本品种持征的种子，播前选晴天晒种2～3天，以促进种子的后熟作用和酶的活化，提高发芽势和发芽率，还可杀虫灭菌，减轻病虫害发生。尤其在地温较低时播种，具有防止烂种、缺苗的作用。晒种温度不宜过高，一般控制在25～40℃。豇豆一般可浸种但不催芽。先用55～60℃温水浸种，边浸边搅拌种子，待水温降到30℃左右停止搅拌，浸泡到种子吸水量达种子重量的50%，种子吸水膨胀无皱缩时，即可播种。也可用30～35℃温水浸种3～4小时或用冷水浸10～12小时，稍凉后即可播种。但地温低，土壤过湿地块，不宜采用此法。

(二) 播种期和播种量 豇豆喜温耐热，不耐低温或霜冻，播种太早，地温低，种子发芽慢，一经阴雨，多致腐烂，即使发芽，幼苗易受霜冻。所以，大田直播的豇豆播种适期必须在晚霜停止后，土壤地温稳定在10℃以上时播种，在无霜期内栽培。南方春、夏、秋播皆可，多在4～7月份播种。如长江流域豇豆的春播适期在4月中旬至下旬，夏播在5月上旬至6月中旬，秋播在7月下旬至8月上旬。生产上以春、夏播为主。北方一般在晚春早夏播种豇豆，此时正处气温、地温迅速回升的5月份，播种后环境适宜，出苗快，出苗整齐一致，而且早春玉米等作物已种完，人力较缓和，又不影响前后茬播种，经济效益高。夏播的播种期已到6月中、下旬，适宜生长发育的时间短，影响产量。过去豇豆多采用直播，近几年来长豇豆实行育苗移栽法，将苗期安排在保护地生长。不仅可早播、早收、提早供应市场，还可保证全苗壮苗，促进开花结荚。试验证明，育苗移栽比直播能提高产量27.8%～34.2%。如果将直播改为育苗移栽，可将豇豆的播种期提早15～25天播种。豇豆播种一般每公顷用种量30～45千克，作饲料或绿肥用可增至75千克以上。育苗移栽每公顷用种量22.5～30千克。

(三) 播种方法

1. 条播　即机器或人工按一定的行距开播种沟，将种子均匀撒在播种沟内。

2. 点播　按规定的行株距开穴，每穴播种3～5粒，最后留苗1～2株。

3. 撒播　将种子均匀地撒到地里，覆土2～3厘米即可。

收获种子的普通豇豆和菜用的长豇豆多用条播和点播，用作饲料或绿肥的可撒播。播种深度以4～6厘米左右为宜。育苗移栽的可采用5厘米×5厘米塑料钵或纸钵，逐钵盛好营养土，每钵播种2～3粒，深1～1.2厘米，播后浇水增湿，盖上塑料薄膜，保湿保温。加强通风换气，防高温高湿徒长，培育壮苗。

三、种植密度和种植方式

（一）种植密度 豇豆生长势较强，分枝多，营养面积较大，一般每公顷约 7.5 万～15 万株。行距一般 40～80 厘米，株距 10～33.3 厘米。具体播种密度因品种、地区及不同播种期、利用目的而异。早熟品种、直立型品种或瘠薄地种植宜密，晚熟品种或肥沃地种植宜稀；早播宜稀，迟播宜密。长豇豆常采用行距 60 厘米，株距 27～33 厘米，每穴留苗 2～3 株。陕西跃县长豇豆丰产田株距 20 厘米，每穴留苗 2 株，每公顷保苗数 16.7 万株。

（二）种植方式 豇豆喜光耐阴，叶片光合能力强，既可单作，也可套种间作或混种。普通豇豆常与玉米、高粱、谷子、甘薯等作物间作套种，也可种在果树、林木苗圃行间、田埂、地头、垄沟及宅旁隙地。还可于早稻、小麦或其他禾谷类作物收获后复种，如山西省普通豇豆多为麦后复种。

菜用长豇豆多在田园条件下种植。我国北方多为平畦栽培，畦宽 1.2～1.5 米。南方为高畦，畦宽 1.5～1.8 米（包括沟），沟深 25～30 厘米，以利于排水，每畦内种植 2 行，便于插架采收。长豇豆也可与大蒜、早甘蓝及多种瓜菜间套作，还可与夏玉米进行多种形式的间作。

四、施　肥

（一）肥料要求和施肥原则 豇豆一生所需氮素大部分可由自生根瘤菌供给。因此，豇豆的施肥原则应以基肥为主，追肥为辅。肥料种类来看，以磷肥最多，钾肥次之，氮肥最少。苗期绝对不可施肥过多，否则会造成茎叶徒长，推迟植株开花结荚。开花结荚以后，豇豆根瘤菌活动旺盛，固氮能力较强，增施一些磷、钾肥，尤其是磷肥，能满足植株的需要，促使植株生长健壮和开花多，结实饱满。但对于沙质土壤，因为保肥水能力弱，宜勤施少施，防止一次施肥过多，肥水渗入土壤深处或者流失，达不到施肥增产目的。

（二）施肥时期和施肥方法

1. *施足基肥* 在播种前结合整地，施足基肥。一般每公顷施30 000～60 000千克腐熟有机厩肥，并混施450～750千克过磷酸钙。长豇豆丰产田每公顷施腐熟优质肥75 000～150 000千克。

2. *苗期轻追肥* 苗期以控为主，肥水管理宜轻。如果底肥施得少，地力较薄，幼苗长得弱，可施少量氮肥（每公顷300千克左右），促使幼苗生长。

3. *花荚期及时勤追肥* 一般在现蕾时、开花前结合浇水施一次腐熟稀薄人粪尿或复合肥料，促使花蕾多而肥大。开花结荚以后，植株对养分和水分的需要剧烈增加，为弥补基肥不足，可根据苗情与地情，追施2～3次肥水，以不断满足植株结荚的需要。尤其菜用长豇豆，当植株进入嫩荚采收时期，消耗肥水最多，此时就应重施与勤施追肥，约1～2水加施一次追肥，为植株及时补充营养，延长采收期，提高产量。为防止早衰，延长结荚期，还可喷1～2次0.3%磷酸二氢钾。

五、田间管理

（一）查苗、补苗，及时间苗、定苗 豇豆在播种后一般5～7天开始出苗。出苗期间应经常检查苗情，及时补苗。一般在2～4叶时间苗、定苗，间除多余杂苗、弱苗、病苗，避免过多消耗土壤养分。保证田间合理密度，使植株间通风透光，防止病虫害滋长，确保齐苗壮苗。

（二）中耕除草 豇豆行距较大，生长初期行间易生杂草，雨后地表易板结，对植株生长不利，从出苗至开花需中耕除草2～4

次，以便清除杂草，提温保墒，促进根系发育，控制茎叶徒长。如果与其他作物间作，结合主栽作物田间管理，进行中耕除草。

（三）浇水与排涝 豇豆从播种后至齐苗前不浇水，以防地温降低，增大湿度而造成烂种。育苗移栽的可在定植后浇少量定根水，以利营养纸筒或营养土块与土壤充分密接，利于缓苗。生长前期基本不浇水或少浇水。在持续高温干旱、土壤水分严重不足情况下可适当浇水，促进植株根系与茎叶同时生长。进入开花、结荚期的生长后期，豇豆要求有较高的土壤湿度和稍大的空气相对湿度，如果这时久旱不雨，又遇上干燥的冷风，容易引起落花、落荚。这时要给豇豆适时适量浇水。浇水以沟灌为宜，水量适当，不能大水漫灌，以保持土壤见湿见干为准。尤其长豇豆进入结荚盛期要勤灌水，经常保持土壤湿润，并隔1～2水追一次肥，以促进生长，增加花荚。如果遇上连续阴雨天气，空气相对湿度、土壤水分过大，不利根系生长和吸收，也不利于根瘤菌活动，容量引起落花落荚或烂根，这时应及时排水，做到雨过地干，地表不积水。

（四）搭架 豇豆多蔓生。蔓生品种单作时在甩蔓期（即播种后1个月左右）需搭架或利用高秆作物作支架。搭架以人字架为好，受光较均匀。抽蔓后及时引蔓上架，使茎蔓均匀分布架秆上，防止互相缠叠，通风透光不良。雨后或早晨蔓叶组织内水分充足，容量脆断，引蔓宜在晴天下午进行。引蔓时按反时针方向往架秆上缠绕，帮助茎蔓缠绕向上生长。现已选育出一些矮秆直立早熟新品种（系），如普通豇豆品种中豇1号等，株高50厘米以下，栽培不用搭架。

（五）整枝与打顶 为了调节营养生长，促进开花结荚，长豇豆大面积单作时可采取整枝打顶措施。

1. 抹侧芽　将主茎第一花序以下的侧芽全部抹去，以保证主蔓粗壮。

2. 打腰杈　主茎第一花序以上各节位上的侧枝都应在早期

留 2～3 叶摘心，促进侧枝上形成第一花序。第一盛果期后在距植株顶部 60～100 厘米处的原开花节位上，还会再生侧枝，也应摘心保留荚侧花序。

3. 摘心　主蔓长 15～20 节，达 2～2.3 米高时摘心，促进下部枝侧花芽形成。

六、主要病虫害及其防治

(一) 主要病害及其防治

1. 豇豆病毒病　是发生较普通且严重的病害。常见的有豇豆花叶病与豇豆黄花病。主要病毒病源是豇豆蚜传花叶病毒和黄瓜花叶病毒。受害叶显黄斑叶、黄绿相间与深绿相间花斑、畸形，严重的植株矮小，甚至不能开花以至死亡。防治方法：建立无病留种田，选用抗病品种，精选种子，培育壮苗，提高植株本身的抗病能力；实行轮作，避免重茬种植，加强肥水管理，增施磷钾肥；病株、病叶及时清除烧毁，减少病源；发病之前或始期采用 50%多菌灵可湿性粉剂 500～800 倍液防治真菌病害；发现蚜虫及时喷 40%乐果乳油 1 000 倍液或 80%敌敌畏乳油 1 000～1 500 倍液，重点喷叶背面，消灭病毒源。病毒病发生后，多给些肥水，并喷洒 0.1%～0.5%磷酸二氢钾，可减缓损失。

2. 豇豆煤霉病　又称叶霉病或叶斑病。是近年发生较严重的叶部病害。初期叶片发生赤、紫褐色小点，扩大呈近圆形病斑，潮湿时叶背面产生灰黑色霉菌，致使叶片变小、落叶、结荚减少。防治方法：加强田间管理，合理密植，使田间通风透光，防止湿度过大，增施磷钾肥，提高植株抗病力，发病初期摘除病叶，收获后清洁田间，减轻病害蔓延。药剂防治可用 25%多菌灵可湿性粉剂 400 倍液或 75%百菌清可湿性粉剂 600 倍液、65%代森锌可湿性粉剂 500 倍液，每 10 天一次，连续 2～3 次。

3. 豇豆锈病　主要危害叶片，重者叶柄和种荚也被害。开始叶背产生淡黄色小斑点逐渐变褐，隆起呈小脓疮状，后扩大成夏孢子堆，表皮破裂后，散出红褐色粉末，即夏孢子，后期形成黑色冬孢子堆，致使叶片变形、早落。防治方法：选用抗病品种，发病初期喷洒15%三唑酮可湿性粉剂1 000～1 500倍液或50%萎锈灵乳油800倍液，10～15天一次，连喷2～3次，可控制此病发生。

4. 豇豆白粉病　以危害叶片为主，也危害蔓和荚。开始在叶背出现黄褐色斑点，后扩大呈紫褐色斑，上覆一层稀薄白粉，叶斑沿脉发展，白粉布满全叶，引起大量落叶。此病在南方普遍发生。防治方法：选用抗病品种，收获后及时清除病残株，集中烧毁或深埋。发病初期喷洒30%固体石硫合剂150倍液或50%硫磺悬浮液300倍，7～10天喷一次，连续3～4次。

5. 豇豆枯萎病　苗期主要病害。引起根茎腐烂，植株萎蔫。主要防治方法是采用轮作，拔除病株，加强田间管理。

(二) 主要害虫及其防治

1. 小地老虎　又名地蚕。是为害幼苗的主要害虫。幼虫在表土层或地表为害，3龄前幼虫啃食幼苗叶片成网孔状，4龄后咬断幼苗嫩茎，造成缺苗断垄和大量幼苗死亡。一年发生数代，以蛹或成熟幼虫在土中越冬，4月中下旬为成虫产卵盛期，5月上中旬为第一代幼虫发生盛期。1～2龄幼虫大多集中在心叶或嫩叶上，啃食叶肉留下表皮，3龄后，白天躲在表土下，夜间出来为害，天刚亮露水多时为害最凶，咬断嫩茎尖。地势低洼、耕作粗放、杂草多的地方发生严重。防治方法：早春铲除杂草，减少小地老虎产卵场所及食物来源。将5千克麦麸炒香拌入敌百虫10倍热溶液，毒饵诱杀4龄以下幼虫。小地老虎暴食初期，用2.5%敌杀死乳油或20%速灭杀丁乳油2 500倍液喷洒植株基部及四周，效果较好。也可结合人工捉杀幼虫。

2. 豆野螟（豆荚螟）　也称豆荚野螟或豇豆钻心虫。现蕾前主要为害叶片，以后钻入花冠及幼荚蛀食为害。造成花蕾与荚脱落。蛀食后产生蛀孔，并产生粪便引起豆荚腐烂，严重影响豇豆产量和品质。防治方法：在豇豆开花期发现幼虫立即用10%氯氰菊酯乳油或50%杀螟松乳剂、25%敌百虫粉剂或80%敌敌畏乳油1 000倍喷杀，隔7～10天一次，连续喷2～3次。选用早熟品种，实行与粮食作物间作，保持田间一定湿度，可减轻危害。

3. **蚜虫** 是豇豆主要虫害，又是豇豆病毒病主要传毒媒介之一。在幼苗期至整个生长发育期均可为害。蚜虫多集居叶背面及花芽、嫩荚等植株的幼嫩顶部为害，使叶片卷缩、发黄，植株矮小，影响开花结荚。防治方法：在蚜虫发生初期，用40%乐果乳油或抗蚜威800倍液、50%敌敌畏乳油1 000倍液、敌杀死乳剂2 000～3 000倍液，重点喷叶背面，隔7～10天喷一次，连续喷2～3次。

4. **红蜘蛛** 又名火龙。以成虫和幼虫群集叶背吸食汁液。叶片被害后逐渐变成红黄色，似火烧，最后脱落，果实干瘪，植株变黄枯焦。红蜘蛛繁殖快，能很快造成毁灭性危害，要及早制止其蔓延。防治方法：用20%三氯杀螨醇乳油1 000倍液或90%敌百虫800～1 000倍液、40%乐果乳油1 000～1 500倍液等，交替喷杀。重点喷杀叶背面，连续喷2～3次。

5. **豆象** 豇豆最严重的害虫。成虫在嫩荚上产卵，卵孵化后幼虫蛀食种子为害，使籽粒蛀成空壳，不能食用，严重影响种子发芽及商品质量。防治方法：花期喷杀虫剂，收获籽粒晒干后，采用药剂熏蒸。一般以磷化铝或氯化苦等熏蒸豆粒和贮藏库，可杀虫兼杀卵。施药时注意安全。有的地方采用沸水浸烫、石灰缸或密封贮藏等方法，也可达到一定的防治效果。

七、收获与贮藏

长豇豆以采收青荚作菜用时，一般在开花后10～20天豆粒略鼓时开始采收。一般隔4～5天收摘一次，盛荚期内隔1～2天可收摘一次。采摘时留荚基部1厘米左右，切勿碰伤小花蕾，以利后期荚果正常发育。采收嫩荚宜在傍晚进行，严格掌握采收标准，可保证每次采收的荚果粗细一致，提高商品价值。收干籽粒的普通豇豆，应掌握在当田间果荚有3/4变黄成熟时为适宜的收获期，及时采摘，晒干脱粒，清选后即可保存。保存期间注意防治豆象。

豇豆留种一般不另设采种田，在生产田内选具有本品种标准性状的健壮无病植株作种株，选其中、下部大小一致的荚果作种，待种荚变黄采摘，然后干燥脱粒，清选和灭虫处理（熏杀豆象）后留作种用。

第三节　品种介绍

一、优良普通豇豆（粒用）品种

1. 中豇1号　中国农业科学院作物科学研究所选育。1999年2月通过河北省农作物品种审定委员会审定，同年11月被认定为河北省农业名优产品，2001年7月被评为国家一级优异种质。早熟，春播生育期85天，夏播60～70天。矮生直立，株高约50厘米。株型紧凑，适宜密植。硬荚，成熟荚浅红色。单株结荚8～20个，荚长18～23厘米，单荚粒数12～17粒。紫花，紫红粒。百粒重14～17克。籽粒蛋白质含量25.27%，脂肪0.85%，淀粉49.28%。耐旱，耐瘠，耐热，高抗锈病，抗花叶病毒病。一般每公顷籽粒产量1 500～3 500千克。适应性广。在北京、河北、河南、安徽、陕西、山西、湖北、湖南、云南、甘肃及新疆等地种植均表现良好。

2. 中豇2号　中国农业科学院作物科学研究所从尼日利亚引进筛选。2000年11月经河南省农作物品种审定委员会审定通过。早中熟，春播生育期92～101天，夏播61～75天。直立或半直立，株高40～80厘米。硬荚，成熟荚黄橙色。单株结荚8～

24个，荚长13～19厘米，单荚粒数10～15粒。籽粒橙色，百粒重13.3～16.5克。蛋白质含量26.3%，脂肪1.31%，淀粉46.32%。耐旱，耐瘠薄，耐热，综合性状好，较抗花叶病毒病。每公顷籽粒产量1 500～2 700千克。适宜种植在干旱、瘠薄地区，适应性较广。北京、河北、河南、安徽、陕西、山西、湖北及甘肃等地种植均表现良好。

3. 豫豇1号　河南省农业科学院粮作所选育。1993年4月经河南省农作物品种审定委员会审定通过。中熟，生育期春播95～110天，夏播75～85天。植株半蔓生，株高100厘米左右。硬荚，单株结荚8～20个。荚长12～14厘米，单荚粒数10～16粒。紫花，紫红粒，百粒重12～15克。籽粒蛋白质含量26.71%，淀粉44.73%。耐干旱，耐瘠薄，耐热，适应性广。产量较高，每公顷产量1 200～1 500千克。适合种植在干旱、瘠薄地区，适宜在北京、河北、河南、安徽、陕西等地种植。

4. I0000503　中国农业科学院作物科学研究所选育。早熟，春播生育期约85天，夏播70天左右。矮生直立，株高50厘米左右，株型较小，适宜密植。叶片较小，花紫色。硬荚，成熟荚黄橙色。单株结荚5～15个，荚长10～15厘米，单荚粒数8～13粒。籽粒橙色，小粒，百粒重10克左右。蛋白质含量24.96%，脂肪1.39%，淀粉50.28%。耐旱，耐瘠，耐热，较抗根腐病。一般每公顷产量900～1 200千克。适应性广，适宜种植在干旱瘠薄地区及倒茬种植。

5. I0000502　中国农业科学院作物科学研究所选育。早中熟，生育期春播87～108天，夏播70～80天。植株蔓生，株高150～290厘米。枝叶繁茂，生长势强。叶片较大，花白色，硬荚，成熟荚黄橙色。荚多，单株结荚15～40个，荚长14～17厘米，单荚粒数10～15粒。籽粒乳白色，黑脐环，。粒较大，百粒重16～19克。籽粒易煮，色泽、食味均较好。蛋白质25.59%，脂肪1.60%，淀粉50.73%。耐干旱，耐瘠薄，耐热，不耐涝，感根腐病，高抗黄花叶病毒病。每公顷籽粒产量1 500～2 000千克。籽粒成熟时青枝绿叶，适宜作青饲料及绿肥。适合干旱、瘠薄地区地区发展。

6. I0000511　中国农业科学院作物科学研究所选育。早中熟，生育期春播88～112天，夏播70～80天。植株蔓生，株高120～250厘米。枝叶繁茂，生长势强。叶较大，花紫色。硬荚，成熟荚黄橙色。荚较多，单株结荚15～26个，荚长12～17厘米，单荚粒数6～12粒，籽粒红色。粒大，百粒重18～22克。蛋白质含量25.40%，脂肪1.49%，淀粉48.58%。耐干旱，耐瘠薄，耐盐碱，耐热，较抗根腐病。产量较高，一般每公顷产量1 500～2 000千克。适应性较广。适宜在北京、河北、河南、安徽和陕西等地种植。

7. I0001333　中国农业科学院作物科学研究所从尼日利亚引进筛选。中熟，生育期春播103天，夏播80天左右。直立或半直立，株高60厘米左右。紫花，粒色橙底紫花。籽粒较小，百粒重12克左右。蛋白质含量25.43%，淀粉45.45%。产量高，每公顷产量1 800千克左右。成熟时青枝绿叶，适宜作饲料及绿肥。适合干旱、瘠薄地区地区发展。适宜在北京、河北、河南、安徽和陕西等地种植。

8. I0000030　中国农业科学院作物科学研究所鉴定筛选的地方良种。中晚熟，生育期春播92～124天，夏播77～87天。植株蔓生，长势旺盛，株高100～300厘米。花紫色。硬荚，成熟荚黄橙色。单株结荚一般8～20个，荚长13～20厘米，单荚粒数7～17粒。紫红粒，大粒，百粒重20～24克。蛋白质含量23.66%，脂肪1.6%，淀粉49.9%。耐旱，耐瘠，耐热，较抗根腐病。产量较高，一般每公顷产量1 500千克左右。适合种植在干旱、瘠薄地区。适宜在北京、河北、河南、安徽、陕西等地种植。

9. 串蔓花豇豆　河北省地方品种。中晚熟。蔓生，生长势强。紫花，粒色橙底紫花，中粒。籽粒蛋白质含量25.03%，淀粉 47.58%。一般每公顷产量 1 000 千克左右。抗蚜，抗锈病，芽期抗旱，是一个抗性较好的普通豇豆优异资源。适宜在北京、河北、河南、安徽、陕西等地种植。

10. 白爬豆　河北省农林科学院鉴定筛选的地方良种。晚熟。植株蔓生，株高 120～170 厘米。硬荚，单株结荚 10～24 个，荚长 12～15 厘米，单荚粒数 9～12 粒。紫花白粒。百粒重 14～15 克。籽粒蛋白质含量 22.22%，淀粉 49.85%。丰产性好，一般每公顷籽粒产量 1 700 千克左右。适宜在北京、河北、河南、安徽和陕西等地种植。

二、优良长豇豆（菜用）品种

1. 之豇 28-2　浙江省农业科学院选育。早熟，蔓生。生育期 70～89 天。嫩荚淡绿色，荚长 50～60 厘米，荚质嫩，肉厚，纤维少。种子红褐色。前期产量高，春播每公顷产嫩荚 37 500 千克，丰产性和适应性较强。各地均可栽培。

2. 白豇 2 号　南京市蔬菜研究所育成。蔓生。生长势强，早中熟，生育期 88～110 天。嫩荚绿白色，荚长 65～70 厘米，荚嫩，纤维少。抗病，每公顷产嫩荚 30 000～45 000 千克，适应性较广。

3. 高产 4 号　广东汕头市蔬菜研究所选育。植株蔓生，分枝少。主蔓第三到四节开始着生花序，嫩荚淡绿色。荚长 60～65 厘米，单荚重 20～25 克。耐热，耐低温，耐湿，较抗锈病。春夏季均可播种。一般每公顷产嫩荚 22 500～30 000 千克。

4. 上海 33-47　上海市农业科学院园艺研究所选育。植株蔓生，蔓长 3 米左右，分枝少。第 4～5 节始花，每花序着花2～4 对，嫩荚淡绿色，荚长 80 厘米左右，单荚重 30 克左右。抗锈病、灰霉病。耐热，耐低温。春播每公顷产嫩荚约 37 500 千克，高产田达 75 000 千克。一般较之豇 28-2 增产 14%～18%。

5. 湘江 1 号　湖南省长沙市蔬菜研究所选育。植株蔓生，分枝2～4个。始花节位在第二节至第四节，每花序结荚2～4个，嫩荚浅绿色，长57.5厘米，外观整齐，肉质肥嫩。种子红褐色。较抗霉病和根腐病。每公顷产嫩荚30 000～45 000千克。

6. 鄂豇豆5号　湖北省襄樊市农科院蔬菜所利用之豇28-2与1784杂交选育的豇豆新品种。中熟蔓生，茎枝粗壮。主蔓第三到四节开始着生花序。嫩荚浅绿色，荚顶端弯尖带红点，荚条圆形，荚长66.5厘米左右，粗0.87厘米左右。单荚重25克左右，粒数16粒左右，百粒重14.5克。每公顷产嫩荚30 000～40 000千克。

7. 双丰1号　四川省达县地区农业科学研究所选育。早熟，蔓生。生育期春播100～128天，秋播75天。株高220厘米左右。现蕾开花早，结荚期长，产量高。嫩荚绿色，成荚匀顺。荚长57.7厘米，单荚粒数16.5粒。一般每公顷产嫩荚22 500千克。耐肥，耐热，抗锈病，易种植。适应性较强。全国各地均可种植。

8. I0002828　黑龙江哈尔滨蔬菜研究所鉴定筛选。早熟，蔓生。生育期80～100天，生长势强。株高200～300厘米。嫩荚淡绿色，成熟荚黄白色。单株结荚5～15个，荚长40～56厘米，单荚粒数15～19粒。籽粒黑色，百粒重14克左右。耐旱，耐瘠薄，耐涝，耐热，适应性广。每公顷产干籽粒产量1 000～1 500千克，产嫩荚22 500千克左右。适应性较强。全国各地均可种植。

9. I0003118　中国农业科学院作物科学研究所选用中豇1号与91-167杂交选育的矮生、早熟长豇豆。早熟，春播生育期约85天，夏播63～72天。矮生直立，株高60～80厘米。嫩荚绿色，成熟荚黄白色。单株结荚10～20个，荚长35厘米左右，单荚粒数12～18粒。籽粒红色，百粒重14～17克。蛋白质含量27.24%，淀粉41.96%。抗干旱，耐瘠薄，耐热，抗病性强，适应性广。一般每公顷干籽粒产量1 000～2 000千克，产嫩荚20 000千克左右。粮、菜兼用型。可在黄淮地区春播、夏播种植。适于与玉米、棉花等多种作物间作套种。

10.I0003282　中国农业科学院作物科学研究所选用91-167×9502与早生王杂交选育的三交种。早熟，生育期72～90天。植株蔓生，枝叶繁茂，生长势强，一般株高250厘米左右。叶较大，花紫色。嫩荚绿色，质嫩，纤维少，成荚匀顺，成熟荚黄白色。单株结荚12～20个，荚长40～60厘米，单荚粒数10～18粒。籽粒红色，百粒重14～16克。抗干旱，耐瘠薄，耐热，耐涝，抗病性较强。一般每公顷干籽粒产量1 000～1 500千克，产嫩荚22 500千克。适应性较强。全国各地均可种植。

（王佩芝）

主要参考文献

1. 汪呈因．食用作物学．台北：台湾中华书局，1966
2. 联合国粮农组织．1975年生产年鉴
3. 郑卓杰等．中国食用豆类品种资源目录（第一集）．北京：中国农业科技出版社，1981
4. 郑卓杰等．中国食用豆类品种资源目录（第二集）．北京：农业出版社，1990
5. 农业部全国农业技术推广总站等．豆类蔬菜生产150问．北京：中国农业出版社，1997
6. 中华人民共和国农业部农业局等．中国蔬菜专业统计资料（第3号）．1995
7. 胡家蓬，程须珍，王佩芝等．中国食用豆类品种资源目录（第三集）．北京：中国农业出版社，1996
8. 胡家蓬，王佩芝，程须珍等．中国食用豆类优异资源．北京：中国农业出版社，1998
9. 王佩芝，李锡香等．豇豆种质资源描述规范和数据标准．北京：中国农业出版社，2006
10. 成卓敏．新编植物医生手册．北京：化学工业出版社，2008

第十三章　普通菜豆

普通菜豆，别名四季豆、芸豆、饭豆。原产于中美洲。一年生草本植物，有蔓生、半蔓性和直立三种类型。荚有软、硬两种。硬荚型以食用籽粒为目的，软荚型以嫩荚作为蔬菜，荚绿色、浅红或浅紫色。初生叶心脏形，真叶为三出复叶、互生，小叶卵圆或菱卵形。总状花序，腋生。每花梗着生2～8朵小花，白、浅红或紫红。龙骨瓣弯曲，花柱螺旋状。荚果扁平或圆筒形，直或弯曲。成熟荚多为黄褐色，荚内种子间有薄膜。粒形有椭圆、肾形、扁圆或长圆形等。粒色有白、黄、褐、红、紫红、蓝、黑及各种花纹或花斑等，子叶出土。

菜豆类型很多，菜豆籽粒作为一种商品，在国际贸易中有其独特的分类体系。主要依据粒色、粒形、籽粒大小等性状，分为10大类。

1. 小白芸豆　白粒，卵圆形，百粒重低于25克。主产于美国、加拿大、埃塞俄比亚、东非和欧洲。我国目前在黑龙江省广泛推广种植的品芸2号属于此类。

2. 小黑芸豆　黑粒，卵圆形，百粒重低于25克。主产于巴西、委内瑞拉、中美洲和加勒比海地区。海龟汤豆和中国内蒙古、山西正在推广的北京小黑芸豆（G0482）属于此类。一般产量较高，商品率也较高，但价格相对较低。

3. 白腰子豆　白粒，肾形，百粒重45～55克。主要栽培于地中海地区。中国云南省盛产白腰子豆。价格一般较高，但收获时不能着雨，否则籽粒光泽不好，价格下降。

4. 红腰子豆　红粒，肾形，百粒重45～55克。主要产地有美国、巴西、墨西哥、东部非洲和亚洲部分地区。中国有较大面积的红腰子豆，如G0381、G0517。英国红芸豆粒色深红，倍受国际市场青睐。

5. 奶花芸豆　籽粒呈乳白底色，上面布满红或浅紫色花纹，椭圆或球形，百粒重40～60克。主要栽培于欧洲及亚洲部分地区。中国奶花芸豆粒大，花纹鲜明，近几年销路一直很好。

6. 红花芸豆　粒色一般为浅粉底上布满红或紫的花纹或花斑，粒形为长椭圆或肾形，百粒重40～60克。主产于意大利、西班牙和部分南美洲国家。我国云南、东北、华北有种植。

7. 品托芸豆　粒浅黄或淡棕色，扁椭圆形，百粒重30～40克。主产于美洲，主要消费也在美洲。

8. 黄芸豆　黄色，椭圆形，百粒重30～50克。主产于北美洲和部分亚洲地区。我国的五月鲜多为黄芸豆类型。

9. 棕色豆　包括各种棕色、褐色豆，粒形卵圆、椭圆、长筒形，百粒重30～50克。主要产于欧洲和非洲一些国家。

10. 红芸豆　粒红或紫色，粒形椭圆、扁圆、矩形，百粒重30～50克。中国、美国和中南美洲许多国家有栽培。

菜豆一直是我国许多省（市）出口的重要商品之一。云南、贵州、陕西、内蒙古、黑龙江等均有较大量出口。近几年，国际市场上比较畅销的菜豆类型为桶状白芸豆、小白芸豆、奶花芸豆、红芸豆、小黑芸豆等，价格一般是出口玉米的3～5倍，2007年黑龙江生产的小白芸豆每吨达3 800元。不过，国际市场对芸豆的需求量及每年畅销的类型有较大变化，最好按需定产，不宜盲目发展。

第一节　经济价值和加工利用

一、经济价值

（一）营养价值　菜豆叶片、嫩荚、嫩豆和干籽粒中均含有丰富的营养成分。未加工的菜豆干籽粒含蛋白质24.7%，脂肪1.7%，碳水化合物69.4%。每100克干籽粒含钙136毫克，铁9.4毫克，维生素$B_1$0.42毫克，尼克酸2.7毫克，还含人体必需的8种氨基酸。菜豆嫩荚是很好的蔬菜，维生素A和维生素C的含量分别比干籽粒高17.5倍和5倍。嫩豆中脂肪含量高，热量大。叶片和茎秆是很好的牲畜饲料，每100克干重所含蛋白质、钙、铁及维生素均高于籽粒。籽粒蛋白质所含8种必需氨基酸中，赖氨酸和色氨酸含量相对较高，与联合国粮农组织和世界卫生组织共同推荐的标准接近。法国菜豆和小红芸豆籽粒中色氨酸含量还超过了上述推荐标准。籽粒蛋白质中硫氨基酸，即蛋氨酸和胱氨酸含量较低，这是影响其蛋白质质量的主要原因，通过品种改良，可在一定程度上提高含硫氨基酸含量。菜豆是十分重要的植物蛋白质来源，为解决贫困地区营养缺乏和人类繁衍生存发挥了巨大作用。在发达国家，菜豆是调节人类膳食结构的良好食品。然而，在籽粒和嫩荚中存在的植物血细胞凝集素(PHA)，对人体是有毒的，但它对热呈不稳定性，因此在食用菜豆籽粒或豆荚时，一定要经过加热处理，使之变为无毒食物。

(二) 药用价值　菜豆籽粒可入药，性味甘平，有滋补、解热、利尿的作用，对治疗水肿、脚气病有特种疗效。菜豆嫩荚和籽粒中还含有植物血细胞凝集素，是一种糖蛋白，有凝集人体细胞、刺激淋巴细胞胚形转化、抑制白细胞、淋巴细胞转移等作用，并且在配合肿瘤治疗中，可提高化学疗法和放射疗法的疗效。

二、加工利用

(一) 休闲、风味食品及加工技术

1. 芙蓉芸豆糕

原料：芸豆面400克，豆沙馅150克，白糖120克，食用红

色素少许。

制法：①将芸豆面分成两份，分别拍成同样大小的长方形，中间抹上豆沙馅，摞在一起。②将食用红色素放入小杯内，加水调成色水；将白糖放入碗内，滴入两滴食用红色素，拌匀，铺在芸豆面片上，铺匀压平，切成小块，码在盘中即成。

产品特点：色泽美观，味道香甜。

2. 芸豆饼

原料：红芸豆 500 克，绵白糖 250 克，食碱少许。

制法：①将红芸豆洗净，锅内放凉水 1 500 克，把芸豆倒入锅内，用旺火煮开，加少许食碱，改微火煮烂。煮时要注意保持芸豆完整，不要煮碎、煳底，但要煮熟、煮透。待红芸豆煮熟、煮透后，将锅移下来，把余下的芸豆汁控到碗里，熟芸豆用一块清洁的布盖好。冬天要用棉被盖，夏天保持熟芸豆的温度。②吃时，用手绢大小的一块白细纱布把煮好的芸豆放在布的中间，再将布的四角兜起来，左手紧握四角，用右手掌压在包好的芸豆上，用劲往下按，使芸豆成饼状。然后，将布打开，取出放在盘中，再放上白糖即可食用。

产品特点：光亮甜润，豆香芬芳。

3. 芸豆卷

原料：白芸豆 500 克，白糖 250 克，糖桂花 5 克，芝麻仁 100 克，食碱、明矾各少许。

制法：①将芸豆磨成碎豆瓣（俗称豆豉），簸去皮，放在盆内，用开水泡一夜（最少泡半天），将未磨掉的豆皮泡涨，然后加入一些温水（不能用凉水，因用开水泡过的碎豆瓣再受冷刺激，豆心会发硬，煮不透，擦豆泥时费劲），与盆里的冷开水调匀。两手将碎豆瓣搓一搓，搅几下，一部分豆皮就会脱离豆身而浮在水面上，随即用笊篱撇掉。如此反复进行，直至将豆皮去净。②将碎豆瓣放沸水锅内，加入碱（使豆瓣易烂）和明矾（使擦出的芸豆泥不易变质，如用麻芸豆可以不加碱，只加一点矾）。

煮时多加一些水，以免豆瓣煮得太稠，滤不干水，做出的豆泥太稀，还会有生熟不匀的现象。煮1小时后，用手搓捻豆瓣成粉时即可。捞出，用布包好，上笼蒸15分钟后取出仍用布包着，不使其变凉。③在瓷盆上面翻扣一个马尾罗，舀一些豆瓣均匀地摊在罗上，用竹板刮成泥，通过罗形成小细丝落到瓷盆中，不要搅和。晾凉后放入冰箱内保存，以防吸潮。用时倒在湿布上，隔着布揉和成泥。④将芝麻仁筛去杂质，在微火上焙到略带黄色时取出，晾凉擀碎，加入白糖拌匀。卷芸豆卷时，再加入用糖水25克泡过的糖桂花。⑤取45厘米见方湿布一块，一半铺在石板上（石板平滑，比木板好），一半垂下，将和好的芸豆泥取出100克，搓成直径3厘米的圆条，放在湿布中间（即接近石板边沿的地方），用小刀先将芸豆泥条压成片状，再抹成0.3厘米厚、18厘米长、7.5厘米宽的长方形薄片，然后切去四周不齐的地方，在上边铺满芝麻馅，将垂在石板下的一半湿布撩起盖在馅上，垫着布把馅轻轻压实，以免在卷的时候黏着芝麻，影响美观。⑥成卷时，左手将盖在馅上的布揭开，向前方拉紧，使豆泥片的后边沿（即向怀里的一边）随布略微抬起。右手四指顺着抬起的豆泥片边沿隔着布向下压一压，使芸豆泥片的边沿成一个卷边。整个边压完后，左手放开拉着的布，仍盖在芸豆泥片上，双手将小卷边捏实。然后隔着布向前推卷，将一半的芸豆泥片卷成一个大卷边，捏实后轻轻撤出卷进的湿布。接着，将布带着芸豆泥片抻换一个方向，照上面的方法将另一半芸豆泥片也卷成一个大卷边，使两个大卷边并列在一起。再用布将怀里的大卷边提拉起来，压在外边的卷上，隔着布轻轻压一压，使其略微粘起来，成为一个圆柱形的长条，即为芸豆卷。最后将布拉起，使卷慢慢滚在石板上，先切去两头不齐的边，再切成1.8～2.1厘米长的段即成。

产品特点：外皮颜色雪白，横断面有云状图案花纹，形状美观，质地细腻，馅料香甜，清爽适口。

4. 白糖豆瓣

原料：油余豆瓣 1 000 克，白砂糖 400 克，饴糖 20 克，水 50 克。

制法：①将饴糖、白砂糖和水放入锅内，用旺火烧煮，同时不停地用锅铲翻搅，待烧至一定浓度，把锅端离炉火。②将油余豆瓣倒入锅内，用两把铲刀同时沿锅底翻拌，直到豆瓣发白，即可出锅，放在凉盘上冷却后即为成品。

产品特点：糖衣洁白，味香松脆。

5. 芸豆橙

原料：白芸豆 500 克，豆沙馅 250 克，金糕 200 克。

制法：①将白芸豆用水泡 2 小时，洗净捞出，加清水上屉蒸熟。②去掉水分，将白芸豆碾碎，过罗，去皮，去渣，取豆泥。将白湿布长条铺在案子上，用刀将白芸豆泥抹于布上成长条状（宽 6 厘米、高 1 厘米），在长条一侧抹上豆沙馅至平，上面加一层金糕片，呈白、褐、红三色，然后用湿布将另一侧芸豆泥翻于金糕上，成如意形立面，用手捋均匀，放入冰箱。③吃时用刀切成小段，剖面向上装盘即可。

产品特点：外皮色白，质地细润锦软，凉甜爽口，形状美观。

6. 白芸豆泥子汤

原料：白芸豆 350 克，牛肉汤 1 250 克，黄油 65 克，油炒面粉 50 克，盐 7.5 克，葱头 25 克，烤面包丁 50 克。

制法：①先将锅上火，将 50 克黄油熔化，然后放上过罗的面粉，用木制搅板搅匀，放在温炉板上炒之，随炒随搅，以免煳底，炒到面粉微黄、翻砂颗粒状、出面香味时即成油炒面粉。②将面包去皮，切成 6 毫米的方丁，放在烤盘内摊匀，淋上熔化的黄油 15 克，放入烤炉内烤。烤时要不断翻动，烤成金黄色焦脆即成面包丁。③将白芸豆选好后在清水中泡 4～6 小时。放入锅内，加清水、葱头一同煮软，过罗成泥。再用牛肉清汤冲开搅匀，上火烧沸后，用油炒面调剂浓度，放盐调剂口味。起汤时撒上烤面包丁即成。

产品特点：清香不腻，咸鲜适口。

7. 腊八粥

原料：大米、小米、江米、黏黄米、高粱米、大麦米、薏仁米、红小豆、红豇豆、白芸豆、红芸豆、小枣、栗子、核桃仁、瓜子仁、葡萄干、青梅各50克，白糖250克，桂花10克。

制法：①将高粱米、红小豆、红豇豆、白芸豆、红芸豆洗净，倒入锅内，加水用中火煮40分钟左右。②待高粱米和豆煮至六成熟时，将大米、小米、江米、黏黄米、大麦米、薏仁米洗净倒入锅内，用旺火煮开后转微火煮25分钟左右。③待粥煮至八成熟时，将小枣（洗净）、栗子（去皮）、核桃仁、葡萄干、瓜子仁倒入锅内，用急火继续煮20分钟。见粥黏稠时，再将青梅、桂花放入锅内，搅拌均匀，盛入碗内，加入白糖即可食用。

产品特点：粥色美观，甜糯可口。

(二) 菜豆菜肴及加工技术

1. 白芸豆沙拉

原料：白芸豆750克，肉250克，番茄150克，葱头150克，芹菜带叶100克，橄榄油50克，盐15克，胡椒粉少许。

制法：①将白芸豆去杂物洗净，放入冷水中浸泡3小时左右，放盐少许，煮熟，凉后控去水分。②将番茄、芹菜、葱头洗干净后切成丁。芹菜叶切成末，肉切丁后，上火炒黄，控去油，加白芸豆一同放入盆内，加盐、胡椒粉、橄榄油，拌均匀。③食用时装入盘中央呈丘形，盘边用芹菜叶等点缀即成。

产品特点：咸鲜可口，清香不腻。

2. 烤芸豆

原料：干芸豆300克，小苏打少许，番茄150克，鲜绿青椒50克，葱头50克，植物油75克，蒜少许，去皮，切碎，芹菜少许，盐、胡椒面各适量。龙蒿、香菜少许。

制法：①把芸豆洗干净，放入锅内，加清水泡一夜后换水，控干豆子，再加入清水适量，加入小苏打，盖好盖，置火上煮大约1小时左右，至豆子软烂时即可。②把番茄用开水烫一下，去皮切成大片，青椒洗净切成薄片，葱去皮切成小片。③将煎盘放置火上，待锅烧热后放入黄油或植物油，把蔬菜片、蒜末全部下入，炒几分钟后加入芹菜末和香菜末，微沸2～3分钟，加入豆子混合好，装入烤盘，放入烤炉烤约20分钟即可。

产品特点：豆质烂软，清香可口。

3. 腌芸豆

原料：干芸豆250g，植物油150g，白葡萄酒10g，醋10g，芹菜100g，碎薄荷5g，盐、胡椒面各适量，蒜少许，香叶2片，水适量，香菜少许，茴香少许。

制法：①把干芸豆洗干净，加入适量清水，泡一夜后把豆子捞出控干水分。在一锅中加入适量清水，倒入豆子、植物油少许，投入蒜、香叶和盐，放置火上，用旺火使其烧沸，然后转入文火焖到豆刚刚嫩熟，不要焖得太烂，约1.5～2小时后捞出，控水，去掉香叶和大蒜。②将芹菜摘洗干净，切成碎末，茴香、香菜也切成碎末，然后把全部调料放在碗里混合成腌料汁。把豆子放在另一个碗内，将调好的汁倒在豆子上面，然后盖好盖，放入冰箱里一夜，次日即可食用。

产品特点：味浓芳香，清凉适口。

4. 凉拌四季豆

原料：四季豆250克，蒜4粒。盐2小匙，香油1大匙。

制法：①四季豆洗净，去筋。②蒜拍扁，切成碎末状，加盐1小匙与香油拌匀成调料备用。③煮一锅水，煮沸后加1小匙盐，放入四季豆，烫熟就捞起切段。④把拌均匀的调料淋入四季豆中，充分拌匀后，可以热食，冰凉之后更适宜作为夏季的开胃菜。

产品特点：清淡爽口，营养丰富。

5. 葱花芸豆

原料：白芸豆250克，精盐10克，葱花15克，麻油20克，味精1.5克，白糖3克。

制法：①选饱满、白色芸豆，洗干净后装入盆里，加入盐、清水（约750毫升），上笼，旺火蒸至芸豆熟软。②将芸豆大部分汁滗去，留原汁约50克，拌入麻油、味精、白糖、葱花均匀即可。

产品特点：豆软味香，清淡适口。

（三）菜豆深加工技术

1. 速冻加工技术

工艺流程：原料→挑选和切端→浸盐水→烫漂→冷却→速冻→包装

制做方法：

（1）原料。选新鲜、饱满、质嫩无老筋、豆荚直、横断面近圆形、成熟一致、蛋白质含量丰富的菜豆。其豆荚无明显突出，长度7厘米以上，宽度0.9厘米，条形均匀，每500克原料160根左右。

菜豆在乳熟期其种子刚形成，豆荚鲜嫩，色泽青绿，糖分含量高，是速冻的最佳时期。随着成熟度提高，种子长大，豆荚突出，糖分下降，淀粉增加，纤维提高，用其加工的速冻制品，组织粗老，品质低劣。因此，应选择乳熟期采摘的豆荚进行速冻加工，过迟或过早都会影响品质。但这个时期菜豆呼吸旺盛，会随时变粗老，所以从原料进厂到加工不宜超过24小时。严格控制新鲜度及适宜的采摘期，是保证速冻制品质量的关键。

（2）挑选和切端。剔除皱皮、枯萎、霉烂、有病虫害以及机械伤等不合格的原料，并切去豆荚两头末梢，称为剪二端。剪时要防止对直径小的切除过多，浪费原料，对直径大的剪得太少，影响质量。

（3）浸盐水。将豆荚置于2%盐水中浸泡30分钟，以达到驱虫目的。浓度太低，幼虫出不来，浓度太高，虫会被腌死于豆荚中。盐水与豆荚的比例不低于 2∶1，每 2 小时更换盐水一次。若田间管理及防虫较好，也可省去盐水浸泡步骤。浸泡后的豆荚要用清水漂洗。

（4）烫漂。豆荚烫漂温度 90～100℃，烫漂时间视豆荚品种、成熟度而定，通常 2～3 分钟。在烫漂中经常换水，可以防止速冻菜豆出现苦味。

（5）冷却。烫漂的菜豆立即浸入冷水中冷却（冷却速度越快越好）至豆荚中心温度低于 10℃。

（6）速冻。将冷透、沥干的豆荚均匀放入速冻机内（冻结温度－30℃以下）至豆荚中心温度－18℃以下。

（7）包装。将符合质量的菜豆按不同重量装入塑料袋内，封口后放入－18℃以下的冷藏库中贮藏。

2. 罐头生产技术

工艺流程：选料→切端→拣选→盐水浸泡→预煮→装罐→排气、封罐→杀菌、冷却→擦罐、入库。

制做方法：

（1）选料。采用新鲜或冷藏良好、乳熟期未受病虫危害的菜豆。剔除豆粒突出、霉烂、带有粗筋及红花的菜豆。

（2）切端。用手工或切端机切除菜豆两头蒂柄及尖细部分。

（3）拣选。切端后的豆荚，拣去老豆和切端不良、枯萎、畸形和有病虫害斑点的残次豆，并除去杂物。

（4）盐水浸泡。盐水浸泡可除去豆荚中的小虫。盐水浓度以 2%～3%为好。浓度过低幼虫不出来，浓度过高虫会被腌死。浸泡时间 15～20 分钟，盐水比 2∶1。注意随时捞出浮虫，约每 2 小时更换盐水一次。浸盐水后的豆再用清水淋洗一次。

（5）预煮。用连续预煮机沸水预煮 3～4 分钟，预煮水要经常更换，保持清洁。煮后用冷水急速冷却。

（6）装罐。先配好盐水，盐水浓度 2.3%～2.4%，注入时温度应在 75℃以上。

罐号7114，净重425克，菜豆260克～275克，汤汁150克～165克。

罐号8117，净重567克，菜豆350克～375克，汤汁192克～217克。

罐号9124，净重850克，菜豆530克～560克，汤汁290克～330克。

（7）排气、封罐。装罐后的菜豆放入排气箱加热排气，罐中心温度达70～80℃。排气后立即在封罐机上封罐。也可以在真空封罐机上封罐，真空度达40.0～46.7千帕。

（8）杀菌、冷却。封罐后的罐头放入杀菌锅内，杀菌温度119℃，杀菌时间25分钟（9124罐号需30分钟），然后立即反压冷却至37℃左右。

（9）擦罐、入库。擦干罐身表面的水分，放入库房，检验合格就可以出厂。

质量标准：色呈黄绿，盐水清晰。具有本品种菜豆罐头应有的风味，无异味。组织较柔嫩，豆粒无显著突起，食之无粗纤维感觉。整装豆荚长度7～11厘米，段条装长度3～6厘米。固形物不低于净重的60%，氯化钠含量0.8%～1.5%。

第二节　高产栽培技术及病虫害防治

一、耕作制度

在我国西部和西南部山区、半山区、丘陵地带和干旱、半干旱的瘠薄地上，菜豆多以单作的形式种植，西北地区一年仅种植一季。在其他水肥和地力条件较好的地区，菜豆多与其他作物，如玉米、高粱、马铃薯、木薯、咖啡等混作、间作或套种。在菜豆的起源中心中美洲和安第斯山脉一带，菜豆多与玉米一起混播，收获后按一定比例（60%玉米+40%菜豆）配合作主食。以混作形式种植的菜豆，其面积在墨西哥占全部菜豆面积的40%，哥伦比亚占90%。在中国，菜豆与玉米间作也是比较重要的耕作方式，两行或三行玉米间作两行菜豆，一方面增加了田间通风透光性，同时起到改良土壤的作用。

中国农业科学院原作物品种资源研究所与山西大同杨村林丰产实验局合作，研究初生杨树林间作菜豆获得成功，综合经济效益有了明显提高。在华北许多地区，农民习惯采用高粱套种蔓生菜豆。具体做法是：春播高粱，当植株长至1.2米以上时，每两行或三行高粱之间点播菜豆。菜豆抽蔓时，借高粱茎秆为支架，盘缘生长。高粱收获后，天气稍凉，日照渐短，很适合菜豆开花结荚。在这种套作方式下，菜豆适当晚播，对高粱的影响会更小，但必须保证在第一次下霜之前菜豆能够成熟。中国人多地少，要大面积发展菜豆生产，与主要粮食作物间作套种是一条好的途径。

在我国黑龙江省的许多大型农场，菜豆多为单作，与小麦轮作换茬。小麦收获后，浅翻深松，耕耙平地，构筑高台大垄，宽1.5米。来年5月中、下旬垄上播种2行菜豆，667平方米留苗1.2万株。全程统一选种、统一种衣剂包衣、统一点播机播种、统一药剂灭草、统一喷施药剂、统一机械收获。每公顷产量达3 000千克。

无论单作还是间作套种，高产、矮秆、成熟一致、抗病性强、商品价值高的品种比较受欢迎。玉米套种菜豆，也可以采用蔓生类型的品种。保护地栽培以生产蔬菜为目的，蔓生品种具有更大的生产潜力，同时也能够充分利用光、温和空间。

菜豆病害（如炭疽病）比较重。解决的办法除了种植抗病品种以外，经常轮作也是非常重要的，间隔时间最少为3～4年。

二、田间管理技术

（一）平整土地，施足基肥 菜豆喜欢疏松肥沃、土层深厚、排水通气良好的沙壤土。精细整地和施足基肥是菜豆壮苗和丰产的关键措施之一。留作春播的土地，年前要进行秋耕，第二年春播前 10 天左右灌水。每公顷可施用有机肥 38 000 千克、过磷酸钙 450 千克作底肥，然后耕地、平地。为了便于灌水、排涝，以起垄播种为好。黑龙江省大型农场一般小麦收获后就耕耙土地，起垄，来年直接播种。

（二）选用优良品种，保证种子质量 目前生产上推广了一些优良品种，例如适合出口的红腰子豆、小白芸豆、奶花芸豆、早绿地豆、抗病高产的小黑芸豆等。作种用的菜豆种子最好是上一生长季收获的健康种子。据中国农业科学院原作物品种资源研究所试验，在常温下存放两年的种子，每再多存放一年，发芽率下降 10%～20%。另外，陈种子即使能发芽，长出的也是弱苗，甚至出现畸形苗。种子要求大小一致，不带病，无虫蛀，纯度和净度不低于 96%。播种前，将种子晾晒 1～2 天，提高发芽率。

（三）适期播种，合理密植 菜豆适于冷凉气候，但霜期未结束之前不宜播种。播种过早，地温低，出苗慢，易导致虫害、病害和烂种；播种过晚，影响熟期与产量。只有适期播种，才能保证按时成熟和丰产。中国南北气温差异很大，菜豆播期应因地制宜，一般 10 厘米地温稳定在 12～13℃以上时，方可播种。黑龙江省菜豆单作，一般 5 月 10～20 日播种，北京地区 4 月上旬至 5 月上旬播种，四川、贵州等南方各省 3 月初开始播种。覆膜栽培，播期可提前 20 天左右。

菜豆播种方式有人工穴播、机械开沟条播、人工点播器点播和播种机播种等。播种深度因土壤类型而异，重黏土 2.5～5 厘米，东北黑土 3～4 厘米，轻壤土 5～10 厘米。播种规格因菜豆类型而异，矮生品种单作，行距一般 50 厘米，株距 15～20 厘米；如果穴播，穴距 30 厘米，每穴 4～5 粒种子。蔓生品种行距 70 厘米，株距 25 厘米。为了便于管理，可采用大小行种植，大行距 70 厘米，小行距 40～50 厘米。播种密度视土壤类型、地力情况和品种类型而定。一般原则是肥沃壤土密度小一些，贫瘠沙土密度大一些；矮生直立菜豆密度大一些，蔓生品种密度小一些。根据中国农业科学院原作物品种资源研究所试验，矮生品种适宜密度每公顷18万～22.5万株，蔓生品种12万～15万株。播种量，小粒品种（百粒重小于30克）每公顷约75千克，大粒品种（百粒重大于50克）约120千克。播种时，每公顷施用45～75千克尿素作种肥，促进幼苗生长。沟施或穴施适量杀虫剂，以防苗期地下害虫。

（四）灌水 菜豆幼苗期要适当控水，以保墒为主，进行蹲苗。这一时期地温偏低，水分太多，影响根系发育，并易感染苗期病害。但如果大气干燥，土壤绝对含水量低于10%时，灌小水一次，灌水后中耕保墒。开花初期水分也不宜过多，土壤绝对含水量12%～14%为宜。开花结荚期需要较多水分，不能低于13%，如果此期正值雨季，一般年份的降雨能够满足开花结荚的需要，如遇干旱年份，必须及时灌水。田间积水时应及时排掉，一般连续积水2天，菜豆叶片开始变黄，甚至整株死亡。菜豆整个生育期内灌水量多少，应根据当年降雨情况而定。

（五）追肥 在以有机肥和过磷酸钙为基肥的前提下，如果播种时施过种肥，矮生菜豆幼苗期可不追肥，在开花初期再追施氮磷钾复合肥每公顷150～22千克。如果播种时未施种肥，当幼苗长至四片叶时，追施尿素每公顷75千克，开花初期也施用同样数量的尿素。缺锌或缺铝的土壤，花期叶面喷施1.5%～2%硫酸锌或钼酸铵溶液，增产效果很明显。黑龙江省大型农场一般在机械播种时，就分三层施入氮磷钾复合肥，氮磷钾比例为3∶5∶2。

（六）中耕除草 在现代化农业中，控制杂草主要是利用除草剂，但在中国大部分菜豆产区仍主要依靠人工除草。另外，菜豆对消灭单子叶杂草的除草剂异常敏感，使用除草剂时，一定要有选择性，不能乱用。早春播种的菜豆，幼苗期中耕除草很重要，既能清除杂草，又能保墒、提高地温。中耕时要防止伤苗、伤根和损坏花荚。

（七）菜豆花荚脱落原因及减少落花落荚措施 菜豆花荚脱落比例很大，尤其是蔓生品种，脱落比例达60％～80％。主要原因除菜豆本身内部生理调节使一定比例花荚脱落外，还有以下三种：一是开花期遇到高温干旱，花芽发育不好，或开花期阴雨连绵，受精不良；二是营养不足或过量引起落花落荚；三是病虫危害所致。减少落花落荚的主要措施：调整播种期，使花期避开高温多雨天气；适量施肥，避免因营养不良或过剩导致落花落荚；及时防治病虫害；花期喷5～25毫克/千克α萘乙酸或2毫克/千克对氯苯氧乙酸，有一定的保花保荚效果。

三、主要病虫害及其防治

菜豆病虫害比较严重，这是影响菜豆生产的最重要因素之一。对于害虫，目前主要是通过杀虫剂控制，效果良好。对于病害尤其是菜豆病毒病，还没有理想的控制药物，主要通过抗病品种的选育、轮作换茬和其他一些栽培措施，减轻或防止其流行。菜豆炭疽病、细菌性疫病等可以施用药剂进行适当控制。

（一）主要害虫及防治 菜豆主要虫害有地老虎、蚜虫、红叶螨（又名红蜘蛛）、白粉虱、豆荚螟等。地老虎主要为害菜豆幼苗，播种时撒施适量药物，有明显的防治效果。菜豆蚜虫的为害异常严重，它不仅直接为害菜豆，还传播病毒，导致病毒病发生。受蚜虫为害的植株，叶片发黄、卷曲，严重时整株死亡。在北京地区，5月初播种的菜豆，5月底或6月初正值二叶一心，此时天气干旱，各类蚜虫大发生，必须及时喷药防治，一般每5～7天喷一次，连续3～4次，防治效果很好。菜豆生长中后期，因雨水较多，蚜虫为害较轻，可视具体情况进行防治。天气干旱时，红叶螨为害严重。主要症状是叶片呈淡黄色，并布满白色褪绿点斑。对于红叶螨要早发现、早防治，用三氯杀螨醇防治效果良好。白粉虱是近几年才发生的一种菜豆害虫，白色，具翅，长0.5～1.0毫米，迁移为害，主要通过针状口器吸吮叶片汁液，并传播病毒。温室大棚中可用药烟熏蒸防治，大田目前还没有好的防治方法。对于豆荚螟，要早防治，一旦幼虫入荚，防治效果很差。

（二）主要病害及防治　菜豆病害很多，在地势低洼、湿度较高的热带，细菌和真菌病害比较严重。在干旱气候条件下，病毒病易流行。

普通花叶病毒病（BCMV）发病初期叶片皱缩、褪绿，出现花叶和畸形叶，感病植株萎缩，生长停止，不再发生新根，严重者枯死。此病种传率20%～50%，田间由蚜虫、白粉虱传毒。主要防治措施是早治蚜虫和白粉虱，轮作，采用抗病品种。中国农业科学院原作物品种资源所从国际热带农业研究中心引进了一些抗病品种，目前正在试种，有望获得高产、抗病材料。

菜豆炭疽病由真菌引起。在低温、高湿（如14～18℃、相对湿度100%）条件下易发病。主要症状为叶片出现锈色或略呈紫色的病斑，并逐渐变为黑褐色，叶柄和叶脉底面症状尤为明显。茎上病斑完全呈黑色。荚上病斑开始较小，但数目很多，呈棕红色。病斑中间有略呈圆形、边缘暗棕色的晕圈，后病斑渐大，最终直径可达6毫米。炭疽病对菜豆危害很大，但有效的防治药物不多。最好的防病措施是采用抗病品种和轮作换茬。炭疽病病菌孢子能在土壤中至少存活2年，轮作周期至少3～4年为宜。

菜豆白粉病为真菌性病害。除危害菜豆外，还对豌豆、多花菜豆、利马豆等危害严重。在湿度大、田间通风不良的条件下，易发病。主要感染叶片、茎、荚果。感病部位形成一层白色粉末，擦掉白色粉末后，出现一个棕色或紫色病斑。感病荚发育迟缓或呈畸形，籽粒品质和产量下降。主要防治措施是在发病初期喷撒杀真菌剂，有一定的控制效果。最佳措施是采用抗病品种。

菜豆疫病由细菌引起，在高温、高湿条件下易发病。主要症状为早期叶片上出现小水浸斑，逐渐发展成大的棕色坏死斑。豆荚上水浸斑发展较快，豆荚大部分面积可被侵占，呈砖红色。菜豆疫病主要是种传病害，使用无病菌种子很重要。另外，发病初期喷撒含铜杀菌剂，防治效果良好。

四、收获和储藏

（一）收获 适时收获，颗粒归仓是保证菜豆丰产丰收的重要环节之一。收获早了，影响籽粒饱满度；收获晚了，因炸荚或阴雨天而损失产量。一般当 80%的荚由绿变黄，籽粒含水量 40%左右时，开始收获。收获后的籽粒应及时晾晒或机械干燥，使籽粒含水量降至 15%以下。对刚收获的种子，最好先人工晾晒，当籽粒含水量降至 18%以下时，再用烘干机械干燥。籽粒含水量高时，机械干燥易导致籽粒皱缩，种皮破裂，发芽率下降。如果籽粒含水量在 25%以上，干燥温度不能高于 27℃；含水量低时，温度可以高一些，但不能超过 32℃。另外，收获白粒菜豆时，要特别注意避开雨水，否则籽粒沾雨会变污变黑无光泽，品质明显下降。蔓生菜豆要分次收获。

（二）储藏 干燥后的种子在进库储藏之前，要进行清选和分级，带病、带虫种子不能进库。菜豆种子进库之前还要用磷化铝熏蒸，如果仓库容积较小，又能密封，在库中熏蒸即可；如果仓库较大，应分批熏蒸后再入库。储藏种子允许的含水量因各地气候条件差异有不同。南方各省温、湿度较高，储藏种子含水量不能超过 11%；北方各省干旱少雨，库中通风良好，种子含水量允许在 13%。在北京地区，常温下储藏，种子含水量 13%，3～5 年内能保持 70%左右的发芽率。

第三节　优良品种介绍

1. **品芸2号**　1981年从国际热带农业研究中心引进，1987年由黑龙江省审定并定名为品芸2号。小粒白芸豆，生育期95天左右。株高40～60厘米，主茎分枝21个。单株荚数20个左右，百粒重18～22克，籽粒蛋白质含量25.7%。适应性广，较抗病，每公顷产量一般1 500～2 250千克，近几年在黑龙江大型农场可达2 700～3 000千克，比当地品种增产20%以上，籽粒符合出口标准。适宜在黑龙江、内蒙古、山西、陕西等地区推广种植。

2. **北京小黑芸豆**　粒用黑芸豆。生育期95天左右。株高约60厘米，主茎分枝4～6个，单株荚数5～10个，百粒重21克左右。适应性广，抗病，株型紧凑，丰产，一般每公顷产量2 250千克，高的可达3 000千克。适宜在内蒙古、山西、河北等地区推广种植。

3. G0381　从国际热带农业研究中心引进。红腰子豆。生育期95天左右。株高40～50厘米，主茎分枝2～3个，单株荚数5～10个，百粒重约60克。适应性广，生长势强，一般每公顷产量1 500～2 250千克。可供外贸出口。适宜在黑龙江、内蒙古、河北、山西、甘肃等地区推广种植。

4. G0517　红腰子豆。生育期约100天。株高50～60厘米，主茎分枝4～6个，单株荚数25～30个，百粒重50克左右。生长势强，较抗病，一般每公顷产量1 500～2 250千克，籽粒性状符合外贸出口标准。适宜在黑龙江、内蒙古、河北、山西、甘肃等地区推广种植。

5. F0635　大白腰子豆。云南省地方品种。当地生育期90～95天。株高35～45厘米，主茎分枝4～5个，单株荚数18～25个，百粒重55克左右。生长势强，较抗病，产量高，品质好，粒色洁白有光泽。一般每公顷产量1 500～2 250千克。适宜在云贵高原地区推广种植。

6. 英国红芸豆　引自英国。粒色紫红，肾形。矮生直立。株高30～40厘米，主茎分枝3～4个，单株荚数12～18个，百粒重45～50克。较早熟，在内蒙古生育期100天左右，一般每公顷产量1 500～2 250千克。近几年外贸市场非常畅销。适宜在东北、内蒙古、河北、陕西等地区推广种植。

7. MCD2409　1997年中国农业科学院作物品种资源研究所从国际热带农业研究中心引进，经两年在内蒙古和黑龙江试种和品种比较试验，适宜两省气候条件，完全能够正常成熟，并且表现抗病毒病。生长势强，产量高。矮生直立，株高50厘米，生育期100天左右。主茎分枝3～5个，单株荚数15个左右，百粒重45克。粒色紫红，粒形椭圆。每公顷产量1 950千克，比对照G0381增产30%以上，是目前最有希望代替英国红芸豆的出口创汇品种。适宜在东北、内蒙古、河北等地区推广种植。

8. 早绿地豆　中国农业科学院原作物品种资源研究所于20世纪80年代初从国外引进资源中，经筛选、鉴定、评价、示范，并逐步在黑龙江、内蒙古、山西、河北、北京、广州等地开始推广种植，表现高产，抗病，优质，适应性广。1999年通过北京市新品种审定。荚用地豆品种，矮生直立，生长势强。株高40厘米，开展度30厘米。主茎分枝3～6个。花紫色，嫩荚圆棍状、直、绿色，质脆，纤维少，口感好，略带甜。荚长14～17厘米，宽0.8～1.0厘米，厚0.7～0.9厘米，嫩荚肉厚0.5厘米。单株结荚18～22个，单荚重10克左右。粒色黑，肾形，百粒重30克左右，播种至采嫩荚65～70天。

经北京市连续3年品种比较试验，平均每公顷产嫩荚17 340千克，比对照供给者增产26.4%。据黑龙江、内蒙古试验，一般每公顷籽粒产量1 800～3 000千克，繁种产量较高。另据中国农科院分析，籽粒含粗蛋白29.98%，总淀粉36.04%，每100

克嫩荚含维生素 C13.1 毫克，粗纤维 10 克。营养价值丰富。作蔬菜栽培适宜于全国各大蔬菜主产区。

9. 龙芸豆 5 号　黑龙江省农业科学院作物育种研究所于 1997 年以 F0637 为母本，F2179 为父本杂交选育而成。2007 年通过黑龙江省农作物品种审定委员会认定（审定编号：黑登记 2007003）。中早熟品种。春播生育期 90～95 天，需活动积温 1 912.9～2 101.8℃。有限结荚习性，直立生长。幼茎绿色，春播株高 55～60 厘米。主茎分枝 3～4 个，叶片卵圆形，花白色。单株结荚25～30 个，豆荚长 8.4 厘米，短圆棍形，成熟荚黄白色，单荚粒数5～7 粒。籽粒椭圆，种皮白无光泽。白脐。百粒重 20 克左右。干籽粒蛋白质含量 27.73%，脂肪含量 1.22%，淀粉含量 38.325%。

2003—2004 年在黑龙江省农科院产量鉴定试验，平均产量 3 082.6千克/公顷，比对照龙芸豆 3 号增产 28.9%。2005—2006 年黑龙江省区域试验，平均产量 1 971.9 千克/公顷，比龙芸豆 3 号增产 18.05%。2006 年生产试验，平均产量 2 204.8 千克/公顷，比龙芸豆 3 号增产 24.20%。

选用中等肥力以上的禾本科作物为前茬，实行 3 年以上轮作。5 月中、下旬播种，65 厘米垄距，垄上双行，株距 8～10 厘米，单粒种植，播种量 37.5～45.0 千克/公顷，保苗 15 万～20 万株/公顷。第一对真叶展开时间苗，第一片复叶时定苗。中耕除草 2～3 次，生育后期拔出大草，成熟后选择晴天及时收获。结合秋整地或春整地在播种前一次施入有机肥 15 吨以上。测土施用化肥，氮、磷、钾和微量元素合理搭配，一般每公顷施纯氮 20.0～30.0 千克，五氧化二磷 50.0～75.0 千克，氧化钾 20.0～30.0 千克作种肥，播种量每公顷 90～110 千克，播种密度 15 万～16 万株。适宜黑龙江省第二、三、四积温带种植。

10. 阿芸 1 号　新疆维吾尔自治区农业科学院粮食作物研究所于 1990 年从昌吉回族自治州吉木萨尔县红旗农场引进当地农家种奶花芸豆中系统选育而成。2004 年通过自治区非主要农作物品种登记委员会登记（品种登记编号：新农登字（2004）第008号）。中早熟品种，生育期105～118天。无限结荚习性，植株半蔓生。幼茎绿色，株高50～55厘米。主茎分枝3～5个，成株顶部茎具缠绕特性，叶片卵圆形，花紫红色。单株荚数15～18，底荚高19～23厘米，荚直而扁平或略弯曲，成熟荚黄白色，单荚粒数2.95～3.05。籽粒卵圆形，乳白底上嵌有红斑，白脐，褐色脐环，百粒重59～69克。干籽粒蛋白质含量22.85%，脂肪1.30%，100克干籽粒含维生素C 1.88毫克，维生素B_1 3.52毫克/千克，维生素B_2 2.87毫克/千克，氨基酸含量总和20.72%。一般产量2 250～2 700千克/公顷。2001—2002年新疆区域试验，平均产量2 703.90千克/公顷，较对照增产29.78%。2003年新疆生产试验，平均产量4 621.80千克/公顷，较对照增产15.10%。

选用中等肥力以上地块，与谷类作物实行3年以上轮作。播前每公顷施有机肥22 500～30 000千克作底肥。4月下旬至5月上、中旬播种，每公顷播量120～135千克，施种肥（磷酸二铵）150～225千克，种植密度15万～18万株。行距40～50厘米，苗期中耕除草2～3次。初花期开沟追施150～180千克尿素，盛花期叶面喷施75毫升喷施宝和1 500克磷酸二氢钾。生育期灌水4～5次，采用细流沟灌方法，于开花期、结荚期和鼓粒期进行。中后期红蜘蛛点片发生时，采用1 000倍克螨特液叶背喷施。适宜新疆北部冷凉地区种植。

（王述民）

主要参考文献

1. 龙静宜，林黎奋，侯修身等．食用豆类作物．北京：科学出版社，1989
2. 王述民．普通菜豆的营养特点、加工技术和利用途径．中国粮油学报．

第 8 集 . 1993（9）
3. 郑卓杰，王述民，宗绪晓等 . 中国食用豆类学 . 北京：中国农业出版社，1997
4. 王述民，张亚芝，魏淑红等 . 普通菜豆种质资源描述规范和数据标准 . 北京：中国农业出版社，2006
5. FAO. Statistical Database，Food and Agriculture Organization（FAO）of the United Nations，Rome. http：//www. fao. org，2006

第十四章　木　豆

木豆，俗称树豆、千年豆、三叶豆、鸽子豆、蓉豆、柳豆、扭豆、黄豆树。是木豆属下唯一栽培种。起源于印度，距今已有 6 000 多年的栽培历史。从印度东部传入中国也已有 1 500 多年。木豆是世界上热带和亚热带地区主要的食用豆类作物之一，其栽培面积和总产仅次于菜豆、豌豆、鹰嘴豆等，在全部二十多种食用豆类作物中排第六位。木豆生产广泛分布在南北纬 32°之间干旱、半干旱地区作一年生和多年生作物栽培，在南北纬 32°～45°地区可作一年生作物栽培。

世界木豆生产主要分布在亚洲、非洲和南美洲。目前全世界有 22 个国家生产木豆，2001—2005 年平均栽培面积 458.82 万公顷，总产 332.79 万吨。全世界木豆栽培面积最大的 5 个国家依次是印度（347.40 万公顷）、缅甸（48.82 万公顷）、肯尼亚（18.15 万公顷）、马拉维（12.30 万公顷）和中国（10.00 万公顷），合计面积 436.67 万公顷，占世界总面积的 95.17%；合计总产 313.83 万吨，占世界总产的 94.31%。中国是世界上第五木豆生产大国，也是世界上木豆面积和产量增长最快的国家，在世界木豆生产中举足轻重。我国木豆生产主要分布在长江以南地区的云南、广西、广东、贵州、四川、重庆等十几个省、自治区、直辖市，以多年生中晚熟粮菜兼用型品种为主。

印度生产的干木豆，其籽粒几乎都加工成脱皮豆瓣，用于国内消费。非洲、尼泊尔和缅甸生产的木豆，除一部分加工成脱皮豆瓣本国消费外，相当一部分原粮出口印度。在非洲，除加工脱皮豆瓣外，主要以干籽粒整粒和青籽粒加工成食品后消费。在南美洲，木豆主要用作新鲜蔬菜，也用作生产速冻和罐装青豆供应本地市场和外销。木豆收获后的茎秆、枝条，多用作柴火或搭建棚房。木豆是一种直立、木质化、多年生、常绿灌木，是迄今为止唯一的一种木本食用豆类作物，全身都是宝。其青籽粒是优质美味蔬菜，成熟种子大量用作粮食，嫩枝、干鲜叶用作饲草，茎秆可作薪柴、建筑用材及造纸原料，枝条可编筐。花期时可放养蜜蜂，成株可放养紫胶虫。农户经常将木豆作为灌木种在田边和房舍周围做篱笆。木豆根系非常发达，可种在陡坡上作为防护林，既能减少水土流失，其根瘤又能固氮，增加土壤肥力，落叶可改善土壤结构，增加有机质含量。同时，可以收获鲜荚或干籽粒。木豆干籽粒平均蛋白质含量约 21.5%，与其他主要食用豆类不相上下。木豆是一种保持并改善生态平衡和自然环境，向荒山瘠地旱坡要粮要钱的最佳作物。

晚熟改良品种以及中国传统的木豆品种在年降雨量 1 000 毫米以上的长江以南地区生长量极大。由于具有极强的再生能力，一年可刈割多次，收割的饲草产量折合每公顷 5 250 千克纯蛋白，远远高于其他牧草。用作牛羊青饲草和制作配合饲料，是近期最有前途的应用。木豆作为蔬菜，在旱坡地密植单作或与玉米、果林等间套种生产青荚，在中国是另一个极有前途的近期发展方向。结合生态林工程、荒山覆盖和牧草用途的木豆蔬菜生产，将是木豆在中国最有前途的中期发展方向。在大量生产木豆青荚基础上，直接菜用和青粒速冻、制罐以及干籽粒加工豆沙和风味小吃，最符合中国的消费习惯，将是木豆食品生产在中国的根本出路。木豆干籽粒原粮出口印度将是一条木豆出口创汇的途径。木豆作为紫胶虫寄主生产紫胶，在中国仍将有一定的应用前景。木豆生产发展起来以后，早、中、晚熟三种类型品种，相继持续开花达半年之久，可提供充足的蜜源用于发展养蜂业。木豆的茎秆、枝条除可用于柴火、建材、编织外，也是造纸业中生产纸浆的原料。木豆叶片还可用于饲养一种特殊的家蚕。

第一节　营养价值和加工利用

一、营养及药用价值

（一）营养成分　木豆干籽粒营养成分很丰富。一般栽培品种蛋白质含量18.5%～26.3%，平均21.5%。新育成的高蛋白品种含量30%左右，含人体必需的8种氨基酸。赖氨酸含量较高，100克蛋白质高达6.8毫克。色氨酸、蛋氨酸、胱氨酸含量则较禾本科作物偏低。淀粉含量51.4%～58.8%，平均54.7%。此外，木豆还含有丰富的维生素和矿质元素，其中维生素A、B、C、胡萝卜素含量显著高于其他豆类（表14.1，表14.2，表14.3）。因此，木豆营养价值极高，是禾谷类食物的重要营养补充成分。在小麦主食中添加30%木豆、在大米主食中添加16.7%的木豆，是人类极为理想的营养结构（表14.4）。木豆茎、叶作为饲草，其营养成分含量也很高（表14.5）。

表14.1　木豆籽粒各部分营养成分（干基）（毫克）

成　分	干籽粒（整粒）	子叶	胚	种皮
重量比重	100	85.3	0.7	14.3
蛋白质（%）	20.5	22.2	49.6	4.9
赖氨酸[1]	6.8	7.1	7.0	3.9
苏氨酸[1]	3.8	4.3	4.7	2.5
蛋氨酸[1]	1.0	1.2	1.4	0.7
胱氨酸[1]	1.2	1.3	1.7	—
碳水化合物（%）	64.2	66.7	31.0	58.7
脂肪（%）	3.8	4.4	13.5	0.3
纤维素（%）	5.0	0.4	1.4	31.9
灰分（%）	4.2	4.2	6.0	3.5
Ca[2]	296	176	400	917
Fe[2]	6.7	6.1	13.0	9.5
VB_1[2]	0.63	0.40	—	—
VB_2[2]	0.16	0.25	—	—
V_{PP}[2]	3.1	2.2	—	—

注：1.100克蛋白质中的含量；2.100克干物质中的含量。

蔬菜型木豆鲜籽粒营养价值高于干籽粒（表14.2），且蛋白质、淀粉、纤维、脂肪、钙、镁、维生素A、维生素B_1和B_2、维生素C及尼克酸含量均显著高于豌豆，特别是维生素A含量是豌豆的5.7倍，其营养价值明显优于豌豆（表14.3）。

表14.2 木豆干籽粒和鲜籽粒营养成分对比（干基）

营养成分	青籽粒	干籽粒	去皮干籽粒
蛋白质（%）	21.0	18.8	24.6
蛋白质消化率（%）	66.8	58.5	60.5
胰蛋白酶抑制剂（毫克）	2.8	9.9	13.5
淀粉含量（%）	48.4	53.0	57.6
淀粉可消化率（%）	53.0	36.2	—
淀粉酶抑制剂（毫克）	17.3	26.9	—
可溶性糖（%）	5.1	3.1	5.2
肠胃气胀因子（克，以100克单糖计）	10.3	53.5	—
粗纤维（%）	8.2	6.6	1.2
脂肪（%）	2.3	1.9	1.6
矿质营养及微量元素（毫克，以100克计）			
钙Ca	94.6	120.8	16.3
镁Mg	113.7	122.0	78.9
铜Cu	1.4	1.3	1.3
铁Fe	4.6	3.9	2.9
锌Zn	2.5	2.3	3.0

（二）抗营养因子 木豆的主要营养抑制因子是胰蛋白酶、糜蛋白酶和淀粉酶抑制剂及低聚糖（表14.2）。这些因子对热极敏感，加热烹调或加工可消除其影响。

表14.3 青木豆和青豌豆营养成分比较（鲜基）

营养成分	青木豆	青豌豆
化学成分（克，以100克计）		
水分	65.1	72.1
蛋白质	9.8	7.2
碳水化合物	16.9	15.9

（续）

营养成分	青木豆	青豌豆
粗纤维	6.2	4.0
脂肪	1.0	0.1
矿质营养含量（毫克，以100克计）		
钙	57.0	200
镁	58.0	34.0
铜	0.4	0.2
铁	1.1	1.5
维生素（毫克，以100克计）		
VA	469.0	83.0
VB_1	0.3	0.1
VB_2	0.3	0.01
尼克酸	3.0	0.8
VC	25.0	9.0

表14.4 以不同配比的大米、木豆饲喂小鼠4周的测定结果

配 比	蛋白质含量（%）	小鼠增重（%）	蛋白质吸收率（%）	蛋白质效价
大米	7.2	25.5	11.8	1.78
大米+8.5%木豆	8.7	32.8	15.5	2.13
大米+16.7%木豆	10.0	45.2	19.6	2.32
大米+25.0%木豆	11.4	48.9	21.8	2.25

表14.5 木豆饲料的营养成分（%）

样品	水分	粗蛋白	粗纤维	无氮浸出物	脂肪	灰分
青茎叶	70.4	7.1	10.7	7.9	1.6	2.3
干草粉	11.2	14.8	28.9	39.9	1.7	3.5

（三）药用价值 中国、印度、西非、加勒比地区及其他许多国家，民间均以木豆植株不同部分入药，其中以叶的药用功效最显著。叶内含11种不同的结晶成分，可治外伤、烧伤、褥疮。可止痛、消肿、止血，其消炎止痛功效优于水杨酸。此外，根、茎、花、荚和籽实均可入药，治疗肺病、心血管疾病、天花、麻

风等，可降低血液中胆固醇含量。新鲜种子可治疗男性小便失禁。烤焦的种子磨粉再添加咖啡，可减轻头痛、头晕。干根有清热解毒、止痛止血的功效，可作解外毒药、驱虫剂、祛痰剂、止痛药和创伤药。据最新报道，木豆可使镰刀性贫血病的病变细胞恢复正常。

二、加工利用技术

（一）鲜木豆加工技术 鲜木豆荚收获后，通常的加工方法是脱壳上市、制罐和速冻。其中共同的前期加工步骤是青木豆脱壳和清选。

1. 脱壳和清选 青荚收获后，通常采用手工脱壳。脱壳有难有易。手工脱壳所需投入少，可以最大程度保证青木豆的外观品质，市场价格高。经销商和包装商也鼓励手工脱壳的做法，这样会给他们带来更好的利润。机械脱壳时，脱壳和清选经流水线作业。

应根据青木豆是手工脱壳还是机械脱壳来确定适当的清选程序。手工脱壳的青木豆粒，上市和速冻前，清选步骤均应注意剔除病虫粒和杂质。用于鲜籽粒上市时，由分销商来完成清选过程。速冻加工时，用清澈的凉水漂，洗清除杂质，为热烫作准备。机械脱壳和清选时，气流将碎荚壳、受损籽粒和小粒吹出机外，剩下的青木豆掉进孔筛内，进一步分离较重的杂质和碎荚壳。籽粒随后进入不同冲洗方式和流动的冷水以及漂洗机械，最后完成清选过程。

2. 青木豆脱壳上市 加工流程如下：

收青荚→剥豆粒→干选去杂→除去碎小籽粒→上市（包装或不包装）

3. 青木豆罐头加工技术 在加勒比地区的几个发展中国家，例如多米尼加共和国，青木豆年产量的80%用于加工罐头和出口。尽管青木豆籽粒品质主要取决于其生育期和农业气候环境，但还是需要专用型的品种。粒大、整齐、收获时鲜粒和鲜荚都呈亮绿色的品种最受经销商欢迎。青籽粒可溶性糖含量高的菜用木豆最受消费者欢迎。

加工流程如下：

收青荚→剥豆粒→干选去杂→水洗→除去碎小籽粒→除虫粒→热烫、冷却→再除破损粒→装罐（常规或真空装罐）→加热灭菌→冷却→贴商标→装箱→储藏

技术要点：①人工剥出的豆粒比机械剥出的豆粒质量更好，破损更少，但较耗时耗工。②去杂时，除用大筛网除去大的杂质外，需再用小筛网除去碎粒及沙石，最后用流动冷水除去漂浮的灰尘、豆皮、碎粒和蠕虫等。③最理想的热烫条件是在85℃热水中浸泡5分钟，立即用27℃冷水冷却。用蒸气热烫则可减少豆粒皱缩及营养成分损失，但消耗能量较多。④装罐用近沸腾的2%浓度盐水，不加糖及任何添加剂。⑤装罐后于115℃左右高温灭菌20～30分钟，热处理后立即冷却，以减少加热造成的营养损失，防止耐高温菌滋生。冷却用冷水浸泡，使罐头温度降至32～40℃即可。直径大于9厘米（3.5英寸）的罐头冷却，初始应予加压，以防罐底压力过大而爆裂。

4. 速冻青木豆加工技术　加工流程如下：

收青荚→剥豆粒→干选去杂→水洗→除去碎小籽粒→除虫粒→检选→速冻包装→装箱→－18℃储藏

技术关键：①前6个步骤与罐头加工相同。②速冻温度为－23～－29℃。③包装纸盒预先用白蜡处理，以防产品脱水。

（二）脱皮豆瓣加工技术

木豆脱皮豆瓣，在国外也称“豆尔”。即把籽粒皮去掉而成豆瓣。木豆脱皮豆瓣加工在印度最盛行。除农民手工、石磨少量加工外，工厂大规模加工一般采用湿法和干法两种方

法。湿法的步骤主要包括水泡、晒干和脱壳；干法的步骤主要包括油或水混合使用、晒干和脱壳。据调查，在印度脱去种皮的方法传统上也分为两种，主要依据加工规模划分，一种是商业化的机械化磨坊生产，另一种是利用石磨的小规模加工方法。

木豆种皮在干籽粒中所占的比重因品种不同而有变化，介于13.2%～18.9%之间，平均为15.5%。脱种皮处理的最初愿望是仅去掉种皮而不损失其他营养成分，实际操作中会有相当比重的子叶和胚芽被去掉，而留下的也有4种成分，即脱皮豆瓣、碎籽粒、种皮和子叶粉。损失的程度取决于加工方法和木豆品种籽粒的性状。家庭和传统商业方法的脱皮豆瓣生产率为68%～75%，比平均理论值85%低10%～17%。

调查表明，家庭作坊生产方式下，脱皮豆瓣生产率50%～80%，平均62%；大规模机械化条件下，平均70.6%。这表明加工损失相当严重。损失率因所采用的加工方法不同而有明显差异，脱皮豆瓣生产率最高的是经过改进的现代生产方法。脱皮豆瓣生产率受到加工方法、木豆籽粒大小、性状和种皮颜色的影响。白皮、圆形、大粒的木豆籽粒，脱皮豆瓣生产率高。另外，还同种皮所占比重、种皮与子叶的粘连程度、木豆生产时的环境条件等有关。据报道，种皮与子叶之间通过一层胶状物粘连，胶状物的厚度、吸水性等指标都影响脱皮豆瓣生产率。

1. 机械化的商业加工方法　机械化的商业加工方法分为传统方法和改进的新方式。

(1) 木豆脱皮豆瓣机械化加工的传统方法。先加水或油拌匀后，白天日晒，夜晚堆储，以使种皮变松软。初次碾磨，可得少量脱皮豆瓣。第二次加水或油及白天日晒，夜晚堆储，进行第二次碾磨。如此重复三次可得优质豆瓣。这一方法耗时4～8天，工序繁杂，耗时太多，但加工出的脱皮豆瓣质量更好，风味更佳，印度大多加工厂仍用此法进行加工。

加工工艺流程如下：

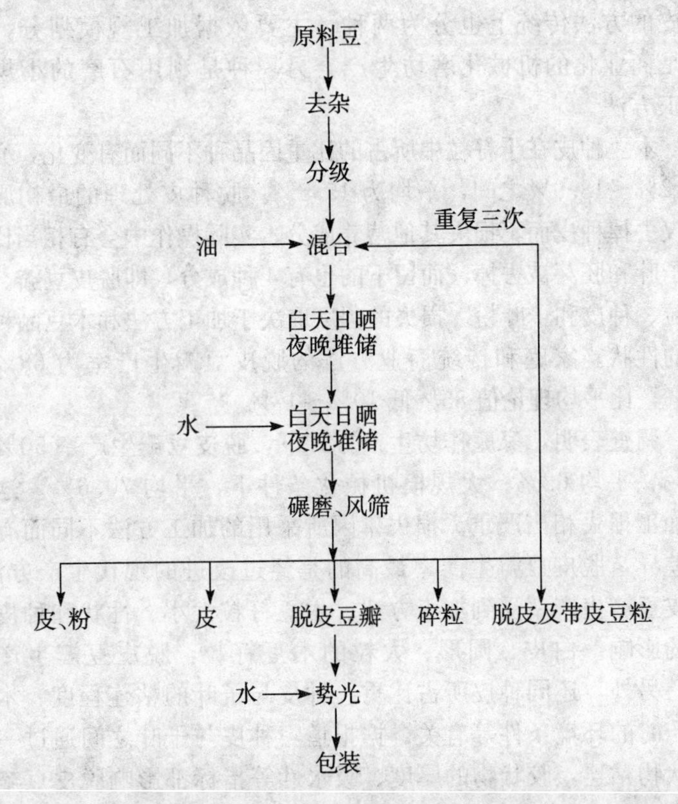

（2）木豆脱皮豆瓣现代改进的机械化方法。用烤炉通热空气加热豆粒以使种皮松脆，稍冷却后即进行碾磨和风筛，一道工序即可完成全部加工。程序简捷，耗时较少，一天内便可完成。因此，该方式逐渐受到较大规模厂家的青睐。但此法加工出的豆瓣由于加热使木豆营养成分受到部分破坏，品质风味均不如传统法生产的豆瓣。

加工流程如下：

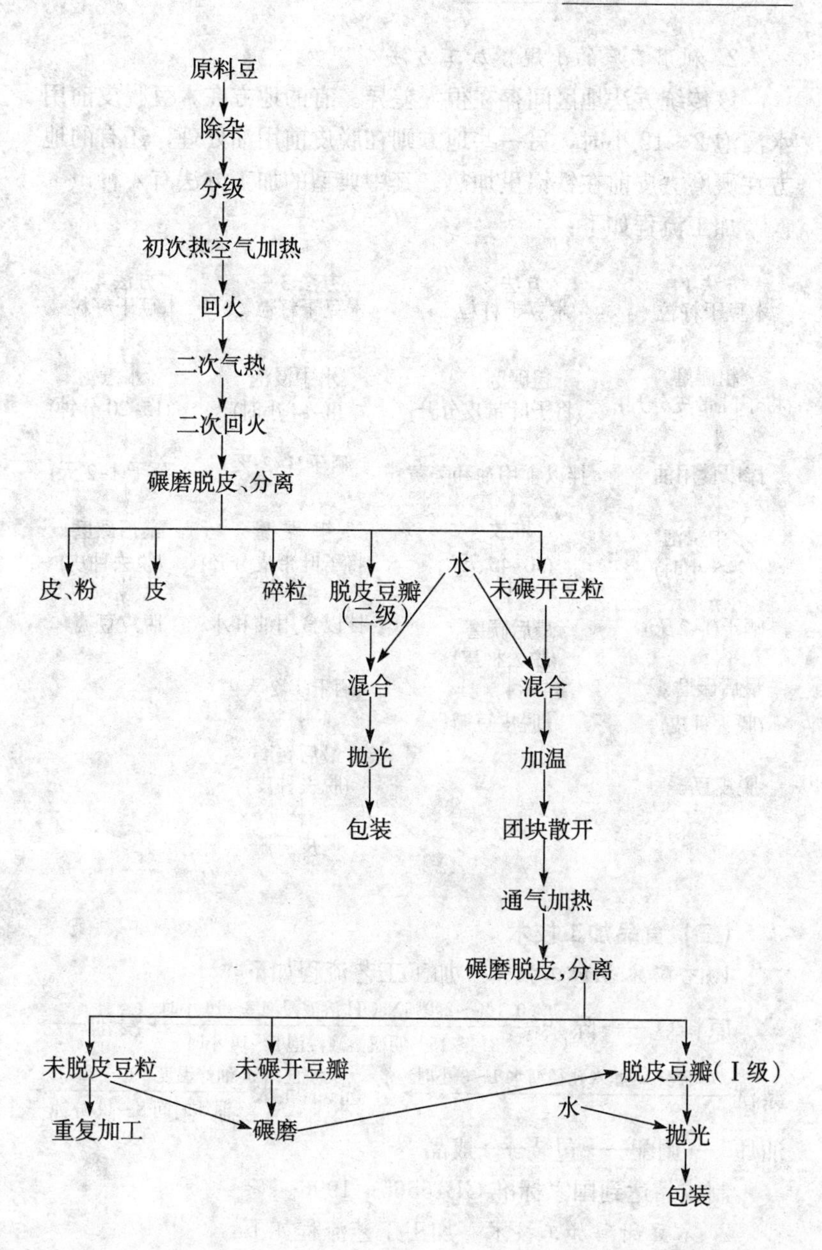
原料豆
除杂
分级
初次热空气加热
回火
二次气热
二次回火
碾磨脱皮、分离
皮、粉
皮
碎粒
脱皮豆瓣（二级）
水
未碾开豆粒
混合
混合
抛光
加温
包装
团块散开
通气加热
碾磨脱皮，分离
未脱皮豆粒
未碾开豆瓣
脱皮豆瓣（Ⅰ级）
重复加工
碾磨
水
抛光
包装

2. 利用石磨的小规模加工方法

该传统方法地区间存在很大差异。有的地方在木豆脱皮前用水浸泡 2～12 小时，另一些地方则在脱皮前用油处理，还有的地方在碾磨去皮前在铁锅里加热。其中典型的加工方法有 4 种。

加工流程如下：

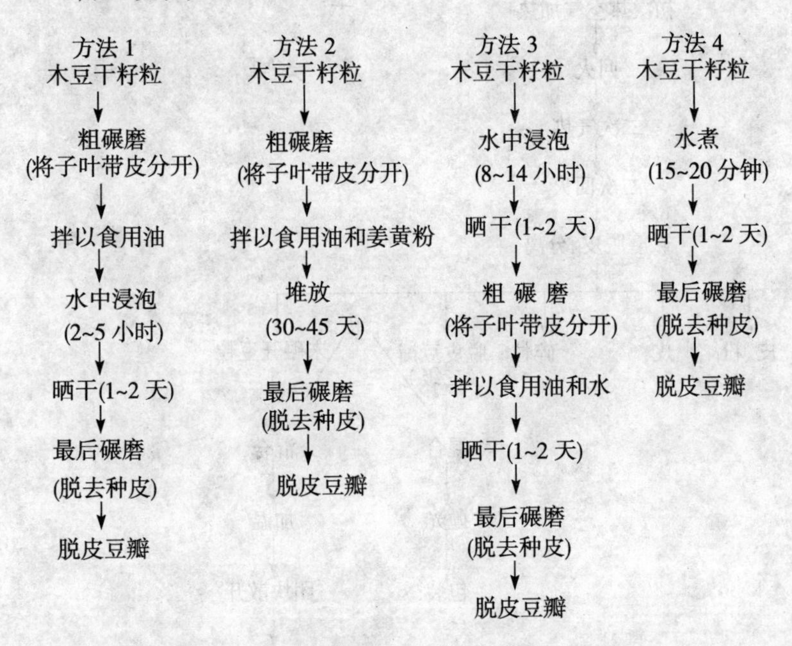

(三) 食品加工技术

1. 香酥木豆加工技术　加工工艺流程如下：

原料豆──→除杂──(0.1%～2.0%NaOH 溶液浸泡 8～16 小时 / 3%～15%明矾溶液浸泡 8～16 小时)──→浸泡──→漂洗──(0.5～0.7 厘米孔径沥水 1～3 小时)──→分选、沥水──(油炸温度 190～220℃ / 油炸时间 8～11 分钟)──→油炸──→调配──→包装──→成品

制成品达到国家标准 GB16565—1996。

2. 木豆甜醅加工技术　加工工艺流程如下：

木豆、大豆各50%⟶浸泡发酵⟶脱皮⟶加根曲霉煮熟⟶置网筛发酵，成紧密糕饼状⟶切片煎炸食用

3. 木豆豆沙加工技术　加工工艺流程如下：

木豆⟶除杂⟶浸泡（24小时）⟶分选⟶脱皮（5% NaOH溶液煮5秒钟）⟶煮烂⟶磨细⟶炒制（加食用油，木豆：糖=1：1）⟶装袋⟶排气⟶杀菌⟶成品

4. 木豆豆芽　可像大豆、绿豆、豌豆、苜蓿等一样发豆芽食用。鲜嫩可口，营养丰富，营养抑制因子极大减少，更利于养分消化吸收。具体方法是，将木豆浸泡后，催芽到长约2厘米时，用于生食或烹饪。

5. 发酵食品　将浸泡过、脱皮和经过煮熟的木豆发酵，也可与大豆以1：2的比例混合后发酵，作成薄饼，经油炸后食用。是印度尼西亚的典型做法。

6. 酱油　用木豆制作的酱油含蛋白质2%，比大豆酱油3%稍低，但市场仍能接受。

7. 煮熟干籽粒　将木豆干籽粒用水浸泡24小时，煮熟后即可上市出售。也可制成罐头出售，这样可以省去家庭烹煮时间，方便顾客消费。

8. 木豆粉丝　用木豆制成的粉丝质量优于绿豆，脱皮豆瓣制成的粉丝又优于带皮豆瓣。

9. 各种小吃　用木豆可制成豆沙、煎饼及不同风味的油炸香酥木豆等小食品，风味独特。

（四）木豆饲料及其他产品

1. 木豆饲料　木豆鲜茎、叶含丰富的蛋白质，无毒性，是优良青饲料，消化率达60%～88%。可以青饲、放牧、制干草或干草粉。一般每年可割鲜茎、叶37.5～60.0吨/公顷，可被牲畜利用的部分约50%。木豆用于放牧时有两种方式，一是在木豆的营养生长期直接放牧，二是对生长的木豆不割，留作冬季放牧。木豆茎、叶和荚壳可喂牛、羊，晒干碾粉后可喂猪。在美国

夏威夷，每公顷木豆每年载畜量平均2.5头（肉牛），每头日增重0.68～1.25千克，增重最快的达3千克。木豆用于饲养奶牛和奶山羊，还可增加奶牛和山羊的产奶量。根据Kenk等(1940)的试验结果，木豆茎、叶比一般牧草的营养指数高，放牧时牲畜增重快。木豆作为牧草时，以营养生长期的叶片为主，但花荚期的营养价值更高。木豆种子也是饲养鸡、鸭、鸽子的好饲料（故有“鸽豆”之称）。加工后的豆渣、豆饼可喂各种家畜。

2. 优质薪柴、造纸原料及其他

木豆多年生。生长迅速，生物量巨大，茎枝高大且木质化。播后8个月砍伐，每公顷可获干薪柴6～10吨，获木豆1.5～2吨。木豆干茎秆热值18 212千焦/千克，作为燃料产生的热量相当于同重量优质煤的一半，为上等燃料。因而在缺粮少柴地区种木豆，可实现同一地块既产粮又产柴。

木豆茎秆、枝条可用于造纸业，生产优质纸浆。其产浆量与其他硬木树种相似，且适宜作为高品质书写纸、打印纸的生产原料。

木豆细直的枝条可用于屋顶覆盖和编织箩筐。在马尔加什，木豆叶片用于饲养一种特殊的家蚕。

此外，木豆可作为防护林带的灌木树种，还可做覆盖作物、绿篱、家禽场或香草的篷树。也是一种蜜源植物，还是放养紫胶虫的理想寄主树。木豆根系强大，生长迅速，而且适宜在各种土壤生长，非常适合绿化荒山荒地。

第二节　栽培管理及病虫害防治

一、耕作制度

近年来，随着国外优良木豆品种不断引进以及中国木豆面积迅速回升，国内对木豆优良品种的栽培技术研究逐渐加强。好的耕作制度是不同类型作物之间合理搭配，以充分利用空间和时间，提高单位面积产出量，获得最大效益。木豆与其他作物间、套、混作，可以利用两者之间根系深浅、植株高矮、生长快慢、熟期长短等方面的互补关系，达到对光、温、水、土、空间等自然资源的充分利用，单产水平比单种其中任何一种作物都高产、稳产。概括而言，仅有短于20周适于木豆生长的地方，宜单作，间作、套种比较困难；有20～30周木豆有效生长期的地方，适合间作、套种；适于木豆生长季节长于30周的地方，不仅可间作、套种，而且可以收获两季木豆。只要有足够长适于木豆生长的季节，不同生育期的品种都可用于单作。在间、套作和截茬苗木豆再生收获的栽培方式下，选用的木豆品种不仅要有适当的生育期，而且要有很高的截茬苗再生能力，适于高密度栽培，对光周期不敏感。

（一）单作　作为青刈牧草种植的木豆，多为晚熟、密枝、高秆品种。通常需要条播单作，宽窄行种植，便于管理、刈割。最佳种植密度和播种时间，需根据所用品种不同和种植地区不同具体摸索。如广西采用1.0米×0.4米的平均行、穴距，种植本地品种，比较合适；0.8米×0.3米的平均行、穴距，对于国外引进的品种ICPL93047、ICPL87119比较合适，每穴播种3～4粒木豆。倒茬轮作收获鲜木豆蔬菜或干籽粒时，条播单作，宽窄行种植，宜选用ICPL87、ICPL151、ICPL87091、ICPL90008等早熟品种。采用1.0米×0.4米的平均行、穴距比较适宜，每穴下种3～4粒。荒山、荒坡绿化，多为穴播单作等行株距种植或与乔木混交。采用晚熟抗病的菜用品种如ICP7035、ICP9150等较好。不仅可以固土护坡绿化荒山，还可收获优质蔬菜。播期随雨季而定，密度随坡度、土质而定，如云南酸性石砾土壤适宜播种密度1米×1米，有条件的地方可第一年种1米×0.5米。这样可以多收获种子，第二年植株长得很大后，间伐1株，使成密度1米×1米。

（二）间作套种 生产干籽粒和蔬菜的中晚熟木豆品种可与玉米、绿豆、大豆、木薯等间、套种。与木豆间、套种的作物，绝大多数短生育期、根系比木豆浅、成株高度矮于木豆，在木豆与其形成严酷的水分、光照、土壤和空间竞争前已经成熟收获。间作套种时，两种作物最佳的株行距配比，不同地区、不同间作套种模式和品种搭配差异很大，需因地制宜摸索。不同用途的早、中、晚熟品种，均可与幼龄期的椰树、杧果树、核桃树、板栗树、橡胶树间作套种，既能抑制果园杂草、涵养水土，又能收获木豆蔬菜或干籽粒。中国林业科学院资源昆虫研究所以木豆配合马鹿花，用于云南干热河谷地带的生态恢复和农业经济林建设，用于放牧和生产木豆蔬菜，开创了该地区退耕还林的新模式。马鹿花是蝶形花科葛藤属的瓦氏葛藤。上述种植模式，因间套方式、树龄、土壤、降水等条件而异。广西大部分地区 4～7 月份播种木豆，播种当年均可收到籽粒。江西赣南 4 月份播种，当年一般有 3 次开花高峰，5 月播种则一般有 2 次开花高峰，6 月播种则只有 1 次开花高峰，6 月中旬以后播种则一般很难收到种子。但作绿肥或饲草在 8 月份仍可播种。云南怒江 4～6 月份播种比较适宜，7 月份以后播种当年基本不能开花。

（三）其他耕作方式 在亚洲和非洲国家，中晚熟菜用和粒用木豆品种常用作农户庭园美化和调节食品口味兼用的庭园作物，在房前屋后零星种植。晚熟多年生菜用或粒用木豆常用作篱笆树在农舍周围种植。有的地区将木豆当成田埂豆在稻田埂背上种植。经常刮风的地方，有人将多年生木豆当成风障种在田边迎风的一侧，减缓风速保护农田和作物。

二、田间管理

选择适宜地块，选用改良品种，掌握播种时间，设计最佳群体密度，适时中耕除草，合理施肥，及时灌水排水，是夺得木豆高产、高收益的基础。

（一）选地整地 木豆对各种结构的土壤，pH5.0～8.5 的酸域范围，有着广泛的适应性，但对盐碱较为敏感。因此，种植木豆时最好避开盐碱地。选地时还应尽量避开前一、两季种过木豆的地块，因为最近种过木豆的地块往往会积累对木豆有害的根际线虫和土传病害。同时，由于木豆不耐水涝，选地时还应避开雨季容易积水的低洼、土壤透水性差的地块。种植木豆的地块一般选在旱薄地或丘陵坡地即其他作物很难生长的地方，以充分发挥这种作物耐旱、耐瘠、全身是宝的优势。

用于种植木豆的地块，播种前不需要特别的土壤准备。15 厘米的翻耕足以保证木豆生长良好。翻耕后作垄，在垄背上播种木豆可以比平作增产 26%～31%。一般垄背宽 90 厘米，垄沟宽 60 厘米，播种时因品种不同设计不同的垄播行数，早熟矮生品种每垄 3 行，中、晚熟品种每垄 2 行，形成大小行条带种植模式。垄沟可间作玉米、谷子、高粱等作物。对于陡坡种植木豆，更不需土壤准备，雨季开穴撒子即可。

（二）选择优良品种 过去一直把木豆看作低产作物，一个重要原因是没有改良品种可供利用。传统的木豆品种中熟、晚熟，仅适于单作，极易受到病虫侵害以及霜冻和干旱的威胁。经过木豆育种家几十年的努力，特早熟、早熟、中熟、晚熟品种已成系列，粒用、菜用品种丰富，可以针对不同的耕作制度、消费要求、气候生态条件选择不同类型的品种用于生产。早熟粒用品种有 ICPL90008、ICPL93081 等，中熟粒用品种有 ICPL87119、ICPL88063 等。早熟菜用品种有 ICPL87，中熟菜用品种有 ICPL87091、ICPL93047、ICPL93092 等，晚熟菜用品种有 ICP7035、ICP9150 等。多数品种都抗病，其中 ICPL87119 和 ICP7035 双抗尖孢镰刀菌枯萎病（根腐病）和败育花叶病。早熟品种在有的地方一年可以收获 2 次。

品种选出后要注意种子质量。第一，要求种子是前一生长季收获的新种子，以保证发芽率和生长势。木豆种子无休眠期，常温下保存两年后发芽率会明显降低。第二，要求种子纯度高，前季留种时要有隔离措施，避免虫媒异交。第三，要求种子不带菌，无虫蛀。播前对种子进行一次清选，去掉异色粒之后，晾晒1～2天，有利于提高发芽率和保证品种纯度。

（三）播种方式和播种深度 木豆播种传统上是成行撒播于土壤表面，然后用耙覆土盖种，形成垄背。这种方法往往覆土深度差异较大，出苗较差。木豆最适宜的播种深度是4～5厘米。深于5厘米发芽率明显降低，最终单产也明显降低。浅于4厘米时，播后遇到干旱会显著影响发芽率。

比较合理的播种方式是开沟条播、开穴点播，播后马上覆土并稍压实，以保证种子与湿土良好接触，提高出苗率。

（四）播种时间和群体密度 一般10厘米以上地温稳定在10℃以上时即可播种。鉴于我国发展木豆的目的是利用自然降雨，在无灌溉条件下利用荒山坡地，对于晚熟品种和中熟品种，单作情况下南方于雨季来临时播种，可以保证雨季结束时进入开花结荚期，避开病害和虫害高发期，获得好的收成。在广西播种期在4月份，成熟期10月份以后。云南播期是6月份，成熟期在12月至第二年2、3月份。对于早、中熟品种，单作和与玉米间作套种时，应同玉米播期一致（即6月份），雨季结束玉米收获后开始开花结荚，成熟期在10月份。我国北方仅能种植早熟、中熟品种，应在4月份春玉米播种时开始播种，因雨季在6月份才会来临，播前需灌溉造墒，以后便不需灌溉，可基本保证雨季后开花结荚，冬季来临前收获。

特早熟和早熟品种6月份播种时，最佳密度10～15株/平方米，4月份播种最佳密度5～10株/平方米。北方通常采用大小行与谷子、绿豆、小豆、矮生菜豆等早熟作物间作比较合适，南方与大豆间作比较合适。中、晚熟品种一般在4月份播种，最佳密度3～5株/平方米，与玉米、高粱等高秆作物间作套种，采用大小行或均行模式均可。

（五）灌水、排水和中耕除草 木豆每形成1吨产量，大约需要200～250毫米降雨量。在年降雨量不足500毫米的地区，如果在木豆需水临界期的灌浆期浇水，将会显著增加产量。同时，由于木豆对水涝很敏感，雨季应注意排水。

木豆是所有豆类作物中苗期生长最缓慢的，常常遭遇杂草的严酷竞争。播种后30天和45天进行两次中耕除草和培土，结合播后60天左右的一次拔草，可基本保证木豆不受杂草危害。播种60～70天后木豆生长非常迅速，杂草将被抑制。

（六）收获与储藏 与其他作物不同，木豆荚成熟时茎、叶依然十分鲜绿，如果不及时调查荚是否到达适收期（菜用）或成熟期（生产种子），可能会误过最佳采收期。木豆收干籽粒（种子）时的最佳采收期是植株上80%～90%的荚变褐色。如果作为一季收获的作物对待，收获时可齐地面处整株收割，然后放场院晒干、脱粒。如果希望收后再生，另收一季，可以于离地面50厘米高处收割，留下主茎和分枝断茬。木豆具有非常强的再生能力，在切断的主茎分枝处附近还会长出新的枝芽，条件合适时再次开花结荚，第二次收获的产量有时比第一次还要高。一般每公顷可达1 500～3 000千克。

菜用木豆收获时，应在鲜籽粒长到最大、接近失水成熟前分批采收，每3～4天采收一次，一般可持续采收3～4周。青荚可剥壳后速冻冷藏或加工罐头供应市场。一般每公顷可达7 500～15 000千克。

如果以收获鲜茎、叶、青饲草或加工干叶粉后制做配合饲草为目的，当植株长到150厘米时，开始从离地面50～70厘米处刈割，每隔6～8周收割一次。每公顷每年可收青饲料60～90吨。

干籽粒收获脱粒后应及时晾晒，当种子含水量降到12%以下时，便可安全储藏。为防治仓储害虫，有两种简便易行的方法：①种子储藏之前，用磷化铝密闭薰蒸3～5天，每粒磷化铝药片可处理50～100千克种子。②种子储藏之前，分装于容量为25千克的透明密闭厚塑料袋中，在晴天暴晒2～3天后，放仓库堆放，连续暴晒的高温密闭环境可杀灭已潜入种子的害虫和种皮表面的虫卵，当需要用种或食用时再行打开。

三、品种繁育和杂交制种技术

（一）木豆品种繁育技术 根据在7个国家对多个栽培品种的测定结果，木豆天然异交率达12.6%～45.9%，有24种不同种类的昆虫参与木豆串粉，其中蜜蜂是造成木豆异交的主要昆虫。木豆闭花受精，风媒串粉的可能几乎不存在。鉴于如此之高的异交率，木豆品种繁育技术的关键是隔离昆虫，避免异交，其次是及时去掉田间杂株。

1. 网棚隔离　在试验条件下必须多个品种相邻种植时，一定要在防虫网棚下进行，或在开花前单株套防虫沙袋。防虫网最好用尼龙沙网，网眼密度与蚊帐相似即可。尼龙沙网的透风透光性远好于蚊帐布，耐用性也是蚊帐的几倍。网棚可大可小，视木豆试验面积而定，四周围用金属架或木桩支撑，网沙接地处压实，保证蜜蜂无机可乘即可。单株套防虫沙袋时，对大株型可套其上的数条分枝，小株型可套整个树冠，套上后将袋口沿分枝或植株根部扎严。成熟后网棚和沙袋内收获的种子即为纯种子。

2. 空间隔离　大面积繁种的情况下，一块地上只能种一个品种，决不能相邻种植另一个花期相近的品种。不同品种繁种田之间至少要相隔200米以上，才能基本保证繁种纯度。

3. 时间隔离　如果既无条件设置网棚，又无条件空间隔离，早熟品种和晚熟品种相邻种植，使其开花期不相遇也可保证不发生异交。

4. 去杂去劣　木豆良种繁育期间要经常去田间观察有无株

型、叶型、生长习性和花色与原种不一样的植株，一旦发现立即拔除。如有条件，种子收获后最好能挑选一次，去掉个别的异色粒。

5. 收获、储藏 连枝条一起收获后，每个品种要单独晾晒、脱粒、熏蒸，以避免可能的品种间机械混杂。种子清选、充分晾干后，要按标准程序测定纯度、净度、发芽率和发芽势，而后用种子专用袋分装，标明品种名称、生产年份、生产单位、纯度、净度、发芽率、储藏条件及指标，然后在冷晾、干燥的条件下储藏、出售或待用。木豆种子的安全储藏期为 2 年。

（二）木豆杂交种生产技术 同杂交水稻和杂交玉米一样，杂交木豆有很强的杂种优势。木豆杂交种比最好的普通品种苗期生长速度显著加快，生物学产量明显提高，籽粒和鲜荚单产提高 25%～30%，籽粒和鲜荚大小更为一致，具有显著的经济效益。全世界第一个商业推广的豆类杂交种就是 1991 年在木豆上实现的。木豆杂交制种是利用天然虫媒传粉完成的，高异交率成了生产木豆杂交种的最大优势。木豆杂交制种技术的关键是雄性不育品系的发现和有效利用。目前，已掌握的木豆不育材料有两类。一类是核不育（GMS），即一对至二对不育基因的显隐性不同搭配决定是否可育；另一类是核质互作不育（CGMS），即细胞核内的基因和细胞质中细胞器内的基因相互搭配决定是否可育。目前，已用于生产的是核不育雄性不育材料，核质互作不育材料的选育已获得重大突破，预计数年内便可用于杂交种生产。

1. 利用核不育的雄性不育系生产杂交种 目前用于杂交制种的雄性不育材料，不育性是由一对基因控制的。制种系统仅包括不育系和恢复系，不育系同时又是保持系。由于遗传机制的原因，不育系后代中有 50%的不育株和 50%的可育株，繁殖不育系时在天然异交的环境中进行，成熟时收获不育株上结的种子留种，即为不育系的种子。生产杂交种时，不育系和恢复系相间种植于天然异交的环境中，刚要开花时，在不育系行中识别出可育株并拔掉，成熟时在不育株上生产的种子即为杂交种。

木豆杂交种生产田间设计如下：不育系穴播成行，每穴3株，每6行不育系间种1行恢复系，行距120厘米，不育系穴距60厘米，恢复系条播成行，株距30厘米左右。杂交种制种田四周各种4行恢复系作为隔离和保护行。关键的操作步骤是在刚要开花时识别并拔除不育系行中的可育株，以及不育系和恢复系分期播种以保证花期相遇。

2. 利用核质互作不育系生产杂交种　这种方法需要不育系、保持系和恢复系三系配套。不育系做母本，保持系做父本，用于生产不育系；保持系自交用于生产保持系；不育系做母本，恢复系做父本，用于生产杂交种。不需要识别和拔除不育系中可育株，遗传机制决定了不育系中不可能分离出遗传上决定的可育株。

传粉昆虫决定木豆的异交率，因此安全的空间隔离距离对于亲本繁殖和杂交制种纯度至关重要。国际半干旱热带作物研究所等的相关研究表明，200～300米的空间隔离距离便可保证亲本繁殖和杂交制种纯度。

亲本繁殖和杂交制种时，通常情况下6行母本1行父本的相间种植模式，可获得最佳制种单产。典型的杂交制种田田间设计如下：不育系穴播成行，每穴3株，每6行不育系间种1行恢复系，行距120厘米，不育系穴距60厘米；恢复系条播成行，株距30厘米左右。杂交种制种田四周各种4行恢复系作为隔离和保护行。如果制种田间传粉昆虫群体过小，可适当增加父本比重。

亲本繁殖和杂交制种成本取决于制种技术及田间管理，因此同一杂交种的制种成本会有很大差异。1990年时，印度旁遮普农业大学利用核不育系统生产杂交种，单产275千克/公顷，每千克成本1美元。目前，国际半干旱热带作物研究所利用核质互作不育系统结合刈割再生能力的开发，一次播种多次收获生产杂交种的田间管理模式，可使木豆杂交种制种成本大为降低。

四、主要病虫害及防治

（一）病害及其防治 木豆病害有210多种病原物，包括真菌、细菌、病毒、线虫等，但只有极少数的病原造成损失。通常地方品种对绝大数的病原具有不同程度的抗性。中国木豆病害主要有根腐病、茎枯病、不育花叶病、白粉病、尾孢菌叶斑病、炭疽病等，其中白粉病、花叶病、叶斑病对植株生长发育影响大，根茎病害则造成木豆死亡。

1. 根腐病

症状：①当开花或结荚时，植株成片死亡，是致病的第一个迹象。②最显著的症状是明显可见植株从主茎基部向上延伸一条紫带，该紫带区域内部茎组织变为褐色。③植株有一半枯萎。④劈开茎或枝条，可见木质部变黑。⑤染病死亡1～2个月的幼株，茎上看不到紫带，但内部组织明显变褐和变黑。⑥染病植株死前叶还显示一系列症状，如叶浮肿、叶脉清晰可见、叶退绿泛黄。

防治措施：①选择至少三年内无该病记录的田地种植木豆；从田间选择无病的种子；与谷类作物如高粱、玉米等间作或混种；每三年与高粱、烟草或蓖麻等作物轮作一次；连根拔除患枯萎病植株并烧毁；夏天晒土以减少病原。②选择有抗性的品种如AL1，BDN2，Birsa Arhal1，DL82，H76-11，H76-44，H76-65，ICP8863，ICP9145，ICPL267，Mukta，Prabhat，Sharda，TT5，TT6等。③药剂拌种用40%拌种双可湿性粉剂3克/千克种子。

2. 茎枯病

病症：①幼苗突然枯萎致死。②染病植株叶呈水浸泡状病斑，茎和叶柄有红褐色至黑白病斑。③感染的叶逐渐干枯。④主茎或分枝感病后，病部呈环绕状，并在该部断开，病部以上叶干枯。⑤植株染病但并未致死时，常在茎的病部边缘产生膨大囊状愈伤瘿。⑥病原感染茎和叶，但不感染根系。

防治措施：①选择无枯萎病记录的土地种植；避开在农舍附近易受水淹的低洼地种植；苗床高突，做好排水；加宽行距。②选择抗病品种如 HY4，ICPL150，ICPL288，ICPL304，KP-BR80-1-4，KPBR80-2-1等。

3. 不育花叶病

病症：①植株无花和荚，呈淡绿色，成片丛生。②植株叶小，呈亮绿色或黑绿色斑点。③初始症状为嫩叶叶脉透明。④在尼泊尔和我国发现的花叶病，节间距严重缩短，植株矮小，叶皱缩。

防治措施：①土地选在远离长有多年生木豆和截根苗的地方；烧毁不育花叶病原物，如多年生及截根木豆；感病植株连根拔除、烧掉染病植株；与其他作物轮作，以减少病原和螨虫来源。②选择抗病品种如 Bageshwari，Bahar，DA11，DA13，IC-PL86，ICPL146，ICPL87051，MA165，MA166，PDA2，PDA10，Rampur Rahar 等。③化学防治在植株早期生长阶段喷施 20%3-氯杀螨醇乳油 1 000～1 500 倍液控制螨虫。

4. 白粉病

病症：①感病植株的地上部分尤其是叶、花和荚有白色粉状真菌生长。严重感染时导致落叶。②幼株染病后生长缓慢，在花期前可见到白粉发生。③初染病时，锈黄色病斑发生在个别叶片腹面，随后向叶背面扩散，并出现白粉斑块。当真菌形成孢子后，白粉完全覆盖叶背面。

防治措施：①选择远离多年生木豆的土地；从健康植株留种；选择抗病品种如 ICP9150，ICP9177。②化学防治用硫磺粉（雾剂和粉剂）在发病初期喷雾或喷粉 1～2 次，可达良好防治效果。也可用粉锈宁 500 倍液喷雾，防效更为理想。

5. 尾孢菌叶斑病

病症：①开始发病时，通常有小型圆形至不规则褐色病斑出现于老叶上，随后叶枯萎凋落。②病部出现在嫩枝后，枝顶干枯凋谢。③在中国和印度，叶病斑处有灰色毛状子实体；在非洲，病斑处则为同心圆沟状。

防治措施：①选择离多年生木豆种植地块远的土地种植；从健康植株选种。②选择抗病品种如 UC/796/1，UC2113/1，UC2515/2，UC2568/1。③化学防治用 80%代森锰锌可湿性粉剂 500～600 倍液喷雾。

6. 锈病

病症：常见在叶背有典型锈色夏孢子堆，叶表面呈黄褐色病斑。染病叶干枯并脱落。感染严重时植株广泛落叶。

防治措施：①避免密植，轮作，以减少病原物存活的机会。②选择抗性品种如 Blanco，Todo Tempo No. 17。③化学防治喷施锰湟勃（maned），用量 3 克/升水。

（二）害虫及其防治

有 200 多种昆虫以木豆为食，仅有鳞翅目豆荚蛀虫（豆荚螟和豆荚野螟）和吮吸豆荚害虫（主要是豆荚蝇）等为害木豆。许多害虫以叶为食，危害最大的是食花和食荚害虫。根据印度调查，豆荚蛀虫造成的豆荚损失率达 13.2%～36.4%，豆荚蝇达 11.1%～22.3%，豆荚蜂 0.03%～2.2%。在非洲，害虫的危害率 14%～27%。在我国，目前发现发生较多的害虫有豆荚螟、豆荚野螟、豆芫菁、豆荚蝇及象鼻虫。

1. 豆荚螟

症状：为害芽、花和荚。无芽、花和荚可食时，留在叶脉上食小叶。荚上明显的孔洞即为其幼虫钻入形成。常常是种子正在发育和部分成熟时即被吃食殆尽。有时部分种子得以残留。

防治：①化学防治：包括菊酯类在内的几种杀虫剂，具有良好防效，尤其是害虫刚产卵后施用效果显著。②生物防治：采用少量杀虫剂；人工摇晃木豆枝条抖落幼虫并收集处理；利用白僵菌等微生物防治；在大田为鸟类提供栖息支架以便其发现和捕食害虫。将几种方法配合使用，防治效果佳。目前尚未筛选出具明显抗性的品种。

2. 豆荚野螟

症状：幼虫于叶、芽和荚间织成蜘蛛网状丝网，藏于网内吃食为害。

防治：①化学防治：包括菊酯类在内的几种杀虫剂可以杀死幼虫，由于丝网保护幼虫免受杀早剂的攻击，须仔细喷撒。最佳喷药时期在刚产卵后。②生物防治：人工摇晃木豆枝条抖落幼虫；为鸟类提供栖息场支架；自制生物杀虫剂；选择抗虫品种。目前尚未筛选出具明显抗性的品种。

3. 豆荚蝇

症状：完全发育后的豆荚蝇幼虫在豆荚壁上啃出洞孔之前无任何明显外部症状。豆荚蝇在荚内蛹化后会从荚壁开孔爬出。受害的种子无任何价值。

防治：①化学防治：所有的发育阶段均在荚内完成，只有系统性杀虫剂如乐果有效。②在同一区域内最好避免混种不同生育期类型的品种。混种为害虫提供豆荚，使其可数代繁衍。③选择抗性品种。一些基因型不适于产卵，可选育出抗虫品种。

4. 豆芫菁

症状：甲壳虫成虫以花为食，从而大量减少结荚数。

防治：①人工防治：成虫移动慢，手拣放于塑料袋或用昆虫网去除可以防治。但操作时应注意保护皮肤。②化学防治：大多数杀虫剂无太大效果，但合成菊酯类杀虫剂较有效。

5. 豆象

症状：豆象为害近成熟及干燥的种子。荚外壁可明显看见圆孔及白色卵。受害的种子可以通过种子表面有卵及圆孔来识别。

防治：种子一成熟就收获，并放在洁净、防甲壳虫的贮存容器（金属、木制、混制或塑料容器均可）中晒干。将种子装在透明塑料袋中在太阳下照晒最有效，且对种子萌发力无副作用，作为食用籽料也是安全的。熏蒸剂如磷化铝可以防止存贮种子受害。在贮存种子涂一薄层食用油，可防止豆象进一步发展。

第三节 品种介绍

按中国特色的利用方式，木豆大体应分为菜用型、粒用型和饲草型。菜用型木豆，荚长一般8～12厘米，干籽粒百粒重12克以上，青粒生物碱含量极少，有限生长习性。粒用型木豆，荚长一般8厘米以下，干籽粒百粒重12克以下，干粒生物碱含量极少，有限或无限生长习性。饲草型木豆，荚长一般8厘米以下，干籽粒百粒重12克以下，多为无限生长习性，枝条多、细而柔软，叶片多而柔嫩，刈割再生能力强。

（一）中国地方品种

1. M18022　海南省地方品种。株高130～150厘米，播种至成熟180天。粒色灰白，圆粒，籽粒较小，百粒重4.5克。抗病，适应性广，耐瘠，是当地种植较多的品种。

2. 黑木豆　海南省地方品种。株高180～200厘米，播种至成熟200天。粒色黑，圆粒，百粒重11.7克。半松散型。较抗枯萎病，品质较好，产量较高。

3. 千年豆　广西地方品种。株高162.6厘米，播种至成熟256天。紫色茎，开淡红黄花，单株第一分枝9.6个。株型松散，单荚粒数3.7粒，百粒重9.6克。籽粒褐色。抗性好。次生分枝多，枝叶非常繁茂，最适合作饲料、薪炭林、水土保持林等。

4. 木豆桂19　广西地方品种。株高161.0厘米，播种至成熟331天。单株第一分枝数23.0个，开黄花，单荚粒数3.5个，百粒重6.0克。籽粒白色。生育期相当长，但分枝多，枝叶非常繁茂，生物产量高，最适宜作饲料、薪炭林、水土保持林。

(二) 国外引进品种

1. ICPL312 国际热带半干旱地区作物研究所育成品种。中国林业科学院资源昆虫研究所于1998年引进。在云南种植时，株高120～130厘米，播种至成熟115～125天。单株分枝18个，单株荚果数300个，荚长5.5～6.0厘米，荚黄色，粒灰色，圆粒，百粒重12.3克。较抗病，株型紧凑，早熟。适于与其他作物间作或轮作。

2. ICPL87 国际热带半干旱地区作物研究所育成品种。中国农业科学院品质资源所1998年引进。广西农业科学院取名木豆1号。在广西、江西、云南等地试种表现良好。广西种植时，播种至成熟140天。第一年株高118.3厘米，第二年208.6厘米。第一分枝13.5个，株型紧凑。黄花，有限生长习性。百粒重9.5克，单荚粒数3～4粒，籽粒浅褐色。早熟，开花成熟整齐。适宜作粮食、蔬菜、饲料等。易受食荚螟为害，开花结荚期应注意防治。

3. ICPL93047 国际热带半干旱地区作物研究所育成品种。中国农业科学院品质资源所1998年引进。广西农业科学院取名木豆2号。在广西种植，播种至成熟152天。第一年株高139.5厘米，第二年株高213厘米。第一分枝12.1个，株型紧凑。红黄花，有限生长习性。百粒重14.5克，单荚粒数7～8粒，籽粒白色。开花成熟较整齐，青荚大，长9.5厘米，最适宜作蔬菜用，亦适宜作粮食、饲料、水土保持用。在水肥管理条件好的情况下，增产潜力相当大，容易受食荚螟为害，在开花结荚期注意防治。

4. ICP7035 国际热带半干旱地区作物研究所提供。中国农业科学院品质资源所1998年引进。广西农业科学院取名木豆3号。在广西种植，播种至成熟254天。第一年株高225.3厘米，第二年312.4厘米。第一分枝16.3个，株型半松散。红花，无限生长习性。百粒重14.9克，单荚粒数5～6粒，籽粒红色。分枝多，枝叶相当茂盛，最适合作蔬菜，也适宜作饲料、薪炭林、生态保护、水土保持用。

5. ICPL93092 国际热带半干旱地区作物研究所育成品种。中国农业科学院品质资源所1998年引进。在广西种植，株高127.2厘米，播种至成熟150天。单株第一分枝数8.7个，株型紧凑，开红黄花，单荚粒数4.4个，百粒重14.3克。籽粒白色。中熟，开花结荚较一致。比较适宜作蔬菜、粮食、饲料用。易受食荚螟为害，在开花结荚期注意防虫。

6. ICPL93115 国际热带半干旱地区作物研究所育成品种。中国农业科学院品质资源所1998年引进。在广西种植，株高127.6厘米，播种至成熟143天。单株第一分枝数10.4个，株型紧凑，开红黄花，单荚粒数4.1克。百粒重14.2克。籽粒白色。中熟，开花结荚整齐。适宜作蔬菜、粮食、饲料用。易受食荚螟为害，在开花结荚期注意防虫。

7. ICPL87091 国际热带半干旱地区作物研究所育成品种。中国农业科学院品质资源所1998年引进。在广西种植，播种至成熟150天。第一年株高135.5厘米，第二年株高211.6厘米。第一分枝12.5个，株型紧凑。红黄花，有限生长习性。百粒重14.1克。单荚粒数7～8粒，籽粒白色。开花成熟比较整齐，青荚大，长9.5厘米。最适宜作蔬菜用，也适宜作粮食、饲料、水土保持用。易受食荚螟为害，在开花结荚期必须注意防虫。

8. ICPL87119 国际热带半干旱地区作物研究所育成品种。中国农业科学院品质资源所1998年引进。在广西种植，播种至成熟258天。第一年株高199.6厘米，第二年株高300.8厘米。第一分枝14.4个，株型半松散。黄花，无限生长习性。百粒重10.3克。单荚粒数3～4粒，籽粒褐色。分枝多，枝叶非常繁茂。最适合作饲料、薪炭林、生态保护、水土保持用。

9. ICP8863 国际热带半干旱地区作物研究所育成品种。中国农业科学院品质资源所 1998 年引进。在广西种植，株高 142.2 厘米，播种至成熟 245 天。单株第一分枝数 11.8 个，株型半松散，开黄花，单荚粒数 3.4 个。百粒重 10.7 克，籽粒褐色。开花结荚较整齐，枝繁叶茂。迟熟。非常适宜做粮食、饲料、薪炭林、水土保护用。

10. ICPL332 国际热带半干旱地区作物研究所育成品种。中国农业科学院品质资源所 1998 年引进。在广西种植，株高 190.5 厘米，播种至成熟 218 天。单株第一分枝数 15.6 个，株型松散。开黄花，单株粒数 3.5 个。百粒重 8.3 克。籽粒褐色，开花结荚较整齐。迟熟。抗性好，枝繁叶茂。非常适宜做饲料、粮食、薪炭林、水土保护用。

11. ICPL90008 国际热带半干旱地区作物研究所育成品种。中国农业科学院品质资源所 1998 年引进。在广西种植，播种至成熟 129 天。第一年株高 105 厘米，第二年株高 161.4 厘米。第一分枝 9.5 个，株型紧凑。黄花，有限生长习性。百粒重 9.6 克，单荚粒数 3～4 粒，籽粒褐色。开花成熟比较整齐。适宜作粮食、蔬菜、饲料用。

到目前为止，中国农业科学院作物科学研究所、中国林业科学院资源昆虫研究所和广西农业科学院已从国际半干旱作物研究所引进了 400 余份木豆优良品种和优异资源，以及数套木豆杂交种（不育系、保持系和恢复系），正在云南、广西、海南、江西等地试种鉴定和扩繁推广。其中，新引进的源自非洲的大荚大粒中晚熟木豆资源如 KAT 60/8、ICP 9132、ICP 9135、ICP 9138、ICP 9140、ICP 12031、ICP 12037、ICP 12058、ICP 12825、ICP 13139，将会在中国今后的木豆生态林建设和木豆蔬菜生产中发挥更大的作用。

（宗绪晓）

主要参考文献

1. 卓杰，王述民，宗绪晓等．中国食用豆类学．北京：中国农业出版社，1997
2. 金文林，宗绪晓．食用豆类高产优质栽培技术．北京：中国盲文出版社，2000
3. 杨示英，庞雯，梁汉超，宗绪晓．木豆栽培．广西农业科学．2000（4）：202
4. 庞雯，杨示英，宗绪晓．木豆高产栽培技术．广东农业科学．2001（1）：15～17
5. 宗绪晓．食用豆类高产栽培与食品加工．北京：中国农业科学技术出版社，2002
6. 宗绪晓．木豆．大连：大连出版社，2003
7. 宗绪晓，关建平，李正红，包世英，谷勇，罗瑞鸿等．木豆种质资源描述规范和数据标准．北京：中国农业出版社，2006
8. 罗高玲，杨示英，庞雯，李容柏，陈燕华，蔡庆生，宗绪晓．种植行距对木豆品种生物产量及品质的影响．作物杂志．2006（4）：19～22
9. 宗绪晓，KB Saxena. 木豆杂种优势利用研究进展．作物杂志．2006（5）：37～40
10. 罗高玲，周作高，罗瑞鸿，蔡庆生，陈燕华，李卉，宗绪晓，Saxena KB. 木豆厘米S杂交种资源农艺性状及品质性状分析．植物遗传资源学报．2007，8（4）：481～485
11. FAO. Statistical Database，Food and A 克 riculture Or 克 anization (FAO) of the United Nations，Rome. http：//www. fao. or 克，2006
12. 成卓敏．新编植物医生手册．北京：化学工业出版社，2008

第十五章　鹰嘴豆　小扁豆　山黧豆

第一节　鹰　嘴　豆

鹰嘴豆，又名桃豆、鸡豌豆、鸡头豆、羊头豆、回回豆、脑豆子。目前，在热带非洲、澳大利亚及其他地区有广泛栽培。鹰嘴豆何时传入中国不详，但在新疆、甘肃、宁夏、内蒙古、云南、青海、陕西、黑龙江、吉林和辽宁等地早有栽培。20 世纪 80 年代开始，中国农业科学院作物科学研究所从国际干旱地区农业研究中心（ICARDA）和国际热带半干旱地区作物研究所（ICRISAT）引入了数百份鹰嘴豆品种，已在甘肃、新疆、山西、云南、河北、青海等地试种。

据联合国粮农组织统计资料，2001—2005 年期间，全世界有 49 个国家生产鹰嘴豆。5 年平均，全世界鹰嘴豆年种植面积 1 033.8万公顷，年平均总产 801.7 万吨。其中，生产面积最大的 10 个国家是印度（635.2 万公顷）、巴基斯坦（97.6 万公顷）、伊朗（75.3 万公顷）、土耳其（64.5 万公顷）、缅典（19.6 万公顷）、埃塞俄比亚（17.7 万公顷）、澳大利亚（17.0 万公顷）、墨西哥（15.8 万公顷）、加拿大（15.7 万公顷）和叙利亚（9.3 万公顷）。印度收获面积和总产量居第一。中国目前鹰嘴豆种植面积约 50 000 公顷，单产约 1 500～3 000 千克/公顷，并呈上升趋势。1987 年，甘肃张掖地区曾较大面积种植来自国际干旱地区农业研究中心的大粒 Kabuli（卡布里）型品种，获得了 4 500 千克/公顷的高产。

鹰嘴豆适应北方冷凉气候、多种土地条件和干旱环境，具有蛋白质含量高，易消化吸收，粮、菜兼用，风味独特，出口市场广且单价高，深加工增值等诸多特点，是我国西北地区种植业结构调整中重要的间、套、轮作和养地作物。

一、营养品质及加工利用

（一）营养成分 鹰嘴豆籽粒营养成分较全，含量高。其中碳水化合物和蛋白质约占干籽粒重量的 80%，还含有丰富的食用纤维、微量元素和维生素，其中铁的含量比其他豆类中高出 91%，维生素 C 也较丰富（表 15.1）。

表 15.1 鹰嘴豆籽粒的营养成分（以 100 克籽粒计）

项 目	含量		分析的品种数	项 目	含量		分析的品种数
	范围	平均			范围	平均	
粗蛋白（克）	12.4～31.5	23.0	373	镁（毫克）	119.0～167.7	141.0	27
非蛋白氮（克）	0.16～0.19	0.39	110	铁（毫克）	3.6～9.8	6.6	47
淀粉（克）	41.0～50.8	47.3	15	铜（毫克）	0.86～1.18	0.96	21
可溶性糖（克）	4.8～8.3	5.8	16	锌（毫克）	2.51～3.51	2.95	6
总碳水化合物（克）	52.4～70.9	63.5	48	VA（毫克）		0.19	1
脂肪（克）	3.8～10.2	5.3	33	VB_1（毫克）	0.28～0.30	0.29	2
粗纤维（克）	1.7～10.7	6.3	27	VB_2（毫克）	0.15～0.30	0.20	3
食用纤维(克)	10.6～27.3	19.0	17	VB_6（毫克）		0.55	1
灰分（克）	2.5～4.0	3.2	33	VC（毫克）	2.15～6.00	3.87	42
磷（毫克）	244.0～429.0	342.9	32	尼克酸(毫克)	1.6～2.9	2.25	2
钙（毫克）	103.1～259.0	185.6	40				

鹰嘴豆蛋白质富含人体必需的各种氨基酸（表 15.2）。与联合国粮农组织/世界卫生组织（FAO/WHO）1973 年颁布的标准氨基酸组成相比，大部分必需氨基酸含量符合标准，仅蛋氨酸和胱氨酸等含硫氨基酸的含量偏低，是第一限制性氨基酸。

表 15.2 鹰嘴豆籽粒的必需氨基酸含量（毫克/克氮）

氨基酸种类	FAO/WHO 标准	测定国家			
		印度	巴基斯坦	苏丹	FAO 1972 标准
异亮氨酸	40	41	45	45	44
亮氨酸	70	79	75	85	75
赖氨酸	55	70	61	79	69
蛋氨酸＋胱氨酸	35	23	31	31	22
苯丙氨酸＋酪氨酸	60	84	82	83	86
苏氨酸	40	36	34	46	38
色氨酸	10	12	11		9
缬氨酸	50	44	43	50	45

鹰嘴豆所含脂肪大多是对人体有利的不饱和脂肪酸，如小粒亚种（Desi 型）种子脂肪中含油酸 52.1%、亚油酸 38%、肉豆蔻酸 2.74%、棕榈酸 5.11% 和硬脂酸 2.05%，大粒亚种（Kabuli 型）种子脂肪中含油酸 50.3%、亚油酸 40%、肉豆蔻酸 2.28%、棕榈酸 5.74%、硬脂酸 1.61%、花生酸 0.07%。此外，籽粒中还含有腺膘呤、胆碱和肌醇等。

嫩枝含水分 60.6%、蛋白质 8.2%、脂肪 0.5%、碳水化合物 27.2%、灰分 3.5%、钙 0.31%、磷 0.21%。叶含蛋白质 4%～8%。以干物质重量计算，残茬含粗蛋白 12.9%、粗纤维 36.3%、无氮浸出物 38.1%、脂肪 1.5%、灰分 11.2%、钙 2.2%、磷 0.5%、镁 0.5%、钠 0.3%和钾 3.0%。

（二）加工利用技术 研究专家曾将谷类和鹰嘴豆以 50∶50、60∶40 和 70∶30 的配比混合进行饲养试验，结果表明可显著改善其蛋白功效比值。在禾谷类粮食中加入 10%～15%鹰嘴豆制成的食品，既可改进食品的营养价值又不会破坏其风味和物理结构。是目前食品工业中普遍采用的方法。

鹰嘴豆传统的加工方法对于提高其营养品质和口感也有相当的作用。传统的加工方法主要包括浸泡、萌动和发芽。据测定，经 20 小时和 24 小时浸泡发芽，并经烹调后的蛋白功效比值均比未经处理的种子烹调后营养价值高。

鹰嘴豆淀粉具有板栗风味，可与小麦一起磨成混合粉作主食。鹰嘴豆粉加奶粉制成豆乳粉，容易吸收和消化，是婴儿和老年人的食用佳品。用鹰嘴豆粉加油和各种调味品，可做出各种风味佳肴、沙拉和点心。鹰嘴豆的籽粒可做豆沙、煮豆、炒豆或油炸豆。青嫩豆粒、嫩叶均可作蔬菜。

鹰嘴豆籽粒还是优良的蛋白质饲料，磨碎后是饲喂骡马的精料。茎、叶是喂牛的好饲料。茎秆残茬也是很好的肥料。鹰嘴豆淀粉是棉、毛、丝纺织原料上浆和抛光的上等材料和工业胶黏剂。叶子可作靛蓝染料。

鹰嘴豆茎、叶、荚都有腺体。这些腺体的分泌物对支气管炎、黏膜炎、霍乱、便秘、痢疾、消化不良、肠胃气胀、青蛇咬伤、中暑等病症有疗效，还能降低血液中的胆固醇。籽粒能防治胆病，作利尿剂、催乳剂，治疗失眠、预防皮肤病等。

鹰嘴豆食品工厂化生产始于东南亚国家，目前中国也有少数食品加工厂生产鹰嘴豆小吃和风味食品。膨化和制罐是其中常用的加工方法。鹰嘴豆经膨化加工和油炸成金黄色，比籽粒原来体积大近一倍，脆香可口，俗称“黄金豆”或“珍珠果仁”，在东南亚、南亚和中国大中城市受到人们的普遍喜爱。鹰嘴豆罐头在南亚和东南亚地区有销路。

膨化和罐头加工程序如下：

1. 膨化　先将鹰嘴豆籽粒在水中浸泡吸胀，然后拌以适量、洁净的砂子，一起加热至 250℃，烘炒 15～25 秒钟，筛去砂子，即成。最近还有人发明了利用湿度条件的变化进行鹰嘴豆膨化处理的方法。

2. 制罐　鹰嘴豆罐头常见的有盐水罐头和番茄酱罐头两种。盐水罐头的制作方法：先将鹰嘴豆籽粒清洗干净，在清水中浸泡 18 小时左右，待籽粒充分吸胀，冲洗，将籽粒倒入沸水中 5～10 分钟后捞出，立即倒入冷水中冷却。将冷却后的籽粒装满罐头盒，随后注入含有1%纯净食盐的热溶液，每罐净重280克，立即在0.7千克/平方厘米的气压条件下加压60分钟，封盖。有的罐头厂所用的罐头浇汁溶液由1.5%食盐、3.0%蔗糖、0.1%味精和95.4%水组成。

二、栽培管理及病虫害防治

（一）播前准备与播种 不良的土壤物理结构和积水都会降低土壤的透气性，从而降低鹰嘴豆产量。因而播前选地和整地尤为重要。整地方法因土壤类型和耕作体系不同而异，但都以蓄水保墒为重点。在冬播区，对于重壤土和黏壤土，地面不宜整得过细，以便接纳冬季降雨，并保证良好的土壤通气性。但是，如果与亚麻或油菜等混作，则需要精细整地。在轻壤土和沙壤土，通常于播种前一天下午浅耕，控制杂草，扩大土表与空气的接触面积，以吸收夜间的露水，第二天早上耙耢后播种。深耕有抑制病害的作用。据试验，深松或深耕20～30厘米与未深耕的比较，播种后萎蔫病发病率从7.3%减少到0.6%，每公顷增产517千克。

精选良种、去掉破碎籽粒、播前种子处理，是保证种子发芽率和出苗率的关键。每千克种子用1克克菌丹（Captan）处理可有效防治苗期立枯病。接种根瘤菌可有效增加鹰嘴豆根瘤数量。另外，为增加苗期抗旱、抗盐性和促进发芽，播前可将种子在清水或1%食盐溶液中浸泡6小时。

新疆、青海、甘肃等地，早春播种，夏、秋收获。在云南省播种和收获的时间与蚕豆基本一样。

依土壤类型和湿度不同，鹰嘴豆播深一般5～10厘米。土壤沙性大、湿度小时，宜深些，但最好不超过12厘米，以免影响出苗。单播时，播种量一般小粒种子40～60千克/公顷，大粒种子80～120千克/公顷。依环境条件和株型不同，行株距一般

25～50 厘米×10～20 厘米。尽管鹰嘴豆对不同株行距有效强的适应性，但据研究，对于直立株型的品种，合适的群体密度是每平方米 50 株左右，对于披散株型的品种，合适的群体密度是约 33 株。

（二）耕作方式 在印度、巴基斯坦、孟加拉和缅甸，鹰嘴豆主要与水稻、珍珠粟轮作，或与冬季高粱、硬粒小麦倒茬，或实行鹰嘴豆－冬高粱－棉花轮作倒茬方式，也有与甘蔗实行轮作的。在印度曾试验过在玉米收后种鹰嘴豆，比种小麦要高产。在印度中部干旱地区，也有用春高粱与鹰嘴豆间作的耕作方式。

西亚、北非和南欧是仅次于印度的第二大鹰嘴豆产区。在冬季降水超过 400 毫米的地区，鹰嘴豆通常与小麦、大麦等越冬作物轮作或与瓜类实行轮作。在干旱地区，则实行鹰嘴豆－休闲－大麦或小麦的轮作方式。在西亚和北非偶尔也见到在幼树期的橄榄果园里间作鹰嘴豆的种植方式。在苏丹，普遍在禾本科作物和蔬菜作物田的垄背上播种鹰嘴豆。

在埃塞俄比亚及东非高原，鹰嘴豆通常与大麦或小麦轮作。单作在这些地区也很普遍。在埃塞俄比亚和肯尼亚还经常看到将鹰嘴豆与红花、高粱或玉米混作的情况。在中南美洲、澳大利亚和中国，鹰嘴豆仅种植于干旱少雨的地区。与禾本科作物、豌豆、小扁豆等轮作。单作利于机械化收获。在中国，还有与马铃薯间作获双高产的事例。鹰嘴豆不宜连作。

试验证明，在氮肥用量少的地区，鹰嘴豆与小麦间混作，小麦产量不比单种减产，还多收一季鹰嘴豆，小麦蛋白质含量提高 3%。增加了产量，改善了品质，降低了成本。

（三）田间管理

1. 中耕除草 鹰嘴豆苗期生长量小，易受杂草竞争。然而，如果在生长的最初阶段即播后的 66 天内，保持田间无杂草，鹰嘴豆迅速生长的冠层会有效控制后期杂草的生长。据试验，播后第30天和60天铧锄中耕，对控制杂草最为有效。而且可疏松土表，增加土壤通透性，并切断土壤毛细管，有保墒的作用。

另外，出苗前每公顷喷除草醚1 000～1 500克或扑草净255～495克、草不绿1 000～1 500克、豆科威1 000克等，都有明显的除草和增产效果。

2. 灌溉　在大部分冬播地区，由于播前和生长初期降雨较多，土壤湿度适宜，不需要灌溉。在春播地区和干旱的冬播区，由于播前和生长前期降雨较少，不能满足鹰嘴豆对水分的要求，需要适当灌溉。

在鹰嘴豆需水临界期即4～6真叶期和荚果形成期灌溉，对保证高产是必要的。超过两次灌溉，从经济上讲一般不合算。

3. 施肥　鹰嘴豆施有机肥和饼肥效果好。单施氮肥或钾肥增产效果不明显。磷肥施用依土壤和肥力不同，五氧化二磷最佳用量通常25～50千克/公顷。当土壤中磷的含量偏低时，如果有灌溉条件，施用五氧化二磷30～50千克/公顷，增产效果最好。在土壤干旱且无灌溉条件时，20千克/公顷的五氧化二磷用量最为经济合理。据印度报道，氮、磷配合施用时，增产效果好，每公顷25.5千克氮、48千克五氧化二磷，较对照增产48%。在微量元素肥料中，施用钼肥对鹰嘴豆增产最有效，其次是锌肥。

4. 收获与储藏　当70%以上荚成熟变黄时，便可开始收获。大部分鹰嘴豆种植区采用人工收获，连株拔起后堆在田边或场院，充分晾干后用谷物脱粒机或棍棒敲打，脱粒。农业机械化程度较高的国家和地区常采用卷拔机和联合收割机收获。脱粒的种子经清选后，晾干到安全储藏含水量以下，用磷化铝熏蒸后入库储藏。储藏期间注意通风、降温和除湿。

(四) 病害及其防治　全世界的鹰嘴豆病害有50多种。为害最严重的是褐斑病、枯萎病、干性根瘤病、矮化病（由豌豆卷叶病毒引起）等。

1. 褐斑病　一旦发病，造成的产量损失达20%～50%。该病既可种传，其孢子也可随空气传播。以斑病菌侵染鹰嘴豆的整个地上部分，形成卵圆形深褐色病斑。有效的防治方法是：①利用抗病品种，如前苏联的品种Sovkhosnyi 14，VIR 32和Resusi 216；国际干旱地区农业研究中心的品种（系）ILC482、ILC72、ILC196、ILC3956和JLC3634等。②播深超过10厘米，可减少带病的种子出苗。③热水（53℃）浸种15分钟，或用杀菌剂拌种。

2. 枯萎病　受害植株叶片脱落，前期叶色比健康植株苍白，后期植株倒伏，茎基部失绿腐烂，木质部也变色失常，由此病造成的产量损失达10%。该病有土传和种传两种途径。对于种传的途径，可用50%福美双可湿性粉剂拌种。对于土传的途径，因病原菌能在土壤中存活长达5年，用轮作的方法防治，效果不明显。有效的方法是采用抗病品种。已鉴定出的抗病品种有CPS-1等。

3. 干性根腐病　在中国常有发生，且在沙土地上比在黏土地上发生更为严重。植株感病后，在田间会很快干枯，有突发性，叶片和枝条都不脱落且成干青草色，根部变成黑色呈腐烂状，大部分侧根和根毛脱落。对于此病害，最有效的防治方法是种植抗病品种。国际干旱地区农业研究中心的科学家已筛选出几个抗病品系。

4. 矮化病　由豌豆卷叶病毒引起，在中国有发生。受害株在田间表现出叶片黄、橙或褐色，植株矮化、节间缩短等，很易与健康植株区分开来。将茎部剖开，可见韧皮部变成褐色。有效的防治方法是种植抗病品种。国际热带半干旱地区作物研究所已筛选出对该病中抗的品系。

（五）害虫及其防治　与其他豆类作物相比，鹰嘴豆害虫较少，其中为害最普遍和最严重的是豆荚螟和豆象。

1. 豆荚螟　在非洲、欧洲、亚洲和澳大利亚，几乎所有种植鹰嘴豆的国家都有发生。以为害嫩荚、嫩粒为主，对叶的为害较轻。幼虫阶段在荚表面活动，蛀食幼嫩部分；蛀食一个荚内的籽粒后，又转移到邻近的荚上继续为害，最后在土表下4～8厘米处化蛹，化蛹期长达10～25天。成虫为蛾子，黄昏时飞出，在叶片上产卵。对于成虫的防治有灯光诱捕等方法。

2. 豆象　豆象是鹰嘴豆贮藏期间最严重的害虫。成虫呈褐色，长2.5～3.5毫米。虫卵产在种子表面，呈白色，肉眼可见。幼虫咬穿种皮，进入种子，在其中为害。严重时，一粒种子内有几条幼虫，长成成虫后，咬破种皮爬出。整个生活史可短到仅20天。对于豆象最为有效的防治方法是用磷化铝等药物熏蒸。

三、品种介绍

我国栽培的鹰嘴豆基本上是农家品种。农民长期以来自种，自收，自销，自食，并未形成商品，也未形成规模和面积。产品常见于我国小扁豆产区的县乡集贸市场和粮店，在当地杂粮收购站可见到的类型更多，但是并未形成有组织的规模化商品生产，也未形成连片的生产规模和面积。现介绍几个有名的地方品种。自从鹰嘴豆抗旱、抗虫、耐瘠、保健、出口创汇等优势被认识后，鹰嘴豆的栽培面积得到扩大，品种和栽培技术也得到重视。其中新疆鹰嘴豆的种植面积发展较快，2000年新疆播种面积已达7 000公顷，栽培的品种有阿克苏农家品种（大粒亚种），也有木垒农家品种（小粒亚种），还有引自乌孜别克斯坦的品种（大粒亚种）。

1. FLIP81-7C　中国农业科学院作物科学研究所自国际干旱地区农业研究中心（ICARDA）引进，于20世纪90年代与甘肃张掖地区农业科学研究所合作选育。生育期117天左右，株高70～80厘米，半直立，白花，百粒重35克。籽粒蛋白质含量

23.7%、脂肪6.5%、维生素27.1毫克（每100克）。

2. A-1　新疆农业科学院选育。生育期123天，株高70厘米左右，单株分枝7.1个，单株结荚50个左右，粒黄白色，百粒重27克。

3. 88-1　新疆农业科学院选育。生育期116天，株高55厘米，单株分枝6个，单株结荚60个左右，粒黄褐色，百粒重16克左右。

第二节　小扁豆

小扁豆，又名滨豆、兵豆、扁豆、洋扁豆、鸡眼豆。中国的小扁豆由印度传入。目前主要分布在甘肃、山西、内蒙古、河南、河北、陕西、宁夏等省、自治区。青海、云南有零星栽培，江苏、安徽两省曾有种植。

小扁豆是一年生或越年生草本植物。据联合国粮农组织统计资料，小扁豆是世界第六大食用豆类作物，2001—2005年，全世界5年平均栽培面积386.8万公顷，平均总产342.3万吨。全世界有49个国家生产小扁豆，其中印度小扁豆栽培面积最多，达142.7万公顷。其次为加拿大、土耳其和伊朗，分别为62.9万公顷、45.7万公顷和24.9公顷。中国小扁豆种植面积9.1万公顷，居世界第10位。中国小扁豆的种植区域大都分布在山区，既有单作又有间作和混种，以间作或混种为主。陕西省北部地区主要与大豆间作或混种，河南、山西等地多与小麦混播，云南多与油菜混播。有些山区采用单作。单作时单产约750千克/公顷；间、混播时单产约150～225千克/公顷。

小扁豆适应冷凉气候、多种土地条件和干旱环境，具有高蛋白质含量、易消化吸收，粮、菜、饲兼用和深加工增值诸多特点，是种植业结构调整中重要的间、套、轮作和养地作物，也是我国北方主要的早春豆科经济作物之一。

一、营养品质及加工利用

（一）营养成分 小扁豆的主要产品是成熟的籽粒。其含有大量蛋白质、碳水化合物、维生素和矿物质元素，营养价值较高。蛋白质中含有赖氨酸、蛋氨酸、色氨酸、亮氨酸、异亮氨酸、苯丙氨酸、苏氨酸、缬氨酸等人体必需的氨基酸，但蛋氨酸、色氨酸等含硫氨基酸含量偏低（表 15.3，15.4）。

表 15.3 小扁豆与小麦营养成分比较（以 100 克籽粒计）

项　目	小扁豆（脱皮）	小麦	项　目	小扁豆（脱皮）	小麦
水分（克）	12.2	13.0	铁（毫克）	7.0	3.1
蛋白质（克）	23.7	11.5	纳（毫克）	84	53
脂肪（克）	1.3	2.2	钾（毫克）	780	349
碳水化合物（克）	57.4	69.3	维生素 B_1（毫克）	0.46	0.57
粗纤维（克）	3.2	2.3	维生素 B_2（毫克）	0.30	0.12
灰分（克）	2.2	1.7	尼克酸（毫克）	2.0	4.3
钙（毫克）	6.8	36	维生素 C（毫克）	4.0	0
磷（毫克）	350	383			

表 15.4 小扁豆籽粒中的氨基酸含量（毫克/克氮）**及其与小麦的比较**

氨基酸种类	小扁豆（褐色籽粒）	小扁豆（脱皮）	小扁豆（大粒亚种）	小麦
色氨酸	39	48	41	50
苏氨酸	212	192	247	184
异亮氨酸	260	252	268	348
亮氨酸	468	465	474	472
赖氨酸	516	496	520	186
蛋氨酸	25	43	15	127
胱氨酸	39	17	34	121
苯丙氨酸	262	308	304	334
酪氨酸	253	204	214	225
缬氨酸	308	329	468	313
精氨酸	612	524	493	353
组氨酸	174	166	177	166

（续）

氨基酸种类	小扁豆（褐色籽粒）	小扁豆（脱皮）	小扁豆（大粒亚种）	小麦
丙氨酸	265	252	207	230
天门冬氨酸	788	921	690	315
谷氨酸	1 092	1 088	1 080	2 100
甘氨酸	270	259	262	250
脯氨酸	309	266	290	587
丝氨酸	320	303	312	382

从表 15.3 可见，小扁豆籽粒的蛋白质含量是小麦的两倍多，还富含铁和其他矿质元素，以及 VB_1 和 VB_2。

从表 15.4 可见，小扁豆籽粒中含硫氨基酸和色氨酸的含量，与小麦相比较低，赖氨酸含量则高出小麦很多。

小扁豆脱粒后剩下的残渣（秸秆、荚皮、叶片和其他碎片），是家畜的优质粗饲料。据测定，其中含 10.2%水分、1.8%脂肪、4.4%蛋白质、50.0%碳水化合物、21.4%纤维和 12.2%灰分。在叙利亚、约旦和中东的其他地区，当传统的牧草生产在旱季来临后大幅度减少时，小扁豆秸秆、荚皮等的售价几乎与籽粒相同甚至高于籽粒。

（二）加工利用技术　小扁豆是加工优质面粉、粉条、淀粉的上等原料，与小麦一起磨粉后做主食，也常与小米等一起煮食。小扁豆做成豆瓣食用，小扁豆粉也与其他谷类面粉混合做面包、糕点，并制成婴儿和病人的营养食品。小扁豆还可用来制作罐头食品、甜食和速溶小扁豆粉，将小扁豆脱去种皮后用豆瓣做汤。脱去种皮的小扁豆经常可以在市场上见到，具有比未脱皮的小扁豆更好的可消化性，并可缩短烹调时间。小扁豆的豆芽以及嫩荚、嫩叶都是优质蔬菜。小扁豆籽粒淀粉亦可用于纺织和印刷工业。小扁豆收获后的秸秆、茎叶、荚皮以及工业提取淀粉后的残渣是良好的饲料。新鲜茎叶柔软，易腐烂，含氮约 6.7%，是优良的绿肥。

二、栽培管理及病虫害防治

（一）播前准备与播种 小扁豆对前作要求不严，常与玉米，甘薯、油菜、黄麻、水稻等轮作。单作常匍匐地面，影响产量和种子品质，因而常与小麦或大麦混播。在温带地区一般作为一年生作物进行春播或夏播，在亚热带地区作为越年生作物于秋季播种。

小扁豆播前整地方法依土壤类型和各地耕作制度不同而异。总的原则是经过耕翻或其他方法，尽量抑制和消灭杂草，减少小扁豆和杂草在苗期的水肥竞争，同时保证小扁豆在土壤中迅速发芽和良好的出苗率，还要保持土壤水分尽量少散失。播前在轻壤土上少耕翻或仅用松土犁疏松土壤，使水分尽量少散失。在重壤土上，通常于前茬作物收后或雨季过后，深翻一遍，既除杂草又保墒、纳墒和蓄墒。在稻茬地上种小扁豆时，通常不预先耕翻。

尽管小扁豆比鹰嘴豆和豌豆更耐寒，迟播时也可得到相当高的产量，但适期播种仍是实现其高产潜力并保证稳产的关键措施。小扁豆的适宜播期因地而异。在陕西省北部一般 4 月上、中旬播种。就同一播种地点而言，某些品种须早播一些，另一些品种则适于晚播。

小扁豆的播种方式多为条播或撒播。条播时最佳行距常因地区、种植季节、品种、播种期和播种密度不同而异。当播期合适时，行距 20 厘米或 30 厘米，对产量几乎无影响。这可能是因为较小的行距会使小扁豆根系入土更深，因而较充分地获得所需的水分和矿质营养。

小扁豆的播种量根据籽粒大小而定。保证出苗后每平方米 300～450 株的播量通常能获得最高单产。究竟密度多大最为合适，还要看品种、土壤和气候条件。基于对群体密度和播量的研究，小粒种的最佳播量是40千克/公顷。在干旱的西亚地区，小粒品种的最佳播量是60～80千克/公顷，大粒品种120～160千克/公顷。在有灌溉条件的地区，有人推荐采用150千克/公顷的大播量。研究结果表明，对于大粒品种而言，在春播地区，50千克/公顷是最佳播量。

在人多地少的地区，由于常把小扁豆作为填闲和拓荒作物，播种时常采用人工开沟条播的方法。而农业机械化程度高，且地广人稀的地区，则常用小谷物播种机来播种小扁豆。小扁豆的播深根据籽粒大小和土壤墒情而定，常为3～5厘米。

（二）耕作方式　小扁豆对其生长季节内温度、水分等的变化有很强的适应能力和相对短的生育期。

在中国，小扁豆既有单作又有间作和混种，但以间作或混种为主。如陕西省北部地区主要与大豆间作或混种，在河南、山西等地多与小麦混播，在云南省多与油菜混播。有些山区则采用单作。

（三）田间管理

1. 灌溉　小扁豆在大多情况下是作为一种免于灌溉的作物种植的，但对灌水有强烈反应。当播种前土壤中的蓄积水分很少时，灌溉对于保证较高的产量是必要的。如有灌溉条件，在4～6真叶期和花荚形成期各灌一次水，可获得高产。如播前灌水蓄墒，也会大幅度提高小扁豆产量。播前不灌，播后约45天一次灌溉，也可提高小扁豆产量。

2. 施肥　根部能够有效结瘤的小扁豆，极少对施用无机氮有反应。大多数试验表明，共生固氮足以提供小扁豆生长发育所需的氮素。然而在幼苗阶段，有效的共生固氮作用尚未产生以前，而且土壤中氮素不足时，应施用少量氮，使小扁豆得以度过“氮饥饿”期。在初次种植小扁豆或连续几年未种过小扁豆的地块上，接种适当的根瘤菌也是必要的。

小扁豆对磷肥的需要量较大。磷对根瘤菌共生固氮和整株的生长有利。从印度的有关施肥试验看出，40～50 千克/公顷五氧化二磷作底肥对于小扁豆最合适。

在沙质或受到严重侵蚀的土地上，每公顷施用 22 千克/公顷氧化钾，在小扁豆产量和经济上都合算，而且还能改进籽粒的烹调品质。

关于小扁豆生长初期缺锌的报道，在各小扁豆种植区都很普遍。播种前，作为基肥在土壤中每公顷施 10～15 千克的硫酸锌，一般可以满足小扁豆对锌的需求。

钼对于促进小扁豆根瘤形成和共生固氮是必要的。叶面喷施或拌种少量钼肥可提高小扁豆产量。

施用硫肥也对提高小扁豆产量和品质有良好作用。硫是含硫氨基酸的组成成分。施用硫肥的效果已被试验所证实。

3. 杂草的防治　由于小扁豆较矮，特别是在播种后的头两个月，遇到速生杂草的严酷竞争。如果不进行除草，产量损失将达 70%～90%。播后 30 天和 60 天，各进行一次中耕除草，对小扁豆是最适宜的。也可采用不同种类的除草剂除草，但效果均不佳。

4. 收获与储藏　小扁豆生育期短。春播时，早熟品种 80～110 天，晚熟品种 125～130 天。小扁豆成熟时易落荚、落粒，应及时收获。小面积种植时，一般采用人工整株连根拔起或用镰刀等工具收割。将收割后的小扁豆连秸秆堆在田边或运回打谷场，充分晾晒，干后脱粒。脱粒方法有手工和家畜拉石磙压碾等。研究表明，采用传统方法收获脱粒时，小扁豆籽粒损失高达 20%。

在农业机械化程度高的地区，对大面积种植的小扁豆，采用收割机、联合收割机和卷拔机等收获，大大提高了工作效率，同时可将小扁豆籽粒损失降到 2%～8%。脱粒后的小扁豆经充分晾晒和清选，在干燥冷凉的条件下储藏，可保持良好发芽率达 5 年以上。储藏期间应注意用药物熏蒸，以杀灭储藏期内害虫。熏蒸通常对种子发芽率无明显不良影响。

（四）病害及其防治　小扁豆最严重和普遍存在的病害是根腐病和萎蔫病，褐斑病、锈病、白粉病、茎腐病和几种病毒也危害小扁豆。

1. 维管束萎蔫　也称真性萎蔫。病原真菌通常在小扁豆开花前侵染维管束系统，阻止水分提升，造成植株萎蔫和死亡。当气温17～31℃、沙壤土、湿度约25%、pH7.6～8.0时，对这种病的发生最为有利。在农业生产上，选择适宜的pH、土壤结构、水分含量和化学组成的土壤以及适时播种，可以避免过多的损失。由于在复合萎蔫病中，几种病原菌经常同时出现，因而至今还未育成抗病品种。

2. 茎腐和根腐　造成小扁豆严重减产。被侵染的植株凋萎、失绿，最后死亡。这两种病害是种传的。湿润且高温的气候对其传染和发展有利。茎腐和根腐经常与维管束萎蔫并发，病情特别严重。目前尚无有效的防治办法。

3. 小扁豆锈病　是最为严重的叶部病害。病原菌是一种专性寄生的真菌，能在小扁豆上完成其整个生活史。这种病害在温和的气温（20～22℃）、多云天气和潮湿的气候条件下严重发生。目前，国际干旱地区农业研究中心（ICARDA）已鉴定出几份具有抗性的小扁豆材料。

4. 豌豆种传花叶病毒　也侵染小扁豆，造成叶片萎蔫、畸形，茎秆弯曲以及花、荚和种子败育。种子即使能成熟，也比正常种子小，并有不同程度的变形。对其具有免疫能力的材料已经找到，其抗性由一对隐性基因控制。

（五）害虫及其防治　不论在何处或什么时候种植，小扁豆总会受到害虫的侵扰。其中最常发生的是食荚螟、蚜虫、叶象鼻虫、豆象和地老虎。

1. 豆象　不仅毁坏大量的种子，还减少种子发芽。小扁豆受豆象危害的程度也因品种而异。叶象鼻虫有几个种在很多地区造成小扁豆产量损失，其幼虫蛀食小扁豆的根和根瘤，成虫取食叶片，受害的叶片边缘呈齿状。当小扁豆的生长环境严重影响其生长速度时，叶象鼻虫会造成严重危害，甚至使幼苗死亡。利用熏蒸和杀虫剂可有效杀灭豆象和叶象鼻虫。

2. 食荚螟　是小扁豆的主要虫害。其幼虫蛀食荚中尚未成熟的籽实。可用杀虫剂对其进行有效防治。

3. 地下害虫　如地老虎、线虫等，通过蛀食幼苗茎的生长点和幼根而使小扁豆植株死亡，随后又危害其他小扁豆苗的茎部和根部。用杀虫剂拌种，是防止地下害虫唯一的好方法。

4. 豌豆蚜、豇豆蚜　都对小扁豆有害。严重危害时会造成植株萎蔫、畸形和落花落荚。蚜虫还是豌豆耳突状花叶病毒病、豌豆条斑花叶病毒病和其他种类花叶病毒病的主要传播者，对小扁豆的高产构成危害。宜及早施用乐果等杀蚜剂进行防治。

5. 蓟马　也是小扁豆上常见的害虫。为害征状是花朵变形、失色、叶上有白色条纹或白色斑点、荚上有褐色条纹。但危害程度一般不严重。

三、品种介绍

中国目前栽培的小扁豆几乎都是农家品种。长期以来农民自种，自收，自销，自食，产品常见于产区的县乡集贸市场和粮店，在当地杂粮收购站可见到的类型更多，但是并未形成有组织的规模化商品生产，也未形成连片的生产规模和面积。现介绍几个有名的地方品种。

1. 秦豆 9 号　陕西省大荔农垦科研中心系统选育。株高 30～40 厘米，株型紧凑，直立。有效分枝 3～4 个，花淡紫色，单株结荚 30～80 个，百粒重 5 克，籽粒淡黄色，商品性好。秋播生育期 230 天左右，春播 150 天左右。耐瘠，耐旱，适应性强，抗倒伏，高抗白粉病。

2. **襄汾小扁豆** 山西省地方品种。株高39厘米。单株分枝7个，单株结荚102个。百粒重2.2克，籽粒浅红色，单株产量3.8克。

3. **彬县扁豆** 陕西省地方品种。株高35厘米，单株分枝18个，单株结荚254个。百粒重2.9克，籽粒浅红色。单株产量12.2克。

4. **庆阳扁豆** 甘肃省地方品种。株高40厘米，单株分枝13个，单株结荚82个。百粒重3.6克，籽粒褐色。单株产量5.3克。

5. **丽江扁豆** 云南省地方品种。生育期160天左右。株高40厘米左右，单株分枝2.6个，单株结荚20个左右。籽粒浅红色，百粒重3克。

6. **同心扁豆** 宁夏回族自治区地方品种。生育期90天左右。株高50厘米，单株分枝3.6个，单株结荚24个。籽粒浅黄色，百粒重2.7克。

7. **定边扁豆** 陕西省地方品种。生育期100天左右。株高40厘米左右，单株分枝7.4个，单株结荚110个，单荚粒5.4个。籽粒浅绿色，百粒重2.9克。

第三节 山 黧 豆

山黧豆，又名草香豌豆、马牙豆、牙豆、人牙豆、草豌豆、三角豆、四角豆。据报道，山黧豆是一种古老的栽培作物，公元前1500—2000年时在印度就有栽培。目前，印度、巴基斯坦、孟加拉国和埃塞俄比亚山黧豆栽培面积最大。其次是西班牙、中国、智利等。其中，印度山黧豆种植面积约16.0万公顷，产量约50.0万吨，是世界第一山黧豆生产国。据调查，山黧豆在我国西北的甘肃、山西、陕北、内蒙古和宁夏等地有广泛栽培和分布，其种植面积在过去十年中有迅速上升趋势。

一、营养品质及加工利用

（一）营养成分 每100克可食部分种子的营养组成大致为水分10克、蛋白质25.0克、脂肪1.0克、总碳水化合物61.0克、纤维15.0克、灰分3.0克、钙110毫克、铁5.6毫克、维生素A70国际单位、维生素$B_1$0.1毫克、维生素$B_2$0.4毫克。种子含有38%的淀粉，其中直链淀粉30.3%、支链淀粉69.7%。此外，含有蔗糖1.5%、戊聚糖6.8%、植酸钙镁（盐）3.6%、木质素1.5%、白蛋白6.6%、球蛋白13.3%、谷蛋白3.75%及醇溶谷蛋白1.5%。氨基酸含量（克/16克氮）：精氨酸7.85、组氨酸2.51、亮氨酸6.57、异亮氨酸6.59、赖氨酸6.94、蛋氨酸0.38、苯丙氨酸4.14、苏氨酸2.34、色氨酸0.40、缬氨酸4.68。山黧豆籽粒中粗蛋白质含量22.9%左右。是优良的精饲料。

山黧豆种子中含有有毒物质——子草酰氨基丙氨酸（简称BOAA）。BOAA存在于种子中，并多集中在种皮，茎、叶中不存在，食用或饲用多量籽粒，会产生神经性中毒症，严重时会发生下肢瘫痪。研究表明，BOAA是一种水溶性物质，因而用水浸泡即可除毒。据兰州大学报道，用草豌豆作豆芽，去毒26%；水煮或浸泡豆粒，去毒10%～40%；将草豌豆磨粉再浸泡，可去毒64%～95%。因此，将草豌豆磨成粉，经浸泡去掉浸出液后喂牲畜均无中毒危险，可当精料用。解决山黧豆毒素问题，一般有两种方法。第一种方法是加工，用水浸泡种子或制成脱皮豆瓣，晒干或与大米一样煮成半熟。这种方法可减少90%的毒素，但会由于水浸泡而损失相当多的营养。第二种方法是通过育种手段减少品种本身的毒素含量。已经选育出一批含毒素少于0.1%（多数类型通常含0.5%）的类型。

（二）加工利用技术 山黧豆嫩叶可作为野菜食用，嫩荚肉质肥厚，香脆可口，是一种优质的蔬菜。嫩荚用水煮后作为蔬菜。种子在利用前要去种皮并烤干，与油粕混合并加盐，可磨成面粉与小麦粉混合食用，增加小麦面粉中的蛋白质含量。还可将草豌豆种子作为糊状球，加咖喱粉或煮熟如同一般豆类食用。也可将豆子磨成粉作成未发酵的面包食用，也可掺入鹰嘴豆或木豆中食用。用草豌豆粉为原料，经加工还可制成粉丝或糕点等食品。我国西北地区利用山黧豆种子发豆芽作蔬菜，或将干豆粒加工为粉丝、豆腐或糕点作为人的食品，但是应当注意安全和慎重利用。

山黧豆是一种优质高产的饲料作物，其鲜草和干草不仅适口性好，而且营养价值高，无论在何时刈割鲜草，它们的粗蛋白质含量均在4%以上。山黧豆可刈草喂家畜，也可青饲，或直接在田间放牧，但不能用作青贮，可在温和的气候条件下制成干草。据报道，单用山黧豆青草喂饲时，对马有毒害，但对绵羊、牛和兔子没有毒害作用。因而山黧豆是喂养牲畜难得的高蛋白质饲料。

山黧豆也是一种出口商品。国际市场上经常有国家进出口。我国经常也有山黧豆出口，出口产品多来自陕西定边、靖边，甘肃华池、环县，宁夏盐池等地。出口的品种以青白色籽粒比较受欢迎。

二、栽培管理及病虫害防治

（一）播前准备与播种　山黧豆为种子繁殖。在播种前用根瘤菌接种很重要，特别是在生荒地上种植时更要接种。但也有人认为不一定要预先接种。在某些地区，常种在黑麦之后或休闲地上。山黧豆很少单独种植。在土地准备良好并无杂草的地上条播，可以获得良好产量。生长早期尤应注意防除杂草。用垄沟条播时，株距大约2.5～3厘米。根据各地条件和栽培方式不同，一般播种量 45～56 千克/公顷，混播约 34 千克/公顷。如播种前土壤准备得好，没有杂草，山黧豆可以生长很好，将地面完全封闭，杂草无法生长。除了在酸性土壤中要注意施石灰外，其他肥料需要很少。若作绿肥，播种量可达 55～60 千克/公顷，对土壤可增加氮素约 55 千克/公顷。

山黧豆可以在土壤中累积大量氮素，是禾本科作物的良好前作。山黧豆对前作要求不严，一般在中耕作物后种植比较适合。在秋翻地和春耕地上种植均好。苗期追施磷肥可以促进早开花。在中国南方，山黧豆可以秋播，在华北和西北地区应行早春播种，早播可以促进良好发育。甘肃省河西走廊 3 月下旬到 4 月上旬播种，内蒙古 5 月上旬到中旬播种。单种时，播种量一般 135～150 千克/公顷，行距 20～30 厘米。在中国，山黧豆多与燕麦、苏丹草、大麦等混播作饲料。与燕麦混播时豆麦用量比为 1.5：1 或 2：1，与苏丹草混播时，比例 7.5：1～1.5。山黧豆容易栽培，也便宜，在热带多作为冬季作物栽培。

（二）收获 山黧豆的荚容易裂开，故在荚一旦成熟（变黄）时，就应立即收获。收获应在早上用镰刀收割或手工将植株拔起，并置于场院晾干，一般约需 5～7 天即可脱粒、清选和储藏。

（三）病虫害及其防治 山黧豆抗病能力强。田间很少见根腐病、茎腐病发生。较高含量的山黧豆毒素，也使得山黧豆很少发生蚜虫、潜叶蝇等田间虫害，也不发生豆象等储藏害虫。因此，生产上山黧豆几乎不需要喷药防治病虫害。

三、品种介绍

中国目前栽培的山黧豆几乎都是农家品种。长期以来农民自产，自销，产品常见于产区的县乡集贸市场和粮店。在当地杂粮收购站可见到的类型更多。但未形成有组织的规模化商品生产，也未形成连片的生产规模和面积。现介绍两个有名的地方品种。

1. 靖边草豌豆　陕西靖边农家品种。生育期 120 天，株高 30～40 厘米，籽粒深青灰色，马牙形或楔形。百粒重 16 克。

2. 定边草豌豆　陕西定边农家品种。生育期 120 天，株高 30～40 厘米，籽粒青白色，马牙形或楔形。百粒重 15 克。

（宗绪晓）

主要参考文献

1. 龙静宜，林黎奋，侯修身等．食用豆类作物，北京：科学出版社，1989
2. 郑卓杰，王述民，宗绪晓等．中国食用豆类学，北京：中国农业出版社，1997
3. 金文林，宗绪晓．食用豆类高产优质栽培技术，北京：中国盲文出版社，2000
4. 宗绪晓．食用豆类高产栽培与食品加工，北京：中国农业科学技术出版社，2002
5. 林汝法，柴岩，廖琴，孙世贤．中国小杂粮，北京：中国农业科学技术出版社，2002
6. 张耘，刘占和，王斌．榆林小杂粮，北京：中国农业科学技术出版社，2007
7. FAO. Statistical Database，Food and A克riculture Or克anization (FAO) of the United Nations，Rome. http：//www. fao. or克，2006

第十六章 薏 苡

薏苡，又名薏米、药玉米、六谷子、五谷子、鸠麦。薏苡的野生类型叫川谷、草珠子、菩提子。古籍上还有解蠡、芑实、赣米、回回米、西番蜀秫等名称。

薏苡与玉米、高粱同是禾本科玉蜀黍族植物。我国薏苡一般分薏苡和川谷 2 个种（即薄壳栽培种和厚壳野生种）。薏苡总苞（果壳）较薄，易破碎，果形卵圆，米质糯性，出仁率 60%左右。川谷总苞珐琅质，壳厚坚硬，不易破碎，果形蒜头形、扁圆形、尖卵形、球形等，米质粳性，出仁率 30%左右。

薏苡起源于亚洲东南部的热带、亚热带地区，包括中国的华南、西南和马来西亚，越南、泰国、印度尼西亚等地。1992 年我国作物种质资源考察队在广西南宁市和邕宁县发现大量靠水中根茎繁衍、有穗开花不结实的水生薏苡，与其他薏苡种存在生殖隔离现象。将 10 多个种群的根蔸移到南宁种植，与各种薏苡种杂交，所有组合均表现不育。由此确证水生薏苡是个原始种群，也证明了我国是薏苡的重要起源中心。据文献报道，东南亚也有水生薏苡分布，该种具有染色体原始基数（2n=10）。

薏苡是我国古老作物之一，栽培历史在 6 000 年以上。据报道，在我国 6 000 年前的浙江河姆渡遗址就有薏苡米存在；距今 3 000 多年的周代《诗经·周南》中有劳动人民采摘薏苡的记述。东汉（公元 41 年）光武帝派马援（伏波将军）南征交趾（今越南），士兵患瘴气病，就靠食用当地和广西的薏苡米而愈。

薏苡是粮、药兼用作物。其米仁作药材、保健食品及粮食使用，茎秆粉碎后作饲料，也可干燥后作造纸原料。薏苡主产地有贵州、广西、海南、云南、福建、台湾等省、自治区，湖南、四川、山东、江苏、浙江、安徽等省均有零星种植。全国播种面积约5万～6.5万公顷，每公顷产量2 250～3 000千克，台湾的冈山大粒种每公顷产量可达6 156千克。我国薏苡每年总产约13万～15万吨。

一、营养成分和利用价值

（一）营养成分 薏苡的营养成分十分丰富。据1991年江西大学测定，薏米仁的蛋白质、脂肪、维生素B_1及主要微量元素（磷、钙、铁、铜、锌）含量均比较高。如蛋白质含量18.64%、脂肪6.86%。1994年中国农业科学院原作物品种资源研究所测定28份薏苡，米仁的粗蛋白质平均含量为17.8%，脂肪平均含量为6.9%。其中野生种5份，粗蛋白质平均含量达21.2%，脂肪含量6.5%，各种人体必需氨基酸含量平均比栽培品种多41.8%。薏苡米仁中不饱和脂肪酸（包括油酸、亚油酸和亚麻酸含量分别为脂肪酸的52.95%、32.8%和0.56%）相加的含量达86.3%，比玉米的不饱和脂肪酸平均含量82.16%高4%左右。

（二）药用成分及药理作用 薏苡是历史悠久的粮、药兼用作物。现代医学文献指出，薏米仁含有薏苡素、薏苡酯和三萜化合物，维生素B_1、维生素E和β-谷甾醇等药效成分。薏苡素有解热镇痛和降低血压的作用。低浓度的薏苡仁油对呼吸、心脏、横纹肌和平滑肌有兴奋作用，高浓度时则有抑制作用，可显著扩大肺血管、改善肺脏的血液循环。β-谷甾醇有抗血胆固醇、止咳、消炎作用，并和薏苡醇及锌、钙、铁、镁、铜等有直接和间接的防癌和抗癌作用。现今中医常用薏苡主治水肿、脚气、小便不利、湿痹拘挛、脾虚泄泻、肺痈、肠痈及胃癌、直肠癌等癌症。还用于肠炎、肝炎、皮炎、湿疹、高血压等病的辅助治疗，药用范围十分广泛。

（三）保健、美容、浴用剂的重要原料 薏苡营养成分和药用成分丰富，许多国家重视薏米的开发利用。20 世纪 70 年代以来，国内开发了许多保健食品，如薏米乳精、薏米粉、糕点、饼干、饮料、保健酒等。

中国台湾省是薏米开发较早的地区，每年从福建、香港及泰国进口大量薏米，除作中药外，主要用于轻工食品加工业，制做饭、粥、面、醋、酱、酒、茶及航空食品。此外，还用其药效成分制成美容品和浴用剂，除斑去疣，养颜驻容，去干湿脚气，降压消肿。

薏苡果壳、茎叶的营养成分也较高。粉碎加工后用来饲养蛋鸡，适口性好，产蛋量明显提高。

（四）工艺品原料 薏苡的野生种川谷还是农家常用的装饰材料。在川谷球形果实中部有条腹沟，易用细绳穿成门帘、手镯、项链等饰物。也可制成座垫、枕垫（巾）及其他装饰用工艺品。

二、栽培技术

薏苡与玉米、高粱一样，是光合能力极强的碳四高秆作物。适应性较强，对土壤要求不严格，以向阳肥沃的壤土或黏壤土为宜。也可在盐碱地、沼泽地及山坡地种植。薏苡还是一种湿生植物，根、茎和叶都有明显的通气组织，适期淹水栽培比旱地栽培可大幅度增产。

薏苡是短日性作物，为了提高产量，引进外地良种必须遵循相近纬度、相近生态区调种的原则。以北京为例，东北的品种在京种植成熟偏早，不能达到较高产量，从广西、贵州等地引种则导致成熟偏晚。因此，从山东、山西、河南、河北等地调种比较可靠。同纬度的品种，一般从海拔高的山区调往平川，往往偏早成熟，要注意适当迟播，有利于形成产量；相反，平原调往山区的品种，则应适当早播。

（一）播种和整地施肥

1. 播期　薏苡为春播喜温作物。华北播期4月中旬，东北4月下旬至5月上中旬为宜，长江中游3月到4月上旬为宜，华南3～6月份均可播种。以适当早播为宜。北京地区也可麦收前套种麦垄内，但产量较低。山西引用吉林品种小黑壳，麦茬复种获得每公顷3 000千克产量。台湾、福建等省秋播，12月中旬收获。

2. 密度与播种量　薏苡的分蘖性较强，每株可有分蘖5～8个左右。主要根据肥水条件确定密度。南方瘠薄山地分蘖较少，实行条播，行距50厘米，株距17～20厘米。华北地区每穴2株，行距60～70厘米，穴距30厘米左右。播种方式可条播或宽窄行条播、套种在预留的麦垄里。薏苡每千克种子约6 600～10 000粒，因此如果发芽率在80%以上，每公顷播量22.5～30千克左右，种子大的适当增加；发芽率低的应补上差数，整地粗放的应适当增加。播种期偏晚的靠主蘖成穗，也应适当增加播量。播种深度3～5厘米左右，薏苡种子性喜黑暗，浮籽或盖土不严会影响发芽和出苗。

福建、台湾地区也有少数农户采用育苗移栽。株高15～20厘米时移栽，手插、机插均有，实行水田式栽培。

3. 整地与施肥　薏苡需肥量较多，也需要疏松湿润的耕层，特别是苗期需要湿润的条件。因此，播前要浇好底墒水或趁雨抢墒耕翻，耕深20～26厘米，耕后耙2～3遍，使土壤疏松而紧密。每公顷施用土杂肥30 000～45 000千克作基肥，并施用1 500～2 250千克鸡、鸭粪或1 500千克饼肥。再施用150～225千克过磷酸钙作种肥，根据地块的肥瘦可适当增减。有灌溉条件的土地，每隔2米开一条深20～30厘米的水沟，作为灌排渠道。

（二）田间管理

1. 追肥　一般分苗肥、穗肥和粒肥3次施用。叶龄6～8

叶、植株进入分蘖盛期时，结合中耕除草培土，每公顷施用150千克硫酸铵作苗肥。当叶龄10～11叶时，主茎开始幼穗分化，分蘖停止发生，每公顷施硫酸铵150千克、过磷酸钙225千克、150千克钾肥，施时结合第二次培土，施后灌溉，保证穗部发育所需的养分。粒肥应在齐穗后每公顷再施150千克磷酸二氨，促进粒重，防止早衰。

2. 水分管理　掌握"两头湿、中间干"的原则。雨量充沛的福建、台湾，按"湿—干—水—湿—干"的原则管理。即苗期和分蘖期40天内保持湿润，分蘖末期搁田至干，控制无效分蘖（约15天左右），到扬花灌浆期要灌溉，但不宜长时间积水，直至收获前半个月才可断水。搁田有利于收获。还应根据雨水多少加以调节。江苏省昆山市将薏苡作为稻式栽培，平均每公顷产4 800千克，比旱地增产181%。薏苡苗期过湿，不利于根部生长，在排水不良的低洼地可以用畦式栽培、开沟培土的方法防止幼苗长期浸水、根系瘦弱而导致减产。

3. 摘除无效分蘖和老叶　在拔节停止后（叶龄12～13叶），结合中耕除草，摘除第一分枝以下的老叶和无效分蘖。有利通风透光，促进养分集中，并可防止倒伏。

4. 辅助授粉　薏苡是雌雄同株异花授粉作物，同一花序中雌小花先成熟，雄小花不能同步成熟。如在盛花期每天用绳索、竹竿等工具振动植株（上午8～11时），使花粉飞扬，有利提高结实率。

（三）主要病虫害防治

1. 黑穗病　防治方法有两种。一是播前进行种子处理，以25%粉锈宁可湿性粉剂，按种子重量0.3%干拌，效果最佳。二是用60℃温水浸泡种子10～20分钟，再放在3%～5%石灰水浸2～3天，即可基本灭菌。薏苡黑穗病易发地区应年年倒茬，不宜连作。

2. 叶枯病　发病初期可喷65%可湿性代森锌500倍液，每

7天喷一次，连续喷2～3次。

3. 玉米螟　防治方法有三种。一是在成虫产卵（5月和8月份）以前，用黑光灯诱杀。二是心叶期用90%敌百虫1 000倍液，灌心叶。三是每667平方米释放赤眼蜂2万～3万头。

4. 黏虫　又名夜盗虫。防治方法有两种。一是用1份白酒、2份水、3份糖、4份醋配成糖醋毒液诱杀成虫。二是喷90%敌百虫800～1 000倍液或50%杀螟松1 500倍液毒杀成虫。

5. 台湾中部地区还有赤霉病危害。发病植株穗部干枯死亡，病穗形成粉红色孢子堆。赤霉病应于发病初期采用药剂防治。

（四）收获与加工　一般可在植株下部叶片叶尖变黄、果粒呈黄褐色、80%籽粒成熟时收获。收割时可采用全株或分段两种收法。全株收割是用镰刀齐地割下，然后捆成小捆立于田间或平置于土埂上，晾3～4天再在稻桶内甩打脱粒。二是先割下有果粒的上半部，捆后运回场院，翻晒2～3天，用拖拉机或压辊碾压脱粒。脱粒后的种子要经2～3个晴天晒干，干燥后的种子含水量应达12%左右，才可入库贮存。储藏期间要防止受潮，及时翻晒或用磷化铝熏蒸杀虫。

干燥后的薏苡颖果，外有坚硬的总苞，其内还有红褐色种皮，需用砂辊立式碾米机（稻谷碾米机也可）脱去果壳和种皮。一般需加工2～3遍后再用风车或簸箕扬净，才能得到白如珍珠的薏仁米。

三、品种与选优利用

（一）南方农家品种　近20年来，在西藏、海南、湖北、贵州、广西、四川、陕西等省、自治区的种质资源考察和补充收集中，共收集30余份农家品种和野生类型的种质。多是土名、俗名。科技人员往往在品种土名前后冠以产地或辍入形态特色，就成了登记入册的品种（种质）名称。现将华南、西南、长江中下游等地的栽培品种简介如表16.1。

表16.1 华南、西南、长江中下游薏苡栽培品种简介*

品种名称	产地（省、自治区、县）	保存单位	株高（厘米）	生育日数**（天）	有效分蘖数（个）
白苡米	广西农科院选育	广西农科院品资所	254	159	3
82-19选	广西农科院选育	广西农科院品资所	247	156	2.6
达易五谷	贵州望谟	中国农科院品资所	183	111	2.4
者楼五谷	贵州册亨	中国农科院原品资所	185	128	3.2
薏仁米	贵州六枝	贵州农科院旱粮所	210	164	2.5
富宁白壳	云南富宁	广西农科院品资所	206	161	1.6
云南薏苡	云南沧源	中国农科院原品资所	187	129	3.8
薏米	海南通什	中国农科院原品资所	125	199	8.0
城步白壳	湖南城步	广西农科院品资所	175	153	3.4
店前薏仁米	安徽岳西	安徽省农科院作物所	172	162	2.7
川2	四川峨眉山	江苏省植物所	244	163	7.0
鄂2	湖北鹤峰	江苏省植物所	201	163	6.0
浙7	浙江缙云	江苏省植物所	259	194	8.0
苏15	江苏	江苏省植物所	117	101	5.0
苏25	江苏江宁	江苏省植物所	125	112	7.0

*摘自《中国稀有作物种质资源目录》，中国农业出版社，1998。

**生育日数为播种到成熟日数。表中数据均是在南宁种植的结果。

另据福建莆田市城厢区农业局陈雄鹰报道，福建薏苡主栽地区莆田有大粒种、小粒种，浦城有水薏苡和本地种等当地品种。同时报道台湾从日本、泰国及中南美洲引进了冈山、宫城、黑石等10多个品系进行试种，大粒种产量每公顷6 100千克，小粒种每公顷产量达4 800千克以上。

（二）适于华北地区种植的品种和种质 中国农业科学院原作物品种资源研究所在北京、山西、承德试种鉴定了各地的种质资源。适于华北种植的品种和野生种质见表16.2。

表 16.2 适于华北地区种植的品种、种质简介*

品种或种质名称	产地	类型	株高（厘米）	生育日数（天）	有效分蘖数（个）	粒形	粒色
临沂薏苡	山东临沂	栽培	180	151	4	卵	褐
平定五谷	山西平定	栽培	170	150	4	卵	浅褐
引韩一号	韩国	栽培	210	152	6	卵	褐
安国五谷	河北安国	栽培	197	151	6	卵	浅褐
江宁五谷	江苏江宁	栽培	230	158	3	卵	深褐
吉林小黑壳	吉林	栽培	195	137	5	卵	褐
台安农种 1	辽宁凌海	栽培	180	136	7	卵	褐
义县农种	辽宁义县	栽培	140	128	5	卵	褐
北京草珠子	北京	野生	135	162	6	扁圆	花褐
锦州川谷	辽宁锦州	野生	205	177	7	扁圆	花褐

* 表中性状资料均为北京种植的表现。

* * 为带壳的产量。均为小区产量折算。供参考。

（三）提纯复壮 薏苡是异花授粉作物，品种间易串粉而混杂退化。应重视提纯复壮，保持并提高种性。实施时需注意以下事项。

（1）在当地古老品种或新引进品种中选择单株产量高，成熟期适宜、抗病、抗逆能力强的单穗作种。开花前套袋隔离，单收、单脱粒，来年种成穗行。与原品种相隔 400～500 米单独种植，连续 2～3 年坚持单选、单脱，去杂去劣，可起到提纯复壮的作用。

（2）在一个村寨种植几个品种时，不同品种要实行空间隔离，即相距 400～500 米远，隔离种植，避免串花。

（3）在多个品种比较试验时，各个品种开花前应套袋隔离制种。

（黄亨履）

主要参考文献

1. 宋湛庆．我国的古老作物——薏苡．农业遗产．1958（2）
2. 黄羌维等．薏苡的生育与栽种特性的研究．福建农业科技．1988（5）

3. 李英材．广西的薏米资源及其开发利用．广西农业科学．1992（2）
4. 徐祖荫，等．薏苡栽培生物学基础的研究．贵州农业科学．1983（4）
5. 黄亨履，陆平，朱玉兴．中国薏苡的生态型、多样性及利用价值．作物品种资源．1995（4）
6. 庄体德．薏苡属的遗传变异性及核型演化．植物资源与环境．1994（2）
7. 黄亨履，崔嵬等．黔南山区薏苡资源多样性及评价．川陕黔桂作物种质资源考察文集．北京：中国农业出版社，1997
8. 陆平，左志明．广西水生薏苡的发现与鉴定．川陕黔桂作物种质资源考察文集．北京：中国农业出版社，1997
9. 陈雄鹰．闽台薏苡的栽培差异．中国热带农业．2008
10. 李桂兰．薏苡的研究进展（综述）．河北农业技术师范学院学报．1998（3）
11. 丁家宜．薏苡湿生习性的试验论证．作物学报．1981（2）
12. 罗登庸等．川激苡“78－1”品系的选育．中药材．1988，11（4）：7
13. 白效令等．麦田复种薏苡的研究．中药通报．1986（11）
14. 王春生．薏苡营养器官生长规律的初步观察．安徽作物学杂志．1986（1）
15. 任跃英等．薏苡开花习性及花柱成熟期研究．吉林农业大学学报．1989（11）
16. 林汝法，黄亨履等．中国小杂粮．北京：中国农业科学技术出版社，2002

第十七章　籽粒苋稗子

第一节　籽　粒　苋

籽粒苋是粒用型苋的总称。主要包括千穗谷、繁穗苋、绿穗苋、尾穗苋等栽培种。俗称粟米、仙米、西米玉谷、苋菜、畦田谷、西山谷、仙谷、天星米、麻糖谷。籽粒苋原产于中美洲和东南亚的热带与亚热带地区。我国也是籽粒苋的原产地之一，资源丰富，栽培历史悠久。籽粒苋在全国种植面积每年约 5.33 万公顷左右，主要分布在四川、云南及东北、黄淮海地区，南方山地、黄土高原、沿海滩涂等。

籽粒苋是一种适应性广、抗逆性强、光合效率高、生物产量大的双子叶植物。一般每公顷产籽粒 2 250～4 500 千克，兼收青茎叶 30 000～60 000 千克。籽粒苋再生能力极强，主茎折后能很快萌生新枝。春播田一般一年可割 2～3 茬。

籽粒苋籽粒是食品工业良好的原料或营养成分添加剂，作为青饲料开发具有十分重要的意义。另外，由于根系发达，具有较好的水土保持能力，因此发展籽粒苋不仅具有直接的经济效益，也具有长远的生态效益。

一、主要营养成分

籽粒苋作为新型粮、饲兼用作物，无论其种子或茎叶鲜体皆表现优质。据分析，籽粒苋籽粒中的粗蛋白含量 14%～17%、赖氨酸 0.70%～1.20%、粗脂肪 5.7%～8.2%。叶片含粗蛋白质 21.2%～28.3%、赖氨酸 0.52%～0.72%、粗脂肪 3.32%。茎秆含粗蛋白 8%～16%、赖氨酸 0.19%～0.30%、粗脂肪 0.97%。人体必需的多种氨基酸在籽粒苋中含量比较平衡，其中谷氨酸、天门冬氨酸、精氨酸、甘氨酸及丝氨酸为氨基酸的主要成分，占总量的 51.9%。

籽粒苋种子中的碳水化合物主要是淀粉，约占 60%。其中以支链淀粉为主，约 76%，直链淀粉较少，占 23%。支链淀粉含量高，有利于食品松软可口。籽粒苋鲜茎、叶含钙量是玉米的 8 倍，还含有丰富的铁、β-胡萝卜素及叶酸等。故国外曾用籽粒苋治疗小儿贫血病，效果甚佳。

二、利用价值

籽粒苋种子蛋白质含量高并富含赖氨酸与硫氨基酸（蛋氨酸、胱氨酸），其脂肪含量远高于一般谷类作物，且质量好。因此，把籽粒苋种子作为一种食品营养成分添加物开发利用是有一定前途的。籽粒苋的茎、叶也含有丰富蛋白质和赖氨酸，是发展畜牧业的优质饲料。

（一）食品加工 根据人体对营养素的需求，结合籽粒苋所含的营养成分，组成最佳配方，利用适宜加工技术，可制成营养丰富，色、香、味具佳的籽粒苋食品。如苋粉饼干、酥皮点心、苋粉油茶、苋挂面、苋米粉丝、苋荞速食粉、苋笋干、苋酱油、苋参米酒等，在许多地方已形成系列产品，部分已投放市场，取得了良好的效益。

（二）动物饲料 籽粒苋是一种富含蛋白质、矿物元素、质地柔嫩、适口性良好的青饲料，经粉碎加工后按籽粒苋茎、叶含量 5%～20%的比率与其他饲料配合，饲养牛、猪、鸡、鸭、兔等畜禽，可以显著提高奶、蛋、肉的生产率。据介绍，用青贮苋茎秆补饲奶牛，增奶率 16.5%。添加 5%～20%的苋籽饲料可提高产蛋率18%。采用含10%和15%籽粒苋草粉配合料培育肥猪，可以提高猪的食欲。作为泌乳期母猪的添加青饲料饲喂，有促进仔猪个体快速生长、提高日增重量及确保群体生长发育均匀的显著效果，还可以缩短母猪的哺乳期和空怀期。

三、栽培技术

（一）提早翻耕，精细整地　苋忌连作，应避免连续3年在同一田块上种苋。因苋籽很小，用种子直播，要求地块平整，表土细碎。如无灌溉条件，应在播前一个月耕翻土地，施足底肥，抢墒播种，以保全苗。

（二）适时播种，合理密植

1. 适时播种　一般在土壤平均温度高于16℃（或日均温大于10℃）时播种，才能出苗。在北京地区播种适期为4月20日至5月初，河南为4月中旬至下旬，东北为5月底至6月初，内蒙古高原为6月底至7月初。在春旱严重又无灌溉条件的华北旱作地区，种植麦茬苋更为适宜。在沿海台风过境地区，播期在3～4月为宜，以便于在台风来临前已收获。

2. 合理密植　通常掌握肥地稀植、薄地密植，留种地稀植、青饲料地密植。一般行距50～70厘米，株距15～20厘米，每公顷留苗15万株左右，种子产量最高。青饲料地每公顷可保留30万株或更高，以后逐渐间苗、定苗。通过间苗不断获得幼嫩植株及时利用。

（三）因地制宜，科学用肥　籽粒苋是一种吸肥力强、生物产量很高的作物。一般在中等肥力土壤上种植粒用苋（收种子为主），每公顷施基肥（猪、羊厩肥）3 750千克以上，硫铵600～750千克，同时配施过磷酸钙300～375千克和一定数量的钾肥。栽培饲用苋的施肥原则是重视苗肥，少量多次追施速效氮素化肥，防止苗期生长僵化，打好高产基础。每次割青留茬必须追施速效化肥，促使再生分枝。多施土杂肥、磷肥，补充土壤地力消耗。

（四）田间管理

1. 定苗　籽粒苋生长迅速，植株封垄早，在管理上应突出一个“早”字。要早间苗、早补栽、早定苗。当苗高 8 厘米左右（约二叶期）间苗，如出苗不齐，可就地补苗（移栽）。苗高10～15 厘米（约四叶期）时，按一定株距定苗。

2. 中耕锄草　一般结合间苗、定苗进行中耕锄草。采用地膜覆盖的地方，揭膜后 3～5 天，待表层土壤干燥后开始中耕。先浅后深。近根处浅，行间深。一般苗期中耕 2～3 次。

3. 灌溉　籽粒苋适应性强，对水肥要求不严，但适时追肥浇水，可促进丰产潜力的充分发挥。这对喜水肥品种尤为重要。据观察，苗期干旱，影响根系发育，易形成小老苗；抽穗期干旱，会影响穗的生长速度。因此，苋在苗期和抽穗期如遇少雨，最好各灌一次水。

4. 培土　对植株基部进行培土，变沟为垄，既防倒伏，又利排水。一般在株高 1～1.5 米，正值现蕾期结合追肥进行中耕培土。

5. 割茎栽培　利用籽粒苋分枝习性，蕾期割主茎使分枝成穗。一般割茎 3 次，第一次于播后 50 天在离地 30 厘米刈割，以后每隔 25 天在原基础上提高 10 厘米刈割。每次割茎后追施一定速效化肥，以促再生分枝。试验表明，割茎栽培明显降低植株高度，防止倒伏。使籽粒苋一穗变多穗，枝叶量增加，受光面积增大，提高了光合效率，增加了种子和茎叶的产量。在南方可大面积推广应用，在北方由于气候条件限制，不宜多次刈割。

6. 病虫害防治　籽粒苋病虫害一般较轻，但在棉花产区或前茬为大豆或白菜地块，易发生椿象、红蜘蛛、大叶螨虫害及病害。病症表现多为皱叶、烂根、顶芽停止生长等。多为白锈病、炭疽病以及镰刀菌与类菌质体感染所致。发病株比例一般极低。

如发现病株，及时拔掉，埋入田外土内（最好再浇上石灰水）即可。忌连作，同时避免在大豆或白菜等作物的茬口种苋。

为了防止出苗前期或幼苗期发生蝼蛄和地老虎，最好进行土壤处理或用农药辛硫磷拌种。播后用敌百虫等拌毒饵进行毒杀。如在茎基部发现烂根病，应及时用50%多菌灵可湿性粉剂500倍液喷洒。后期为防治板角椿象对花穗的危害和其他食叶害虫，喷一次氧化乐果或敌杀死、多菌灵，均有良好效果。

7. 收获　籽粒苋属无限花序，成熟期不一致，收获过早过晚均不宜。在主穗上部籽粒开始变硬，中部叶片微显枯黄时节抢晴天收割，以减少落粒率。如作青饲料，第一次收割应在蕾期至初花期，即相当于出苗后50～70天、株高1.5米左右、处于第一个生长高峰期的末期。30～40天后再割第二次，每次收割要留茬30～40厘米，籽粒成熟时进行最后收割。

四、优良品种

（一）粒用品种

1. 西藏黄　原产西藏。经南北多点试种，其籽粒每公顷产量均在100千克以上。株型高大、紧凑。抗倒，抗病，耐旱，耐瘠。粗蛋白含量，籽粒14.8%，叶片24.8%，茎16.5%。是我国现有品种中最有推广前途的品种。

2. 沙迪阿洛　原产四川省美姑县。株型紧凑，挺拔。耐瘠薄。粒黑色。千粒重0.8克。单株产量达54.5克。一般公顷产籽粒3 000千克以上。

3. R104　原产墨西哥。1984年引入我国。种子产量最高每公顷达5 250千克。种子蛋白质含量17%，赖氨酸1.01%，支链淀粉含量占淀粉总量的87.8%。生育期95～100天。

4. 芬兰苋　原产芬兰。花序紫色。粒黑色。在吉林省试种，一般肥力条件下每公顷产籽粒3 278千克。在肥水好的条件下，每公顷产籽粒可达 4 500 千克。占参试品种之首。

(二) 粮、饲兼用品种

1. 云南千穗谷　繁穗苋品种。在吉林省试种，鲜、干草和籽粒产量均高，其鲜秸秆每公顷产 60 000 千克左右，比对照高 45%，干草产量每公顷 9 750 千克。籽粒产量仅次于芬兰苋。每公顷产 2 250 多千克。籽实中赖氨酸和蛋氨酸含量居参试品种的首位。

2. 赤苋 1 号　赤峰市农业科学研究所从美苋 N03 与千穗谷 N01 的杂交后代中选育而成的粮、饲兼用品种。花序直立，粉红色。千粒重 0.84 克。粒较大。适应性强，丰产潜力大。在内蒙古东南部大量推广种植，用于内蒙古沙化绿地飞播绿化。

3. 河北千穗谷　在北京地区种植，株高 2 米左右，单穗粒重 32.8 克，生育期 97 天。每公顷产籽粒 3 936 千克，鲜体产量 79 500千克。籽粒蛋白质含量 16.7%，赖氨酸含量 1.15%。耐盐碱，在中等肥力条件下是较为高产的品种之一。

(三) 饲用品种

1. 江苏老强谷　在吉林省试种，分期刈割 3 茬，鲜草总产量每公顷达 75 000 千克以上，比对照高 93.0%。粗蛋白含量 17.23%。以采草利用为佳。

2. K112　原产墨西哥。1982 年从美国引入。在南方栽培，植株生长繁茂，单株分枝 30.5～41.2 个。刈割后再生能力强。每公顷产鲜茎叶 65 685～121 785 千克，苗期茎叶粗蛋白含量高达 21.9%。生育期 100 天左右。生长速度快，株高适中，生长整齐。较抗倒伏。作为青饲料栽培，茎叶柔嫩多汁，适口性好。

3. N02　原产墨西哥。1982 年从美国引入。花序松散，绿色。粒白黄色。千粒重 0.99 克。在内蒙古、甘肃等地种植均表现高产。甘肃天水试种，旱作每公顷产鲜草 37 500 千克，平地种植每公顷产鲜草 150 000 千克，比当地品种增产 45%。同时，保持水土效益接近多年生牧草红豆草，而远大于农作物。

（四）粮、饲、菜兼用品种　中国农科院从美国引进的粮、饲、菜兼用籽粒苋品种。具有高产、高蛋白、抗倒伏、病虫害少、适应性强等特点。因不受土壤、气候的限制，易种易管，抗旱耐涝，即使瘠薄盐碱地也能生长，在全国各地试种成功，是我国发展高效农业的新产品。

1. 红苋 K472　植株高大，达 2.6～3.5 米。秆硬、挺直、不倒伏、抗病，很难见到有病株。高产优质，每公顷种子产量 2 550～3 750 千克，茎叶产量 15.0 万～22.5 万千克。生育期 135～145 天。穗型细长，花黄绿色。种子扁平，略呈土黄色。千粒重 0.71 克。叶片粗蛋白含量 26.6%～34.08%，赖氨酸 1.01%。可多次收割。在我国南北皆可种植。

2. 红苋 D88-1　株高 1.4～1.6 米。生育期 90～95 天。中早熟品种。种子白色，微黄，圆形，有光泽。千粒重 0.64～0.74 克。每公顷种子产量 2 250～3 000 千克，鲜茎叶 10.5 万～15.0 万千克。高产，早熟，优质，抗逆性强。抽穗期营养价值最高，粗蛋白含量叶片 23.48%、茎 17.51%，粗纤维叶、茎分别 9.76%和 18.9%，赖氨酸含量叶、茎分别 0.99%和 0.27%，叶片维生素 C 含量每 100 克 36 毫克。四川盆地、云贵高原、江西、东北平原及内蒙古东部等地区都可栽培。

3. 红苋 M7　株高 2.3～2.6 米，茎粗 2.5～2.9 厘米。生育期 95～105 天。中熟品种。种子白色微黄，较圆。千粒重 0.76 克。每公顷种子产量 2 250～3 000 千克，每公顷鲜茎叶产量 10.5 万～16.5 万千克，折合干草 1.5 万～2.36 万千克。种子含粗蛋白质 18.06%、粗脂肪 7.86%、粗纤维 7.81%、赖氨酸 0.84%。叶片含粗蛋白 25.08%、粗脂肪 2.44%、粗纤维 11.6%、维生素 C 每 100 克 44 毫克。种子可做营养食品，茎叶做饲料，花做色素源，幼苗可菜用。可做庭院观赏植物，全国南北皆适宜种植。

（五）观赏品种　由于苋的植株、花序形态、颜色等存在明显差异，具有观赏价值。

1. 北京红叶苋　茎、叶紫红色。花序直立，红色，长 50 厘米。生育期 120 天左右。

2. 达谷 1174　原产山西太原。株高 84 厘米。茎、叶、花序皆红色。花序直立，长 28 厘米。

3. 农红苋　原产内蒙古赤峰市。茎叶黄绿色。花序下垂，长 135 厘米，粉红色。

4. 红茎苋　原产广西防城港市。株高 62 厘米。茎紫红色，叶红色。花序下垂，长 7.8 厘米，紫色。

5. 赤苋 51　内蒙古赤峰市农科所育成。株高 186 厘米。茎叶黄绿色，花序下垂，长 125 厘米，粉红色。

6. 沙迪普苏　原产四川美姑县。株高 192 厘米。茎、叶、花序红色。花序下垂，长 107 厘米。

第二节　䅟　子

禾本科䅟属中的一个栽培种。一年生草本，通常称龙爪稷、龙爪粟、鸭足稗、鸡爪谷、云南稗、雁爪稗、鸭距粟等。是一种粒小、耐储藏的热带耐旱谷物，主要用作粮食或酿酒，也兼作饲料。

䅟子起源于非洲。有很长的栽培历史。广布于非洲及南亚。我国云南、贵州、四川、重庆和西藏东南部种植较多，湖北、江西、浙江、福建、海南和广东等省也有零星分布。

一、利用价值及前景

䅟子为短日性 C_4 植物。根系发达，茎秆直立，分蘖多，粗壮。抗病和耐瘠能力较强，可在难以种植其他作物的田地上生长。种子可作饼、面包、煮粥，也可酿酒。茎秆可编篮筐、帽、造纸、作饲料等。

（一）药用　稗子种子味甘、温、无毒。补中益气，入手足太阴、阳明经，可治胃疾病。内服15～30克，水煎服。

（二）改良盐碱地　据连续9年对比观察试验，在9种耐盐碱农作物和9种耐盐碱牧草中，以稗子抗逆性最强，保苗率最高，生物学产量最多，被确定为改良盐碱地的先锋作物。经测定，稗子能在含盐量0.24%～1.09%，碱化度19.0%～45.0%，pH8.6～9.5，有机质含量0.6%，速效氮6.9毫克/千克，速效磷3.6毫克/千克的土壤条件下正常生长。

稗子庞大的根系能穿到地下1米多深的黏重坚实底土层吸收水分和养分。在生理上，稗子的蒸腾量比玉米低2/3。在35℃高温下，稗子的蒸腾量0.6～1.3毫摩尔。在紫花苜蓿出苗率0～5%、保苗率15%的相同条件下，稗子出苗率和保苗率均达93%左右。蒸腾量低是稗子幼苗在盐碱地成活的重要原因。稗子每年每公顷吸收盐碱量达660千克左右，使6～22厘米土层含盐量下降0.20%，碱化度下降30%，对盐碱地起到了改良作用。庞大的根系为盐碱地补充了有机质，对盐碱地起到了培肥作用。经过种植稗子改良的盐碱地可根据需要种植其他作物。

（三）优质牧草　稗子的茎秆和籽实营养价值均超过谷草和谷粒。种子含蛋白质7.1%，茎秆粗蛋白含量达9%，草内含有盐分。是草食畜禽、淡水鱼喜食的优质饲料。由于稗子茎秆含有较高的粗蛋白质、钙、磷、镁、铜、锌和钴，用其茎秆饲用奶牛，蛋白质和微量营养素都能满足奶牛需要量。据试验，平均产奶量高于奶牛单一饲用稻草产奶量0.7升/头，且牛奶成分没有差异。据试验，如单用稻草饲喂奶牛，需要添加钙等来满足产奶的需要。所以，稗子茎秆是一种优于稻草的粗饲料。

（四）酿酒　味香浓，成本低。据介绍，稗子与大米、高粱、玉米等混合酿酒，酒味香浓，酿造成本低，市场供不应求，利润可观。

二、栽培技术

栽培䅟子有直播和育苗移栽两种方法。春夏都能播种。南方春播在清明前（3 月底至 4 月初）播种，5 月初移栽。育苗期 1 个月，本田生育期约 3 个半月。直播法生育期约 4 个月，夏播在 7 月初播种，8 月初移栽。因苗期怕涝，苗床宜选择排水良好的肥沃田块开播种沟、下籽。出苗后及时间苗、除草、施肥。幼苗 7～8 叶时移栽。穴距 10～20 厘米，行距 30～40 厘米，穴内施入基肥，斜放幼苗浇水、培土。䅟子吸肥能力强，结合中耕培土，需施肥 2～3 次。夏播在 7 月下旬播种，播种量每 667 平方米 700 克左右，用焦泥炭覆盖，作为基肥。出苗后半个月，结合中耕，施入人粪尿作苗肥。1 周后第二次中耕，再施氮肥。抽穗前培土并结合施穗肥。

分次收获。因主茎与分蘖穗成熟期参差不一，宜将成熟早的主穗先收获留作种用，接着施一次肥，再收获第二、三次，然后脱粒，晒干，储藏。

䅟子株高达 130～140 厘米。直立型，抗倒伏性强。如作饲草，可在主穗成熟期间利用收割机一次收获。

三、品种介绍

根据䅟子穗状花序的数目和弯曲程度、籽粒颜色、质地和大小等差别而划分各种类型。穗状花序分直立与拳状，籽粒色泽分红粒种和黄粒种，籽粒质地分粳性和糯性等不同类型。通常以拳状黄粒类型产量最高，抗病力较强。国内品种以红粒类型为主，黄粒类型有待引进。

1. 鸡爪谷（蔓加）　采自西藏吉隆县。生育期 90 多天。株高 115 厘米。单株茎数 4.0 个，主穗长度 6.0 厘米。主穗分枝

14.0个。米红色。单株秆重和粒重28.5克、17.5克。千粒重2.20克。

2. 鸡爪谷（泽巴）　采自西藏察隅县。生育期103天。株高112厘米。单株茎数5.0个。主穗长度4.0厘米，主穗分枝9.0个。米紫黑色。单株秆重和粒重37.0克和13.0克。千粒重2.5克。

3. 鸭脚粟　来源地广东惠阳县。生育期137天。株高135.6厘米。单株茎数1.1个，主穗长度6.7厘米，主穗分枝5.4个。米红色。单株秆重和粒重27.8克和3.2克。千粒重1.40克。

4. Kodo 1-490　引自坦桑尼亚。生育期145天。株高120厘米。分蘖力强，单株茎数达21.0个。主穗长度17.8厘米，分枝10.4个。米紫红色。单株秆重和粒重592.5克和72.5克。千粒重3.05克。

5. 龙爪稷　引自日本。生育期156天。株高165厘米。单株茎数达4.5个。主穗长18.5厘米，分枝8.9个。米色棕红。单株秆重和粒重达125.0克和115.0克。千粒重2.12克。单位面积籽粒产量较高，易稀植。

6. 团团小红米　采自云南墨江县。生育期144天。株高93厘米。单株茎数10.3个。主穗长5.7厘米，分枝6.0个。米红色。单株秆重和粒重14.0克和5.4克。籽粒较大，千粒重达3.4克。

7. 鸡爪谷　原产海南定安县。生育期124天。株高137.4厘米。单株茎数1.0个，无分蘖。主穗长6.0厘米，分枝9.0个。米红色。单株秆重和粒重23.0克和1.9克。千粒重2.50克。

8. 红稗　产自贵州习水县。生育期122天。株高145厘米。单株茎数3.4个。主穗长9.4厘米，分枝7个。米红色。单株秆重和粒重43克和17.1克。千粒重2.20克。

9. 鸭脚粟　产自广西那坡县。生育期124天。株高104.8

厘米。单株茎数5.4个。主穗长6.3厘米，分枝8.6个。米黄红色。单株秆重和粒重分别76克和32.4克。千粒重2.45克。单株籽粒产量较高。

10. 乐里穇子　产自贵州省榕江县。生育期135天。株高136厘米。单株茎数3.7个。主穗长15.0厘米，分枝8.6个。米紫红色。单株秆重和粒重分别38.5克和22.3克。千粒重2.40克。

11. 丰来红稗　产自贵州省三都县。生育期138天。株高140厘米。单株茎数5.2个。主穗长11厘米，分枝9个。米红色。单株秆重和粒重分别45.0克和21.1克。千粒重2.30克。较易倒伏。

12. 灰色稗　产自贵州省平坝县。生育期127天。株高72.0厘米。单株茎数13.0个。主穗长10.0厘米，分枝8个。米红色。单株秆重和粒重分别201.0克和20.5克。千粒重1.50克。分蘖多，单株秆重较大。

13. 红稗　产自贵州省普定县。生育期127天。株高66.8厘米。单株茎数7.5个。主穗长7.8厘米，分枝11.0个。米红色。单株秆重和粒重分别67.3克和46.0克。千粒重1.35克。植株较矮，抗倒伏。

14. 红稗　产自贵州省关岭县。生育期112天。株高102.0厘米。单株茎数4.0个。主穗长10.0厘米，分枝11个。米红色。单株秆重和粒重分别14.5克和19.2克。千粒重1.55克。

15. 麻弯红稗　产自贵州省望谟县。生育期145天。株高141.0厘米。单株茎数3.4个。主穗长22.0厘米，分枝6.4个。米红色。单株秆重和粒重分别45.0克和13.1克。千粒重1.60克。较易倒伏。

16. 红稗　产自贵州省安龙县。生育期145天。株高130厘米。单株茎数2.8个。主穗长10.0厘米，分枝7.4个。米红色。单株秆重和粒重分别66.3克和39.1克。千粒重2.00克。单株籽粒产量较高。

17. 稗子　产自四川省宣汉县。生育期 142 天。株高 121.3 厘米。单株茎数 2.0 个。主穗长 9.7 厘米，分枝 5.2 个。米红色。单株秆重和粒重分别 30.0 克和 1.7 克。千粒重 2.05 克。

上述各品种除产地外，中国农业科学院种质库都有保存。

（王天云）

主要参考文献

1. 孙鸿良．优质高产耐旱一年生粮饲兼用作物——籽粒苋．北京：台海出版社，2000
2. 岳绍先等．籽粒苋在中国的研究与开发．北京：中国农业科技出版社，1993
3. 中国农业科学院作物品种资源研究所．中国稀有作物种质资源目录．北京：中国农业出版社，1998
4. 陆平等．我国籽粒苋资源的收集保存与利用研究．种子．1994 (5)
5. 中国农业科学院作物品种资源研究所．中国谷子及其他粟类作物遗传资源目录（1991—1995）．北京：中国农业出版社，1995
6. 西藏作物品种资源考察队．西藏作物品种资源考察文集．北京：中国农业科技出版社，1987
7. 华南热带作物科学研究院．中国农业科学院作物品种资源研究所．海南岛作物（植物）种质资源考察文集．北京：农业出版社，1992
8. 中国农业百科全书总编辑委员会．中国农业百科全书农作物卷（上）．北京：农业出版社，1991

图书在版编目（CIP）数据

高品质小杂粮作物品种及栽培/郑殿升．方嘉禾主编．2 版．—北京：中国农业出版社，2009.5
（种植业结构调整实用技术丛书）
ISBN 978-7-109-13749-3

Ⅰ. 高…　Ⅱ. ①郑…②方…　Ⅲ. ①杂粮—优良品种②杂粮—栽培　Ⅳ. S51

中国版本图书馆 CIP 数据核字（2009）第 035203 号

中国农业出版社出版
（北京市朝阳区农展馆北路 2 号）
（邮政编码 100125）
责任编辑　杨天桥

中国农业出版社印刷厂印刷　　新华书店北京发行所发行
2009 年 8 月第 2 版　　2009 年 8 月第 2 版北京第 1 次印刷

开本：850mm×1168mm　1/32　　印张：12.75
字数：320 千字　　印数：1～5 000 册
定价：25.00 元